安徽省一流教材

环 境 生 物 学

（第 2 版）

主　编　孙慧群
副主编　周本军　董丽丽　赵　宽
　　　　叶文玲
参　编　唐　海　王　翔　周秀杰
　　　　杨　洋　赵　娟　刘　畅
　　　　鲍立宁　郑张颖　贾如生
主　审　张　群

U0246240

合肥工業大学出版社

图书在版编目(CIP)数据

环境生物学/孙慧群主编. —2 版. —合肥:合肥工业大学出版社,2023.7
ISBN 978 - 7 - 5650 - 6382 - 4

Ⅰ.①环… Ⅱ.①孙… Ⅲ.①环境生物学 Ⅳ.①X17

中国国家版本馆 CIP 数据核字(2023)第 129574 号

环境生物学(第 2 版)

主　编　孙慧群	责任编辑　张择瑞　郭　敬

出　版	合肥工业大学出版社	版　次	2014 年 12 月第 1 版
			2023 年 7 月第 2 版
地　址	合肥市屯溪路 193 号		
邮　编	230009	印　次	2023 年 7 月第 2 次印刷
电　话	理工图书出版中心:0551 - 62903204	开　本	789 毫米×1092 毫米　1/16
	营销与储运管理中心:0551 - 62903198	印　张	21.75　字　数　505 千字
网　址	press. hfut. edu. cn	印　刷	安徽联众印刷有限公司
E-mail	hfutpress@163.com	发　行	全国新华书店

主编信箱　sunhqliuzh@163.com　　责编信箱/热线　zrsg2020@163.com　13965102038

ISBN 978 - 7 - 5650 - 6382 - 4　　　　　　　定价:58.00 元

第2版前言

自本书第一版2014年12月出版以来,受到广大读者的热烈欢迎,在此表示特别感谢。随着时间推移,第一版的不足呈现得越发清晰。环境生物学学科领域发展很快,厚爱本书的读者也提出了不少合理化建议,为此,从2020年秋季起,本编写组即着手修订,编写第二版。

1. 本书的优化、改进和创新之处

第二版在保留第一版全部优点和特色的基础上,进行了优化、改进和创新。这些优化、改进和创新包括以下几个方面。

(1)对内容进行了删减、补充和替换。对于相关学科涉及的教学内容,本书进行了删减,不做详细讲述,避免重复;对于第一版忽略的重要知识进行了补充;对于比较陈旧的信息,替换为近两年的信息;对于比较陈旧的举例,更新为近两年的文献研究成果,并密切联系当前的现状和问题进行案例分析。

(2)可读性、易读性进一步提高。为了做到这一点,编者对每个章节的每个句子都进行了字斟句酌、反复推敲,尽可能使用短的句子,同时,继续邀请硕士研究生和本科生参与试读教材,充分听取他们的意见,力争使第二版的内容更加生动、深入浅出和言简意赅。

(3)调整结构体系,对于第一版不合理的结构进行了调整。

(4)配套课件,相关内容采用二维码形式呈现。

2. 本次修订的主要内容

(1)第一章:增加恢复生态学和保护生态学内容,与相关技术耦联;研究内容中"生物处理技术"移到"环境污染相关的分支领域";"环境生物学的发展趋势"中增加"(三)预防生物技术的发展趋势"内容。

(2)第二章:将"跨膜转运"中高中学习过的简单扩散、易化扩散和主动运输基础知识内容删除;"动物的吸收""动物对外源性化合物的排出"涉及高中学习过的内容删除;增加"四、微生物对外源性化合物的转化";"第三节 化学逆境因子的代谢动力学"调整到"生物转化的特点"中。

(3)第三章:"对组织器官的影响"之"靶—效应"中删除蓄积内容,调整到第二章之"外源性化合物在动物体内的分布"中;针对当前 $PM_{2.5}$ 污染和新冠病毒增加"外源性化合物生物效应研究实例""物理性污染物生物学效应""生物性污染物生物学效应"内容。

（4）第四章：对于章节内容进行精简，修改标题。

（5）第五章：删减第一节的毒物、毒性和毒性作用的定义；"第二节　生物测试方法和分类"修改为"第二节　环境毒理学实验标准化和实验方法的分类"，并修改和调整相应的内容；"三、微宇宙法在环境毒理学研究中的应用"改为"三、微宇宙法在环境生物学研究中的应用"，并修改相应的内容；"四、微宇宙法的优缺点"中增加"微宇宙标准化"内容。

（6）第六章：第三节增加"四、生态风险评价案例"。

（7）第七章："环境生物技术的应用"删除高层次、中层次和低层次内容；"微生物处理污染物的特点和原理"中删除"微生物营养和营养类型"和"兼性生物处理原理"，"微生物脱氮原理""微生物除磷原理"中的影响因素移到第三节相应部分，"四、影响微生物处理污染物的因素"删除；第三节中增加影响活性污泥法、VOCs 生物处理、厌氧生物处理、生物膜法的因素内容；删除"无机废气的生物处理"；"四、生态工程"改为"（四）污染治理生态工程"。

（8）第八章：将基因工程、细胞工程、酶工程、发酵工程与《生物化学》中重复的内容删除，只保留四大工程在环境治理与生态修复中的应用内容。

（9）第九章："生物修复"改为"生态修复"；"第三节 生态修复机制"移到第二节；"第二节 生物修复工作程序"改为"第三节 生态修复的原则和技术方法"，增加工程技术内容；对工作程序内容进行了补充和完善；"第四节 生物修复工程技术的应用"调整为第三节之"四、生态修复的应用"，原案例删除，更改为"超深越界开采建筑石料生态修复""企业污染耕地土壤生态修复""沿江湿地生态修复"；"第五节 生物多样性保护中的生物预防技术"改为"第四节 预防生物技术"，其中的"三、生物预防技术保护生物多样性的方法"改为"三、生物多样性保护技术"，其中的"就地保护"增加当前自然保护地内容。

（10）参考文献年份已久，全部更换为近几年的文献。

根据上述修订内容，每章节配备课件二维码，可随时观看视频，以丰富教学的内容。

本书由安庆师范大学孙慧群担任主编，合肥工业大学周本军、黄山学院董丽丽、安庆师范大学赵宽、安徽农业大学叶文玲担任副主编；安徽工程大学唐海，安徽科技学院王翔，淮北师范大学周秀杰、杨洋，安庆师范大学赵娟、刘畅，安徽建筑大学鲍立宁，安庆师范大学郑张颖，皖西学院贾如生等老师参编；安庆师范大学张群教授主审。编者在修订本书时得到同行、良师益友、家人和朋友的支持，在此表示衷心感谢。

作　者

2022 年 5 月

第一版前言

环境污染和生态破坏问题经历一段漫长的历程,生态与环境保护随之也经历一段漫长而艰辛的历程。"十三五"期间全国打响污染防治攻坚战是环境污染和生态破坏到了不得不提上日程并极高度重视的标志,生态和环境保护日益被全民关注。习近平总书记提出的"绿水青山就是金山银山""山水林田湖草沙"指明了经济高质量发展是以生态文明建设为奠基石的,当前与前几十年相比,而其中蕴含的"绿、青、林、田、草"和"山、水、湖、沙"体现的正是生物系统和环境之间相互协作的关系,这种关系及其作用机理正是环境生物学要面对、探讨、研究和解决的主要问题。近两年中国生态环境质量越来越好,积压的老问题仍没有得到解决,如土壤重金属污染、农药面源污染、长江船舶污染、地下水污染,同时新问题仍然不断出现,传统的治理技术已难以满足越来越严格的环境标准,环境生态修复技术占据的地位越来越重要。

环境生物学在环境科学中处于重要地位,它在环境毒理学方面的研究为生态系统的安全发展和人类的健康起到预警和参照作用,它的毒理学实验研究结果可作为国家和地方环境质量、卫生质量标准制定的依据,并为环境监测和环境质量评价提供科学、先进、经济可行的手段。微生物和植物在净化污染和生态修复上独特的特点和强大的优势注定了环境生物技术成为污染治理和生态恢复领域的主力军。环境生物学作为一门新兴交叉学科,将生物科学和环境领域相关科学密切联系到一起,提供了经济、高效、能彻底解决复杂环境问题的新技术,成为当今环境科学中发展的主导方向之一。

本书结合编者多年的教学和科研经验,并参考国内外相关书籍及该领域的研究成果和研究进展编写而成。本书在编排上分三大部分:首先从基础理论开始,介绍生物与人为逆境的相互关系;然后介绍了本学科的实验研究方法;最后是应用研究,介绍了环境生物技术在解决环境问题中的应用,涉及环境监测、ERA、传统的生物处理方法和新技术方法在污染治理和生态恢复中的使用。本书编写中,我们力求内容全面,循序渐进、深入浅出、概念准确、语言通俗易懂,尽量反映环境生物学的最新成果和发展方向。

　　本书由孙慧群担任主编,张群和赵宽担任副主编,章节人员分工是:孙慧群负责第一章、第五章、第九章,赵宽负责第二章、第三章、第四章,董丽丽、贾如升负责第六章和第七章,叶文玲负责第八章,张群负责校对和审核。本书可作为相关专业的本科生和研究生教材或教学参考书,也可供相关专业的教师和研究人员参考。

《环境生物学》教材编写组

2015 年 3 月 10 日

目 录

第一部分 基础篇

第二部分　实验研究篇

第三部分　实践应用篇

第一部分　基础篇

第一章 绪 论

【本章要点】

绪论部分作为本书的开篇,介绍了环境生物学的定义和研究对象、研究内容和方法,阐述了环境生物学的发展历史、发展趋势,并介绍了环境生物学的分支研究领域、学科特点和地位。

环境问题自古就有,在早期的农业生产中,刀耕火种,砍伐森林,造成了地区性的环境破坏。产业革命以后,社会生产力的迅速发展和机器的广泛使用,为人类创造了大量财富,但工业生产排出的废弃物造成了环境污染。第二次世界大战以后,社会生产力突飞猛进,许多工业发达国家普遍出现现代工业发展带来的范围更大、情况更严重的环境污染问题。环境生物学(environmental biology)就是在人类面临越来越严峻的当代环境问题、人类及生物生存受到严重威胁的历史背景下诞生的,并针对环境污染和环境破坏对生态系统的影响及受人类破坏环境的恢复进行系统研究的科学。环境生物学已成为环境科学的一个重要分支学科,并逐渐从生物学中分化出来,成为一门独立的学科。

第一节 环境生物学概述

一、环境

1. 环境的定义

环境(environment)是相对于某一事物来说,是指围绕着该事物(通常称其为主体)并对该事物会产生某些影响的所有外界事物(通常称其为客体)的总称,即相对并相关于某中心事物的周围事物。"环境"一词在不同学科领域有不同的含义。

环境学中的环境是指人类生存和繁衍所必需的、相适应的物质条件的综合体,其中心事物是人类。环境可以进行各种不同的划分,按照主要组成要素可分为大气环境、水环境、土壤环境、生物环境等;按照人类活动范围可分为车间、厂矿、村落、城市、区域、全球、宇宙等环境;按照其特征和功能,可分为自然环境和人工环境。自然环境是人类赖以为生的必要条件,是非人类创造的物质所构成的地理空间,包括大气、水、光、热、森林、矿藏等,是人类周围各自然因素的总和。但现在的地球表层大部分受过人类的干预,原生的自然环境已经不多。人工环境是指人类在自然环境基础上通过长期的有意识的社会劳动,加工和改造的自然物质、创造的物质生产关系和积累的物质文化等所形成的物质体系。《中华人民共和国环境保护法》对环境的定义是：影响人类生存和发展的各种天然的和经过人工改造的自然因素的总体，包括大气、水、海洋、土地、矿藏、森林、草原、湿地、野生生物、自然遗迹、人文遗迹、自然保护区、风景名胜区、城市和乡村等。

环境生物学和生态学中的环境内涵相同、外延不同，内涵均是指以生物为主体的所有外界因素的集合，包括能够决定和影响生物生长、发育、迁移、繁殖等各种行为活动的生态因子的总和。生态因子分为生物性因子（植物、微生物、动物）和非生物性因子（水、大气、土壤等），在综合条件下表现出各自的作用。生态学中环境的外延表现为自然而成的没有受到人类干预的环境，包括非人类干预的自然逆境，如亚马逊原始森林、北极冻土荒原、火山爆发造成的生态破坏等环境，研究自然逆境对生态系统的影响是生态学的任务；环境生物学中环境的外延表现为受人类胁迫（污染和生态破坏）的环境，即人为逆境，研究人为逆境对生态系统的影响是环境生物学的任务。

二、逆境

(一)逆境的定义

自然界中的生物并不总是生活在正常适宜的环境中，由于不同的地理位置和气候条件，尤其是工业革命以来人类活动造成的多种不良影响，环境变化超出了生物正常生存所能忍受的范围，导致生物受到伤害甚至死亡，我们把这种对生物生长和发育不利的各种环境因素的总和叫作逆境(adversity)，又称环境胁迫(environmental stress)。《环境科学大辞典》定义逆境为能使生物生长发育和繁殖降到基因型潜能以下的环境，在人为或自然干扰下偏离了自然状态，环境要素成分不完整或比例失调，物质循环难以进行，能量流动不畅，系统功能显著降低。逆境分为自然逆境(natural adversity)和人为逆境(artificial adversity)。在自然条件下，土壤贫瘠、地震、火山喷发、冰川运动、酷暑、严寒、盐渍化、干旱、水涝、病虫害暴发等引起的自然环境的异常变化均为自然逆境，又称自然胁迫(natural stress)。自然逆境有些是不以人的意志为转移的，有些是始料不及的，属于不是人为制造的、人类能力无法克服的逆境。人类活动同样可以使生物生长发育和繁殖降到其基因型潜能以下，产生不利于生物生存的环境状态，如化学污染、物理污染、外来物种引入、资源过度开发等人类活动产生的不利于生物生存的环境状态，称为人为逆境或人为胁迫(artificial stress)(图 1 - 1 - 1)。人为逆境有两种，一是人类活动大量排放污染物造成的环境污染，二是人类不合理利用自然资源造成的生态系统破坏。

与胁迫含义相似的另一个名词叫干扰(distubance)。Fredvan Dyke 编著的*Conservation Biology* 一书中对干扰的定义是：改变生态系统、群落、种群结构或改变资源和物质可利用性的事件，以及物理环境的任何中断性事件。与胁迫类似，干扰也有对生物产生影响的含义，但是，干扰所强调的是对生态系统、群落和种群各级组构水平的影响，而且并未明确对生物的影响达到何种程度，是一种大的范畴下泛指的一类行为。胁迫所指的影响是对所有生物组构水平而言的，而且明确最终使生物生存（生长、发育、繁殖）达到基因型潜能以下的水平或程度。这里的生物组构水平是指各级生物学水平，即生物分子→细胞器→细胞→组织→器官→系统→个体→种群→群落，这些水平综合到一起统称为生物系统。因此，在某种意义上可以说，干扰对生物产生影响，但并不一定对其生理功能或生存产生有害的影响。胁迫肯定影响到生物的生理功能或生存,不管这种影响发生在哪级组构水平。

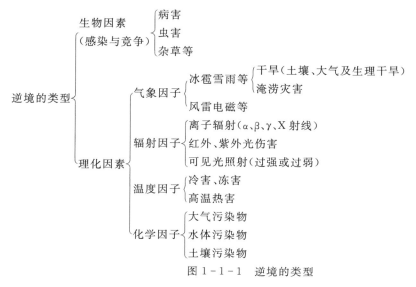

图 1 - 1 - 1 逆境的类型

(二)人为逆境因子

逆境因子(adversity factors)又叫胁迫因子(stress factors),是指对生物系统具有有害影响的所有环境因子。在生态学中,干旱、冻害、盐害、冷害、病原体、高温、水涝等都是危害生态系统的自然污染物(natural adversity factors,NAFs)。人为逆境因子(artificial adversity factors,AAFs)是指由于人类活动而产生的对生态系统和人类有危害性的物理、化学或生物性因素,即污染物,其强度和性质取决于人类活动。随着新的生产领域和新的生活方式不断出现,新的污染物正不断出现,如抗生素、溴代阻燃剂、全氟烷基化合物等。根据人为逆境因子的性质,可以将它们分为三大类:化学逆境因子[chemical adversity factors,CAFs,即化学污染物(chemical pollution)]、物理逆境因子[physical adversity factors,PAFs,即物理污染物(physical pollution)]和生物逆境因子[biological adversity factors,BAFs,即生物污染物(biological pollution)]。化学污染物包括无机污染物(inorganic chemical pollutants,ICPs)和有机污染物(organic chemical pollutants,OCPs);物理污染物包括电离辐射、非电离辐射、噪声、光污染、热污染等;生物污染物主要是指人为传播的病原体和人为引入的外来物种,近年来出现的转基因生物构成一类潜在的生物污染物,被定位为非地球环境的外来物种。

在毒理学研究中,有一个概念叫外源性化合物(exogenous compound)。外源性化合物是指在人类生活的外界环境中存在、可能与机体接触并进入机体、没有内在的生物学功能的化学物质,或机体代谢产生的无用或有害的产物,这些物质在体内呈现一定的生物学作用。外源性化合物种类繁多,比较重要的有以下几个。①农用化学物,如农药、化肥等。②工业化学品,如各种化学原料和产品。③食品添加剂,如糖精、食用色素、化学防腐剂等。④日用化学品,如化妆品、洗涤剂等。⑤化学污染物。⑥无用或有害的代谢产物及环境中的类似物。由外源性化合物的定义和分类可知,化学污染物属于外源性化合物。在毒理学研究中,一般将化学污染物叫作毒物。相对于外源性化合物,内源性化合物(endogenous compound)是指机体内天然存在的或代谢产生的、具有生理功能和生物学活性的物质,它们可以是小分子化学物质,也可以是淀粉、蛋白质等大分子。

二、环境生物学的定义和研究对象

环境生物学是环境科学的一个重要分支学科,同时也是一门具有交叉性、边缘性及综合性的年轻学科,这使这门学科涉及的研究领域非常广泛,易造成人们认识上的混淆。本书认为环境生物学是研究人为逆境与生物系统之间相互作用规律及机理,并应用这些规律及机理解决环境问题的一门应用性很强的学科。这一定义明确了环境生物学的研究范畴,避免与生物学、生态学、环境学、环境医学、环境卫生学等学科的研究内容和任务发生混淆。

各种污染物对生物系统都有可能产生不利或者有害的影响或效应,如氟化工产品制造过程中产生的含氟废水对动植物生长发育的抑制、电离射线对细胞中 DNA 分子的损伤、过度砍伐使森林生态服务功能丧失等。生物系统同时对污染物的行为(或归宿)产生响应,如四唑虫酰胺(tetraniliprole)在生物体内的代谢降解、导致肺炎的一种传染性极强的 RNA 病毒 COVID - 19(Corona Virus Disease,2019)进入人体首先产生的免疫反应。人为逆境下的生物系统正是环境生物学研究的主要对象。

第二节　环境生物学的研究目的、内容和方法

一、环境生物学的研究目的

环境生物学的研究很广、很深,从研究的最终目标看,是为人类合理利用自然资源、保护和改善人类的生存环境提供理论基础,从而指导人类有效地促进环境与生物的相互关系,使之朝着有利于人类生存和社会可持续发展的方向良性发展。环境生物学的根本任务和最终目的是应用生物学及生态学原理和生物学方法解决环境污染和生态破坏问题,这是世界环境问题解决的最佳途径和去向。所以,无论研究怎样开展,环境生物学都以解决以下三个主要问题为目的。

(1)阐明污染物对生物系统的影响及生物系统做出的响应。这方面的研究能为制定环境质量标准、卫生标准及预防环境污染物对人体健康的损害提供毒理学依据。如同医生给病人治病的道理一样,要解决环境问题,首先要搞清环境中有哪些污染物,这些因子对生物系统造成了什么样的影响,或者说产生了什么样的毒性作用,其作用机理是什么,而生物系统对此产生什么样的反应。只有清楚地了解这些,才能采取相应的方法和对策"对症下药"。

污染物对生物系统毒性作用产生的影响称为生物学效应(biological effect),生物学

效应是环境生物学研究的基本问题。对生物学效应的研究从一般视角可见的层次开始，认识人为逆境下生物系统的形态结构、生理功能和新陈代谢发生的变化，在进一步分析发生这些变化的原因时，先从组织器官水平上进行分析，进而依次深入细胞、分子（基因）水平上；相应地，在生物个体发生变化后，也要认识这种变化对生物群体产生怎样的后果，所以对生物学效应的研究又扩展到种群、群落、生态系统等高层次水平，从种群至生态系统水平来说生物学效应又称生态学效应（ecological effect）。生物系统会对人为逆境做出相应的响应，这种响应包括抗性和适应。抗性的结果体现在两个方面，一是生物难以适应或基本不适应所处的人为逆境，从而在该环境中逐渐消亡；二是可以适应或基本能适应，生物在人为逆境中通过个体和群体水平的积极调整，通过进化改变其生理形态和生存机制，最终能够在逆境中生存和发展。

（2）将毒理学实验结果应用于环境监测和质量评价中。生物系统受害和适应的程度、方式往往与人为逆境退化或破坏的程度、速度有密切的联系，因此可利用污染物对生物各级组构水平的生物学效应的检测结果和生物系统对人为逆境的响应来反映环境污染程度和质量状况，从生物学角度为环境监测和评价提供依据，为人类和生态系统健康、环境标准和容量的制定提供科学的依据及手段。由此，开发污染环境的生物学监测和生物学评价方法及体系，实现对人为逆境的监测与评价，是环境生物学的重要任务之一，也是环境治理和生态恢复的理论基础。

（3）应用环境生物技术净化污染环境，应用生态修复技术修复被污染的环境和被破坏的生态系统。在力图用生物方法解决环境问题方面，环境生物学在这块领域主要研究利用生物对污染物的吸收、代谢和转化，以及运用群落演替、食物链、群体之间的相互协作等原理对人为逆境进行污染净化和生态修复，阐述生物净化和生态恢复的原理、方法和技术，探讨将基因工程、细胞工程、酶工程、发酵工程等现代生物技术运用于污染治理的技术手段，通过生物学或生态学的技术和方法进一步强化生物在环境污染净化中的作用，包括具有高效净化能力的微生物种类及菌株的筛选，以及基因工程菌、细胞工程菌的人工构建等技术，开发受损生态系统人工修复的新技术，并运用环境生物学理论指导实施自然生态系统的保护。

二、环境生物学的研究内容

环境问题的产生包括不负责任地排放污染物和不合理地开发利用自然资源，相应地，环境生物学分成两大分支研究领域，即与环境污染有关的分支领域和与生态破坏有关的分支领域。同时，环境生物学的研究目的又明确指出这门学科应从三个方面进行研究，由此划分出环境毒理学、污染环境的生物学监测和评价、环境生物技术等分支领域。分支研究领域之间的关系见图 1-2-1。

（一）环境污染相关的分支领域

环境生物学中对污染物与生物系统相互关系的研究属于环境毒理学（environmental toxicology）部分。环境毒理学的主要研究内容包括污染物及其在环境中的降解和转化产物在机体内的吸收、分布、生物转化、排泄及蓄积过程；外源性化合物的急性、亚急性和慢性毒性试验和鉴定，包括一般毒性试验和特殊项目试验（如代谢试验、"三致"试验等）；

污染物毒作用的特点、剂量—反应关系及毒作用的机理;多种污染物的联合作用;污染物对个体以上水平(种群、群落、生态系统)的生物学效应;生物系统对人为逆境的响应等。这些研究分别沿两个方向进行:微观的分子水平即分子毒理学(molecular toxicology)和宏观的生态水平即生态毒理学(environmental toxicology)。分子毒理学从细胞内生物分子或代谢产物等微观水平对污染物的毒性效应进行探讨,生态毒理学从个体、种群、群落及生态系统各水平上对污染物的毒性效应进行探讨,以及产生这些效应的过程和机制。一些参考书上认为生态毒理学包括环境毒理学,从研究涉及的对象来看,二者都涉及生物各级水平,但环境因子比生态因子涵盖的内容多,前者包括自然的因素和人为的因素,后者只包括自然的因素,所以生态毒理学应归入环境毒理学的范畴。

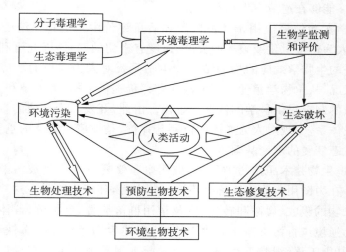

图 1-2-1 环境生物学的分支研究领域

1. 分子毒理学

分子毒理学是在毒理学的发展过程中,随分子生物学理论和技术的发展而发展起来的,它是从细胞和分子角度研究外源性化合物与生物有机体相互作用的一门学科。它一方面探讨污染物对生物机体组织中的各种分子,特别是对基因、酶、激素等分子的毒性效应,进而阐明污染物的分子结构与其毒性效应的相互关系,另一方面从细胞和分子水平上表述污染物对生物体的作用机制。这方面的研究早期集中在有毒性的外源性化合物(毒物)上,现在已涉足物理污染物和生物污染物。例如,2021 年 6 月 7 日,美国密歇根州确认首例汉坦病毒(Hantaan virus),引起感染者肾综合征出血热(HFRS)。

2. 生态毒理学

生态毒理学有不同的定义。根据 Truhaut 在 1977 年的原始定义,生态毒理学研究化学和物理因子对生命有机体特别是对特定生态系统中种群和群落的毒性效应,同时也研究这些因素在环境中的相互作用与归宿。简而言之,生态毒理学的研究内容主要涉及污染物对个体以上组构水平的有害效应及其在生态系统中的归宿,以及污染物的迁移途径和与环境相互作用的规律。生态毒理学研究分为污染的生态学效应研究和生态风险评价研究,研究内容既包含基础研究,又包含应用研究。例如,根据水生态毒理学数据研究和制定的化学品水生态基准,对于控制进入水环境的化学品的质、量和时空分布,维持良好的生态环境,保护生物多样性及整个生态系统的结构和功能具有重要意义。目前生态毒理学研究对种群和群落水平的研究给予了充分的重视,已全面开展污染在生态系统水平乃至全球生态影响的研究,如 CO_2 的全球生态效应及其碳中和、碳达峰实现机制,目的在于防止污染物对生态系统中生物的毒性和影响,保护生态系统中生命体的生存环境。近年来,我国生态毒理学研究发展迅速,在有毒有害污染物的毒理效应及机制、生态与健康风险等方面都取得了显著进展。

（二）生态破坏相关的分支领域

环境生物学中与生态破坏相关的分支领域的研究主体是环境生物技术(environmental biotechnology),这是一类应用于解决环境问题的生物技术,主要涉及环境质量的监测、评价、控制及污染物处理、生态破坏与防治过程中的生物学原理和技术的发展与应用。环境生物技术的研究内容包括高效降解菌研究、抗污染超积累型转基因植物研究、无害化或无污染生产工艺技术研究、废物资源化再利用工程研究、大面积污染或生态破坏的修复研究及预防生物技术研究等,它们分属于生物处理技术(biotreatment technology)、生态修复技术(bioremediation technology)和预防生物技术(bioprevention technology),而后两者为恢复生态学和保护生物学的核心技术。

1. 生物处理技术

水体、空气和土壤的污染,只要不超过生态系统的负载能力,污染物就可以通过物理的、化学的和生物学的作用得到净化,其中生物学作用占有十分重要的地位。生物通过代谢作用(异化作用和同化作用)使环境中污染物的数量减少,浓度下降,毒性减轻直至消失。环境生物学在利用生物处理技术治理环境污染方面,主要针对植物和微生物净化污染物的原理及方法进行研究,另外,探讨将基因工程、细胞工程、酶工程、发酵工程等现代生物技术运用到污染治理中。生物处理技术也包括生物学监测和评价。生物学监测包括生物预警(主要利用生物标记物)、监测环境受干扰和退化的途径,建立监测指标体系,监测指标包括群体、个体、亚个体、分子水平等方面。生物学评价包括生态环境质量评价、污染物生态风险评价、人群健康风险评价等内容。

2. 生态修复技术

针对过度利用自然资源引起的生态退化和大面积、大范围污染的环境,环境生物学领域诞生了恢复生态学这一分支学科。恢复生态学主要研究人为逆境因子引起生态系统的退化机制,针对过度利用自然资源和污染引起的退化环境,包括水土流失防治、退化土地恢复、沙尘暴防治、受污染湖泊和土壤的生态修复等重大问题,讨论生态修复的理论和方法;针对被大面积、大范围破坏的环境,制订生态修复方案,研究如何利用生态修复技术改良人为胁迫逆境、减少污染物毒害及利用生物提取污染物的技术。生态修复技术的目的和任务是发展新技术以恢复和改造退化的生态系统。

3. 预防生物技术

解决环境问题不是上策,预防环境问题的发生才是人类生存和可持续发展的主题。所以,环境生物学的研究内容不仅是利用生物处理和修复技术解决人为逆境中的一系列问题,还包括如何利用生物学原理和技术杜绝环境问题的发生。因此,在环境生物学大学科范畴里出现了保护生物学这一分支学科,与之相耦联的技术即为预防生物技术。

三、环境生物学的研究方法

环境生物学的研究对象、目的和内容决定了它的研究方法,在生物学和生态学等学科的基础上,逐渐形成了适于该学科特点和发展的一套较为完整的研究方法,不外乎以下三类。

(一)野外调查和试验

野外调查和试验是环境生物学研究的最基本方法。从环境生物学的发展史可以看出,野外调查和试验方法是第一性的。例如,Kolkwitz 和 Marson 的污水生物系统就是在生物学家对因废水排放引起的污染河流和湖泊中的微型生物进行分类后提出的。野外调查和试验以自然环境为试验对象,也可根据研究目的的需要在野外进行人工设计,以利于控制。通过对土壤生物群落结构、森林生物群落结构、草原生物群落结构、水生生物群落结构等的现场调查,以及对生物指数、污染指数和生物多样性指数等进行分析,可得出人为胁迫对生物或生态系统产生的影响及其基本规律。野外调查和试验的主要目的有以下两点。

(1)从宏观上揭示人为胁迫对生物各级组构水平产生影响的基本规律。

(2)为实验室实验提供真实的背景资料和设计参数,避免实验室实验出现不必要的失误和盲目性,使实验结果具有现实意义。例如,当今国内一直没有根治的淡水富营养化问题,由于引起水华藻类暴发的机制很复杂,野外调查显得非常重要。很多研究的背景材料只有经过现场和野外的深入调查才能得到,通过野外调查,弄清实际水环境中水华藻类的优势种群及其主要控制因子,以便为实验室模拟实验提供可以反映实际情况的设计参数,保证实验顺利进行,为下一步设计解决方案具有实践指导意义。

野外调查也有不足之处。首先,对于还没有进入环境或在环境中的量很少、尚未对生物造成明显影响的污染物,无法通过野外调查获得环境中该污染物的毒理学资料,野外调查意义不大。例如,一种医药中间体新品 2 -[(S)-(4 -氯苯基)(4 -哌啶氧基)甲基]吡啶,首先我们无法得知它对自然环境中的生物是否有副作用;其次,野外调查无法监测到污染物在微观水平上的毒性效应。此外,由于自然环境中众多因子的干扰,有时野外调查监测到的生物效应难以确定由何因子造成。

(二)实验室实验

因为野外条件受环境影响明显,所以需在实验室内通过各种实验手段来实现要研究的目的。实验室实验方法多种多样,如慢性毒性实验、致癌实验、免疫毒性实验等,室内模拟和控制各种实验条件,既可从宏观上又可从微观上研究人为胁迫对生物系统产生的毒害作用及其机理。例如,在实验室内,观察某种外源性化合物在不同浓度下对生物体内的分子、细胞、器官及生物个体的影响,就能够确定该化合物在一定环境条件下对生物的生理和代谢、生长与繁殖等方面的影响程度,为制定其排放标准、环境质量标准提供科学依据。

实验室实验是环境生物学研究必不可少的方法,实验体系庞大,常规实验以生理生化实验、Ames 实验、电泳实验等传统或经典的方法为主;先进分析和测试技术如印迹技术、原位杂交技术、基因敲除技术、细胞杂交技术及单克隆抗体技术、差异显示技术、基因芯片技术、放射免疫法、酶联免疫法、超敏酶学放射免疫法、气相色谱法、液相色谱法、色谱－质谱法等。

与野外调查相比,实验室实验可以从微观上探讨生物与人为逆境之间的关系及其作用机制;可以人工控制实验条件,得到较稳定的实验结果;实验结果是否真实有效可以通过多次重复来验证。但它的缺点是实验室条件与野外自然状态不完全一样,不能将其结果直接作为污染毒性的最后定论,实验室实验只是研究过程中的一种方法和手段。例如,富营养化淡水湖泊的一种优势藻种铜绿微囊藻,实验室条件下对影响其暴发的因子进行研究,必须保证纯培养生长环境,否则实验失败的概率非常大,但纯培养环境下得到的实验结果有多大的实践指导意义,必须做进一步的验证和研究。再如,模拟某黑臭水体污染对水生生物的影响,实验室模拟实验检测出的生物效应能否推广到野外环境中,也必须做进一步探讨。

(三)模拟研究

要从根本上解决环境问题,仅靠野外调查和实验室实验得到的结果远远不够,环境生物学要将实验室研究的结果运用于实际问题的解决,就必须尽量运用野外条件并且应用统计学、数学建模和计算机技术等手段建立环境污染模型,利用模型模拟野外生态系统的行为和特点,预测人类活动对生态系统可能造成的影响或危害。根据研究目的,模拟研究分为以下两种。

1. 数学模型

应用系统分析原理、近代数学方法和计算机技术建立数学模型(mathematical model),应用数模模拟污染生态系统的行为、特点和规律。例如,Jaber 的 MIKESHE 模型可用于氮、磷等常规污染组分、重金属、有害放射性物质迁移;污染含水层水体功能的恢复与治理;农作物生长对水分和污染物质在非饱和带运移的影响等的综合研究,是综合性和功能性很强、应用范围很广的综合模型软件。由于计算机图形生成和显示技术已经达到较高水平,在进行模拟时,可以形象地见到系统工作的实际图形,并能很容易地修改系统的参数,求得最好的效果。

2. 微宇宙法

微宇宙(microcosm)法是 20 世纪 80 年代以来在生态毒理学中很快发展起来的技术之一,已被用于河流污染的早期报警、水生生态系统恢复过程研究、污染物风险评价、沉积物生态效应、生物安全评价等环境生物学领域中各类相关研究。

模拟研究通过对调查和实验所得数据进行分析和模拟,建立逼近现实和实验结果的模型,进行模拟试验和预测。如果所建立的模型未能预测到生态系统变化的情况,需进一步研究模型在结构上的缺陷,为建立比较符合实际的模型提供参数或修改参数,然后不断地进行再模拟、操作和预测。一旦建立了一个符合实际的模型,就为研究工作提供了极为有用的手段,可以进行多种不同的模拟实验。在环境生物学中,模拟研究已成为强有力的工具。

进行模拟研究的另一个必要性在于,实验室实验往往需要较长的时间和较多的经费,在污染毒性的研究中,许多是不允许进行实验室实验的,如污染的发生、流行病的传播、虫害的暴发等。例如,对长江这种大型水体,要想预测一旦发生有毒物质的污染事件,对长江水生生态系统的结构与功能的影响如何,我们不可能在长江上做模拟试验。但是,从环境保护的目的出发,又必须对这种影响做出预测,以预防某些严重污染事故的发生,或者在一旦发生后,可以及时采取措施,将损失减少到最低限度。很显然,这都需要进行模拟研究。在这方面,模拟研究具有明显的优越性,其所获得的模型对环境质量演变的规律研究具有重要价值。

模拟研究的基础是野外调查和实验室研究,因为参数的选择和数据的采用,只能来源于现场调查或生态毒理学的实验结果。

以上三种方法都各有自己的优点和不足,在实际研究中,常常把它们结合起来应用,起到相互补充和完善的作用。

第三节　环境生物学的产生和发展

一、环境生物学的诞生和发展历史

人类历史上对过度利用森林、草地等生物资源导致生态环境恶化的问题,不同的国家和地区都有相应教训的记载。但这些都是一些朴素的思想,只反映了一些环境生物学的基本现象,真正使环境生物学成为一门独立的学科是在工业革命以后,工业黑化现象的研究是该时期环境生物学研究的一个经典实例。20 世纪初,很多国家已经实现了工业化,不少国家也正走向工业化,环境问题不再只是由于农业的机械化引起的生态环境退化问题,长期积累起来的环境污染问题也大面积地显露出来。这个时期的学者开始研究水污染的生物监测、城市污水和工业废水的生物处理等问题。1908 年和 1909 年,Kolkwitz Marson 提出的污水生物系统在水污染生物监测中起到了重要作用,至今仍被广泛应用。20 世纪 50 年代以来,随着工业、交通运输业和城市建设的飞跃发展,地球的表面环境发生了巨大的变化,一方面,人类创造了前所未有的物质文明;另一方面,环境问题变得日益尖锐,其中以生态平衡遭到破坏所带来的影响最为严重,很多物种从地球上消失或濒临灭绝,人类自身也受到公害的侵扰和威胁。关于人为逆境对生物的影响及两者相互作用的规律和机理的研究,开始日益受到人们的重视。1962 年,美国生物学家 Rachel Carson 出版了轰动全球、里程碑式的著作《寂静的春天》,该书以科学普及的形式描述了大量使用杀虫剂所引起的种种有害生物效应,首次将滥用 DDT 等残留期长的有机氯杀虫剂对野生型生物和人类自身的生存与健康的威胁系统地揭示于公众面前,并继而触发了美国社会一场历时数年之久的杀虫剂论战。可以认为,《寂静的春天》的问世标志着环境生物学新纪元的开端。从 20 世纪 60 年代开始,环境生物学研究越来越集中,越来越系统化,逐渐从生物学中分化出来,发展成为一门独立的学科。从 20 世纪 60 年代至 80 年代,环境生物学大量的研究侧重于外源性化合物在生物体和生态系统中的迁移、富集,以及生物在污染条件下的毒害、抗性反应等方面,出现了很多相对集中的研究领域,如重金属污染在生态系统中的迁移积累和毒害问题,多环芳烃(PAHs)对土壤中微生物、植物、动物的影响等。为了揭示大尺度背景条件下的人为逆境对生态系统的长期影响,这期间国际上开展了很多合作研究计划。中国科学工作者也在水、气污染的生物监测、生物净化、环境毒理、土地处理系统及自然保护等领域开展了不少科学研究,建立了相应的研究机构,一些高等院校设立了环境生物学或与之相关的专业。这个时期,环境毒理学是环境生物学研究的主流,研究人员设计和发明了各种实验方法和技术,对污染物及可能的污染物进行了广泛研究,诸如农药毒理学、神经毒理学、胚胎毒理学、遗传毒理学等分支学科在这个阶段先后发展起来。

二、环境生物学的发展趋势

环境生物学的迅速发展从 20 世纪 90 年代开始,由传统的毒理学向多个领域扩展,形成了环境毒理学、环境生物技术、恢复生物学和保护生物学等多个分支与交叉领域。环境生物学的发展趋向是进一步认识环境问题的实质,提高解决环境问题、有效控制环境污染的能力;同时,在污染控制和治理转向污染防治和污染最小化方面,充分利用生物的巨大能力,配合其他技术途径,对传统的工业生产工艺进行改造,以"清洁生产"逐步取代当前占主要地位的"末端治理"。

(一)环境毒理学的发展趋势

早期的环境毒理学起源于毒理学,从两门学科的发展来看,毒理学属于环境医学的分支学科,环境医学是环境毒理学的交叉学科。毒理学是研究毒物对人体健康的影响及其机理的学科,随着环境问题的发展和恶化,研究者不再局限于毒物对人体影响的研究,研究范围扩展到污染物对包括人体在内的生物系统的影响上,所以仅靠传统的毒理学方法对污染物的毒害效应进行研究难以获得全面和完整的认识,难以预测毒害效应的真正广度和深度。由此,环境毒理学从毒理学中脱离出来,成为环境生物学研究的一部分。在毒理学的基础上,进一步应用生态学、分子生物学、生物化学及生物物理学等基础学科的研究成果,在微观和宏观水平上逐渐深化对环境污染毒性作用的研究,形成分子毒理学和生态毒理学。

1. 分子毒理学的发展

从个体向微观领域深层次方向发展,环境生物学着手污染物对生物细胞、分子等微观水平的作用机理、作用方式、作用途径及作用强度等内容的研究和探讨。研究集中在细胞和基因(分子)水平上,因为生物体受到污染物的侵害时,最开始受到影响的是生物体的生物分子和细胞。对多细胞生物而言,细胞是机体的结构组成单位,细胞的重要性不但在于作为机体的结构基础,而且是机体的重要代谢场所。例如,在毒物代谢中具有重要作用的氧化酶系统即位于细胞微粒体系统中。蛋白质分子是一类重要分子,具有多种多样复杂的生理功能,除了作为细胞的组成成分,酶的催化作用是其最重要的功能之一,体内一种酶受到污染物的抑制往往导致整个机体出现病变,甚至危及生命。基因水平代表分子水平,基因作为遗传单位,不但对个体发育具有决定性作用,而且是种族延续的信息基础,体细胞 DNA 损伤或基因突变将导致机体发育异常、病变甚至死亡,生殖细胞 DNA 损伤或基因突变则危及生殖或对子代产生有害影响。细胞与分子水平的生物学过程往往是个体或群体水平生物学过程的微观机制,环境生物学在细胞及分子水平的研究,能为宏观水平所出现的现象提供解释,这一发展趋势形成了分子毒理学系统研究。

20 世纪 80 年代起,分子毒理学建立了一些新的毒性测试方法和评价模型,如毒理芯片、转基因突变检测模型动物、致癌检测模型动物、转基因细胞试验系统等,深入分子水平研究污染物对细胞内蛋白质、DNA 等分子结构和功能的作用机制。由于人们对污染物的致癌效应最为关注,各类致突变的分子生物学实验技术迅速发展起来。例如,单链构象多态性(single - strand conformation polymorphism,SSCP)、裂解酶片段长度多态性(cleavase fragment length polymorphism,CFLP)、随机扩增多态性(randomly amplified polymorphic,RAP)、差示逆转录(differential display of reverse transcriptional,DDRT)等,成为分子毒理学技术中的重要组成部分,并将逐渐取代在环境科学中使用了几十年最经典的突变检测技术 Ames 试验和其他传统的生理生化实验。

近年随着分子毒理学的发展,有人提出利用最新的基因组学技术来进行毒理学研究,由此出现一门新兴学科,称为毒理基因组学(toxicological genomics)。它主要研究基因表达与环境相关疾病的关系,探讨污染物产生的生物学效应,以及细胞调控网络与基因和接触剂量的关系。建立污染物与生物学效应的相关数据库,将毒理学、病理学与基因表达谱、蛋白质组学及单核苷酸多态性(single nucleotide polymorphism,SNP)分析结合起来,发展生物标志物(biomarker),提高预防疾病水平,并对致癌物质进行分类。毒理基因组学能够快速全面地检测出污染物和生物体相互作用后的全基因组表达的变化,再通过生物信息学的方法对污染物的毒性进行定性分析。它可以检测并筛选更多的生物标志物,解释有毒物质的致毒机理,降低风险评价的不确定性。已有的研究表明,毒理基因组学目前还局限于生物标志物的筛选和致毒机理的解释上,而没有充分利用全基因组变化的信息。此外,实验设计不统一、分析理论不完善、检测费用太昂贵等也成为毒理基因组学目前的发展障碍。这使目前毒理基因组学只能作为风险评价的参考,新发现的microRNA 毒理基因组和动态基因表达图谱的研究可能会成为一个潜在的发展方向。

当污染物排入环境之后,其中一部分经过不同的迁移转化途径进入生物体内。生物体内的污染物一部分通过代谢成为无毒的物质,另一部分则对生物体产生不利的影响或毒害作用。大量研究表明:污染物对生物体最早的作用是从生物大分子开始的,然后逐步在各级生物学水平上反映出来。采用分子生物学、细胞学、遗传学、生理学等生物学方法与技术,研究污染物及代谢产物与细胞内大分子的相互作用,找出作用的靶位点或靶分子,并揭示其作用机理,研究结果对环境效应具有超前预警作用,这是生物标志物的意义之一。其中,分子标志物的研究引人注目,生物标志物对于评价化学品暴露的生态风险和健康风险极其重要。

2. 生态毒理学的发展

人类所处的自然环境范围是一个不断扩大的领域范围,人类活动领域也在不断扩充,由此带来的大范围干扰对生物的影响作用不得不被关注。环境生物学研究由个体水平向宏观水平发展,研究对象扩展到种群、群落、生态系统及生物圈。种群的重要性突出地表现在它是物种存在与进化的基本单位,群落由不同种群组成,其特征取决于组成群落的物种类型及种群大小,群落与其相关的各种非生物因素(环境)一起构成生态系统,在群落与生态系统水平中,结构与功能特征变得更为复杂。人们发现:人为胁迫引起的群落与生态系统结构及功能改变比其他低级组构水平产生的变化对人类及生物界的生存具有更大更深远的影响。所以环境生物学研究向宏观方向的发展对解决区域环境问题等方面具有更重要的意义,这一发展趋势构成了生态毒理学系统研究。

"生态毒理学"一词由毒理学家 Truhaut 于 20 世纪 60 年代末首先创用,当时,生态毒理学确实被视为毒理学(以人类为研究对象)的一个分支,随后,其研究范围被大大扩展,包括污染因子对生态系统各组成部分的影响,这使原先局限于研究环境污染物对人类的影响扩展到对自然界生物系统的影响。生态毒理学从 20 世纪 80 年代中期开始才成为一门具有自身理论体系的独立学科,它是由化学、生态学和毒理学等学科交叉而发展起来的边缘学科。有人认为:生态毒理学是毒理学与生态学的交叉学科。毒理学家和生态学家对生态毒理学的学科分类地位有不同的看法,毒理学家认为它是毒理学的一个分支,而生态学家则认为它是生态学的一个分支。事实上,从目前国际上出版的期刊、专著、论文集和教材来看,在环境毒理学和生态毒理学的产生及发展过程中,这两个名称的定义经常相互包含,难以进行区分。但后来环境生物学的发展表明,对污染物的生物效应研究在个体效应的基础上不仅向微观发展,还向宏观发展。所以,环境毒理学不仅包括微观的分子毒理学,还包括宏观的生态毒理学。

生态毒理学不是一门单纯的学科,它是支持环境政策、法律、标准和污染控制的应用性很强的一门工具,被用于化学品和排放物的安全性评价、产品生物降解能力测试、生物技术产品的管理、污染治理技术的效果评估等领域。在 20 世纪 80 年代欧美各国出台的几乎所有环境管理方法中,都需要生态毒理技术参与并起到关键的技术支撑作用。在污染生态风险评价方面,美国从 20 世纪 90 年代以后改变了污染物终端控制的策略,加强了面源污染及其生态效应的控制研究,并根据化学品的行为模型、毒性模型和地理信息系统,对区域生态系统的承载能力、污染负荷恢复能力及修复生态系统的恢复情况进行综合的定量评价和预测。上海环境科学研究院运用自行设计制造的 SAES-MICROCSM 系统进行的河流生物治理技术安全性及效果评估,以及很多制药厂排放废水的 ERA,也是这方面的应用实例。前者对生物技术应用的生态影响及大环境使用的功效、限制条件做了充分的评估,后者不仅得到死鱼的概率,还确定了死鱼的范围,解决了多年来纳污河道内鱼类死亡的可能性问题,为环境污染控制提供了依据。

随着工农业的发展,越来越多的污染物进入环境并共存,过去的研究大多只注重单个污染物的环境效应,但很多环境效应无法用单一污染物的作用机理来解释,过去依赖单一效应制定的有关评价标准已无法真实反映环境质量要求。1939 年,Bliss 提出研究两种毒物联合作用的毒性,并首次提出了独立、相似和协同三种联合作用模型,至此污染物的联合作用才逐渐为人们所认识。中国工农业发展迅速,污染源类型众多、排放特征复杂,致使大气复合污染的特征十分明显(图 1-3-1)。至 2020 年中国在 $PM_{2.5}$ 污染控制领域虽取得积极进展,但 $PM_{2.5}$ 浓度与 $35\mu g/m^3$ 的国标相比仍存在差距,大气污染压缩性、复合性、区域性特征明显,二次颗粒物所占比重增加。与此同时,臭氧污染呈上升趋势。$PM_{2.5}$ 的化学组成十分复杂,不同时间和空间,细颗粒物的化学成分不同,但都不外乎包括无机成分、有机成分、微量金属元素、元素碳(EC)、生物物质(细菌、病菌、霉菌等)等,所以 PM$_{2.5}$污染是多种大气污染物共存而发生协同作用的结果。在污染单因素研究的基础上加强对污染综合效应和多组分复合污染的环境效应及其机理的研究,成为生态毒理学研究的另一个重要趋势。

日期	AQI	质量等级	PM$_{2.5}$	PM$_{10}$	NO$_2$	CO	SO$_2$	臭氧8小时
2020-01-18	207	重度污染	157	154	63	2.1	4	27
2020-01-19	60	良	28	69	24	0.5	2	60
2020-01-20	31	优	10	27	18	0.3	2	62
2020-01-21	60	良	43	56	43	0.9	7	44
2020-01-22	89	良	66	70	52	1.2	8	42
2020-01-23	77	良	56	63	36	0.9	6	71
2020-01-24	102	轻度污染	76	77	21	0.7	6	73
2020-01-25	193	中度污染	145	161	33	1	10	69
2020-01-26	202	重度污染	152	147	38	1.7	11	75
2020-01-27	208	重度污染	158	137	37	1.8	10	81
2020-01-28	221	重度污染	171	147	40	2.1	13	109

注:数值单位:μg/m³(CO 为 mg/m³),浓度数据是根据当天环保总站每小时数据计算求平均的结果。

数据来源:https://www.aqistudy.cn/historydata/.

图 1-3-1　北京市空气质量报告(摘录)

(二)环境生物技术的发展趋势

随着生物技术研究的进展和人们对环境问题认识的深入,人们已越来越意识到,现代生物技术的发展,为从根本上解决环境问题提供了希望,由此环境生物学形成了环境生物技术这门分支学科。环境生物技术是近几十年发展起来的将现代生物技术与环境工程相结合的新兴交叉学科,它直接或间接利用完整的生物体或生物体的某些组成部分或某些机能,建立降低或消除污染物产生的生产工艺,或者能够高效净化环境污染并同时生产有用物质的人工技术系统。

当今的环境生物技术开始被广泛地应用于环境监测。与传统的指示生物法不同,用于环境监测的环境生物技术充分运用了 PCR、生物传感器、生物芯片、酶联免疫测定等现代分子生物学技术,可在线、在位迅速地提供分子水平上的环境质量参数,成为环境质量预警中的重要组成部分。例如,张悦等研制了一种可以快速测定 BOD 的生物传感器,已被应用于海洋监测。

应用环境生物技术处理污染物时,最终产物大多是无毒无害、稳定的物质,例如 CO$_2$、H$_2$O、N$_2$,并且处理后产物避免了污染物的多次转移和二次污染,因此它是消除污染安全而彻底的一种方法。在环境生物技术中,对生物处理技术的研究最为成熟。早期的生物处理技术主要是利用微生物进行污染的治理,这已在水污染控制、大气污染治理、有毒有害物质的降解等方面得到广泛的应用。随着人类的生活要求提高和工农业生产迅速发展,大量人工合成物质是原来环境中所没有的,难以被天然微生物迅速降解转化,这就需要通过改变生物的遗传特性,使生物能够适应,并以这些污染物为营养物质,进而将其分解转化。所以,随着生物技术的发展,生物处理技术的研究主体开始转向构建高效降解菌,并将之用于污染治理和净化上,基因工程、细胞工程、酶工程和发酵工程等先进生物技术的飞速发展和应用,大大强化了生物处理过程,使生物处理具有更高的效率、更低的成本和更好的专一性,可最大限度地消除生态风险与隐患,净化环境,保护自然,为生物技术在环境保护中的应用展示更为广阔的前景。目前,人们已开发出一系列的环境生物技术及其产品,在水污染控制、大气污染治理、固体废物处理、有毒有害物质降解、废物资源化等环境保护的各个方面,发挥着极为重要的作用,使现代环境生物技术成为21世纪国际生物技术的一大热点。

大面积污染和生态破坏使环境面临的共同问题是生物多样性减少、生态系统退化。在大面积污染和生态破坏环境的修复方面,生态修复技术体现了它独特而强大的功能优势。生态修复技术是以恢复自然生态为目的的生物工程技术,主要利用生物特有的分解、积累有毒有害物质的能力,消纳环境中的污染物,达到恢复生态或将对生态系统的损害减少到最低程度的目的。在该技术研究的萌芽阶段,以治理环境中大范围石油烃污染最著名。例如,Jon E. Llidstrom 等曾成功地用高效降解菌解决了阿拉斯加 Exxon Valdez 王子海湾的油轮泄漏事件;美国 Charabarty 构建的可快速降解土壤和水体中石油组分的超级细菌在海湾战争中也得到了应用。目前生态修复技术已被不断扩大应用于环境中其他污染类型的大面积治理。随着生态修复技术的发展和研究的系统化,恢复生态学应运而生。

(三)预防生物技术的发展趋势

近年来,环境生物技术领域出现的另一个研究热点是人为胁迫条件下生物多样性的丧失及保护。因为解决环境问题的最好办法是从源头预防和控制,所以以可再生清洁能源的开发、清洁生产和生物多样性保护为主体的预防生物技术也应运而生。预防生物技术能保护、增殖和合理利用自然资源,使之不受到人为胁迫的威胁。本书的保护生物学与生命科学领域的保护生物学的区别是针对人类活动导致的人为逆境,主要是研究生态系统未受到人为胁迫之前生物多样性的保护、自然保护技术和自然保护地的生态建设,探索保护、增殖和合理利用自然资源的规律,协调人类与自然环境的关系,使自然资源尤其是生物资源能够得到持续利用。

第四节　环境生物学的学科特点和地位

一、环境生物学的学科特点

环境生物学作为环境科学与生物科学交叉的新兴学科,同其他学科之间具有密切的联系,其中联系较为紧密的有生态学、毒理学、环境化学、环境医学和环境工程学。环境生物学在发展过程中形成以下几个特点。

1. 具有明显的学科交叉性和综合性特点

现代科学体系的显著特征之一是学科之间相互渗透、相互交叉,在不同的学科之间形成一张学科网络。环境生物学也处于这张学科网络之中,它是环境科学与生物学这两个庞大学科体系的交叉科学或边缘科学。形象地说,环境生物学的基本特点是,在生物学的基本框架体系内浸透着环境科学的津液,萌生出若干传统生物学以外的生长点。环境生物学涉及环境科学、生物学、生态学、医学、生理学等众多学科领域。

2. 具有明显的基础理论性特点

环境生物学学科理论知识本身就是自然科学的基础知识,这决定了这门学科具有典型的基础理论性。人们应用环境生物学基础理论,指导相关的环境问题进行修复和治理,并可将其中的原理和方法应用到环境污染监测和评价中,间接地为人类社会可持续发展服务。

3. 具有明显的时代特征

随着各种新的技术手段的出现,新的生物学理论的提出,环境生物学中的相关内容必定发生相应的变动和发展。现代卫星摄像技术的出现使环境生物学研究范围扩大到整个生物圈,电子显微技术的出现使环境生物学可以在生物分子和细胞水平上深入展开。随着时代进步,人类对环境和生物的认识水平及手段不断提高和发展,环境生物学必将紧随时代发展,在宏观和微观两个生物学层次水平上深入发展。

二、环境生物学在环境科学中的地位

1. 从研究的最终目标看

环境生物学力求用生物学原理和生物方法解决环境污染和生态破坏问题,这是世界环境问题解决的最终去向。污染物在生态系统中的行为和对生物体的危害,以及生物体在净化环境污染中的作用,使我们充分理解了环境污染和生物之间的相互作用,更深层次地认识到环境保护的重要性,可见该学科在环境学研究中有着非常重要的作用。我们通过对环境生物学的学习,既可以了解和掌握污染物在生物体内从吸收到排泄的整个行为过程,以及环境污染对生物在各级水平上的影响,了解污染物的生物效应的检测方法,又可以进一步掌握生物净化环境污染的基本原理,了解生物净化的基本方法和常用的工艺。

2. 从与其他科学领域的关系看

以生态学和毒理学为例,许多生态学家认为生态学发展的主流应是研究生态系统,从生态系统整体上研究能量、物质和信息的流动与交换,并不分别深入地去分析、研究系统内各个组分的所有方面,而是研究其各个组分的相互关系和相互作用,并从系统整体上去研究其结构、功能与动态,达到整个系统的优化和调控的目的。环境生物学则深入具体组分,如研究生态系统中的微生物经过基因改良后对污染物的降解机理与降解动力学,这是生态学中不涉及的。环境生物学虽然和生态学在理论基础和研究方法上有许多共同之处,但在研究的切入点和研究层次上,环境生物学和生态学各有其特殊性。可见,环境生物学是以生态学为其理论基础的,并且与生态学的研究领域有某些重叠,但环境生物学和生态学仍各有其独特的研究范畴。毒理学是研究生物与环境相互作用的一个桥梁,是研究污染物对人体毒性的一门学科,传统的毒理学不涉及分子水平与细胞水平的研究,也不涉及生态群体的研究。环境生物学与毒理学的最大区别在于:环境生物学不仅研究环境污染对生物产生损害作用的发生、发展,还要阐明其作用机理及影响其毒性作用的各种因素和控制的规律,探索污染物损害生物的敏感指标,污染物在生物体内积累与污染物浓度/剂量的关系,以及生物代谢与浓度/剂量一效应的关系;在宏观上,要针对特定的生物区系中污染物,对生物种群、生物群落及生态系统的结构和功能的影响做出预测,并对污染物进行环境风险评价,确定污染物毒性大小、危害程度,以及致畸、致癌、致突变的作用,为制定环境标准提供科学依据。

3. 从与环境科学的其他学科关系看

环境生物学与环境化学在研究污染物的迁移、转化和归宿上平行进行。环境化学侧重污染物在无机环境中的行为,环境生物学侧重污染物在生物系统中的行为。两门学科相互补充、相互渗透,为环境监测提供了生物学方法,补充和完善了环境监测手段,并运用生物学手段评价环境质量或其污染状况,拓宽了环境质量评价和环境影响评价的思路;为环境工程解决污染问题提供了环境生物学原理和环境生物技术,拓宽了解决环境污染和生态破坏的道路。

小 结

环境生物学是研究人为逆境与生物系统之间相互作用规律及机理,并应用这些规律及机理解决环境问题的一门应用性很强的学科,人为逆境下的生物系统正是环境生物学研究的主要对象,其根本任务和最终目的是用生物学原理和生物学方法解决环境污染和生态破坏问题,研究内容包括环境毒理学实验研究、污染环境的生物学监测和评价、环境生物技术在污染治理和生态修复中的应用,研究方法分为野外调查和试验、实验室实验和模拟研究。

环境生物学作为环境科学与生物科学交叉的新兴学科,同其他学科之间具有密切的联系,其中联系较为紧密的有生态学、毒理学、环境化学、环境医学和环境工程学。今后的研究发展趋向是分别向宏观的生态毒理学和微观的分子毒理学两个方向进行。在此研究的基础上进一步认识环境问题的实质,提高解决环境问题、有效控制环境污染的能力;同时,在由污染控制和治理转向污染防治和污染最小化方面,充分利用生物的巨大能力,配合其他技术途径,对传统的工业生产工艺进行改造,以"清洁生产"逐步取代当前占主要地位的"末端治理"。

习 题

1. 归纳本章的专业名词并解释。
2. 环境生物学的分支研究领域包括哪些? 分别研究什么?
3. 阐述环境生物学的研究目的和研究内容。
4. 环境生物学的研究方法有哪些? 每种方法的优缺点如何?

第二章　外源性化合物在生物系统中的行为

【本章要点】

本章介绍了外源性化合物在生物体内的转运、转化和浓缩,以及从食物链营养级水平分析外源性化合物的生物积累和生物放大,用数学模型描述了生物浓缩的机理和生物浓缩系数的计算,介绍了外源性化合物的代谢动力学模型,以及影响外源性化合物在生物系统中行为的诸多因素。

污染物在环境中发生的各种变化过程称为污染物的迁移和转化,有时也称为污染物的环境行为或环境转归。污染物进入环境后,进行机械性或物理化学迁移,分布到大气、水、土壤等环境中,其形态、结构和浓度均发生很大变化,同时,生活在其中的生物体也会主动或被动地对污染物进行吸收或做出响应。如果是化学污染物,吸收进入体内后经循环系统或运输组织输送到生物体内的各个细胞、组织及器官,将会发生生物转化导致化学结构和性质改变。一部分污染物经生物转化后排出体外,而有些污染物由于其自身具有的特殊性质,会在生物体内积累,积累的这部分污染物还可随着生态系统中食物链营养级的转移而在更高营养级的生物体内积累,造成生物放大。

在环境化学中,重点介绍化学污染物迁移扩散到大气、水、土壤环境的行为及其机理。本章着重探讨包括化学污染物的外源性化合物进入生物机体的一系列行为,包括外源性化合物在生物机体内的吸收、转化、运输、分布、积累、排出及随食物链放大等过程。外源性化合物在生物系统中的行为是极其复杂的,在一系列的行为中都可以体现生物对外源性化合物的抵御和对逆境的抗性,有关抗性将在第四章讲述。

第一节　外源性化合物在生物体内的转运

一、暴露和跨膜转运

(一)暴露

外源性化合物在大气、土壤和水体的迁移及转化过程中有很多途径和机会与身处其中的动物、植物和微生物相接触,进而可以通过多种方式进入生物体内。对于单细胞生物和低等生物来说,暴露与吸收是在细胞表面或体表进行的,主动或被动摄入的方式都很简单,如变形虫的伪足捕食、蝎子的体外消化吸食等。对于高等生物来说,外源性化合物由环境通过动物的呼吸道、消化道、体表和植物的气孔、导管、筛管、体表等途径到达机体吸收的界面(细胞质膜)。外源性化合物通过不同途径与动物、植物和微生物相接触的过程称为暴露(exposure)或接触(contact)。

外源性化合物在环境中的绝大多数反应过程均发生在环境界面上,水体颗粒物、水体/沉积物、土壤/土壤溶液/植物根系等都是重要的环境界面。外源性化合物环境界面行为主要包括:发生在固/液/气界面的吸附、脱附、挥发等物理过程;沉淀、溶解、氧化还原、络合、水解等化学过程;发生在固/液/气生物界面的吸附富集、跨膜/转运、转化/降解等生物过程。环境界面与外源性化合物本身的性质及两者之间的相互作用决定了这些反应的复杂性,也决定了外源性化合物在环境中的迁移转化规律和它到达机体吸收界面的形态及组成,从而进一步影响生物可利用性或生态毒性,甚至通过食物链对人体健康产生危害。

(二)跨膜转运

尽管不同生物对外源性化合物的暴露途径多种多样,但生物机体对任何外源性化合物的吸收均需要通过各种生物膜屏障进出细胞、组织和机体。生物膜包括细胞质膜和细胞器膜,外源性化合物通过跨膜转运穿过细胞质膜。外源性化合物的理化性质、分子量和结构不同,跨膜转运的方式也不同。生物膜的结构特点,高中已经学习,下面讲述外源性化合物跨膜转运的方式。生物并没有一套专门用于外源性化合物跨膜转运的机制,而是通过进化过程中形成的营养物质和代谢物的转运机制完成外源性化合物的转运。

物质的跨膜转运包括被动转运(passive transport)、主动转运(active transport)和膜动转运(cytosis transport)。它们各有特点,是生物膜完成物质转运过程的保证。

1. 被动转运

被动转运是指小分子或离子顺着浓度梯度或电位梯度通过生物膜的扩散过程。被动转运的特点是在转运过程中生物膜不具有主动性,是一种纯物理化学过程,不需要载体,也不需要消耗细胞的代谢能量(ATP 等)。因此,被转运的物质只能由浓度较高部位透过生物膜转运到浓度较低的部位。被动转运分为简单扩散(simple diffusion)、滤过(filtration)和易化扩散(facilitated diffusion)三种方式(图 2-1-1)。

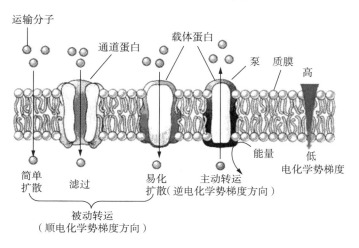

图 2-1-1　被动转运和主动转运示意图

（1）简单扩散

简单扩散在高中已经学习，在此不重复讲述。

（2）滤过

滤过是外源性化合物透过生物膜上亲水性孔道的转运过程，是分子直径小于生物膜亲水性孔道直径的水溶性外源性化合物的主要转运方式。亲水性孔道由嵌入脂质双分子层中的蛋白质结构中的某些亲水性氨基酸组成，凡分子直径小于孔道直径的物质，皆可在流体静压或渗透压作用下随同水流跨过生物膜而被转运。大多数细胞的膜孔较小，约为 0.4nm，如肠道上皮细胞和肥大细胞；肾小球毛细血管内皮细胞的膜孔较大，为 7～10nm。一般情况下，凡相对分子质量小于 100～200 的化合物均可通过直径为 0.4nm 左右的亲水性孔道。

（3）易化扩散

易化扩散在高中已经学习，在此不重复讲述。

2. 主动转运

主动转运在高中已经学习，在此不重复讲述。主动转运须有载体参加，生物膜上的载体具有一定的容量，当外源性化合物浓度达到一定程度时，载体饱和，转运即达到极限。主动转运的载体具有一定的选择性，外源性化合物只有具有一定的基本结构才能被转运。如果结构发生改变，可影响到转运过程的进行。如果两种外源性化合物相似，且在转运中需使用同一转运载体，则两种外源性化合物之间可出现竞争，并导致竞争性抑制。有些外源性化合物由于其化学结构和性质与生物体内某些营养物质或内源性化合物相似，便可以借助后者的载体系统进行转运，如重金属铅可利用钙的载体 5-氟尿嘧啶通过嘧啶运转系统等，这导致了内源性化合物的正常转运受到影响。主动转运载体如钠钾泵、钙泵等对维持细胞内正常的钠、钾、钙浓度有重要的生理作用，同时对已吸收的外源性化合物从体内排出具有重要意义。例如，肾、肝及中枢神经系统的血脑屏障等处，其细胞膜均具有主动转运有机酸及有机碱的载体，因而可转运相应的外源性化合物将之排出体外。再如，铅、镉、砷等外源性化合物，通过肝细胞的主动转运而进入胆汁，从而排出体外。

3. 膜动转运

膜动转运是细胞与环境之间进行的一些大分子物质的交换过程，此种转运过程具有特异性，生物膜呈主动选择性并消耗由细胞呼吸作用产生的 ATP 能量。膜动转运可分为胞吞（endocytosis）和胞吐（exocytosis）作用（图 2-1-2）。

当细胞摄取大分子时，利用细胞膜的流动性，首先是大分子附着在细胞膜表面，这部分细胞膜内陷形成小囊，包围着大分子，然后小囊从细胞膜上分离下来，形成囊泡，进入细胞内部，这种现象叫胞吞。胞吞作用可分为吞噬作用、胞饮作用和受体介导的胞吞作用。吞噬作用是以大的囊泡形式内吞较大的固体颗粒、直径达几微米的复合物、微生物及细胞碎片等的过程。胞饮作用是指以小的囊泡形式将细胞周围的微滴状液体（直径一般小于 $1\mu m$，常含有离子或小分子）吞入细胞内的过程，不具有明显的专一性。受体介导的胞吞作用是指被内吞物（配体）与细胞表面的专一性受体相结合，并随机引发细胞膜的内陷，形成的囊泡将配体裹入并输入细胞内的过程，它是一种专一性很强的胞吞作用。

胞吐和胞吞是两种方向相反的过程。细胞需要外排的大分子颗粒性物质先在细胞内形成囊泡，囊泡移动到细胞膜处，与细胞膜结合，将大分子排出细胞，这种现象叫作胞吐，胞吐也需要消耗能量。

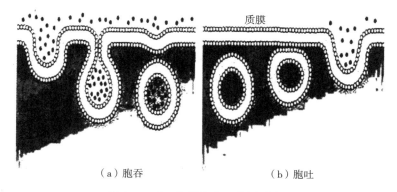

（a）胞吞　　　　　　　　（b）胞吐

图 2-1-2　胞吞和胞吐作用示意图

相对而言，膜动转运在整个转运过程中的重要性不如其他转运方式，但在一些大分子颗粒物通过吞噬细胞由肺部去除或者被肝或脾的网状内皮系统由血液去除的过程中起着主导作用。

二、生物对外源性化合物的吸收

外源性化合物透过机体的生物膜进入体液的过程称为吸收（absorption）。在实际情况中，外源性化合物以何种方式被吸收入生物体内，主要取决于外源性化合物本身的化学结构、理化性质及环境条件等。生物机体不同的吸收部位对外源性化合物的吸收程度不同，不同类群的生物体吸收外源性化合物的途径也存在很大差别。本节分别以高等维管束植物、陆生哺乳动物和微生物为例讲述生物机体吸收外源性化合物的途径。

（一）植物的吸收

高等植物对外源性化合物的吸收是一个复杂的生理过程，它一方面与吸水有关，另一方面又有其独立性，对不同离子的吸收有选择性。例如，对陆生植物而言，植物体同时生活在土壤和大气中，植物体的地上部分和地下部分具有不同的生理结构特点，而且这两个部分所处的环境也存在很大差异，因此在对外源性化合物的吸收上也表现出不同的特征。

1. 根部的吸收

迁移至根系表层的外源性化合物并不能全部进入植物体，它们首先要面对的是根系表皮的选择性吸收，外源性化合物的理化性质将决定其能否通过表皮进入根系内部。

1）对有机污染物的吸收

研究发现，土壤中有机污染物可通过根部吸收并随着蒸腾流沿木质部向地上部分迁移，植物根部对有机污染物的吸收可分为主动吸收和被动吸收两种方式，但以被动吸收为主。根部被动吸收可以看作有机污染物在土壤固相-土壤水相、土壤水相-植物水相、植物水相-植物有机相之间的一系列连续分配过程。首先,土壤固相吸附的有机污染物溶解于土壤水中,在土壤固相和土壤水之间分配;其次,土壤水中的有机污染物在蒸腾拉力作用下随水流进入植物体,在土壤水与植物水之间分配;最后,植物水中的有机污染物溶解到植物脂肪物质中,在植物水和植物有机相之间分配。这些分配过程同时并存又相互影响,共同决定着有机污染物在土壤－植物系统中的迁移行为。显然,植物体根部对有机污染物的被动吸收受到外源性化合物的性质、土壤类型及植物组成等因素的影响。例如,多氯联苯(PCBs)、二噁英等具有较高脂/水分配系数的有机污染物能在根部强烈富集;有学者研究了土壤有机质对植物吸收有机污染物的影响,发现生长于沙土(有机质含量 1.4%)上的作物(如萝卜、胡萝卜等)中狄氏剂的含量明显高于生长于黏土(有机质含量 66.5%)上的作物,这显然与土壤中有机污染物的生物可利用性有关,有机质含量高的土壤会吸附或固定大量疏水性有机物,降低其生物可利用性。

2)对离子型外源性化合物的吸收

离子型外源性化合物进入植物体最重要的途径是经根系吸收。根系吸收离子型外源性化合物分为两个过程:首先,将离子吸附在根部细胞表面,这一步主要通过交换吸附进行,即含有无机离子的土壤水溶液被吸收至根系表皮或其外层组织,这些组织的自由空间较大,相当于根体积的 10%～20%;其次,离子通过质外体(apoplast)和共质体(symplast)两条途径进入根部内部。质外体是指植物体内由细胞壁、细胞间隙、导管等所构成的允许金属离子、水分和气体自由扩散的非细胞质开放性连续体系,无机离子和水经该途径在根内横向迁移,通过细胞壁和细胞间隙等质外空间到达内皮层。共质体是指植物体内细胞原生质体通过胞间连丝和内质网等膜系统相连而成的连续体,该途径要通过细胞内原生质体流动和细胞之间相连接的细胞质通道(图 2-1-3)。彭鸣等用扫描电子显微镜与 X 射线显微分析的结果表明,不同重金属在玉米根内的横向迁移方式不同。例如,镉主要是以共质体方式在玉米根内横向迁移,铅主要是以质外体方式在玉米根内移动。当进入两条途径的水分和无机离子到达内皮层时,由于凯氏带的存在,只有经过共质体途径才能到达根部内部或导管(关于凯氏带的屏障作用详见第四章第一节)。

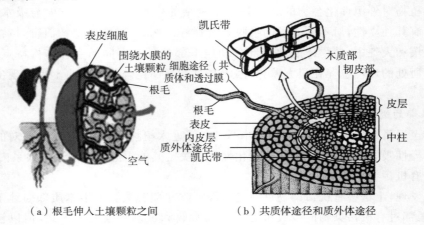

(a)根毛伸入土壤颗粒之间　　(b)共质体途径和质外体途径

图 2-1-3　植物根部对外源性化合物的吸收

　　植物通过根系从土壤或水体中吸收水溶态外源性化合物,其吸收量与外源性化合物的含量、土壤类型及植物品种等因素有关。外源性化合物含量高,植物吸收的就多;在沙质土壤中的吸收率比在其他土质中的吸收率要高;块根类作物比茎叶类作物的吸收率高;水生作物比陆生作物的吸收率高。除了上述因素,植物对外源性化合物的吸收还受诸如温度、根系环境的通气状况、土壤溶液的离子浓度、pH 值等各种环境因素的影响。例如,在一定范围内,根部吸收外源性化合物的速率随着土壤温度的升高而增加,但过高或过低的土壤温度会减缓根系的吸收速率;氧气供应越充分,根系的吸收功能越强。当二氧化碳过多时,会抑制呼吸作用,从而降低根系的吸收功能。

　　2. 地上部分的吸收

　　植物地上部分的营养体包括叶、枝条和茎干,枝条和茎干部有较厚的外皮层保护,可以有效地阻止外源性化合物的吸收,所以对外源性化合物吸收的主要器官是叶片。

　　无机外源性化合物除了根部吸收,主要通过叶片气孔进入植物体内。例如,二氧化硫可沿最短扩散路线进入气孔复合体到达孔下腔,然后,一部分直接被表皮细胞吸收,再到达保卫细胞而影响气孔的张开或闭合,另一部分被孔下腔周围的叶肉细胞吸收。无机外源性化合物还可以通过叶片表面覆盖的角质层进入植物体内,叶片表面覆盖的角质层是由多糖和角质组成的保护层,无结构,不易透水,但角质层中有细微的亲水性孔道。例如,甘蓝叶片角质层小孔的直径为 6~7nm,含有无机外源性化合物的溶液经过角质层孔道到达表皮细胞外侧细胞壁,再经细胞壁中的外连丝到达表皮细胞质膜。

　　叶片吸收外源性化合物的种类和数量受诸多因素的影响,如表面张力、温度、呼吸抑制剂、植物的内在因素等。表面张力是水溶性化合物经角质层吸收的最大阻力,表面活性剂或增湿剂如吐温、三硝基甲苯等可降低表面张力,能促进叶片对外源性化合物的吸收。刘支前等研究了表面活性剂对草甘膦在蚕豆叶面吸收的影响,结果发现,不加任何表面活性剂时,草甘膦药液不能直接经气孔吸收,添加 0.5% 的有机硅表面活性剂 Silwet L-77 后,草甘膦的气孔吸收率可达 85.4%。不过,气孔吸收草甘膦的程度还与植物种类等密切相关,植物种类不同,气孔的结构和组成存在很大差异,吸收也有很大差别,对于小麦叶片,即使添加 0.5% 的 Silwet L-77,其气孔的吸收率也不足 20%。

　　(二)动物的吸收

　　陆生哺乳动物对外源性化合物的吸收主要有呼吸道、消化道和皮肤三条途径,和内源性物质的吸收的机理和方式相同,高中学习过,在此不重复讲述。

　　(三)微生物的吸收

　　微生物是自然界中分布广、种类多、繁殖快和适应力最强的一大类生物。正是由于其本身的这些特点,微生物对外源性化合物有着很强的吸收、分解和固定能力。例如,有的微生物细胞吸附的重金属可达细胞干重的 90%,吸附到细胞表面的外源性化合物进一步可被微生物吸收到体内。由于大多数的微生物种类都是单细胞生物,没有组织和器官的分化,它们对外源性化合物的吸收具有不同于高等动植物的特点,一般只能通过细胞表面进行物质交换和吸收,因此绝大多数微生物属于渗透营养型。根据微生物从环境介质中吸收物质的方式不同,可将微生物对外源性化合物的吸收分为胞外富集/沉淀、细胞表面吸附或络合、胞内富集。其中,细胞表面吸附或络合方式对死活微生物都存在,而胞内和胞外的大量富集往往要求微生物具有活性。一个吸收过程中可能会存在一种或多种机制,微生物的吸收能力决定了它在人为逆境中的抗性,抗性强的微生物正是污染治理净化环境中的主力军,利用微生物强大的吸收和代谢转化机制,在环境污染的治理过程中已筛选出一批优良的微生物品种(关于微生物的吸收详见第四章)。

三、外源性化合物在生物体内的运输和分布

(一)运输

1. 外源性化合物在植物体内的运输

高等植物体内的运输十分复杂,包括短距离运输和长距离运输。短距离运输是指胞内与胞间运输,主要靠扩散和原生质的吸收与分泌来完成。长距离运输是指器官之间的运输,主要在韧皮部和导管中进行。外源性化合物在高等植物体内的运输通道不仅包括木质部导管和韧皮部筛管的纵向运输,还包括木质部和韧皮部之间的横向运输。运输机制和方式同内源性物质运输,高中学习过,在此不重复讲述。

2. 外源性化合物在动物体内的运输

外源性化合物在动物体内远距离运输的主要途径是循环系统,其通道由血管和淋巴管构成。无脊椎动物和脊椎动物的循环系统有较大差别。在无脊椎动物体内,外源性化合物主要通过血淋巴运输,而在脊椎动物体内主要通过血液循环运输,少部分通过淋巴循环运输。

从不同器官吸收的外源性化合物,其运输途径不尽相同。以陆生哺乳动物为例,从消化道吸收的外源性化合物首先进入肝门静脉,然后通过肝脏,随血液流向心脏,进而运输到全身各处,因为在肝脏中会发生生物转化,所以由该途径运输的外源性化合物在生物体内以原型产生生物学作用的时间相对较短,机会相对较少。该途径是外源性化合物在体内运输的主要途径,故先经肝脏代谢解毒对保护机体免遭过量有毒外源性化合物的损害具有积极意义。以下三条途径没有先经过肝脏解毒:从呼吸道吸收的外源性化合物经肺循环直接进入循环系统而分布到全身组织细胞,从口腔和直肠吸收的外源性化合物直接进入血液循环,从皮肤吸收的外源性化合物直接进入毛细血管网和淋巴管网。这三条途径吸收的外源性化合物以原型对生物机体作用的机会相对较多。

(二)分布

外源性化合物通过吸收进入体液后,经循环系统、输导组织或其他途径分散到机体各组织细胞的过程称为分布(distribution)。单细胞生物(如单细胞藻类)吸收外源性化合物后,其分布仅涉及细胞内不同细胞器之间的分配,对于结构复杂的高等生物,其分布过程则复杂得多。

1. 外源性化合物在植物体内的分布

植物的根、茎、叶、果实和种子等不同器官中外源性化合物的含量常有相当大的差异。一般而言,从根部吸收的外源性化合物大部分分布在根内,其次为茎叶部,种子和果实组织中最少。若由叶面吸收,则叶组织含量较高,其他组织较少。这种分布格局与外源性化合物在植物体内的远距离运输有关。此外,外源性化合物在植物体内的分布也因是否参与循环利用而不同。参与循环的物质如氮和磷,多分布于代谢较为旺盛的幼嫩部

位;不参与循环的物质如钙和铁,则器官越老含量越多。

除上述因素外,外源性化合物在植物体内的分布还与植物种类、吸收途径等因素有关。如果植物从大气中吸收外源性化合物,则在植物体内的残留量常以叶部分布为最多。例如在含氟的大气环境中种植的番茄、茄子、黄瓜、菠菜、青萝卜、胡萝卜等蔬菜,其体内氟的含量分布符合此规律;若植物从土壤和水体中吸收外源性化合物,其残留量的一般分布规律是根>茎>叶>穗>壳>种子。例如在被镉污染的土壤中种植水稻,其根部的镉含量远大于其他部位。实验表明,植物的种类不同,对于外源性化合物吸收残留量的分布,有的不符合上述规律,例如在被镉污染的土壤中种植的萝卜和胡萝卜,其根部的镉含量低于叶部。

2. 外源性化合物在动物体内的分布

外源性化合物经呼吸道、消化道、皮肤等途径进入动物体内后,理论上说应随血液和淋巴的流动均匀分布到全身各组织器官。但事实并非如此,不同的外源性化合物在机体内的分布不一样,同一种外源性化合物在机体内各组织器官的分布也不均匀,这是因为外源性化合物在体内的分布与各组织器官的亲和力、血流量、存在状态及其他因素有关。一些外源性化合物由于和某种组织的亲和力强,或由于具有高度脂溶性,易在该组织聚集或蓄积,聚集或蓄积的部位可能在靶器官或靶组织,也可能在蓄积器官或蓄积组织(关于靶器官和蓄积器官在第三章介绍)。外源性化合物在体内随血液运输,分布的开始阶段,血液供应越丰富的器官(如肝脏),外源性化合物的分布量越多,但随着时间的延长,外源性化合物在组织器官的分布越来越受到其与组织器官亲和力的影响,形成化学物的再分布。例如染毒铅 2h 后,约 50% 剂量的铅分布在肝脏内,1 个月后,体内残留的铅有90% 分布在骨中;又如静脉染毒亲脂性化学物 2,3,7,8-四氯二苯并对二噁英(TCDD)5min 后,15% 的剂量分布在肺部,约 1% 在脂肪组织中,而 24h 后,20% 的 TCDD 分布在脂肪组织中,留在肺部的仅 0.3%。可见,外源性化合物在体内组织器官的起始分布取决于血流量,而最终的分布取决于亲和力。外源性化合物在体内的运输存在结合态和游离态两种形态,吸收进入血液的外源性化合物仅有少数呈现游离状态,大部分与血浆蛋白结合,随血液流动到达全身各组织器官。结合态和游离态呈动态平衡,结合态不会分布到组织器官中,只有当结合态释放进入血液成游离态后,才会进入组织器官并可能呈现毒性作用。此外,体内特定部位存在的一些屏障也会导致外源性化合物分布不均匀,例如血脑屏障、胎盘屏障等(详见第四章),它们可以分别阻止或减缓外源性化合物由血液进入中枢神经系统和由母体透过胎盘进入胎儿体内,这是机体的防御功能。动物刚出生时血脑屏障尚未完全建立,因此许多外源性化合物对初生动物神经系统的毒性比成年动物高,例如铅对初生大鼠引起的一些脑病变,在成年大鼠的脑中不会出现。

四、外源性化合物的排出

排出(elimination)是外源性化合物及其代谢产物由机体向外转运的过程,是机体中物质代谢过程的最后一个环节。排出途径因生物种类不同而存在很大差异。对于高等动物,外源性化合物由机体排出的主要途径是通过肾脏随同尿液排出,其次是通过肝脏随同胆汁混入粪便排出体外,还有少量气态物质通过肺部随同呼出的气体排出,还有可随同汗液、乳汁、唾液等排出体外,但相对来说不占主要地位。植物虽不像动物那样有专门而复杂的排出系统,但也可以通过一些独特的方式进行外源性化合物的排出。

（一）植物对外源性化合物的排出

外源性化合物并不是长期存留在植物体内,而是可以经不同途径排出体外。活的植物对于金属、类金属的排出往往通过根系分泌作用,而气态化合物可以通过叶面呼吸带走,对于农药等有机共轭化合物,则可以通过叶片或其他器官的衰老脱落而排出体外。

（1）通过植物体某些器官(如叶片)的脱落和蒸腾作用,将外源性化合物排出体外。受污染的植物体内脱落酸(ABA)含量上升,促进叶片提早衰老而落叶,以此对外源性化合物表现出一定抗性。植物接触镉等重金属时,核糖酶活性随镉的浓度增加而上升,此酶的作用与 ABA 相似,能使叶片衰老,提前脱落。还有部分外源性化合物,尤其是挥发性化合物,可以随气孔蒸腾作用而排出体外。例如,植物体内较高含量的汞以挥发的形式排出体外;进入植物体内的硫化物经代谢转化后以硫化氢及其他挥发态硫化物的形式排出体外。

（2）通过雨水淋洗排出体外。例如,氟化物在植物叶中减少的原因有生长稀释和雨水淋洗等,主要以后者为主。植物吸收氢氟酸后,在叶片内仍以可溶性存在,但可被雨水淋洗一部分。美国科学院报道,饲料作物中氟化物含量与降雨量成反比。

（3）通过分泌排出体外。植物分泌是一种物质从原生质体分离或将原生质体的一些部分分开的复杂现象。可分泌的有盐离子、有机物、代谢终产物(如植物碱、单宁、萜烯、树脂及各种结晶等)、具有某种功能的物质(如酶、激素等)及排泄物。柜柳、瓣鳞花、红砂、大米草、红树及补血草等泌盐植物能在含盐量较高的土壤中生长,是因为它们的根细胞对环境中的盐类有很高的通透性,可吸收大量的盐分,这些过量吸收进入的盐分是机体非必需的多余成分,故通过茎、叶表面密集的分泌腺(盐腺)或树干的皮孔将它们排出体外。

（4）通过再生排出体外。有些植物从环境中吸收大量外源性化合物之后,经体内运输而分布到体内组织器官,当这些外源性化合物的含量超过一定限度时,就会对该组织器官产生毒性作用,进而使其生长发育异常甚至死亡。若这些组织器官是可再生的,则植物体可以以舍弃这些组织器官、重新长出新器官的方式排出这些外源性化合物。这虽然不是一种正常的排出途径,却是一种很有效的方式。

（二）动物对外源性化合物的排出

动物对外源性化合物的排出机制和方式同内源性物质的排出,在高中学习过,在此不重复讲述。

（三）微生物对外源性化合物的排出

微生物对环境中外源性化合物特别是重金属的排出主要依靠其体内存在的外排和抗性系统。例如,在金黄色葡萄球菌的革兰氏阴性细菌中存在镉、锌离子的 CadCA 阳离子外排系统,为 CadCA 基因编码的位于膜上的泵蛋白,该基因位于金黄色葡萄球菌质粒 PI258 的 CadCA 操纵子上。CadCA 阳离子外排系统是金黄色葡萄球菌对重金属镉产生抗性的遗传学基础,在金黄色葡萄球菌中还发现了存在于质粒、由基因 CadB 编码的抗镉系统及编码促进镉外排的外流蛋白。在产碱杆菌的质粒 pMOL 上存在外排钴、锌、镉的CzcCBAD 系统,此外,还发现存在于质粒 PMCI28(＋)可排放钴、镍、铬离子的 chr 基因。目前在细菌中还发现两种外排铜的抗铜系统,一种是存在于丁香假单胞菌中的抗铜 Cop系统,另一种是在大肠杆菌中发现的 Pco 系统,但这两种抗铜系统如何将铜离子排出细胞外的分子机制尚未弄清楚。微生物通过分泌或呼吸作用排出,在细胞内转化形成的有机金属化合物,是微生物自身对有毒金属的一种解毒方式,但被排出的金属化合物,可能比其原形态对高等生物具有更大的危害性。另外,微生物可以把化合态金属还原成单质。例如,将甲基汞转化成单质汞,后者具有足够的蒸气压,从所在水体扩散至空间,这种转移方式可以暂时或永久将金属从生物接触的环境中清除出去。

第二节　外源性化合物在生物体内的转化

一、生物转化的概念

外源性化合物的生物转化是指进入生物机体的这些因子在体内酶催化下发生一系列代谢变化的过程。生物转化发生在生物体的不同器官和组织,但以生理和代谢活跃的器官和组织为主,在人体内,肝、肾、胃、肠、肺、皮肤和胎盘等组织都具有生物转化的功能,其中肝脏是机体内最活跃也最重要的代谢器官,外源性化合物的生物转化过程主要在肝脏进行,若外源性化合物未经肝脏的生物转化作用而直接分布至全身,对机体的损害作用相对较强。肺、肾、肠道、脑、皮肤等器官组织也具有一定的生物转化能力,虽然其代谢能力及代谢容量可能相对低于肝脏,但外源性化合物在这些组织中发生的代谢转化有些具有特殊的意义。

二、与生物转化有关的几种重要的酶

(一)微粒体混合功能氧化酶

外源性化合物进入机体后,几乎都能被微粒体的氧化酶催化进行氧化反应,这里的微粒体并非独立的细胞结构,而是肝细胞磨成匀浆后分离得到的内质网碎片。催化氧化反应的微粒体酶特异性较低,该酶系不仅对多种形式的氧化作用有催化能力,使氧分子呈现多种功能,还能在某些种属动物中参与硝基和偶氮的还原作用,因此将这类酶称为微粒体混合功能氧化酶(microsomal mixed function oxidase system,MFOs)。MFOs 是电子传递系统,存在于所有的脊椎动物和大部分无脊椎动物体内的细胞内质网上,但其在肝脏中的活性比其他组织中的活性要高得多。

MFOs 是外源性化合物在体内进行相 I 反应中的关键酶系,由三部分组成:①血红素蛋白类,包括细胞色素 P-450(CytP450)和细胞色素 b5(Cytb5);②黄素蛋白类,包括NADPH-CytP450 还原酶和 NADH-Cytb5 还原酶;③磷脂类。这些组分中以 CytP450最为重要,这是一类同工酶,这类酶在与一氧化碳结合和还原时,用分光光度法测得的吸

收峰在 450nm 附近,故此得名。CytP450 是电子传递系统末端的氧化酶,是底物直接连接部分,因而决定了反应的专一性。从生理作用来看,MFOs 参与体内胆固醇、胆汁酸、类固醇、激素、维生素 D 的生物合成和代谢;从解毒作用来看,许多外源性化合物经该酶系统代谢,形成极性较大的产物,大多数被转化成低毒易溶的代谢产物排出体外,也有些会变成高毒物甚至致癌物。MFOs 及其他代谢酶的诱导对化学致癌作用的影响目前正在进行进一步研究。

　　MFOs 的催化机制分为以下几步(图 2-2-1):氧化型 CytP450-Fe^{3+} 首先与还原性底物 RH 结合形成一种复合物;再在 NADPH-CytP450 还原酶的作用下,由 NADPH 提供一个电子使其转变为还原型 CytP450-Fe^{2+} 复合物;此复合物和一个分子氧结合形成含氧复合物;该含氧复合物再加上一个 H^+ 和由 NADPH-CytP450 还原酶或 Cytb5 提供的第二个电子,转变成 Fe^{2+}-OOH 复合物;第二个 H^+ 的加入使 Fe^{2+}-OOH 复合物裂解,形成水和 $(FeO)^{3+}$ 复合物;该复合物将氧原子转移到底物上,生成 ROH,并提供一个电子,使其中的超氧阴离子(O_2^-)活化,生成 ROH 产物,此时 CytP450-Fe^{2+} 变为 CytP450-Fe^{3+},可再次参与下一轮循环(图 2-2-1)。在 CytP450 催化的过程中,如果在不同的步骤中断(解偶联),则可分别进入产生单电子还原、生成 O_2^- · 、H_2O_2 和过氧化物的旁路。MFOs 催化氧化的总反应为

$$RH + 2NADPH + O_2 \xrightarrow{\text{CytP450}} ROH + NADP^+ + H_2O$$

或

$$RH + NADPH + NADH + O_2 \xrightarrow{\text{CytP450}} ROH + NADP^+ + NAD^+ + H_2O$$

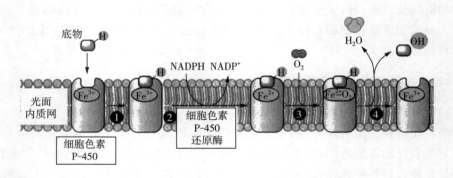

图 2-2-1　CytP450 的催化机制

　　尽管在哺乳动物、鸟类、爬行类、两栖类、鱼类和一些无脊椎动物中都具有 MFOs,但MFOs 具有明显的物种差异性和多样性。例如,PAHs 在不同鱼中诱导不同形式的MFOs,不同形式的 MFOs 催化功能不同。多克隆抗体和 cDNA 探针研究已表明CytP450基因有多种形式,根据基因序列和染色体定位,确定了总族、族和亚族,CytP450基因总族有 27 个 P450 基因族,共 154 个基因,并已确定 CytP450 是一个蛋白质超家族(Cytochrome P450 proteins,CYP),有多个亚家族,包括 CYP3A4、CYP3A5、CYP2D6、CYP2C9、CYP2C19 等,每种 CytP450 对底物有专一性的特征谱。

（二）环氧化物水化酶

环氧化物水化酶（epoxide hydrolase，EH）以多种同工酶形式存在，广泛分布于动物界（包括人类）。EH 是一种微粒体酶，主要分布在肝脏内质网上，研究表明，它还分布于肝细胞的核膜和胞浆中，而在环氧化物酶体、溶酶体和线粒体中缺失，在肺、肾、小肠、结肠、脾、胸腺、心、脑、睾丸、卵巢及皮肤中也存在。

到目前为止，已有大量文献报道研究 EH 催化环氧化物水解、开环、生成相应二醇的反应，其催化过程是通过酶与底物共价结合形成中间体而开环（图 2-2-2）。例如，黑曲霉的 EH，首先位于酶帽子结构中的两个 Tyr 残基将环氧化物中的一个 O 质子化，其次酶的一个 Asp 残基进攻该部分被质子化的环氧化物，形成一个共价结合的中间体，然后落入酶活性中心的一个水分子受到 His 残基和另一个 Asp 残基的活化失去一个质子，形成一个—OH，该—OH 进而进攻 Tyr 被还原，环氧化物被水解生成二醇。通过标记实验，证实环氧化物水解产生的二醇中的 O 来自 Asp 残基，而非被夺取了质子的 H_2O 分子。EH 在致癌物的形成中扮演一定角色，所以被作为肝癌的早期标志而受到广泛关注。例如，苯并（a）芘（BaP）在 CytP450 催化下生成 BaP-7,8-环氧化物，再经过 EH 的作用生成 BaP-7,8-二氢二醇，经 CytP450 的再次作用形成终致癌物 BaP-7,8-二氢二醇-9,10-环氧化物。

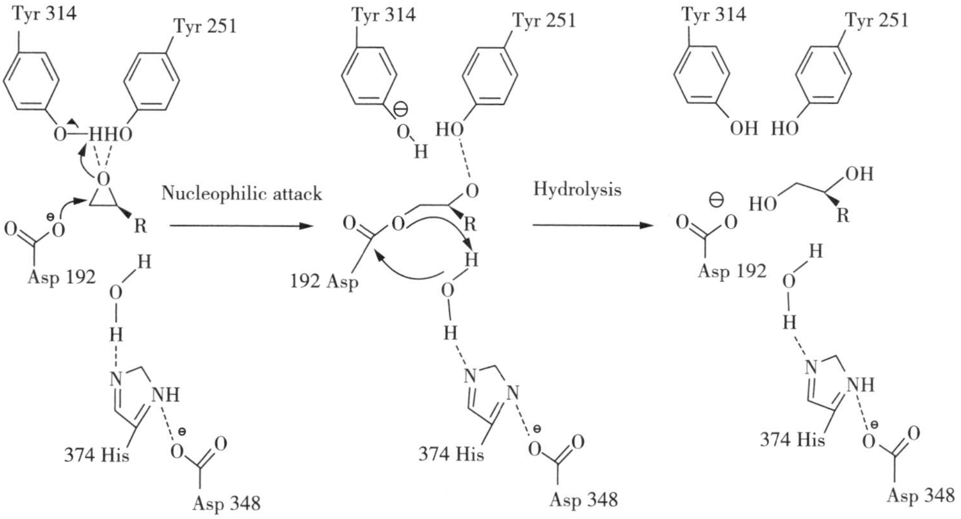

图 2-2-2 EH 的催化机理

（三）甲基转移酶

甲基转移酶（transmethylase）也称转甲基酶，催化甲基化反应。甲基化反应广泛存在于生物体内，从原核生物到真核生物，许多重要生理环节涉及甲基转移酶的调控作用，如基因表达的抑制或关闭、DNA 损伤的修复，以及微生物、动物、植物体内代谢过程中间产物的合成与降解反应等。根据作用对象，甲基转移酶可以分为两类：遗传物质甲基转移酶和非遗传物质甲基转移酶，前者催化遗传物质胞嘧啶生理性的甲基化和由诱变物质导致的非生理性甲基化两种过程，后者根据底物的作用位点分为氧-甲基转移酶（O-

MT)、碳-甲基转移酶(C - MT)、氮-甲基转移酶(N - MT)、硫-甲基转移酶(S - MT)、无机砷甲基转移酶(As^{3+} - MT),它们可将细胞内一些化合物上的氨基、羟基、硫氢基等甲基化。甲基化需要甲基供体,通常以 S -腺苷-甲硫氨酸(S - adenosyl - L - methionine, SAM)作为甲基的供体。

(四)谷胱甘肽- S -转移酶

许多外源性化合物在生物转化相Ⅰ反应中极易形成生物活性中间产物,它们可与细胞生物大分子重要成分发生共价结合,对机体造成损害,谷胱甘肽与其结合后,可防止此种共价结合的发生,起到解毒作用。谷胱甘肽- S -转移酶(gultathione S - transferase, GSTs)是相Ⅱ过程中这一反应的关键酶,该酶的生理作用是与不同的亲电性化合物或一些相Ⅰ代谢产物结合,产生易于排出体外的水溶性化合物,因此起到脱毒作用。GSTs 具有许多同工酶,根据作用底物不同,至少可分为下列 5 种:①谷胱甘肽- S -烷基转移酶,催化烷基卤化物和硝基烷类化合物的 GSH 结合反应;②谷胱甘肽- S -芳基转移酶,主要催化含有卤基或硝基的芳烃类或其他环状化合物的 GSH 结合反应,如溴苯和有机磷杀虫剂等;③谷胱甘肽- S -芳烷基转移酶,催化芳烷基的 GSH 结合反应,如苄基氯等芳烷卤化物等;④谷胱甘肽- S -环氧化物转移酶,催化芳烃类和卤化苯类等化合物的环氧化物衍生物与 GSH 结合;⑤谷胱甘肽- S -烯烃转移酶,催化含有 α,β -不饱和羰基的不饱和烯烃类化合物与 GSH 的结合反应。

迄今的研究发现 GSTs 存在于所有动物中,主要分布于肝脏和肾脏的胞液中。它在毒理学上有一定的重要性,可以催化亲核性的谷胱甘肽与各种亲电子性外源性化合物的结合反应,其解毒作用的机制如下。①为亲电子物质或其他氧化代谢物提供—SH,形成无毒的加成物。例如,GSH 中的—SH 既可以与外源性化合物中的 C 结合,又可以与亲电子的金属离子结合,是重要的解毒物质。②阻断重要生物大分子与亲电子型外源性化合物及其代谢物的共价结合,使其保持正常代谢。③对脂质过氧化作用的抑制及对自由基的清除。

(五)过氧化物酶

真核生物的各类细胞中普遍存在着一种膜状细胞器——过氧化物酶体(peroxisome),目前发现过氧化物酶体中有 40 多种酶,其中含有大量的氧化酶和过氧化物酶(peroxidase,POD)。POD 能催化很多反应,以 H_2O_2 为电子受体催化底物氧化,以铁卟啉为辅基,利用 H_2O_2 氧化酚类和胺类等有毒的化合物,具有消除 H_2O_2 和酚类、胺类毒性的双重作用,对细胞起保护作用。这类酶的标志酶是过氧化氢酶(CATalase,CAT),其次有谷胱甘肽过氧化物酶(glutathione peroxidase,GPx)等。

1. CAT

CAT 广泛存在于红细胞及动植物组织的过氧化氢酶体中,专一性地催化 H_2O_2 分解成 H_2O 和 O_2,使 H_2O_2 不能在机体内积累而与 O_2 反应生成非常有害的 ·OH。因此,CAT 具有保护生物机体的作用。

2. GPx

GPx 是 1957 年在动物组织中发现的,在高等植物和细菌中并不普遍,是目前已知的哺乳动物体内唯一的一种含硒酶。该酶能利用 GSH 作为电子供体,即催化氧化 GSH,

在此同时使 H_2O_2 还原为 H_2O，消除体内 H_2O_2，也能使其他有机过氧化物(ROOH)还原生成醇(ROH)，前者在抗氧化防御系统中起重要的作用，后者在脂质的过氧化过程中起重要的作用，所以对组织细胞有保护作用。

$$2GSH + H_2O_2 \longrightarrow GS\text{-}SG + 2H_2O$$

$$GS\text{-}SG + NADPH + H^+ \longrightarrow 2GSH + NADP^+$$

$$ROOH + 2GSH \longrightarrow GS\text{-}SG + ROH + H_2O$$

(六)超氧化物歧化酶

$O_2^-\cdot$ 具有细胞毒性，可促发脂质过氧化，损伤细胞膜，引起炎症、肿瘤和自身免疫性疾病，并促使机体衰老。超氧化物歧化酶(superoxide dismutase, SOD)能促使 $O_2^-\cdot$ 发生自身氧化还原反应(歧化反应)转化成 H_2O_2 和 O_2，防止 $O_2^-\cdot$ 过量积累对机体构成伤害，是一类高诱导性酶，作为自由基清除剂有活化细胞、延缓衰老的作用，作为目前受重视的抗衰老剂常被用于现代高级化妆品中。SOD 存在于多种需氧生物中，可从牛、猪等的红细胞中提取，也可从菠菜、白菜、刺梨、酵母、细菌中提取。SOD 有三种典型的同工酶，并具有不同的金属中心(表 2-2-1)。人们已发现许多外源性化合物能诱导或抑制 SOD 活性，如 O_3、H_2O_2、有机超氧化物、PAHs 等。SOD 活性诱导不仅可以提示外源性化合物的作用机理，还可以监测和评价外源性化合物对生态系统的损害，其反应机理如下：

$$SOD + O_2^-\cdot \longrightarrow SOD^- + O_2$$

$$SOD^- + O_2^-\cdot + 2H^+ \longrightarrow SOD + H_2O_2 \quad (SOD:氧化型,SOD^-:还原型)$$

产物之一 H_2O_2 又可与 $O_2^-\cdot$ 相互作用产生 $\cdot OH$，借以清除细胞内 $O_2^-\cdot$。

表 2-2-1　SOD 的典型同工酶

类型	存在的生物
Cu/Zn-SOD	真核生物和高等植物色素体
Mn-SOD	细菌和高等生物的一些细胞器(线粒体等)
Fe-SOD	细菌和少数高等生物

(七)抗氧化防御系统酶组分

在长期进化中，需氧生物发展了防御过氧化损害的系统，即抗氧化防御系统(antioxidant defense system)，这是体内消除自由基($\cdot OH$、$HO_2\cdot$、$O_2^-\cdot$ 等)、活性氧(H_2O_2)或过氧化反应的系统，其组成分为非酶促组分和酶促组分两部分。非酶促组分有 GSH、维生素 C(Vit-C)、维生素 E(Vit-E)、辅酶 Q10(CoQ10)、硫辛酸、β-胡萝卜素、氨基酸(半胱氨酸、蛋氨酸、色氨酸、组氨酸)和金属蛋白(铜蓝蛋白、转铁蛋白等)。其中，Vit-C 是清除自由基的第一道防线，因为 Vit-C 为水溶性物质，存在于细胞内、外。Vit-C 除了可以直接清除自由基，还可以恢复 Vit-E 和 GPx 的活性。酶促组分有细胞色素 C 氧化酶(cytochrome C oxidase)、SOD、GPx、CAT、POD 等。

三、生物转化的阶段和类型

已知许多外源性化合物可在器官和组织中进行生物转化,其主要场所是肝脏的微粒体、胞液和线粒体,其他还有肺、胃、肠和皮肤等。外源性化合物在体内的生物转化主要包括氧化、还原、水解和结合反应四种反应类型,按照反应产生的产物特点可分为两个阶段(图 2-2-3)。第一阶段为相Ⅰ反应(phase Ⅰ reaction),外源性化合物在有关酶系统的催化下经氧化、还原、水解等反应,产生一级代谢物,形成某些活性基团(如—OH、—SH、—COOH、—NH₂等)或进一步使这些活性基团暴露;第二阶段为相Ⅱ反应(phase Ⅱ reaction),也称结合反应(conjugation reaction),即相Ⅰ反应产生的一级代谢物的活性基团在转移酶系列的催化下与细胞内的某些内源性化合物结合,生成结合产物(二级代谢物),结合产物的极性(亲水性)一般有所增强,利于排出。经相Ⅰ反应产生的一级代谢物可以直接排出体外,或直接对机体产生毒害作用。此外,少数外源性化合物本身已含有相应的活性基团,可直接进入相Ⅱ反应完成生物转化。

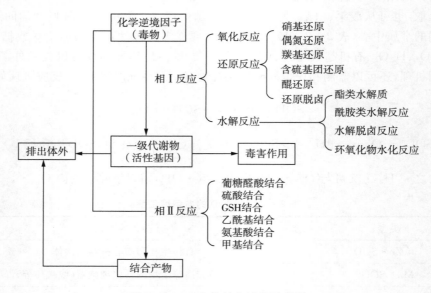

图 2-2-3 生物转化过程示意图

(一)相Ⅰ反应

1. 氧化反应

氧化反应可分为微粒体酶系催化的氧化反应及线粒体或胞液中的非微粒体酶催化的氧化反应。

1)微粒体氧化

MFOs 催化的生物转化反应特征相同,即反应中需要一个 O₂,其中一个 O 被还原成水,另一个 O 与底物结合,即被氧化的底物加上一个 O,故 MFOs 又称微粒体单加氧酶(monooxygenase),因为催化的底物和生成的产物化学特性差别很大,所以具有多种催化功能。许多结构不同的亲脂性有机化合物,包括内源性化合物和外源性化合物,大多可被 MFOs 氧化,并形成相应的氧化产物。MFOs 催化的氧化反应主要包括脂肪族和芳香族羟化、双键的环氧化、杂原子(O—、S—、N—和 Si—)脱烷基、脱氨基、S-氧化、氧化脱硫、氧化脱卤反应等。

① 脂肪族羟化反应。脂肪族侧链(R)通常在末端第一个 C 或第二个 C 被氧化。例如,农药八甲磷(OMPA)在体内转化成 N—羟甲基八甲磷,毒性增强,抑制胆碱酯酶的能力增加 10 倍。

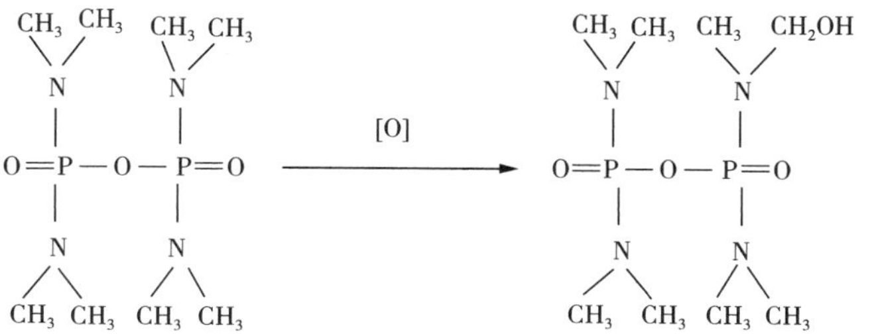

OMPA（八甲磷）　　　　　N-羟甲基OMPA

② 芳香族羟化反应。芳香族化合物多数在芳香环上的 H 被氧化而羟化为酚类。例如,苯经此反应可氧化为苯酚,苯胺、3,4-苯并芘、黄曲霉素等也都可以这种方式氧化。

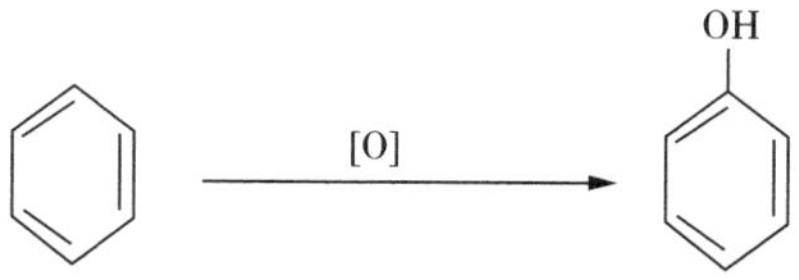

苯　　　苯酚

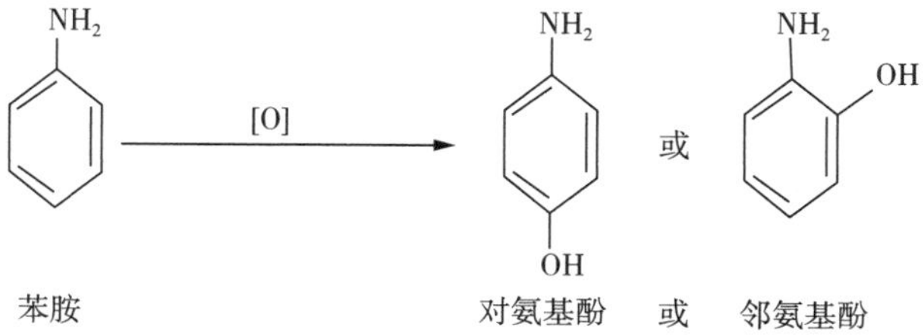

苯胺　　　对氨基酚　或　邻氨基酚

③ 环氧化反应。外源性化合物的两个 C 之间与 O 形成桥式结构,即环氧化物。环氧化物多不稳定,可继续分解。但 PAHs 类如苯并(a)芘形成的环氧化物可与生物大分子发生共价结合,诱发突变或癌变。

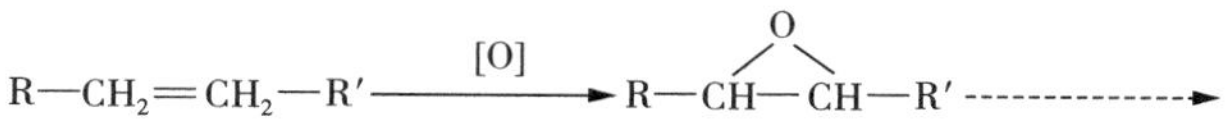

④ N-脱烷基反应。胺类化合物上的烷基被氧化脱去一个烷基,形成醛类或酮类。

$$R-N\begin{matrix}CH_3\\\\CH_3\end{matrix} \xrightarrow{[O]} \left(R-N\begin{matrix}CH_3\\\\CH_2OH\end{matrix}\right) \longrightarrow R-N\begin{matrix}CH_3\\\\H\end{matrix} + HCHO$$

⑤ O-脱烷基和 S-脱烷基反应。与 N-脱烷基反应相似,氧化后脱去与 O 或与 S 相连的烷基。

$$R-O-CH_3 \xrightarrow{[O]} \left(R-O-CH_2OH\right) \longrightarrow ROH + HCHO$$

$$R-S-CH_3 \xrightarrow{[O]} \left(R-S-CH_2OH\right) \longrightarrow RSH + HCHO$$

⑥ 脱氨基反应。伯胺类化学物在邻近 N 原子的 C 上进行氧化,脱去氨基,形成醛类化合物,如

$$R-CH_2-NH_2 \xrightarrow{[O]} RCHO + NH_3$$

⑦ N-羟化反应。外源性化合物氨基上的一个 H 与 O 结合的反应。例如,苯胺经 N-羟化反应形成 N-羟基苯胺,可使血红蛋白氧化成为高铁血红蛋白。

$$R-NH_2 \xrightarrow{[O]} R-NH-OH$$

苯胺 N-羟基苯胺

⑧ S-氧化反应。多发生在硫醚类化合物中,代谢产物为亚砜,亚砜可继续氧化为砜类。

$$R-S-R' \xrightarrow{[O]} R-SO-R' \xrightarrow{[O]} R-SO_2-R'$$
硫醚   亚砜   砜

⑨ 脱硫反应。有机磷化合物可发生这一反应,使 P=S 基变为 P=O 基。例如,对硫磷可转化为对氧磷,毒性增大。

$$\begin{matrix}RO\\\\RO\end{matrix}P\begin{matrix}S\\\\OR' \ (或SR')\end{matrix} \xrightarrow{[O]} \begin{matrix}RO\\\\RO\end{matrix}P\begin{matrix}O\\\\OR' \ (或SR')\end{matrix}$$

⑩ 氧化脱卤和金属脱烷基反应。卤代烃先氧化成不稳定的中间产物卤代醇,再脱去卤素。

$$\begin{matrix}C_2H_5O\\\\C_2H_5O\end{matrix}P\begin{matrix}S\\\\O-\end{matrix}\!\!-\!\!\langle\ \rangle\!\!-\!\!NO_2 \longrightarrow \begin{matrix}C_2H_5O\\\\C_2H_5O\end{matrix}P\begin{matrix}O\\\\O-\end{matrix}\!\!-\!\!\langle\ \rangle\!\!-\!\!NO_2$$

对硫磷   对氧磷

与金属相连的烷基可以通过氧化方式脱去。

$$Pb(C_2H_5)_4 \longrightarrow Pb(C_2H_5)_3 \longrightarrow Pb(C_2H_5)_2$$

（2）非微粒体氧化

除微粒体混合功能氧化酶外,在线粒体和胞液中存在一些非特异性氧化酶。这类酶具有底物专一性,需要 NAD^+ 和 $NADP^+$ 为辅酶。非微粒体氧化反应主要包括醇脱氢、醛脱氢及胺氧化。

① 醇脱氢。醇脱氢酶是一种含锌酶,位于胞浆,可催化伯醇类（如甲醇、乙醇、丁醇）进行氧化反应形成醛类,也可催化仲醇类氧化形成酮类。

$$\underset{\text{醇类}}{RCH_2OH} \xrightarrow[\text{ADH}]{\text{NAD}} \underset{\text{醛类}}{RCHO+NADH+H^+}$$

② 醛脱氢。醛脱氢酶存在于线粒体和胞液中,可催化醛类的氧化反应形成相应的酸类。例如,乙醇进入体内,首先经醇脱氢酶催化形成乙醛,再由线粒体中的乙醛脱氢酶催化形成乙酸。乙醇对机体的毒性作用主要来自乙醛,如果体内醛脱氢酶活力较低,可导致饮酒后乙醛堆积,引起酒精中毒。

$$\underset{\text{醛类}}{RCHO} \xrightarrow{\text{NAD}} \underset{\text{酸类}}{RCOOH}$$

③ 胺氧化。单胺氧化酶主要存在于肝脏、肠道、肾和脑的线粒体中,脑中的单胺氧化酶主要参与神经递质的代谢,二胺氧化酶主要存在于胞液中。单胺氧化酶可将伯胺、仲胺和叔胺等脂肪族胺类氧化脱去氨基,形成相应的醛并释放出氨。二胺氧化酶为可溶性酶类,以磷酸吡哆醛和铜为辅助因子,主要催化二胺类氧化为醛类,再进一步氧化为酸类。该酶在肝脏中活力较强,肾、肠及胎盘中也有存在。

$$RCH_2NH_2 + H_2O \xrightarrow{[O]} RCHO+NH_3+H_2O$$
$$H_2N（CH_2）_nNH_2 \longrightarrow H_2N（CH_2）_{n-1}CHO+NH_3$$

2. 还原反应

外源性化合物在体内可被还原酶催化还原,这些还原反应在肠道的细菌体内比较活跃,在哺乳动物组织内较弱,可分为微粒体还原和非微粒体还原。

（1）微粒体还原

常见的微粒体系统催化的还原反应有硝基还原、偶氮反应和还原性脱卤。

① 硝基还原。硝基苯、二硝基苯、三硝基苯、硝基苯甲酸和它们的醇、醛类似物等,都可被微粒体还原酶催化还原。这类酶分布于肝、肾、肺、心及大脑中,在无氧条件下利用 NADPH 和 NADH 参与反应。

硝基苯　　　　亚硝基苯　　　　苯羟胺　　　　苯胺

② 偶氮还原。各种偶氮化合物由偶氮还原酶作用,形成苯肼衍生物,进一步还原裂解成芳香胺(如偶氮苯的还原)。偶氮还原主要存在于肠道微生物中。

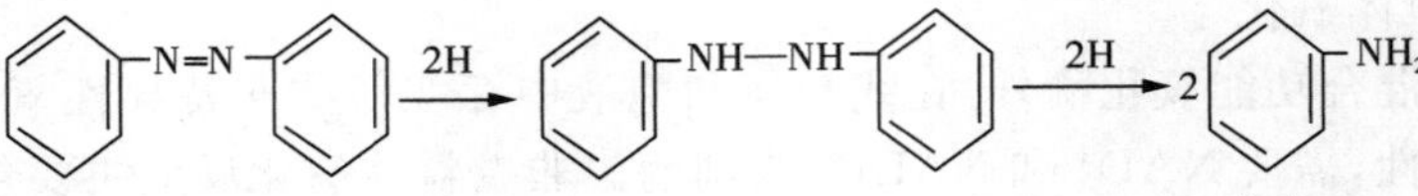

偶氮苯　　　　　　　　　　　苯肼　　　　　　苯胺

③ 还原性脱卤。有三种机制涉及脱卤反应,即还原性脱卤、氧化性脱卤和脱氢脱卤。还原性脱卤和氧化性脱卤由 CytP450 催化,脱氢脱卤由 CytP450 和 GSH - S -转移酶催化,这些反应在一些卤代烷烃的生物转化和代谢活化中起重要的作用。例如,肝脏毒物 CCl_4 经还原性脱卤代谢活化,单电子还原生成具有强氧化性的三氯甲烷自由基(·CCl_3),后者启动脂质过氧化作用并产生有毒代谢物。

$$CCl_4 + 2NADPH \xrightarrow{\text{NADPH细胞色素P450还原酶}} HCCl_3 + 2NADP^+ + HCl$$

2)非微粒体还原

非微粒体还原反应不仅包括醇、醛、萘醌、双键还原,还包括烷基胂酸、硫氧化物、氮氧化物还原。

$$RCHO \longrightarrow RCH_2OH \qquad\qquad RCOR' \longrightarrow RCHOHR'$$
醛　　　　　　　伯醇　　　　　　酮　　　　　　　仲醇

3. 水解反应

在肝、肾及其他组织的微粒体或细胞内含有各种水解酶,能水解各种有机化合物。水解反应是许多有机磷农药在体内的主要代谢方式,这些农药主要借酶的水解作用而解毒。例如,敌敌畏、对硫磷、马拉硫磷、乐果等在体内水解后毒性下降。外源性化合物的水解作用主要由酯酶和酰胺酶、环氧水化酶等催化。根据化学物的结构和反应机理,水解反应分为以下几类。

(1)酯类水解反应。酯类在酯酶的催化下发生水解反应生成相应的酸和醇。有些昆虫对马拉硫磷有抗药性,是由于体内酯酶活力较高,极易使马拉硫磷失活。此外,拟除虫菊酯类杀虫剂也可通过酯类水解反应降解而解毒。

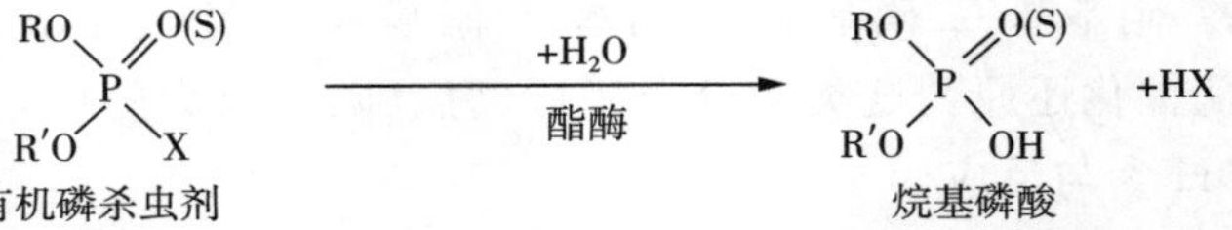

有机磷杀虫剂　　　　　　　　　　　　　　烷基磷酸
　　　　　　　　　　　　　　　　　　　(或烷基硫代磷酸)

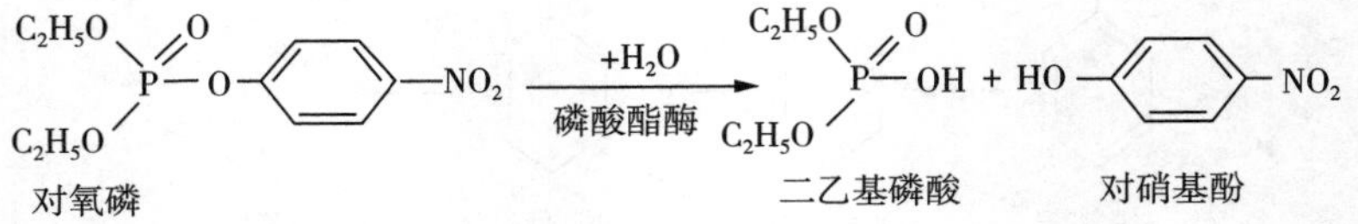

对氧磷　　　　　　　　　　　　二乙基磷酸　　对硝基酚

$$\text{马拉硫磷} \quad \xrightarrow[\text{羧酸酯酶}]{+H_2O}$$

$$RCOOR' \xrightarrow{\text{酯酶}} RCOOH + R'OH$$

（2）酰胺类水解反应。酰胺是羧酸中羧基的—OH 被—NH₂置换形成的产物。酰胺被酰胺酶催化水解成酸和胺，杀虫剂乐果可通过此类反应降解和解毒。

$$RCONHR' \xrightarrow[\text{酰胺酶}]{+H_2O} RCOOH + R'NH_2$$

$$\xrightarrow[\text{酰胺酶}]{+H_2O} \quad +H_2NCH_3$$

（3）水解脱卤反应。DDT 在生物转化过程中形成 DDE 是典型的水解脱卤反应。DDT 脱氯化氢酶可催化 DDT 和 DDD 转化为 DDE，在此催化过程中需要 GSH 维持该酶的结构，人体吸收的 DDT 约 60％可经此反应转化为 DDE。DDE 的毒性远比 DDT 低，且DDE 可继续转化为易于排泄的代谢物。

$$DDT水解 \xrightarrow{DDT脱氯化氢酶} DDE$$

（4）环氧化物水化反应。含有不饱和双键或三键的化合物在 EH 作用下，与水分子化合，该反应叫水化反应，又称水合反应。芳香烃类和脂肪烃类化合物氧化形成的环氧化物在 EH 的催化下，通过水化反应可形成相应的二氢二醇化合物。最简单的水化反应是乙烯与水结合生成乙醇的反应。

$$H_2C=CH_2+H_2O \longrightarrow CH_3CH_2OH$$

$$\text{芳烃类和脂肪族烃类化合物} \xrightarrow{[O]} \text{环氧化物} \xrightarrow[\text{酶}]{\text{水化反应}} \text{二氢二醇化合物}$$

（二）相Ⅱ反应

相Ⅱ反应是体内最重要的生物转化方式，主要发生在肝脏，其次是肾，在肺、肠、脾、脑中也可进行。凡含有—OH、—COOH或—NH₂等功能基团的外源性化合物、药物、激素均可在相应的转移酶和辅酶参加下，与葡萄糖醛酸、硫酸、GSH、甘氨酸等发生结合反应，并消耗细胞的代谢能量 ATP。各种外源性化合物及其代谢产物进入机体后，不论是否经过相Ⅰ反应，最终大多要经过相Ⅱ反应排出体外。经过相Ⅰ反应后，外源性化合物分子中出现了极性基团，极性增强，水溶性增高，易于排出体外；与此同时，原有的生物活性或毒性也降低或消失。经过相Ⅱ反应后,外源性化合物的理化性质和生物活性会发生进一步变化,遮盖了其功能基团,特别表现在极性的增强和水溶性的增高,变为失去原有作用和易于排泄的物质,从而更易于排出体外,原有的生物活性或者毒性也进一步减弱或者消失。通常认为,相Ⅱ反应是体内的解毒过程,然而,研究也发现有些外源性化合物经过相Ⅱ反应后,可形成终致癌物或者近致癌物,其毒性反而增强。因此,结合反应具有双重性。

1. 相Ⅱ反应的两个阶段

不论是哪种类型的相Ⅱ反应,都可将之分为两个阶段:第一阶段,机体内代谢形成活性中间体(reactive intermediate),活性中间体又称供体或结合物,是细胞内正常生理代谢过程中产生的中间产物,与是否吸收外源性化合物无关(表 2-2-2)。活性中间体活性大,寿命短,遇到带有可结合基团的化合物能迅速结合。第二阶段,供体与受体结合形成结合产物。在转移酶作用下,供体提供基团 B 转移到受体(外源性化合物或其一级代谢物)的活性基团 X 上,形成结合产物 XB。

$$AB+XH \xrightarrow{\text{转移酶}} XB+AH$$

(供体)(受体)　(结合产物)

表 2-2-2　相Ⅱ反应的类型、供体和进行的场所

反应类型	供体和提供的基团	进行的场所
葡糖醛酸结合	尿苷二磷酸-α-葡糖醛酸(UDPGA), 葡糖醛酸基	内质网
硫酸结合	3′-磷酸腺苷-5′-磷酰硫酸(PAPS), 硫酸基	胞液
GSH 结合	GSH,半胱氨酸巯基	胞液与内质网
乙酰化作用	乙酰 CoA,乙酰基	胞液
氨基酸结合	甘氨酸,自身	线粒体
甲基化作用	S-腺苷甲硫氨酸(SAM),甲基	胞液与内质网

2. 相Ⅱ反应的类型

根据与外源性化合物结合的供体不同,结合反应分为葡萄糖醛酸结合、GSH 结合、硫酸结合、乙酰基结合、氨基酸结合、甲基化结合等形式。

(1)葡萄糖醛酸结合。葡萄糖醛酸结合是最重要的一种结合反应。糖代谢是供体尿苷二磷酸葡萄糖醛酸的来源,在葡萄糖苷酸转移酶的作用下供体与外源性化合物或其一级代谢物的羟基、氨基、羧基、巯基结合,形成葡萄糖醛酸结合物,产物水溶性增加,易于排出体外。几乎所有的哺乳动物和大多数脊椎动物体内均可发生此类结合反应。

尿苷三磷酸+葡萄糖-1-磷酸 $\xrightarrow{\text{UDPG 焦磷酸化酶}}$ UDPG+焦磷酸盐

UDPG+2NAD $\xrightarrow{\text{UDPG 脱氢酶}}$ UDPGA+2NADH$_2$

（2）GSH 结合。供体 GSH 是由谷氨酸、半胱氨酸及甘氨酸合成的三肽,几乎存在于身体的每个细胞中。半胱氨酸上的—SH 为其活性基团,故常简写为 G－SH,—SH 易与某些药物、外源性化合物等结合从而具有广谱解毒作用。GSH 还能帮助保持正常的免疫系统的功能,并具有抗氧化作用,在延缓衰老、增强免疫力、抗肿瘤等功能性食品中被广泛应用。在谷胱甘肽-S-转移酶的作用下,GSH 能与许多外来化学物及其代谢物如环氧化物、硝基化合物等结合,形成亲水性产物而易于排出体外。例如,溴苯的环氧化物和细胞大分子结合后,可引起肝细胞坏死,但当其与 GSH 结合后,即被解毒而排出体外。

（3）硫酸结合。外源性化合物及其代谢物中的醇类、酚类或胺类化合物均可与硫酸结合形成硫酸酯。供体硫酸来自含硫氨基酸的代谢,但必须先经三磷酸腺苷（ATP）活化,成为 $3'$-磷酸腺苷-5-磷酸硫酸（PAPS）,再在磺基转移酶（sulfotransferase）的催化下与醇类、酚类或胺类结合为硫酸酯。

$$SO_4^{2-} + ATP \xrightarrow{\text{硫酸化酶}} 5'\text{-磷酰硫酸腺苷（APS）+焦磷酸（PP}_1\text{）}$$

$$APS + ATP \xrightarrow{\text{APS 激酶}} PAPS + ADP$$

硫酸结合反应虽然是一种重要的结合反应,但其重要性不如葡萄糖醛酸结合反应。因为内源性硫酸主要来自含硫氨基酸的代谢产物,有些含硫氨基酸是必需氨基酸,来源受到一定限制，远不如来自葡萄糖代谢的葡萄糖醛酸来源丰富。所以，硫酸结合反应在生物转化过程中虽然重要，但所占比例相对较少。

（4）乙酰基结合。N-乙酰转移酶主要分布在肝及肠胃黏膜细胞中，肺、脾中也有存在。在 N-乙酰转移酶的催化下，芳香伯胺、肼、酰肼、磺胺类和一些脂肪胺类化学物可与供体乙酰辅酶 A（$CH_3CO-SCoA$）作用生成乙酰衍生物，$CH_3CO-SCoA$ 是糖、脂肪和蛋白质的代谢产物。

（5）氨基酸结合。含有羧基的外源性化合物（如有机酸）可与供体氨基酸结合，反应的本质是肽式结合，以甘氨酸结合最多见。例如，苯甲酸可与甘氨酸结合形成马尿酸而排出体外；氢氰酸可与半胱氨酸结合而解毒，并随唾液和尿液排出体外。

（6）甲基结合。各种酚类（特别是多羟基酚）、硫醇类、胺类及氮杂环化合物（如吡啶、喹啉、异吡唑等）在体内可与甲基结合，也称甲基化。甲基主要由供体 S-腺苷蛋氨酸提供，也可由 N_5-甲基四氢叶酸衍生物和 B_{12}（甲基类咕啉）衍生物提供。蛋氨酸的甲基经 ATP 活化，成为 S-腺苷蛋氨酸，再由甲基转移酶催化，发生甲基化反应。甲基化一般是一种解毒反应，是体内生物胺失活的主要方式，但是，除叔胺外，甲基化产物的水溶性均比母体化合物低，不易排出体外。此外，金属元素的生物甲基化普遍存在，尤其在微生物中发生较多。例如，汞、铅、锡、铂、铊、金及类金属如砷、硒、碲和硫等，都能在生物体内发生甲基化。金属生物甲基化的甲基供体是 S-腺苷蛋氨酸和 B_{12} 衍生物。20 世纪 60 年代末明确提出汞的生物甲基化主要有非酶促反应和酶促反应两种。非酶促反应机理依据厌氧菌甲烷形成菌合成的甲基钴氨素作为甲基供体，在有 ATP 和中等还原剂的条件下把无机汞转化成甲基汞或二甲基汞。酶促反应由微生物直接参与进行，细菌利用培养基中丰富的维生素在细胞内产生转甲基酶，促使甲基转移。根据底物的作用位点分为 O-甲基转移酶、C-甲基转移酶、S-甲基转移酶和无机砷甲基转移酶等。

（图）

四、微生物对外源性化合物的转化

除高等植物外，微生物是降解有机污染物和重金属的生力军。微生物降解农药的方式有两种。一种是以农药作为唯一碳源和能源，或作为唯一的氮源，此类农药能很快被微生物降解。例如，除草剂氟乐灵可作为曲霉属的唯一碳源，很易被曲霉属分解。另一种是通过共代谢作用，一些很难降解的有机物虽然不能作为微生物唯一碳源或能源被降解，但微生物可利用其他有机物作为碳源或能源，在此同时将难降解的有机物降解。微生物降解农药主要是通过脱卤作用、脱烃作用、酰胺及酯的水解、氧化作用、还原作用、环裂解及缩合等方式进行。

重金属通常指相对密度大于 $4\sim4.5$ 的元素，在环境领域中重金属常被分为三类：①有毒重金属，如铅（Pb）、镉（Cd）、汞（Hg）、锌（Zn）、铜（Cu）、镍（Ni）、砷（As）；②贵金属，如钯（Pd）、铂（Pt）、银（Ag）、金（Au）等；③放射性核素，如钴（Co）、锶（Sr）、铯（Cs）、铀（U）、钍（Th）、镭（Ra）、镅（Am）等。细菌、真菌在重金属的生物转化中起重要作用。微生物一方面可以改变重金属在环境中的存在状态，还可以将重金属浓缩，并通过食物链积累，引起严重环境问题；另一方面通过直接和间接的作用可以去除环境中的重金属，净化和改善环境。例如，汞的微生物转化主要包括汞的氧化、还原和甲基化。

关于微生物对外源性化合物的转化详见第七章第二节。

五、生物转化的特点

通常，生物转化过程是将外源性化合物转化成极性较强的亲水性物质，以降低其通过细胞膜的能力，从而加速其排出。所以，多数外源性化合物经代谢转化后，变成低毒或无毒的产物，这种生物转化称为生物解毒（biodetoxication）或生物灭活（bioinactivation）；但也有一些原来无毒或低毒的物质经代谢转化后，变成有毒或毒性更大的产物，此种生物转化称为生物增毒（toxication）或生物活化（bioactivation）。外源性化合物在机体内的生物转化是一个十分复杂的过程，其复杂性可以从以下几个特点看出。

（一）多样性

外源性化合物在体内的生物转化往往不是简单划一的，可能有多种不同的代谢转化途径，生成多种代谢产物。例如，西维因在体内既可进行氧化反应生成多种氧化产物，又可进一步进行葡萄糖醛酸和硫酸结合反应。一些有机磷杀虫剂如杀螟松、毒虫畏和氧化乐果等，可通过脱甲基、氧化、脱硫或水解作用，生成十种或十种以上不同的代谢产物。

同一种外源性化合物经不同途径代谢时,其毒作用可能就不同,如对硫磷经静脉(不经肝)吸收时,几乎不产生对胆碱酯酶的抑制作用,但经门静脉吸收时,由于在肝脏被代谢活化成对氧磷而产生中等强度的毒作用效应。

(二)连续性

多数外源性化合物在体内的代谢转化往往不是单一的反应,常常多个反应连续进行,表现出代谢转化的连续性。当一些具有连续反应特点的外源性化合物的正常代谢途径在某一步受到干扰,可以明显影响其毒效应。例如,在正常情况下,乙醇经过中间代谢产物乙醛进一步被代谢转化成乙酸,然后转变为 CO_2 和 H_2O,如果醛脱氢酶被抑制,乙醛因堆积而水平上升,机体便可引起恶心、呕吐、头痛和心悸等症状;又如,甲醇在体内先被代谢成甲醛,进一步生成甲酸,然后转变为 CO_2 和 H_2O,但人的眼睛中缺乏醛脱氢酶,所以人接触甲醇后,生成的甲醛不能被进一步代谢转化而在眼部积聚,产生局部损伤,反复接触可能会导致失明。

(三)两重性

外源性化合物进入机体经各种方式进行代谢转化后,可形成不同的代谢产物,有的可形成稳定的代谢产物排出体外从而使毒性降低,但也有不少经代谢转化后形成活性代谢产物,毒性增强。所以,生物转化具有两重性。例如,马拉硫磷在体内由于代谢酶作用的不同,既可氧化成马拉氧磷而毒性增强,又可水解成马拉硫磷羧酸而失活,毒性降低,水溶性增加,易随尿排出;对硫磷在体内经代谢转化成对氧磷,其水溶性增加 100 倍,易于排出体外,但在体内毒性比对硫磷高。如果一种外源性化合物在酶的作用下发生的是解毒反应,该化学物对酶又具有诱导作用,那么酶的诱导可促进该化学物解毒,抑制该酶活性会使该化学物发挥毒性,反之则反。若解毒失效,则会产生免疫反应,或引起各种病变,如组织坏死、突变、癌变等。

(四)饱和性

外源性化合物的浓度可影响其生物转化。外源性化合物进入体内开始阶段,随着外源性化合物在体内浓度的增加,单位时间内酶催化外源性化合物代谢产生的产物量也随之增加,当外源性化合物在体内达到一定浓度时,其代谢过程所需的酶可能不能满足其需要,单位时间内的代谢产物量不再随之增加,这种代谢途径被饱和的现象称为代谢饱和(mentabolic saturation),多余的外源性化合物可能进入另外的代谢途径。例如,溴苯在体内经相 I 反应生成环氧化物,后者有 70% 与 GSH 结合生成硫醚氨酸排出体外,但当进入机体内的溴苯量超过耐受量时,生成的环氧溴苯将 GSH 耗尽,未结合的环氧溴苯就可能与肝细胞中的大分子物质作用而产生肝毒作用。又如,氯乙烯在低剂量接触时($<100mg/L$),先转化成氯乙醇,再生成氯乙醛和氯乙酸;当浓度升高到超越上述代谢途径的负荷时,便通过另一条代谢途径,在 MFOs 作用下形成苯氧氯乙烯,再重组成氯乙醛,产生的代谢产物有诱变性和致癌性。

(五)代谢动力学

外源性化合物在生物体内代谢动力学影响了其转化类型、方向和特点。应用数学方法研究生物体内外源性化合物或其代谢产物量随时间变化的动态过程,着重研究它们在体内的吸收、分布、生物转化和排泄等随时间而发生的量变的动态规律,称为外源性化合物的代谢动力学,早期是利用药物的代谢动力学原理重点研究毒物,故又称毒物的代谢动力学(toxicokinetics),简称毒代动力学。由于受年龄、性别、疾病、种族、环境等影响,同一外源性化合物在体内的生物转化及其动力学的变化存在明显差异,研究其代谢动力学,能明确外源性化合物在体内的吸收程度、贮存器官组织、停留时间、代谢产物及排泄速度,了解外源性化合物在体内的消长规律,从而阐明外源性化合物对生物的毒理,为外源性化合物的生态风险和安全性评价提供科学依据。代谢动力学本科不要求掌握,这里只做简单介绍。

房室模型是代谢动力学研究中广为采用的模型之一,由一个或数个房室组成,一个是中央室,其余是周边室。这种模型是一种抽象的数学概念,并非指机体中的某个器官或组织,其划分取决于外源性化合物在体内的转运及转化速率。室(compartment)是指用数学方法来研究外源性化合物在体内随时间变化的过程,是将外源性化合物被吸入血液后的复杂过程简化为一定的模式,以便于分析,即将机体视为一个系统,按动力学特点分成若干部分,每个部分称为室。室的划分取决于外源性化合物转运速率是否近似。

当外源性化合物在体内转运速率高,在体内分布迅速达到平衡时,可将机体视为一室模型;若外源性化合物在体内不同部位或器官的转运不同,则血液丰富的并能迅速与血液中外源性化合物达到平衡的部位或器官,与血液一起被认为是中央室,而血流量少,穿透速率慢,不能立即与血液中外源性化合物达到平衡的器官,被认为是周边室。周边室可有一个或多个,故可将机体视为二室或多室模型。大多数外源性化合物在体内的转运符合二室模型,但经过一段时间(分布相),体内外源性化合物分布达到平衡,消除速率恒定时,可认为二室已合并成一室。

一室模型:体内药物瞬时在各部位达到平衡,即染毒或给药后血液中的浓度和全身各组织器官部位的浓度迅速达到平衡。

二室模型:外源性化合物在某些部位的浓度和血液中的浓度迅速达到平衡,而在另一些部位中的转运有一个速率过程,但彼此近似,前者被归并为中央室,后者则归并为外周室。

三室模型:转运到外周室的速率过程有较明显的快慢之分。

外源性化合物在生物体内代谢动力学模型有一室模型、二室模型和非线性动力学模型。

一室模型把机体看作由一个室组成,外源性化合物进入机体后立即均匀地分布到所有组织,达到平衡。在一室模型中,物质从体内的消除速度与进入机体的外源性化合物浓度成正比,即一级速率(first - order rate)过程。

一室模型并不适用于在体内不能迅速分布而达到平衡的外源性化合物,此时应考虑更复杂的二室、三室或多室模型。体内过程符合二室模型的外源性化合物较多,如苯、对溴磷、2,3,7,8 -四氯氧芴、百草枯符合二室模型。在二室模型中,外源性化合物进入体内,迅速在中心室分布,然后经过较长时间才在周边室达到平衡(图 2 - 2 - 4)。

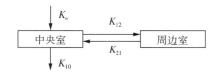

图 2 - 2 - 4　二室模型示意图

二室之间的可逆转运速率与流量、膜通透性、外源性化合物对组织亲和力及血浆/组织分配系数有关。

以上介绍的外源性化合物动力学模型是指外源性化合物被机体吸收的初速度与剂量（浓度）成比例，物质从血浆和体液向组织转移速率也与其浓度成比例，而且由于组织吸收物质是无限的，称为一级速率过程，也称为线性动力学模型。但是，实际上很多物质的吸收过程并不是呈直线的，也不是无止境的，而是随剂量（浓度）加大可出现饱和现象，其原因较为复杂，可能是由于降解酶被饱和，也可能是主动转运物质的载体被饱和等。此时外源性化合物的吸收过程就出现两种速率过程，在吸收、转运的初期由于物质的量较少，为一级速率过程；而在物质增多情况下出现零级速率过程（吸收、转运速率恒定，与剂量或浓度无关）。这种有饱和现象的速率过程称为非线性动力学或受酶活力限制的速率过程。虽然非线性动力学模型日益受到重视，但其计算公式尚不够完善，此处不讨论。

第三节　外源性化合物的生物浓缩、放大和积累

最初在研究外源性化合物对单个生物体的毒害作用时发现，许多无机污染物和有机污染物在生物体内的浓度远远大于其在环境中的浓度，并且只要环境中的这种外源性化合物继续存在，生物体内外源性化合物的浓度就会随着生长发育时间的延长而增加。对于一个受人为干扰的生态系统而言，处于不同营养级上的生物体内的外源性化合物浓度，不仅高于环境中该外源性化合物的浓度，还具有明显的随着营养级升高而增加的现象。

一、外源性化合物在生物体内的浓缩

（一）生物浓缩和浓缩系数的定义

1. 生物浓缩的定义

各种外源性化合物进入生物体后，经过体内的吸收、运输、分布和排出，其中易分解的经代谢作用很快排出体外，不易分解、脂溶性较强、与蛋白质或酶有较高亲和力的会长期残留在生物体内。例如，狄氏剂的脂溶性强，性质稳定，被摄入生物体内后即溶于脂肪并储存于其中，很难分解，随着摄入量的增加，在体内的浓度也会逐渐增大，这种现象称为生物浓缩（bioconcentration），即生物机体或者处于同一营养级上的许多生物种群，从周围环境中蓄积某种元素或者难以分解的化合物，使生物体内该物质的浓度超过环境中浓度的现象。例如，水体非污染带贝类的镉含量为 0.05mg/kg，而污染带贝类镉含量达 420mg/kg，浓缩倍数达 8 400。生物浓缩对于阐明外源性化合物在生态系统中的迁移转化规律、评价和预测外源性化合物对生态系统的危害，以及利用生物对环境进行监测和净化等均具有重要意义。

2. 浓缩系数的定义

生物浓缩的程度用浓缩系数或者富集因子（bioconcentration factor, BCF）来表示，是指生物机体内某种物质的浓度和环境中该物质浓度的比值。生物从周围环境中浓缩某

元素或难以分解的化合物,在这种生物积累过程中,元素或难以分解的化合物不断进入生物体又不断从生物体中排出,这种物质交换过程只有经历一定时间才能达到动态平衡状态。此后,浓缩系数就不再继续增大,而只在一个窄幅度范围内波动,这种达到动态平衡时的浓缩系数又称平衡浓缩系数。描述某种生物对某种外源性化合物的浓缩系数时,应该采用达到动态平衡时的浓缩系数,而不是生物积累过程中任何一个特定时刻所测定和计算得到的浓缩系数。平衡浓缩系数能表明这类生物对某种外源性化合物的生理代谢能力,通常表达式如下:

$$BCF = \frac{某外源性化合物在生物体内浓度}{某外源性化合物在环境介质中浓度}$$

计算 BCF 的方法有以下两种。

(1)平衡法。平衡法包括实验室饲养法和野外调查法。实验室饲养法是在人工控制的环境中饲养实验动物,每隔一段时间测试动物体内的外源性化合物浓度与受控环境中外源性化合物浓度,计算其比值,最后得到平衡时的 BCF。野外调查法是直接调查自然环境中某个较稳定的生物体内的外源性化合物浓度与环境介质中同类外源性化合物的浓度,每隔一段时间求得一个比值,直到最后得出平衡时的 BCF。两者各有优缺点,实验室饲养条件易于控制,但在人工环境下所求得的数值与在自然情况下求得的数值往往不一致,因为人工环境几乎不可能在自然条件下出现。另外,寿命长的生物与环境之间要达到物质平衡需要饲养很长时间,这一般难以做到。所以用实验室饲养法求得的浓缩系数数值,通常比用野外调查法所求得的要小。野外调查法的优点是生物的整个生活周期都处在稳定的环境中,机体的构成成分与环境是平衡的,能够得出标准的浓缩系数数值。不过,有些物质在环境中的浓度很低,会因分析技术上的限制而无法测出,此时就无法求得浓缩系数。此外,具有低溶解度的稳定化合物,如 PCBs,只有经过几个星期才能在生物体内达到最高浓度。达到平衡所需要的时间与生物体的大小也是有关系的。例如,摄取狄氏剂直到其浓缩系数达到最大平衡值,所需的时间对藻类来讲为 1 天,对水蚤来讲为 3 天。

(2)动力学法。通过测外源性化合物的辛醇-水分配系数、生物体内溶解度、摄取速率常数和释放速率常数等计算 BCF,这样做可以节省实验的时间,可能对于大的生物体更合适。

(二)影响生物浓缩的因素

影响生物浓缩的生理因素主要包括生物的生长、发育、大小、年龄等,在生长发育旺盛时,生物摄食量大,摄取的外源性化合物就多。影响生物浓缩系数的环境因素主要有外源性化合物的浓度、化学形态、物质存在的环境条件(如温度、pH 值、光照条件等)及季节,这些环境因素大部分与生物的生理活动有关,从而影响了生物的浓缩。浓缩系数的差异体现在以下几个方面。

1. 化学物不同,同一种生物对它的浓缩程度有差别

例如,金枪鱼对铜的浓缩系数是 100,对镁的浓缩系数是 0.3;褐藻对钼的浓缩系数是 11,对铅的浓缩系数高达 70 000。对于不同分子量的同一类化合物,同一种生物的浓缩系数也有很大差别,例如蚤状溞在相同试验条件下,对不同分子量的氮杂芳烃(如异喹

啉、吖啶和苯并吖啶)浓缩系数依分子量的大小而不同。

2. 物种不同,对同一种化学物的浓缩程度有差别

不同种生物由于其生活习性和生理代谢过程的差异,在同样条件下,对同一种物质的浓缩系数不一样,达到平衡浓缩系数的时间也不相同。中国科学院海洋研究所的研究报告指出,在同样条件下,黑鲷骨骼对 ^{137}Cs 的浓缩系数为 11.02,而石鲽骨骼对 ^{137}Cs 的浓缩系数为 8.95。

3. 同一种生物同一种化学物,浓缩程度也有差别

同一种生物同一种化学物,物质结构或元素价态及在介质中的溶解度不同,对浓缩系数有直接影响。例如,乙体六六六在生物体内极难分解,丙体六六六较易分解,二者属于同一种物质,由于结构不同,小白鼠对前者的浓缩系数高于后者;又如,同一种元素呈离子状态或以粒子形式悬浮,其浓缩系数也不相同。

同一种生物的不同器官和组织对同一种物质的浓缩能力也往往不同,含脂肪较多的器官浓缩能力一般高于含脂肪较少的器官,浓缩系数达到平衡时的时间有很大的差别。此外,生物体的不同发育阶段及其生理特性等对浓缩系数也有直接影响。例如,多数木本植物的幼叶对 SO_2 的浓缩系数小于成熟叶。所以在描述生物体内的外源性化合物浓缩时,需要指明是整体还是某个器官组织,以及处于何发育时期。

4. 环境因素的影响

各种环境因素如光照、温度、湿度、pH 值、风向、风速、水流方向、水流速度、土壤的组成和结构等,对环境中的外源性化合物的存在形式、价态、浓度及在环境中的停留时间等会产生影响,因而在不同的环境条件下,同一种生物对同一种物质的浓缩系数也可能不同。

(三)两个模型

生物浓缩是一个复杂的过程,同时受热力学和动力学因素制约,外源性化合物的热力学分配系数是影响生物膜透过和生物浓缩过程的重要因子,而反映外源性化合物生物浓缩程度的生物浓缩系数是热力学分配系数与动力学速率常数组合的结果,可以建立模型了解外源性化合物的生物浓缩机理和浓缩的程度。下面介绍单一外源性化合物在有机体内发生生物浓缩的两个模型。

1. 生物浓缩机理模型

建立生物浓缩机理模型之前,假设某一外源性化合物随血液流经某组织,已知以下条件:单位时间内通过该组织的血液流量是 q_v;该化合物进入组织前在血液中浓度为 c_{B1};从该组织流出进入血液时浓度为 c_{B0};毛细血管体积为 V_B;该组织体积为 V_T;该化合物在毛细血管中的浓度为 c_B,在组织中的浓度为 c_T;该化合物在组织中的代谢速率常数为 K_2。由此可知,组织中该化合物的浓度随时间的变化速率可用下述方程表示:

$$V_T \times \frac{dc_T}{dt} = q_v(c_{B1} - c_{B0}) - V_T K_2 c_T$$

积分得:

$$c_T(t) = \frac{q_v}{V_T K_2}(c_{B1} - c_{B0})(1 - e^{-K_2 t}) \qquad \text{——生物浓缩机理模型}$$

（1）在 q_v、c_{B1}、c_{B0} 一定情况下，生物浓缩与 K_2 和 t 有关。K_2 越小，持续时间越长，物质在该组织中浓缩得越多，即浓缩程度越大。

（2）若 $t \to \infty$，

$$c_T(\infty) = \frac{q_v}{V_T K_2}(c_{B1} - c_{B0})$$

组织中该化合物的浓度除了与 K_2 有关，还与 $(c_{B1} - c_{B0})$ 有关。

生物浓缩机理模型描述了外源性化合物进入生物体内为什么会发生浓缩，在什么情况下可以发生浓缩。由模型可知，生物浓缩的发生与时间、化合物的溶解性、稳定性、与组织或内源性物质的亲和性等因素有密切关系。由该模型可以得出一定时间生物组织中某外源性化合物的浓度大小。

2. 生物浓缩模型

生物浓缩模型反映了生物浓缩的程度，根据模型可求出浓缩系数，现以水生生物个体的单一组合模型为例来说明。

假设某外源性化合物在水中的浓度为 c_w；该化合物在水生生物体内的浓度为 c_f；从水中进入生物体的速率常数为 K_1；从生物体释放到水中的速率常数为 K_{-1}；在水生生物—水中的分配系数为 K；在水生生物体内的代谢速率常数为 K_2。

由 $K = \dfrac{\text{该化合物在水生生物体内的最大浓度}}{\text{该化合物在水中的浓度 } c_w}$ 知：

$$\text{水生生物可摄取该化合物的最大浓度} = K \cdot c_w$$

水生生物体内该化合物的浓度变化速率与它从水中可摄取的实际浓度变化速率、释放给水体的浓度变化速率和代谢部分的浓度变化速率有关，由此得出：

$$\frac{dc_T}{dt} = K_1(Kc_w - c_f) - (K_{-1} + K_2)c_f$$

假若水体足够大，c_w 可视为恒定，将上式积分得：

$$c_f(t) = \frac{K_1 K c_w}{K_1 + K_{-1}}(1 - e^{-(K_1 + K_{-1})t})$$

$$\frac{c_f}{c_w} = \frac{K_1 \cdot K}{K_1 + K_{-1}}(1 - e^{(K_1 + K_{-1})t}) \quad\text{——生物浓缩模型}$$

当 $t \to \infty$ 时，

$$\frac{c_f}{c_w} = K(1 - e^{-k \cdot t})$$

（1）当 $K_1 \gg K_{-1}$ 时，$c_f/c_w = K(1 - e^{-K_1 t})$，若 $t \to \infty$，$c_f/c_w = K$，BCF 即分配系数。

（2）当 $K_1 \approx K_{-1}$ 时，$c_f/c_w = (K/2)(1 - e^{-2K_1 t})$，若 $t \to \infty$，$c_f/c_w = K/2$，BCF 即分配系数的 1/2。

（3）当 $K_1 \ll K_{-1}$ 时，$c_f/c_w = (K_1 \cdot K/K_{-1})(1 - e^{-K_1 t})$，若 $t \to \infty$，$c_f/c_w = K_1 \cdot K/K_{-1}$，表示生物释放外源性化合物的速率相对增大时，生物浓缩系数减小。

生物浓缩模型描述了在一个污染已久的环境中,某时刻生物个体对某外源性化合物浓缩的程度有多大,即 BCF 有多大,反映了生物浓缩与分配系数和速率常数有很大关系,与该外来物的溶解性、亲和性有很大关系,由此模型可以求出一定时间生物对某外源性化合物的浓缩系数大小。

二、外源性化合物的生物放大和积累

(一)生物放大的内涵

2002 年修订出版的《中国大百科全书·环境科学》将生物放大(biomagnification)定义为:在生态系统的同一食物链上,由于高营养级生物以低营养级生物为食,某些元素或难分解化合物在其机体中的浓度随着营养级的提高而逐步增大的现象。生物放大的结果使食物链上高营养级生物机体内这种物质的浓度高于低营养级生物体内的浓度,并显著地超过环境中的浓度。在生物体内容易被降解的物质(如酚类),不易在体内积累,所以没有生物的放大;在生物体内不易被降解的化学物,可在生物体内以原来的形态或其他形态长时间存在,加上它们的亲脂性和高憎水性,导致在生物体内积累,进一步经过食物链的营养转移得到放大。例如,二噁英系列物质在气相中的半衰期为 8~400 天,水相中为 166~2119 年,土壤和沉积物中为 17~273 年。中国科学院水生生物研究所的研究发现我国典型湖泊底泥中 19 世纪早期已存在的微量二噁英,通过实验还发现了二噁英在食物链中生物放大的直接证据,并提出了生物放大模型,从而否定了国际学术界过去一直认为二噁英在食物链中只存在生物积累而不存在生物放大的观点。由于生物放大作用,进入环境中的外源性化合物即使是微量的,也会使生物尤其是处于高营养级的生物中毒。因此,深入研究生物放大作用,特别是鉴别出食物链对哪些外源性化合物具有生物放大的潜力,对于探讨外源性化合物在环境中的迁移转化规律,确定环境中外源性化合物的安全浓度,评价外源性化合物的生态风险和健康风险等都具有重要的理论和现实意义。

外源性化合物的生物放大作用是根据生态系统食物链的物质流动原理产生的(图 2-3-1),2019 年 6 月 25 日,欧盟发布新持久性有机污染物法规(POPs 法规,EU),禁用物质清单共管控 28 种 POPs。这是一类天然或人工合成的有机污染物,能够通过各种环境介质(大气、水、生物体等)长距离迁移并长期存在于环境中,具有长期残留性、生物蓄积性、半挥发性和高毒性的特点,可通过生物放大进入人体和动物体,对人类健康和环境具有严重的危害。有人这样假设:若 100g 某物种 A 全部被物种 B 所食,那么,根据生态系统食物链的物质流动原理,100g 物种 A 在物种 B 中被转化为 10g。同样,当物种 B 全部被物种 C 所食,则 100g 物种 A 在物种 C 中被转化为 1g。因此,

水体中的DDT浓度约为0.00005ppm

↓

浮游生物 0.04ppm
刚毛藻 0.08ppm
网茅 0.33ppm

↓

螺 0.26ppm
蛤 0.42~1.24ppm

↓

燕鸥 3.42ppm
河鸥 55.3ppm
秋沙鸭 22.8ppm
鹭鸟 26.4ppm
银鸥 75.5ppm

图 2-3-1 DDT 沿食物链的生物放大

当物种 A 含有 1mg/kg 某种外源性化合物,在 100g 物种 A 中的该种外源性化合物总量约为 0.1mg。若该外源性化合物在食物链转移过程中没有代谢和排泄损失,那么,0.1mg 外源性化合物到达物种 C 时浓度增加到 100mg/kg,这是外源性化合物在最简单食物链上的放大。事实上,生态系统中食物链关系错综复杂,而且外源性化合物在食物链转移过程中,由于生物机体的代谢和排泄作用会产生损失。

生物放大的程度可用生物放大系数(biomagnification factor,BMF)来表示,即某种外源性化合物在高营养级与低营养级生物体内的浓度之比。

$$BMF = \frac{某外源性化合物在高位营养级体内浓度}{某外源性化合物在低位营养级体内浓度}$$

(二)生物积累的内涵

生物积累(bioaccumulation)是指生物在整个代谢的活跃期,直接从环境介质或所消耗的食物中摄取并蓄积化学物质,以致随着生长发育,浓缩系数不断增大的现象。例如,有人研究牡蛎在含 50μg/L HgCl$_2$ 的海水中对汞的积累,观察到第 7 天,牡蛎(按鲜重每千克计)体内汞的含量达 25mg,浓缩系数为 500;第 14 天达 35mg,浓缩系数为 700;第 19 天达 40mg,浓缩系数为 800;第 42 天增加到 60mg,浓缩系数增为 1 200。这个例子表明,在代谢活跃期内的生物积累过程中,浓缩系数是不断增加的。任何机体在任何时刻,机体内某种元素或难以分解的化合物的浓缩水平取决于摄取和消除这两个相反过程的速率,当摄取量大于消除量时就会发生生物积累。生物积累的程度一般用积累系数(bioaccumulation factor,BAF)表示,BAF 为代谢活跃期内某个时间的 BCF 与前一个时间的 BCF 的比值,或某个时间机体内某外源性化合物的含量与前一个时间该外源性化合物含量的比值。

从生物积累的概念可以看出,生物积累既包括生物浓缩又包括生物放大;生物积累的物质,可能是生长发育所必需的物质或元素,也可能是生长发育不需要的物质,还可能是对生长发育有毒性作用的物质。

(三)生物放大和生物积累的机制

弄清外源性化合物在食物链中积累与放大的机制是评估环境外源性化合物对野生生物和人类健康产生危害的关键。外源性化合物的积累与放大是由它们的高亲脂性、外源性化合物原型和其代谢物的高生物惰性导致的,它们在有机体内发生生物积累主要通过以下两种途径:吸附和食物转移。疏水亲脂性有机物很容易被吸附到活的有机体或死的有机物质(如颗粒有机碳、柔软的植物体表面、生物膜及脂肪)上,吸附的外源性化合物被有机体利用的程度取决于外源性化合物的特性、物理化学性质和生物环境;通过食物链是水生生物暴露在有机污染物中的另一条重要途径,很多生物主要通过食物链被污染,如人类、海洋哺乳动物。研究发现,外源性化合物在不同种类生物体内的积累途径不尽相同。在食物链中较低营养级别的较小有机体,如浮游生物、甲壳类和双壳类主要经被动扩散由身体表面直接从水和底泥中吸收外源性化合物。蚌类积累外源性化合物几乎都是通过鳃的被动扩散来实现的。对于鱼类而言,主要通过两种方式吸收外源性化合物,一种是通过鳃膜从水中吸收,在较长的一段时间内,外源性化合物通过生长、产卵和代谢在鱼类和水中将达到平衡,不会发生生物放大;另一种是通过摄食从胃肠道吸收,食物在鱼体内将通过肠壁吸收,这种方式不受外源性化合物在水和鱼体内平衡的影响,导致鱼体内的外源性化合物显著增加,低的消除率及代谢速度加剧了外源性化合物通过食物链的生物积累与放大。消费已被污染的食品是处于食物链高营养级的哺乳类暴露于外源性化合物的一种主要途径,因为这些动物寿命较长,体内有大量油脂储备,最容易受到外源性化合物的污染,使体内富含外源性化合物。人类常常食用此类环境中的鱼和哺乳动物,使外源性化合物富集在人的脂肪纤维中,并对人类的影响持续几代,严重威胁人类生存和可持续发展。已有研究证明,人体中 90%以上的二噁英是通过摄取已被外源性化合的物质得来的。

(四)影响生物放大和生物积累的因素

影响生物放大和积累的因素很多,不同种的生物、处于不同发育期的生物及不同的组织器官,生物放大和生物积累的规律均不同,营养级与生物个体大小、食物链长度及结构、生物所处生境和其他因素(外源性化合物的性质、外源性化合物的浓度与作用时间等)对生物积累与放大都有着影响。

1. 营养级与生物个体大小

在水生生态系统中,有机氯化合物从水到顶级捕食者的生物放大可从 10^{-5} 数量级升到 10^9 数量级。以美国长岛河口区生物对 DDT 的积累为例,该地区大气中 DDT 的含量为 3×10^{-6} mg/m^3,其溶于水中的量微乎其微,但是水中浮游生物体内的 DDT 含量为 0.04mg/kg,BCF 为 1.3×10^4;浮游生物为小鱼(如银汉鱼)所食,小鱼体内 DDT 含量增加到 0.5mg/kg,BCF 为 1.67×10^5;小鱼为大鱼所食,大鱼体内 DDT 含量增加到 2mg/kg,BCF 为 6.6×10^5;海鸟捕食鱼,其体内 DDT 含量增加到 25mg/kg,BCF 高达 8.33×10^6。如果人吃鱼和海鸟,DDT 就会在人体内大量富集,导致 DDT 中毒。Fisk 等用稳定同位素 ^{15}N 对北极食物链(包括 6 种浮游生物、无脊椎动物、北极鳕、海鸟和环斑海豹)进行研究发现,外源性化合物的浓度和营养级存在很强的正相关关系。但是,营养级是否是外源性化合物生物积累与放大的关键因素还存在一些争议。Olsson 等的研究表明外源性化合物在小的河鲈(体长<20cm)中虽然 δ^{15}N 有所增加,即有营养级的增加,但没有明显的生物放大发生,而在大的河鲈(体长>20~25cm)中随着营养级的增加有生物放大发生。又如,当一种黄鳝暴露于 0.1μg/L 的 PCBs 相同时间,体重小于 1.134kg 黄鳝体内的 PCBs 平均浓度为 2.95mg/L,体重在 1.134~2.014kg 黄鳝体内的 PCBs 平均浓度为 8.195mg/L,体重大于 2.014kg 黄鳝体内的 PCBs 平均浓度为 12.37mg/L,其 BCF 大小分别为 20 000、80 000 和 120 000。所以,营养级并不一定是外源性化合物在食物链中发生生物积累与生物放大的最关键因素,生物放大与生物个体的大小也密切相关。

2. 食物链长度及结构

很多研究表明,随着食物链的延长,生物放大系数增大。Whittle 等研究了食物链长短对生物放大的影响,结果表明,食物链的长度与生物放大系数成正比。生物放大系数在苏必利尔湖、安大略湖、休伦湖、伊利湖中分别为 32.03、30.43、24.33 和 10.08,而食物链长短顺序为苏必利尔湖>安大略湖>休伦湖>伊利湖,食物链长短顺序与生物放大系数的大小顺序一致说明:随着食物链的增长,外源性化合物浓度增加。食物链的结构同样影响外源性化合物在食物链中的积累与放大,Hebert 等对伊利湖中的鲱鸥蛋中 PCBs

的含量进行检测,发现食物链结构的变化导致鲱鸥蛋中 PCBs 含量发生变化,原因在于随着季节的变化,鲱鸥食物发生改变,导致食物链结构发生变化,从而影响鲱鸥蛋中 PCBs 含量的变化。因此,Hebert 等建议,要正确解释所检测得到的外源性化合物数据,必须考虑生态系统的动态特征和食物链结构变化。

3. 生物所处生境

生物所处环境、辛醇-空气分配系数(K_{OA})、辛醇-水分配系数(K_{OW})等影响着外源性化合物在食物链中的积累与放大。K_{OA} 和 K_{OW} 是外源性化合物的两个重要参数,外源性化合物的积累与这两个参数密切相关:对于水生生物而言,K_{OW} 参数更重要;而对于陆生生物而言,K_{OA} 更重要。在水生食物链中,当 $\log K_{OW}$ 小于 5 时,外源性化合物将在食物链中发生生物积累但不会发生生物放大;在陆地食物链中,当 $\log K_{OW} > 2$ 和 $\log K_{OA} > 5$ 时,都有生物放大现象发生。Kidd 等对马拉维湖浮游食物网(pelagic food web)和深海食物网(benthic food web)DDT 浓度与 ^{15}N 关系的研究表明:在两种生境中,$\log \sum$ DDT 浓度对 ^{15}N 的线性关系不同,分别如下:

$$\log \sum \text{DDT(ng g}^{-1}\text{ww)pel} = 0.28(\pm 0.04)^{15}\text{N} - 1.15(\pm 1.25)$$

$$\log \sum \text{DDT(ng g}^{-1}\text{ww)benth} = 0.15(\pm 0.03)^{15}\text{N} - 0.75(\pm 0.20)$$

上述研究结果均表明,生物积累与放大受有机体所处生境的影响。

4. 其他因素

有时候,影响生物放大和生物积累的因素涉及生物种类、性别、血液在组织中的分布、油脂的量和外源性化合物的性质等。

同种外源性化合物在不同生物体内的情况不同,这明显表现在变温动物(如鱼)和恒温动物(如海鸟和哺乳类)中,BMF 在恒温动物和变温动物中显著不同,恒温动物只有具有较多的能量和食物才能使 BMF 较大。同种外源性化合物在同一有机体的不同组织中量不一样,这与血液在各种组织中的分布程度有关。油脂(lipid)含量与生物体内外源性化合物的量呈正相关,如:

$$\log \sum \text{DDT(ng g}^{-1}\text{ww)} = 0.71(\pm 0.09)\log \text{lipid} - 0.07(\pm 0.06), r^2 = 0.40$$

雌性狼的生物累积系数比雄性的小,原因是雌性生物通过产卵、母乳转移了一部分外源性化合物。有学者认为雄性生物的食物转化效率比雌性生物的低,因此雄性生物只有摄取更多的食物才能获得与雌性生物一样的能量。外源性化合物的性质比性别更能影响其在生物体内的积累与放大,大部分高亲脂性的外源性化合物在雄性生物中的量比在雌性生物中的高,但是,有一些亲脂性低的外源性化合物在雄性生物与雌性生物中的浓度没有变化。

不同外源性化合物在相同或不同生物体内的积累和放大都有所不同。例如,汞和银都能被脂首鱼积累,但脂首鱼对汞有放大作用,而对银没有。又如,在一个海洋模式生态系统中研究藤壶、蛤、牡蛎、蓝蟹和沙蚕五种动物对于铁、钡、锰、镉、硒、砷、铬、汞等十种重金属的生物放大作用,结果发现,藤壶和沙蚕的生物放大能力较大,牡蛎和蛤次之,蓝蟹最小。

由于生物放大作用涉及动物的捕食和被捕食关系,因此外源性化合物对动物的行为效应影响了外源性化合物的积累和放大。有的外源性化合物如有机氯在动物体内的积累会降低它们逃避捕食者的能力,在受胁迫初期,捕食者将优先猎杀那些已经积累了外源性化合物的猎物,同时,捕食者也因为过多食用中毒的猎物而中毒,其捕杀能力降低的同时也成为更高一级捕食者猎杀的对象,结果是这类外源性化合物很容易随着营养食物链转移和放大。有实验表明,当用 $0.5\sim0.6\mu g$ 的 DDT 处理蝌蚪时,蝾螈对它捕杀 167 次可以成功 43 次,成功率达到 25%;如果捕获未经处理的蝌蚪,捕杀 38 次仅有 5 次成功,成功率仅为 13%。

三、生物浓缩、生物积累和生物放大的区别

生物浓缩、生物积累和生物放大都被用于阐明和评价外源性化合物进入生态系统的迁移、转化、富集和归宿状况,但其含义有明显的区别。生物放大是指同一食物链上不同营养级生物体内某种外源性化合物的浓度相比;生物积累是指同一生物个体在不同代谢活跃阶段内某种外源性化合物的浓度相比;生物浓缩是指生物机体内某种外源性化合物浓度与周围环境中的浓度相比。三者从不同层次、不同角度上分别阐明了生物体内外源性化合物的浓度同其生存环境中该外源性化合物浓度的比值关系,从浓缩系数、积累系数和放大系数的计算看,生物放大是食物链中高营养级生物机体内外源性化合物增高的现象,是一个相对低营养级生物而言的数据,依据比较对象不同而不同;生物积累是生物对环境中外源性化合物的净吸收,是来自环境样品的实际数据;生物浓缩是生物体内外源性化合物的浓度对该外源性化合物在水中溶解浓度的平衡比值,是来自实验室和环境样品的数据。

由于生物浓缩、生物积累和生物放大作用,进入环境中的外源性化合物,即使是微量的也会使生物尤其是处于高营养级的生物受到严重毒害,这对人类的健康也构成了极大的威胁。我们必须严格控制外源性化合物的排放,杜绝高残留、难降解外源性化合物的生产和使用,从源头上预防和控制这类外源性化合物对生物和人类的危害。

第四节 影响外源性化合物在生物系统中行为的因素

外源性化合物在生物系统中的接触、吸收、运输、生物转化、分布和排出等各个环节都会受到多种因素的影响,任何一个环节受影响都将影响它在生物系统内的最终归宿、浓度和毒性,这些影响中既包括生物和外源性化合物本身的因素,又包括环境因素。

一、生物因素

(一)物种差异性
生物的种类不同,生活方式不同,对外源性化合物在体内行为的影响就会有很大差异。例如,蕨类植物体内含镉量高达 1 200mg/kg;向日葵、菊花等双子叶植物体内含镉

量分别高达 400mg/kg 和 180mg/kg；单子叶植物含镉量则比双子叶植物少。在酸性土壤中，铺地蜈蚣、石松、地刷子、野牡丹及铺地锦能富集大量的铝，有的超过干重的 1%，而酸性土上生长的其他植物富集铝的量只占干重的 0.05%。黄会一等研究了木本植物对土壤汞的吸收富集能力，发现几种杨树富集汞的强弱顺序为加拿大杨＞晚花杨＞旱杨＞辽杨，木本植物从根部吸收的镉在各器官的分配不是按一般的金字塔形分配（根＞叶＞干）的，而是根据各树种的生物学特性不同而有差异。颜素珠等研究了八种水生植物对铜的吸收，发现对铜的吸收和沉降规律为苦草＞黑藻＞水龙＞喜旱莲子草＞大藻＞心叶水车前＞水车前。动物种类不同，吸收积累外源性化合物的能力也有很大差异。海洋生物比淡水生物所富集的砷要多得多，各种淡水鱼对砷的 BCF 为 3～30 和 10～40，海洋生物对砷的 BCF 比这些淡水鱼要高出 10～100 倍。于常荣等对生活在松花江同一江段的不同鱼类总汞与甲基汞做了比较研究，发现不同鱼类总汞与甲基汞含量各不相同，表现为（按含汞量由高到低顺序）雷氏七鳃鳗＞鲶鱼、花鳅、青鱼、黄鱼＞鲤鱼、银鲫、犬首＞银鮰。雷氏七鳃鳗总汞与甲基汞平均含量最高，主要是因为其营寄生生活，而且体表无鳞，头部有七个鳃孔，可通过皮肤和鳃孔直接吸收环境中的汞。王敏健等研究发现，肉食性鱼类对有机物的富集能力高于草食和杂食性鱼类。

同一外源性化合物在不同物种动物体内的代谢情况可以完全不同，在不同动物体内生物转化的速度也可以有较大差异。例如，苯胺在小鼠的体内生物半减期为 35 分钟，在狗的体内为 167 分钟。N-2-乙酰氨基芴在大鼠、小鼠和狗体内可进行 N-羟化并与硫酸结合生成具有强烈致癌作用的硫酸酯，而在豚鼠体内一般不发生 N-羟化，因此不能结合成为硫酸酯，也无致癌作用或致癌作用极弱。不同物种体内代谢酶种类存在很大差异，使同一外源性化合物在不同物种生物体内的代谢情况也可能完全不同，即使不同物种体内均具有催化某种生化反应的相同代谢酶，但因其活力不同，也会使同一外源性化合物生物转化的速度在不同物种之间存在较大差异。例如，在不同种类动物肝中磺基转移酶活力不同，外源性化合物对动物致癌作用的强弱与该酶的活力呈一定的平行关系。

（二）组织器官差异性

不同的组织器官具有不同的生理功能，构成它们的细胞也具有不同的生理特点，因此与外源性化合物接触时间的长短、接触面积的大小、对外源性化合物吸收积累的特征等都有很大差异。在动物的各种组织中，肝脏的生物转化能力最强，肝细胞含有大量的氧化酶和蛋白质，是吸收和积累外源性化合物的主要场所，其次是肺、脾、甲状腺，肠胃因为 pH 值不同、表皮细胞因为结构的差异，吸收和积累外源性化合物的情况也不一样。有人对鲢鱼、草鱼和鲤鱼的研究证明，在铅浓度相同情况下，三种鱼各部位的富集规律都一致，即鳃＞内脏＞骨骼＞头＞肌肉，这是由于鳃是呼吸器官，始终与水中的铅接触，使大量铅吸附在鳃耙、鳃丝上，因此含铅量高；对鱼的鳞片的分析表明，鳞片的含铅量相当高，这是因为鳞片能大量吸附铅；同时，鱼在铅的刺激下皮肤分泌大量黏液，易于大量吸附铅；卵中的含铅量虽低，但积累时间很长，以单位时间计，含铅量很高。

植物吸收和积累外源性化合物也表现出类似的组织器官特异性。很多研究结果表明，根是植物吸收重金属的主要器官，流动性大的元素可向上运输到茎、叶、果实中，大量的重金属分布在根部。王兆炜等对干旱区绿洲土壤镉、锌、镍复合污染对芹菜生长及重金属积累的影响研究中发现,芹菜根部对三种元素的富集能力显著大于茎叶部,三种元素均集中在根部,难以向地上部分转移。杨居荣等对农作物耐镉性的种间差异研究结果表明,粮食作物对镉的耐性普遍高于蔬菜类,在一般情况下,作物吸收镉量及自根部向地上部的转运比率是决定其耐受性的重要机制。吸收量相对较低并且大部分累积在根部、较少向地上部移动的作物,耐受性相对较强;反之,易向地上部输送的作物,耐受性差。蓝海霞等研究结果表明,铅、镉元素在茶树体内由高到低的分布顺序为吸收根>嫩茎>成熟叶片>新梢。植物对铬的吸收和迁移能力比汞、镉弱得多,作物中各部位的含量一般是根>茎叶>籽粒。水稻根部吸收的铅分布于根部的占 90%～98%,分布于糙米的仅占 0.05%～0.5%。不同元素在水稻体内迁移、积累特性不同,锌、镉迁移能力强,铅、砷大部分积累在根部,难于向地上部迁移。

(三)年龄和性别差异性

生物在不同生育期接触外源性化合物,体内积累量有明显差异。杨树华等对水稻的研究表明,在水稻的不同生育期施铅,根对铅的积累顺序为拔节期>分蘖期>苗期>抽穗期>结实期,叶片和茎对铅的积累量也以拔节期施铅最高,谷壳和糙米的积累量则不同,都是以结实期施铅积累量最高,其积累顺序为结实期>苗期>拔节期>抽穗期>分蘖期。小麦在不同发育阶段施投六六六的结果也证明了这一点。以扬花期为界,在扬花期前施药,原粮残毒量未超标(0.5mg/kg);扬花期后,特别是灌浆期施药,麦粒中六六六的含量最高。这是因为该时期是代谢物质向穗部运转最旺盛的时期。上述例子说明,结实期接触外源性化合物,禾谷类可食部分富集外源性化合物量最高。海洋动物对外源性化合物的累积与身体大小直接相关。例如,多毛类沙蚕对镉的累积,小的个体每单位体重积累量要高于大的个体,渤海湾毛蚶的含汞量(μg/个体)与体重呈幂函数关系;鲨类肌肉中汞的含量与身体大小呈正相关。但也有资料表明,动物体重与外源性化合物含量并不相关。Eyp 等测定了波罗的海和白海贻贝体内几种重金属含量,没有发现与体重有明显的关系。据 Mcleese 的试验,褐虾对 PCBs 的累积与体重大小无关;对几种鱼和虾体氯化氰含量的测定结果也没有发现体重与浓度之间的明显关系。

年龄对于外源性化合物的生物转化有重要影响,这种年龄差异在幼年、成年和老年动物之间显得尤为突出。随着年龄的增长,某些代谢酶的活力也在变化,体内生物转化的能力也随之改变。初生及未成年机体的微粒体酶的功能尚未完全发育成熟;成年后达到高峰,然后开始逐渐下降;进入老年阶段又会进一步减弱,故生物转化功能在初生、未成年和老年均较成年低。凡经代谢转化后毒性降低或消失的外源性化合物,在初生、未成年和老年机体的毒性作用将有所增强;反之,经代谢转化毒性增强的外源性化合物,在未成年和老年的毒性作用将减弱。例如,新生儿生物转化酶发育不全,对药物及毒物的转化能力不足,易发生药物及毒素中毒等;老年人因器官退化,对氨基比林、保泰松等的药物转化能力降低,用药后药效较强,副作用较大。

对于动物来说,性别对外源性化合物吸收、积累的影响主要同生殖、分泌等一系列生理、行为反应有关。例如,雌性可通过产蛋、产奶和生产幼儿等方式将体内的外源性化合物排出体外,从而减少在体内的积累。雌长须鲸在生育下一代时可将体内的有机氯传递给幼鲸,而雄鲸没有这样的排毒机制。这样,老的雄鲸体内往往具有比老的雌鲸较高的外源性化合物浓度。在汞污染环境中暴露一段时间后,雌性野鸭翼骨中的汞浓度比雄性的高近10倍。

在鱼类及哺乳动物体内,有机氯化物含量存在着明显的季节波动,这主要是因为性别与动物的繁殖活动有密切关系。例如,鳕鱼、鳗鱼、鲦鱼体内DDT含量在产卵期间迅速下降,产卵结束后又有所增加,在海豹分娩和哺乳期间,体内有机氯化物的富集较少。

雌雄两性哺乳动物对外源性化合物生物转化存在差异主要是由性激素决定的,从性发育成熟的青春期开始出现性别差异,并持续整个成年期,直到进入老年之前。大多数情况下,雄性动物在代谢转化活力和代谢酶活力上均高于雌性,所以外源性化合物一般对雄性毒性作用较低,对雌性较高。但也有少数外源性化合物的情况与此相反。一般来说,经代谢转化后毒性降低或消失的外源性化合物对雌性动物的毒性作用较雄性高;反之,转化后毒性增高的外源性化合物对雄性的毒性作用较高。例如,环己巴比妥、对硫磷、甲胺磷、苯硫磷、乐果、敌敌畏、敌百虫等杀虫剂及中枢兴奋药马钱子碱、抗凝血药苄丙酮香豆素对雌性的毒性作用大于雄性,而马拉硫磷、艾氏剂、麦角生物碱、洋地黄毒苷及烟碱等的毒性作用在雄性中较雌性中高。

(四)代谢酶的抑制和诱导

一种外源性化合物的生物转化可受到另一种化合物的抑制,此种抑制与催化生物转化的酶类有关。参与生物转化的酶系统一般并不具有较高的底物专一性,几种不同化合物都可作为同一酶系的底物,即几种外源性化合物的生物转化过程都受同一酶系的催化。当一种外源性化合物在机体内出现或数量增多时,可影响某种酶对另一外源性化合物的催化作用,从而降低其代谢速度,使其在体内的滞留时间延长,毒性增强,即两种化合物出现竞争性抑制。例如,对硫磷的代谢物对氧磷能够抑制催化马拉硫磷水解的羧酸酯酶,使马拉硫磷的水解速度减慢,毒性增强。

有些外源性化合物可使某些代谢过程催化酶系活力增强或酶的含量增加,此种现象称为酶的诱导。凡具有诱导效应的化合物称为诱导物,诱导的结果可促进其他外源性化合物的生物转化过程,使其增强或加速。在微粒体混合功能氧化酶诱导过程中,还观察到滑面内质网增生;酶活力增强及对其他化合物代谢转化的促进等均与此有关。例如,苯巴比妥作为诱导物在鼠肝中可诱导生成葡萄糖醛酸转移酶;同时,施用苯巴比妥与2-乙酰氨基芴,可降低或减弱后者的致癌作用。

二、外源性化合物因素

(一)外源性化合物的理化性质

外源性化合物的种类不同,其价态、形态、结构形式、相对分子质量、溶解度、物理稳定性、化学稳定性、生物稳定性及在溶液中的扩散能力和在生物体内的迁移能力等理化性质有很大差别,这些差异都影响到外源性化合物在生物体内的结合和转化效率,进而影响到外源性化合物在生物体内的行为。化学稳定性高、脂溶性高、不容易被生物降解的外源性化合物,易被生物吸收和积累。例如,氯代烃(以总DDT为代表)具有很高的理化和生物稳定性,其能在环境中和生物体内的迁移过程中长时间保持稳定。特别是DDT,属于脂溶性物质,在水中的溶解度很低,仅0.02mg/kg,但能被大量溶解在脂类化合物中,其浓度可达 1.0×10^5 mg/kg,比在水中的溶解度大 500 万倍。因此,这类外源性化合物与生物接触时能迅速地被吸收,并贮存在脂肪中,很难被分解,也不易排出体外,极易在生物体内积累。

有机磷农药、氨基甲酸酯类农药与酚类外源性化合物在水中溶解度较大,较易被生物降解,因此,被沉积物吸附和生物积累过程是次要的。然而当它们在水中浓度较高时,有机质含量高的沉积物和脂类含量高的水生生物也会吸收相当数量的该类外源性化合物。除草剂具有较高的水溶解度和低蒸气压,易从溶液中挥发而不易发生生物积累。PCBs 具有很高的化学稳定性和热稳定性,极难溶于水,不易分解,但易溶于有机溶剂和脂肪,具有高的辛醇-水分配系数,能强烈地分配到沉积物的有机质和生物的脂肪中,因而极易为生物有机体所富集。PCBs 在水中的浓度非常低,在水生生物体内和沉积物中的浓度却很高。1964 年夏天,日本发生的米糠油事件就是因为在米糠油脱臭过程中,作为热载体的 PCBs 400 被大量混入米糠油中,人们食用后引起 PCBs 及有关化合物的亚急性中毒。生物对甲基汞的富集能力很强,因为甲基汞具有更高的化学稳定性。C—Hg 的共价键较稳定,不易破裂,再加上生物体的活性—SH 基的解离常数为 -17,所以不管溶液多稀,甲基汞都是以不可逆转的方向在体内积累的。生物积累还与生物对外源性化合物的解毒能力(外源性化合物的生物稳定性)有关。解毒能力越强,则积累能力越弱;反之,则积累能力越强。解毒能力又与外源性化合物的化学结构有关。例如,PCBs 中可置换的氯的数目或位置不同,其代谢、解毒、积累的情况差别就很大。

许多重金属是生物生长发育所必需的营养元素,如铜、锌等,这些重金属具有很强的生物积累效应。由于重金属在环境中不会被降解,只会发生形态和价态变化,在土壤环境中的迁移能力很差,可在环境中长期存在。环境中的某些重金属可在微生物的作用下转化为毒性更强的重金属化合物,如汞的甲基化作用。重金属进入生物体内后不易被排出,在食物链中的生物放大作用十分明显,在较高营养级的生物体内可成千万倍地积累。环境条件导致重金属由一种形态向另一种形态变化,可影响其生物有效性,也影响到吸收途径的变化。

(二)外源性化合物的存在形态

环境中外源性化合物的存在形态直接影响生物对外源性化合物的吸收和积累。长期以来,人们比较注意溶解在水中的重金属对生物的影响,认为可溶于水的重金属具有高度的生物可给性,而忽视固相中的重金属对生物所产生的作用。事实上,生物吞食或随食物进入胃内的一些颗粒物,在胃液或其他一些消化酶的作用下,被吸附在颗粒物上的重金属可以被溶解、吸收,并在体内累积起来。Akira Kudo 等曾研究过鱼类直接从沉积物中吸收汞的量和从水相中吸收汞量的相互关系,结果表明,前者进入鱼体的汞量比后者的大 9 倍。把鲤鱼和鲫鱼的肌肉、内脏、鳃和性腺的含铅量与沉积物和水相中铅的各种形态进行相关分析,并演算出若干组反映它们相互关系的回归方程。结果表明,水可溶态与鲤、鲫鱼肌肉、内脏和鳃的铅含量有高度的相关性,沉积物中铅的阳离子交换态和碳酸盐结合态、铁锰氧化物结合态,与鲤、鲫鱼肌肉、内脏和鳃的含铅量,也有明显的相关关系。马陶武等研究铜锈环棱螺对沉积物中重金属生物积累与重金属赋存形态的关系发现,镉的生物积累与镉的可交换态、可溶态及可氧化态显著相关,而与镉总量的相关性不显著;铅的生物积累与铅的可还原态显著相关,而且也与铅的总量显著相关;铜的生物积累与铜的可氧化态显著相关,同时也与铜的总量显著相关;锰的生物积累与锰的可交换与酸的可溶态和可还原态显著相关,与锰的总量相关性不显著;镉和锌的生物积累与其形态和总量的相关性均不显著。

肠道吸收量因外源性化合物化学形态不同而有很大差异。例如,甲基汞和乙基汞被肠道的吸收量远高于离子态汞。因为有机汞是脂溶性的,能随脂类物质被消化管吸收,其吸收率达 95%;而肠道对无机汞中的离子态和金属汞的吸收率在 20% 以下,人体为 1.4%～15.6%,平均为 7%。Hg^{2+} 不易被肠壁吸收,易与氨基酸(特别是含硫氨基酸)形成络合物,即使进入肠道上表皮细胞的 Hg^{2+} 也容易随细胞的脱落与粪便一起排出体外。镉在呼吸道的吸收率为 10%～14%,消化管为 5%～10%。重金属的物理形态不同,植物对其吸收、迁移的方式也不同。有研究表明,植物可吸收大气汞,也可吸收土壤汞。当植物汞源于大气汞时,其地上部汞含量高于根部;源于土壤汞时,则根汞高于地上部汞。

植物对同一元素的不同价态的吸收系数差别很大。例如,水稻对 Cr^{3+} 的吸收系数平均值为 0.032,而对 Cr^{6+} 则为 0.056,可见对 Cr^{6+} 的吸收系数大于 Cr^{3+}。用同样浓度的 CdS、$CdSO_4$、CdI_2 和 $CdCl_2$ 灌溉水稻,这些化合物在水中的解离常数是 $CdS < CdSO_4 < CdI_2 < CdCl_2$,所以得出它们在糙米中积累率之比为 1∶1.9∶3.7∶3.9。

(三)外源性化合物的浓度和作用时间

一般来说,外源性化合物的浓度越高,生物体对外源性化合物的积累量越多。例如,使用不同浓度的镉培养几种水生植物,10 天后测这几种水生植物体内的镉含量,发现随着镉浓度升高,植物体内镉含量增高。对三种家鱼草鱼、鲤鱼、鲢鱼的试验结果同样表明,随着水体铅浓度增加,鱼体内的铅含量相应增加。生物体对外源性化合物的积累量不仅与外源性化合物的浓度有关,还与作用时间密切相关。外源性化合物的浓度越高,作用时间越长,则生物体内外源性化合物积累量也越多。

一种外源性化合物在机体代谢的饱和状态对其代谢情况有相当的影响,并因此影响其毒性作用。例如,溴化苯在体内首先转化成为具有肝脏毒作用的溴化苯环氧化物,如果输入剂量较小,约有 75% 的溴化苯环氧化物可转变成为谷胱甘肽结合物,并以溴苯基硫醚氨酸的形式排出;但如果输入较大剂量,则有 45% 可按上述形式排出。当剂量过大时,因谷胱甘肽的量不足,甚至出现谷胱甘肽耗竭,结合反应有所降低,因而未经结合的溴苯环氧化物与 DNA、RNA 或蛋白质的反应增强,呈现毒性作用。

三、环境因素

环境因素包括温度、湿度、光照、pH 值及外源性化合物存在的环境介质,前者往往通过影响生物的生长发育直接影响外源性化合物在生物体内的行为,而后者主要通过影响外源性化合物的化学性质而对外源性化合物在生物体内的行为产生间接的影响。

(一)温度、盐度、湿度、光照、pH 值等

温度、盐度和光照等环境物理因素,能明显地影响海洋生物对外源性化合物的吸收和积累。据 Unlu 报道,贻贝在 19～31 盐度范围内,对砷的吸收和积累量与盐度成反比。较高的温度能促进巨蛎对镉的吸收及墨角藻对镉的积累,在较高温度条件下,牡蛎对镉

的吸收量增加,可能是因为水温较高的条件下,牡蛎有较高的代谢率。由于溶解在水中的外源性化合物比在大气中的扩散速度快,加上很多物质只有溶解在水中才能被吸收,因此,当空气相对湿度大时,植物对外源性化合物的吸收往往也会增加,积累的量也大。气态外源性化合物主要通过气孔进入植物体,凡是能影响光合作用的因素均能影响气态外源性化合物在植物体内的积累。用海带的藻块进行吸收^{131}I 的试验,无论是经过 6 小时,还是 24 小时,在光照条件下藻块对^{131}I 的吸收要比在暗的条件下约高 32%。光照影响气孔的关闭状态,由此影响植物对外源性化合物的吸收和积累。陈同斌研究发现,小麦地上部吸收铜的量与 pH 值呈显著负相关,土壤 pH 值升高一个单位,则植物吸收铜的量减少 19μg/盆;土壤 pH 值还能影响植物对农药的吸收。例如,2,4-D 在 pH 值为 3~4 的条件下能解离为有机阳离子,而在 pH 值为 6~7 的条件下解离为有机阴离子。前者被带负电荷的土壤胶体所吸附,后者被带正电荷的土壤胶体所吸附。马陶武等研究发现铅和铜的生物积累与沉积物的 pH 值呈显著的负相关关系,镉、锰、铬、锌的生物积累与沉积物 pH 值的相关性不显著。

(二)环境介质

土壤矿物质和有机质含量是土壤中影响外源性化合物生物有效性的最重要的两个因素。矿物质含量相对较高的土壤为无机污染物和离子性有机污染物提供了更丰富的吸附表面,使土壤水中的外源性化合物浓度降低,减少了外源性化合物通过根系迁移至植物体内的可能性。土壤有机质含量可以吸附或固定大量的疏水性有机物,使土壤中的外源性化合物浓度比土壤水中高出 1~2 个数量级,外源性化合物的生物有效性大大减弱。近年研究表明,土壤有机质含量对重金属等无机污染物的生态过程也有显著影响,重金属与有机酸形成金属-有机复合物,使重金属的迁移能力增强。例如,增加土壤有机质含量,提高土壤对阳离子的固定率,就能减少植物对镉等重金属的吸收。在含镉量为 50mg/kg 的土壤中加入约为土重 5% 的马粪,头茬种小米,第二茬种冬小麦。加入马粪的小米含镉量为 0.16mg/kg,冬小麦籽粒的含镉量为 5.1mg/kg;不加马粪的小米含镉量为 0.75mg/kg,冬小麦籽粒的含镉量为 5.3mg/kg。

鱼体内积蓄的几乎都是甲基汞。鱼体内富集的甲基汞多少和湖底有机质含量有关,湖底有机质含量越高,则湖底甲基汞占总汞量越高而鱼体含汞量越低。例如,含有机质 50% 的底泥中汞含量很高,水中甲基汞含量低,因此,鱼体中含汞量很低。

小 结

外源性化合物在大气、土壤和水体的迁移及转化过程中有很多途径和机会与身处其中的动物、植物和微生物相接触,进而可以通过多种方式进入生物体内。对于单细胞生物和低等生物来说,暴露与吸收是在细胞表面或体表进行的,主动或被动摄入的方式都很简单。对于高等生物来说,外源性化合物由环境通过动物的呼吸道、消化道、体表和植物的气孔、导管、筛管、体表等途径到达机体吸收的界面(细胞质膜)。

外源性化合物经穿膜行为进入体液而被吸收,生物机体不同的吸收部位对外源性化合物的吸收程度不同,不同类群的生物体吸收外源性化合物的途径也存在很大差别,以何种方式被吸收入生物体内,主要取决于外源性化合物本身的化学结构、理化性质及环境条件等。植物吸收的主要器官是根和叶片,动物吸收的主要器官有呼吸道、消化道和皮肤,微生物只能通过细胞表面进行物质交换和吸收。吸收以后在体内通过运输而分布到不同部位,外源性化合物在高等植物体内的运输不仅包括木质部导管和韧皮部筛管的纵向运输,还包括木质部和韧皮部之间的横向运输;在动物体内运输的主要途径是循环系统,在无脊椎动物体内,外源性化合物主要通过血淋巴运输,而在脊椎动物体内主要通过血液循环运输,少部分通过淋巴循环运输。外源性化合物及其代谢产物可通过不同的途径和方式从生物体内排出。

外源性化合物在生物体内酶催化下会发生各种类型的生物转化,生物转化在生理和代谢活跃的器官和组织中发生较多,如人的肝、肾、胃、肠、肺、皮肤和胎盘等组织都具有生物转化的功能,其中肝脏是最活跃也最重要的代谢器官。转化分为相Ⅰ反应和相Ⅱ反应两个阶段,主要有氧化、还原、水解和结合反应,生成的产物有的毒性降低,有的毒性升高。影响生物转化的因素很多,主要包括生物和外源性化合物本身的因素,也包括环境因素。外源性化合物对生物系统发生毒性或危害性作用与它的生物浓缩、生物积累和生物放大有关。

习　题

1. 归纳本章的专业名词并解释。
2. 外源性化合物在生物系统中的行为包括哪些环节?各个环节是如何联系的?
3. 生物放大对生态系统有什么影响?
4. 影响外源性化合物在生物系统中行为的主要因素有哪些?请举例说明影响方式和影响程度。
5. 叙述动物、植物对外源性化合物的主要吸收途径和方法。
6. 外源性化合物在生物体内进行生物转化的原理是什么?表述生物转化过程和主要反应。
7. 简述生物浓缩、生物积累和生物放大的概念及区别。

第三章　人为逆境因子的毒性作用和生物学效应

【本章要点】
　　本章介绍外源性化合物的毒性作用，毒性作用机制，影响毒性作用的因素，从不同生物学水平阐述外源性化合物的生物学效应，并列举几种常见外源性化合物的生物学效应，最后对非外源性化合物的生物学效应做出简单的概述。

　　人为逆境因子对生物机体产生毒性作用，这种毒性作用在生物系统的各级水平下产生不良的生物学效应，环境毒理学中将之称为毒性效应。例如，工业废水、生活污水及农业污水大量排入江河湖海，改变了水体的物理、化学和生物条件，致使鱼类受害，数量减少，甚至灭绝；森林的大量砍伐、植被的大规模破坏既能引起水土流失，降低土壤肥力，引发干旱、风沙等自然灾害，造成农业减产，又能造成鸟类栖息场所缩减，鸟类减少、虫害加剧；致畸、致癌、致突变物质的污染可引起染色体畸变和癌症发病率上升等，这些都是人为逆境因子导致的生物学效应，这种生物学效应关系到人和生物的生存及发展，要保护人类健康及生物和生态系统的良性发展，就必须高度重视对这种效应的机理及其反应过程的研究。例如，进行各种外源性化合物的吸收、分布、积累、毒性和毒理的研究；外源性化合物拮抗作用和协同作用的研究；生物解毒酶的种类、数量、活性及其对各种外源性化合物解毒作用的研究等。本章的讨论专门针对外源性化合物而言，重点讨论外源性化合物的毒性作用和生物学效应，并对物理性污染物和生物性污染物的生物学效应进行简单介绍。

第一节　毒性作用

一、有关毒性的概念

（一）毒物
　　孔繁翔等将毒物（toxicant）定义为在一定条件下，以较小剂量给予生物机体时，能与生物相互作用，引起生物体功能或器质性损伤的化学物质；或剂量虽然微小，但累积到一定的量，就能干扰或破坏机体的正常生理功能，引起暂时或持久性的病理变化，甚至危及生命的化学物质。在日常生活中，毒物与非毒物之间没有绝对的界限，二者是相对的，可以说所有物质都是毒物，没有不是毒物的物质。Paracelsus 说过，毒物本身并非毒物，主要是剂量才使一种物质变成毒物。这就是说，一种物质达到中毒剂量时就是毒物。例如纯水,我们平时不会说它是毒物,因为我们不可能一次服用到中毒的剂量,如果达到中毒剂量,它也是有毒的,会出现人体盐分过度流失、细胞水肿、痉挛、意识障碍甚至昏迷等症状。

毒物的分类方法有多种,按其化学性质,可分为挥发性毒物、非挥发性毒物或金属性毒物、阴离子型毒物等;按其用途及分布范围,可分为工业毒物、农用化合物、化妆品及其他日用品中的有害成分、生物毒素、食品中的有害成分、医用药物、军事毒物、放射性同位素等。在环境毒理学研究中,因为主要研究外源性化合物对生物的毒性作用,常常将被研究的外源性化合物称为毒物。

（二）毒性和毒性作用

毒性(toxicity)是指毒物接触或进入机体后,引起生物体的易感部位产生有害作用的能力,是毒物潜在的特性。毒性可分为急性毒性、亚慢性毒性和慢性毒性,毒性强弱取决于外源性化合物的化学结构。讨论一种外源性化合物的毒性时,必须考虑到它进入机体的数量(剂量或浓度)、方式(如经口食入、经呼吸道吸入、经皮肤或黏膜接触)和时间分布(一次或反复多次给予),其中最基本的因素是剂量或浓度。

我们人体内都有潜在性有毒物质的存在,如含有一定量的 Pb、Hg 和 DDT,但并不意味着这些物质使我们发生了中毒(intoxication)。中毒是指生物体受到毒副作用引起功能或器质性改变后出现的疾病状态,是毒性发生作用的结果。例如,达到中毒剂量的有机磷农药进入机体后,使生物出现震颤、出汗、瞳孔缩小等一系列的中毒症状。根据病变发生发展的快慢,中毒分为急性中毒、亚慢性中毒和慢性中毒。

外源性化合物(毒物)引起生物机体的损害总称为毒性作用(toxic effect),毒性作用可通过观测的方法来判断。例如,农药敌枯双对大鼠具有强烈致畸性,甲苯二异氰酸酯(TDI)对雄性动物有生殖毒性,苯可抑制造血功能导致贫血等。物理性污染物和生物性污染物对生物机体的损害也称毒性作用。例如紫外辐射对眼睛会产生伤害,诱发皮肤癌变;病原微生物的致病性等。

（三）生物有效性

生物有效性(bioavailability)又称生物利用度或生物可利用性,该名词最早出现在药理学中,指所服用药物的剂量能到达体循环的部分,是药物的一种动力学特性。按照定义,当药物以静脉注射时,它的生物利用度是 100%。但是当药物以其他方式服用如口服时,它的生物利用度因不完全吸收及首渡效应而下降。生物有效性是药物动力学的一个重要工具,在计算非静脉注射的药物剂量时需要考虑。在环境毒理学中,生物有效性是指外源性化合物被生物体利用的实际程度,与外源性化合物的存在形态有直接关系。

二、毒性作用的类型

外源性化合物对生物机体的毒性作用,可根据毒作用的特点、发生的时间和范围及机体对毒物的敏感性等分为下列几种类型。

（一）速发毒作用与迟发毒作用

速发毒作用(immediate toxic effcet)是指外源性化合物与机体接触后在短时间内引起的毒性作用,如 CO、H_2S、氰化物和亚硝酸盐等引起的急性中毒。迟发毒作用(delayed toxic effect)是指外源性化合物与机体接触后,经过一定时间才出现的毒性作用。例如致癌性化学毒物,人类一般只有在初次接触后 10～20 年才能出现肿瘤。速发毒作用引起的生物学效应为急性生物学效应,迟发毒作用引起的生物学效应为慢性生物学效应,前者如某种细菌传播引起的疾病流行,后者如日本 Hg 污染引起的水俣病和镉污染引起的痛痛病。在环境毒理学实验研究中,急性毒性实验观察到的是速发毒作用下的生物学效应,慢性和亚慢性毒性实验观察到的是迟发毒作用下的生物学效应。

(二)局部毒作用与全身毒作用

局部毒作用(local toxic effect)是指外源性化合物在与机体直接接触的部位产生的毒性作用。例如,强酸、强碱对皮肤的烧灼、腐蚀作用,接触或摄入腐蚀性物质或吸入刺激性气体损伤皮肤、胃肠道或呼吸道。全身毒作用(systemic toxic effect)是指外源性化合物被机体吸收后,经运输途径分布到全身,或在远离吸收部位的位置而产生有害作用,如亚硝酸盐引起机体全身性缺氧。外源性化合物的全身毒作用对组织器官的损伤不是均匀一致的,主要对一定的组织和器官起损害作用,这种组织和器官被称为该外源性化合物的靶组织和靶器官。例如,CO 与血红蛋白有极强的亲和力,能引起全身缺氧,而对氧敏感的中枢神经系统损伤最为严重,中枢神经系统的组织和器官就是 CO 的靶位点。CCl_4 慢性作用主要影响肝脏,严重时可影响肾脏,肝和肾是 CCl_4 慢性作用的靶器官。在脊椎动物的全身毒作用中首先涉及的靶位点是中枢神经系统的组织和器官,尤其是大脑,其次是血液循环系统、造血系统及肝、肾、肺等实质性脏器。

(三)可逆毒作用与不可逆毒作用

可逆毒作用(reversible toxic effect)是指外源性化合物对机体造成的损伤在机体停止接触该因子后,会逐渐消除,并使机体恢复正常状态。不可逆毒作用(irreversible toxic effect)是指外源性化合物对机体造成的损伤在机体停止接触该因子后仍不能消除,甚至进一步发展加重。外源性化合物的毒性作用是否可逆,主要取决于被损伤组织的再生与功能恢复能力,对再生能力很强的器官如肝脏来说,多数损伤是可逆的,而对于再生能力很差甚至不能再生的组织如中枢神经系统来说,损伤多为不可逆的。通常机体接触外源性化合物的剂量较低、时间较短、造成的损伤较轻时,毒性作用为可逆作用。外源性化合物引起的组织形态学改变大多是不可逆作用,致癌物一旦引起正常细胞恶变也为不可逆作用。

(四)变态反应

变态反应(allergic reaction)也称过敏性反应(sensitivity reaction),是机体对外源性化合物产生的一种有害免疫反应。变态反应与一般毒性反应不同,首先需要先接触过该外源性化合物,许多外源性化合物为半抗原,进入机体先与内源性蛋白质结合形成完全抗原,激发机体产生抗体,当机体再次与该因子接触时,引发抗原-抗体反应,产生典型的变态反应症状;其次,变态反应的剂量-反应关系不是一般的 S 形曲线,但对特定的个体来说变态反应与剂量有关。例如,一个经花粉致敏的人,其过敏反应强度与空气中花粉的浓度有关。变态反应有时很轻,仅有皮肤症状,有时可引起严重的过敏性休克甚至死亡。

(五)高敏感性反应与高耐受性反应

高敏感性反应(hypersensitivity reaction)是指生物群体接触较低剂量的特异性外源

性化合物后,当大多数生物尚未表现任何异常时,就有少数生物个体出现了中毒症状。高耐受性反应(hyperresistibility reaction)与高敏感性反应相对,是指接触某一外源性化合物的生物群体中有少数个体对其毒性作用特别不敏感,可以耐受高于其他个体所能耐受的剂量,耐受倍数可达 2～5 倍。

（六）特异体质反应

特异体质反应(idiosyncratic reaction)是指某些有先天性遗传缺陷的生物个体对于某些外源性化合物表现出的异常反应。例如,肌肉松弛剂琥珀酰胆碱可被血浆中的假性胆碱酯酶迅速分解,故琥珀酰胆碱所引起的骨骼肌松弛时间一般是很短的,但某些生物个体由于先天缺乏这种酶,不能将琥珀酰胆碱及时分解,给予标准剂量的琥珀胆碱即呈现持续性的肌肉松弛,甚至呼吸暂停;同样,缺乏 NADH -高铁血红蛋白还原酶的机体对亚硝酸盐和其他能引起高铁血红蛋白症的外源性化合物异常敏感。

（七）功能作用和形态作用

功能作用(function effect)通常指靶器官或靶组织的功能改变,如行为毒理方面的指标变化。形态作用(morphologic effect)是指肉眼和显微镜观察到的组织形态学改变,其中有许多变化,如坏死、肿瘤等通常不可逆且严重。人们通常认为功能的改变是可逆的,而形态学改变是不可逆的。但是近年来酶组织化学、电镜技术应用大大提高了形态作用的敏感性,而且发现轻微的病理改变是可恢复的。例如,再生能力旺盛的肝脏,细胞坏死可通过细胞增生而恢复。

第二节　外源性化合物毒性作用的机制

外源性化合物以各种不同的方式损害靶器官的细胞,导致产生一系列有害的生物学效应。无论外源性化合物对生态系统将会产生什么影响,对生物机体的最早作用都是从生物大分子和代谢开始的,生物大分子和代谢过程的异常变化正是此后在细胞－器官－个体上的毒性作用基础,然后这些毒性作用放大到种群－群落－生态系统各个水平,在不同生物学水平产生生态学效应(图 3 - 2 - 1)。掌握外源性化合物毒性作用机制具有重要意义:为更清楚地解释和描述毒理学资料、评估特定外源性化合物引起有害效应的概率、建立解救或预防措施、设计危害程度较小的药物和工业化学物,以及开发对靶生物具有良好选择毒性的杀虫剂等提供理论依据;阐明毒物毒性特征,估计毒性作用大小,有利于人们进一步认识毒性作用下机体基本的生理和生化过程及导致的某些重要病理过程。因为外源性化合物种类和数量较多,不同种类作用机制不同,所以大多数外源性化合物的毒作用机制尚未完全阐明,但多数外源性化合物发挥毒性作用至少要经历以下过程:经吸收进入机体后透过多种屏障转运到一个或多个靶位点;通过细胞膜进入细胞与内源靶分子发生交互作用;引起机体分子、细胞、组织水平功能和结构的紊乱;机体启动不同水平的修复机制;机体修复功能低下或外源性化合物引起的功能和结构紊乱超过机体的修复能力时,机体出现组织坏死、癌症、纤维化等毒性作用。所以,外源性化合物毒性作用的机制可概括为以下内容:靶位点结合机制、生物膜损伤机制、受体结合机制、钙稳态机制、共价结合机制、自由基损伤机制、修复和修复失调机制。

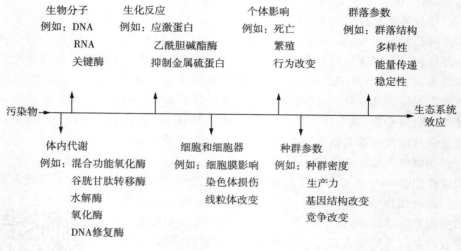

图 3 - 2 - 1　外源性化合物在各级生物学水平上的影响

一、靶位点结合机制

外源性化合物损伤作用的靶位点通常是外源性化合物及其代谢产物与生物体接触的部位,或是生物转运和生物转化发生的部位。外源性化合物这种特异性的损伤作用主要取决于外源性化合物本身的理化性质,同时也与生物体靶位点的生物大分子结构及其功能密切相关。例如,有机汞的脂溶性大于无机汞,可以透过脂质含量丰富的血脑屏障,并在脑组织中产生毒作用,脑组织是有机汞的靶位点;而无机汞的水溶性较高,在体内呈离子态,可与血清或细胞膜上含有巯基的酶结合,导致酶活性改变,汞离子也可与细胞膜上的磷酸基团结合,引起细胞膜通透性改变,所以血清或细胞膜是无机汞的靶位点;2 -萘胺能特异性地诱发膀胱癌,是由于终尿的 pH 值为 5～6,使其代谢产物与 N -葡萄糖醛酸形成的结合物在尿中解离,转化为亲电子离子,导致膀胱上皮细胞 DNA 突变,从而诱发膀胱癌,所以膀胱上皮细胞是 2 -萘胺的靶位点;肝脏是许多毒物代谢活化的部位,经常成为外源性化合物的靶器官,如四氯化碳、氯仿、氯乙烯、黄曲霉毒素 B_1 等,其靶器官主要是肝细胞;百草枯通常以肺为靶位点,其原因是肺泡 I 型和 II 型细胞能主动摄取百草枯,并将其代谢活化而导致损伤,引起肺水肿或肺纤维化。

二、生物膜损伤机制

生物膜的正常结构对维持机体内的生物转运、信息传递及内环境稳定至关重要,而外源性化合物在机体内的生物转运和生物转化过程均与生物膜有关。近年来,环境毒理学发展了一个新的分支——膜毒理学,主要研究外源性化合物对生物膜的组成成分和生物物理功能、膜上的酶或受体、信息传递和物质转运过程的影响及损伤。

1. 对生物膜组成成分及其功能的影响

一些外源性化合物可引起膜成分改变。例如,CCl_4 可引起大鼠肝细胞膜磷脂和胆固醇含量下降;SiO_2 可与人红细胞膜的蛋白结合,使红细胞膜蛋白 α-螺旋减少;Pb^{2+}、Cd^{2+} 可与 Ca^{2+}-ATPase 上的巯基结合,使其活性得到抑制;自由基作用于膜脂质,引起膜脂质中多不饱和脂肪酸的过氧化;等等。

2. 对膜生物物理性质的影响

生物膜的生物物理性质主要表现在生物膜的通透性、流动性、膜表面电荷等方面。

(1)对通透性的影响。在毒理学中,以通透性作为细胞毒性作用的观察指标,利用生物膜的选择通透性,研究外源性化合物对生物膜的影响。细胞内重要离子如 K^+ 可作为评价膜通透性及膜完整性的指标,农药 DDT 作用于细胞膜上的 Na^+/K^+-ATP 酶,使神经细胞膜上 Na^+、K^+ 通透性改变;胞内某些酶如乳酸脱氢酶、酸性磷酸酶的漏出也可作为膜通透性损伤的指标。

膜的选择通透性与细胞的功能有密切的联系,许多可以改变细胞膜或细胞器膜通透性的物质往往具有一定的毒性。例如,缬氨霉素可使膜对 K^+ 的通透性增大,以致线粒体发生解偶联,从而造成细胞损伤;农药 DDT 可作用于神经轴索膜,改变 Na^+、K^+ 的通透性,在离体的神经纤维上,可观察到 DDT 使其动作电位持续时间延长和重复,在整体动物上则可观察到动物兴奋性增高、震颤和痉挛。因此,DDT 中毒的症状与神经细胞膜离子的通透性改变有关。但是通透性的改变不是细胞损伤的唯一原因,所以与细胞毒性大小并非绝对相关。

(2)对膜流动性的影响。膜流动性不仅包括脂质分子的旋转、沿长轴的伸缩和振荡、侧向扩散运动及翻转运动、蛋白质分子侧向扩散和旋转运动,还包括膜整体结构的流动性。膜流动性具有重要的生理意义,物质运输、细胞融合、细胞识别、细胞表面受体功能调节等均与膜流动性有关。正是由于膜流动性具有重要的生理意义,毒理学家试图探讨膜流动性与毒性作用的关系,以丰富中毒机制和寻找早期损伤的指标。如今有许多生物物理实验技术可用于研究膜流动性。例如,荧光偏振、核磁共振、激光拉曼光谱、激光漂白荧光恢复法和电镜冷冻蚀刻技术均可研究不同条件下膜结构的变化。

现已发现不少外源性化合物可以影响膜脂流动性,特别是重金属二价离子引起膜流动性下降已有不少报道。例如,Pb^{2+} 可引起大鼠离体肾脏细胞微粒体膜脂流动性降低,且具有剂量-效应关系,其机制可能是 Pb^{2+} 导致膜脂和膜蛋白运动限制晶格所需的温度提高;SiO_2 可引起巨噬细胞膜脂流动性升高;对硫磷可引起人与大鼠红细胞膜脂流动性下降。

(3)对膜表面电荷的影响。膜表面糖脂、糖蛋白形成膜表面极性基团,组成表面电荷。细胞膜表面电荷的性质和密度可以反映细胞表面的结构及功能。因此,也可通过测定细胞膜表面电荷来了解外源性化合物与膜作用的途径和方式。

三、受体结合机制

受体(receptor)是存在于细胞膜、细胞浆或细胞核中的大分子化合物(如蛋白质、核酸、脂质等),能与特异性物质(递质、激素、内源性活性物质、药物等外源性化合物)结合并产生效应,与受体结合的特异性物质称为配体(ligand),受体上与配体相结合的活性基团称为受点或位点。根据在靶细胞上存在的位置或分布,受体大致分为三类:①细胞膜受体,位于靶细胞膜上,如胆碱受体、肾上腺素受体等;②胞浆受体,位于靶细胞的胞浆内,如肾上腺皮质激素受体、性激素受体等;③胞核受体,位于靶细胞的细胞核内,如甲状腺素受体存在于细胞浆或细胞核内。根据受体蛋白的结构和信号转导的机制,受体至少可分为四类:①含离子通道的受体(配体门控离子通道型受体),位于细胞膜上,调控细胞膜上的离子通道,如 N – ACh 受体、GABA 受体等。②G 蛋白偶联受体。受体与配体结合后,通过 G 蛋白改变细胞内第二信使的浓度,将信号传递至效应器而产生生物效应,如 M – ACh 受体、NA 受体、5 – HT 受体和 DA 受体等。③酪氨酸激酶型受体。受体为跨膜蛋白,胞外部分与配体结合,胞内部分含有酪氨酸激酶活性或与酪氨酸激酶偶联,如胰岛素、生长因子、神经营养因子受体等。④调节基因表达的受体。这类受体在细胞浆或细胞核内也称核受体,其配体多为亲脂性小分子化合物,如甾体激素(肾上腺皮质激素、性激素)、甲状腺素、维生素 D 及 NO 等,以简单扩散的方式穿过细胞膜与胞浆或核内的相应受体结合,通过调节基因转录而影响某些特异性蛋白质的合成。

受体理论中的受体与配体结合机制有以下几种学说。

1. 占领学说

占领学说(occupation theory)认为与某受体具有亲和力的外源性化合物在与之结合后形成复合物,如果该外源性化合物具有一定的内在活性,就能激活受体并产生效应。这种结合叫占领,产生效应的强度与被占领的受体数量成正比,全部受体被占领时出现最大效应。外源性化合物占领受体具有小剂量大效应的特点,即只占领一小部分受体就能产生最大效应,未经占领的受体称为储备受体(spare receptor)。因此,当因某种原因而丧失一部分受体时,并不会立即影响最大效应。进一步研究发现,内在活性不同的同类外源性化合物产生同等强度效应时,所占领受体的数目并不相等,占领的受体必须达到一定阈值才开始出现效应,阈值以下的被占领受体称为沉默受体(silent receptor)。外源性化合物和受体的这种结合与解离是可逆的。

2. 诱导契合学说与变构学说

Koshland 对酶与底物、半抗原与抗体、药物与受体间的相互作用提出了诱导契合学说(induced fit theory),他认为药物与受体蛋白结合时,可诱使受体蛋白的空间构象发生可逆改变,这种变构作用可产生生物效应。按照此学说,外源性化合物与受体大分子的结合不是刚性的"锁—钥"关系,而是通过空间结构的柔曲变构和近距离作用力的吸引,即受体发生可塑性改变,经外源性化合物的诱导而逐渐与之相契合。近年已证明变构形态不止两种,所以将此学说总称为变构学说(allosteric theory)。变构学说认为受体存在活性状态(R^*)和非活性状态(R),两者均可与外源性化合物结合,并且活性 R^* 和非活性 R 之间可以互相转化。激动剂型外源性化合物主要与 R^* 结合,以一定函数关系引起效应,并促进 R 向 R^* 转化;拮抗剂型外源性化合物则主要与 R 结合,并促进 R^* 向 R 转化;部分激动剂与 R^* 及 R 均可结合。

变构学说考虑到了外源性化合物与受体的占位结合及外源性化合物与受体间相互作用导致的受体活性改变,更接近实际环境中外源性化合物与受体反应的状况,从分子水平较好地解释了作为配体的外源性化合物与受体结合的实际过程,近年来借助电子计算机技术已可分析二者之间的关系。

3. 速率学说

速率学说(rate theory)是 1961 年由 Paton 提出的,该学说认为,药物作用最重要的因素是药物分子与受体结合的速率。照此理论,外源性化合物的生物学效应(毒性)与它和受体间的结合及解离速率有关,而与其占有的多少无关,效应的产生是一个外源性化合物和受点相碰时产生一定量的刺激并传递到效应器的结果。

四、钙稳态机制

(一)细胞内钙稳态

细胞内的钙有结合钙和离子钙两种形式,只有离子钙才具有生理活性,细胞在静息状态下细胞内的钙浓度较低($10^{-7} \sim 10^{-6}$ mol/L),细胞外浓度较高(10^{-3} mol/L),内外浓度相差 $10^3 \sim 10^4$ 倍。当细胞处于兴奋状态,第一信使传递信息,则细胞内游离 Ca^{2+} 浓度迅速增多,可达 10 mol/L,此后再降到 10^{-7} mol/L,完成一个信息传递循环,故将 Ca^{2+} 称为体内第二信使。神经传导、肌肉收缩、细胞增殖和分化、细胞形态发生、细胞衰老等细胞功能的调节都依赖细胞内外极高的 Ca^{2+} 浓度。生理状态下细胞内 Ca^{2+} 浓度的变化过程具有极为严格的调控机制,呈稳定状态,称为细胞内钙稳态(calcium homeostasis)。一旦某种因素使细胞内钙稳态失调,就会破坏各种细胞器的功能和细胞骨架结构,引起细胞功能性损伤,并激活细胞成分发生不可逆的分解代谢过程,最终破坏正常生命活动。

(二)外源性化合物引起的钙稳态失调

大量实验表明,细胞内 Ca^{2+} 浓度的持续增高是引发各种组织和细胞的毒性机制,称为细胞死亡的最终共同途径。目前,在环境毒理学领域 Ca^{2+} 浓度变化研究已成为外源性化合物毒性机制的研究热点之一,发展出细胞钙稳态紊乱(distribution of calcium homeostasis)学说。该学说认为,细胞内钙稳态失调引起细胞损伤的机制较为复杂,一般包括三个方面:对能量代谢的影响、细胞骨架组成障碍、水解酶激活。

1. 对能量代谢的影响

胞浆中的高 Ca^{2+} 浓度通过单转运器使线粒体 Ca^{2+} 的摄取增加,抑制线粒体 ATP 合成,ATP 合成受到损害可累及细胞膜、内质网上的 Ca^{2+}-ATP 酶及细胞膜上的 Na^+/K^+-ATP 酶的能量供给,造成细胞内 Ca^{2+} 泵出减少或内质网的泵入减少,进一步升高胞浆 Ca^{2+} 浓度,最终导致线粒体内膜的过氧化损伤及可能的水解性损害。另外,Ca^{2+} 激活线粒体脱氢酶,引起内膜氧化损伤,能量贮备由此耗竭。此外,胞浆 Ca^{2+} 浓度持续性升高,为了除去过多的 Ca^{2+},Ca^{2+}-ATP 酶的作用势必加强,ATP 的消耗也相应增加。

2. 细胞骨架组成障碍

胞浆 Ca^{2+} 浓度无控制的升高引起的细胞损伤也涉及微管、微丝的解聚。微管、微丝是构成细胞骨架的两大主要组分,以维持细胞的正常形态。有人将甲萘醌与人血小板一起温育,发现胞浆游离 Ca^{2+} 浓度显著升高,组成微丝的肌动蛋白明显减少,促进肌动蛋白成束的 α-辅肌动蛋白从细胞骨架中分离,细胞骨架容易解体。

3. 水解酶激活

Ca^{2+} 能激活降解蛋白质、磷脂和核酸的水解酶,许多完整的膜蛋白是 Ca^{2+} 激活中性蛋白酶或需钙蛋白酶的靶位点。Ca^{2+} 激活的水解酶还可使黄嘌呤脱氢酶转变成次黄嘌呤氧化酶,其副产物 $O_2^- \cdot$ 和 H_2O_2 可引起细胞损伤。

环境毒理学研究发现外源性化合物可以通过干扰细胞内钙稳态从而引起细胞损伤和死亡,硝基酚、醌、过氧化物、醛类、二噁英、卤化链烷、链烯及 Cd^{2+}、Hg^{2+} 等重金属离子均能干扰细胞内钙稳态。例如,铅可与 Ca^{2+} 及 CaM 结合,激活 Ca^{2+}-CaM 依赖酶系,高浓度时又与细胞内巯基结合,抑制 Ca^{2+}-CaM 依赖酶系,并呈剂量依赖的双相效应;农药拟除虫菊酯可使神经细胞内游离 Ca^{2+} 浓度增高,可能与其抑制 Ca^{2+}、CaM 和磷酸二酯酶有关;CCl_4 可抑制肝细胞微粒体 Ca^{2+}-ATPase,表现为肝内质网酶活性的改变及 Ca^{2+} 的蓄积,其机制可能是 CCl_4 在肝脏氧化产生自由基,后者攻击 Ca^{2+}-ATPase 上的巯基,使酶活性下降。

五、共价结合机制

共价结合是重要的细胞损害机制之一,可解释一些外源性化合物的中毒作用。外源性化合物或其具有活性的代谢产物上具有亲电子基,可与生物机体内核酸、蛋白质、酶、膜脂等分子中的亲核部位或基团发生共价结合,形成稳定的加合物(adducts),从而不可逆地改变这些生物大分子的化学结构与生物学功能。加合物是一种重要的生物标志物,可用于反映机体对毒物的接触程度、不同类型和不同性质的早期中毒反应等,有助于中毒的早期诊断和防治。

(一)与蛋白质的共价结合

外源性化合物与蛋白质的共价结合方式有两种。一种是可逆性的。例如,与酶蛋白的作用,外源性化合物进入机体后,一方面在酶的催化下进行代谢转化,另一方面也改变了体内酶的活性,许多外源性化合物的毒作用就是基于与酶的相互作用,它既可影响酶的数量,又可影响酶的活性,从而导致生物机体体内一系列的生物化学变化。另一种是不可逆性的。例如,外源性化合物与蛋白质共价结合形成加合物。这两种作用方式都有两个不同的方向,一是诱导,二是抑制。

1. 诱导

(1)对酶蛋白的诱导

至今已发现有许多不同化学结构的化学物能诱导 MFOs 和其他酶,这些化学物包括药物、杀虫剂、多环芳烃等,其中大量是存在环境中的外源性化合物,这些能诱导酶的化合物大多属于有机亲脂性化合物,并且有较长的生物半衰期。外源性化合物的诱导作用可增加酶的合成速度或降低酶蛋白的分解,早在 30 年前,有人在研究氨基偶氮染料 N-脱甲基化作用时发现,用这种物质和其他外源性化合物处理哺乳动物,能明显提高动物代谢偶氮染料的能力。后来证明,这是由于微粒体酶含量增加的结果。在诱导过程中,细胞光面内质网明显增生,RNA 与磷脂含量增加,还发现肝细胞有丝分裂增加,肝脏增大,加入放射菌素 D、嘌呤霉素等蛋白质合成抑制剂诱导作用消失。用放射性同位素标记的氨基酸进行研究发现,酶诱导时微粒体蛋白合成的速度增加,应用 RNA 和 DNA 代谢抑制剂,发现诱导作用发生在转录水平上,并不需要新的 DNA 合成。有人认为,外源性化合物诱导酶蛋白合成主要是操纵基因阻遏作用。酶蛋白的合成受结构基因、操纵基因和调节基因三种基因的控制,结构基因含有酶蛋白合成信息,通过转录和翻译过程指导酶蛋白的合成;结构基因 DNA 转录成 mRNA 的速度由操纵基因控制;调节基因形成内源基因阻遏蛋白,作用于操纵基因使之失活,中止结构基因的转录过程,进而使酶蛋白合成停止。外源性化合物与阻遏物形成复合物,使阻遏作用失效,操纵基因不受阻遏,结构基因指导酶蛋白合成增加。

　　(2)对其他蛋白的诱导

　　近年来研究发现,外源性化合物除导致蛋白质氧化损伤外,也可诱导生物机体内一些功能蛋白产生。例如,应激蛋白和金属硫蛋白这两种蛋白质可以保护生物机体抵抗外源性化合物的损害。金属硫蛋白首次在马肾中被分离,是一种位于胞浆内的低分子蛋白,半胱氨酸含量高达 30%,目前已发现这种蛋白质广泛存在于原生动物、真菌、植物和所有的无脊椎动物和脊椎动物中,至少有 80 种鱼和水生无脊椎动物含有金属硫蛋白,并有 8 种金属硫蛋白的一级结构已被证明。金属硫蛋白对二价金属离子具有极高的亲和力,在细胞内具有贮存必需微量金属和结合有毒重金属的作用,它与必需微量金属的结合起到调节这些金属在细胞内浓度的作用,而与有毒重金属结合则保护了细胞免受重金属的毒性影响。现已证明,金属硫蛋白可以被逆境中的外源性重金属诱导,这种诱导与环境中的重金属浓度具有相关性。例如,Zn^{2+}、Cu^{2+}、Cd^{2+} 等重金属均能诱导体内的金属硫蛋白产生,鱼暴露于 Cd^{2+} 后,肝中金属硫蛋白与水体 Cd^{2+} 浓度呈正相关;对贝类的研究也发现,Cd^{2+} 积累与金属硫蛋白有关,被诱导产生的金属硫蛋白在细胞内的 Cd^{2+} 解毒中起重要作用。

　　2. 抑制

　　(1)对酶蛋白的抑制

　　与酶的诱导作用相反,一些外源性化合物可抑制酶的活性。酶活性的抑制分为不可逆性抑制(irreversible inhibition)、非竞争性抑制(noncompetitive inhibition)和竞争性抑制(competitive inhibition)。不可逆性抑制是由于外源性化合物与酶蛋白的活性中心功能基团不可逆性结合而引起的。例如,铅、汞等重金属能与酶活性中心上的半胱氨酸残基的巯基结合,抑制酶的活性,是不可逆性抑制。非竞争性抑制是一种可逆性抑制,抑制剂既能与游离的酶结合,又能与酶-底物复合物结合,作为抑制剂的外源性化合物与酶分子的结合位置不是底物的结合位置,所以底物和抑制剂可以分别独立地与酶的不同部位相结合,抑制剂对酶与底物的结合无影响,故底物浓度的改变对抑制程度无影响。例如,氰化物与细胞色素氧化酶的 Fe^{2+} 结合属于非竞争性抑制,生成氰化铁细胞色素氧化酶,阻断电子传递链;细胞不能利用氧,造成内窒息。竞争性抑制剂与酶的正常底物在化学结构上相似,与酶活性中心结合部位相同,通常与正常的底物或配体竞争酶的活性部位,当抑制剂与酶的活性部位结合后,底物就不能再与酶结合。例如,氨基蝶呤、氨甲蝶呤、5-氟尿嘧啶、6-巯基嘌呤等,它们抑制氨基酸、嘌呤和嘧啶衍生物合成所必需的酶系统。嘌呤和嘧啶衍生物是合成核酸所必需的,氨基酸是合成蛋白质所必需的,这一作用就抑制了细胞的增殖。

　　除上述抑制以外,有些外源性化合物通过生成中间代谢产物抑制酶活性。例如,偶数碳的氟代烷通过 β-氧化生成氟乙酸,氟乙酸可活化成氟乙酰辅酶 A 而进入 TCA 循环,生成中间产物氟柠檬酸,氟柠檬酸可抑制乌头酸酶阻断 TCA 循环。还有些外源性化合物消耗辅酶或抑制辅酶的合成,导致酶活性抑制。例如,铅使体内烟酸含量下降,致使辅酶 NAD^+ 和 $NADP^+$ 合成减少;砷和有机锡与硫辛酸结合,造成硫辛酸缺乏,使 α-酮酸氧化脱羧反应受阻。此外,有些金属离子是酶的辅基或激活剂,外源性化合物与这些金属离子结合而抑制了相应的酶。例如,CS_2 代谢生成的二乙基二硫代氨甲酸能结合铜离子,导致多巴胺-β-羟化酶活性下降,干扰肾上腺素的合成,引起一系列神经系统症状;氰化物与 Mg^{2+} 形成复合物,使需 Mg^{2+} 激活的烯醇化酶受到抑制,也抑制了 Na^+,K^+-ATP 酶活性。

(2)对其他蛋白的抑制

外源性化合物对其他蛋白的抑制是与这些蛋白共价结合形成加合物。蛋白质分子中有许多功能基团如羟基、巯基、胍基、咪唑基、酚基、吲哚基等,这些基团多为酶蛋白的催化活性部位,或对维持蛋白质构型起到重要作用,这些部位与外源性化合物发生共价结合,会导致蛋白质化学损伤,引起一系列的生物学后果:细胞膜结构及通透性改变;各亚细胞结构和功能受到损伤;酶的催化功能被改变,进而引起代谢异常及能量供应障碍;遗传毒性;机体特殊的免疫反应;机体繁殖功能障碍;等等。例如,烷化剂可与血红蛋白缬氨酸的游离氨基、半胱氨酸的巯基和组氨酸氮杂环上 N_1 或 N_3 共价结合,环氧乙烷可与血红蛋白中的组氨酸、缬氨酸共价结合,导致血红蛋白功能受损。

(二)与 DNA 的共价结合

大量的研究表明,有些外源性化合物及其活性代谢产物可与 DNA 共价结合形成加合物,DNA 加合物是 DNA 损伤最早期的作用,随后是 DNA 结构改变,包括碱基置换、碱基丢失、链断裂等。在 DNA 分子中,碱基、糖及磷酸均可受到外源性化合物的攻击造成化学性损伤,但以碱基损伤的毒理学意义最大。亲电性外源性化合物主要攻击鸟嘌呤的 $N_7/C_9/O_6$、腺嘌呤的 N_1/N_2、胞嘧啶和鸟嘌呤的氨基;亲核性外源性化合物主要攻击胞嘧啶和胸腺嘧啶的 CT_5 位,此外,胸腺嘧啶的 N_3、O_2、O_6 也易受到攻击;自由基主要攻击腺嘌呤和鸟嘌呤的 C_8 位和嘧啶碱基的 5,6 位(表 3-2-1)。致癌物的活性代谢产物多为亲电子性,其反应中心带有正电荷,易与 DNA 分子的富电子位点作用形成加合物;一些亲核活性代谢产物由于富含电子,易与 DNA 分子的低电子位点共价结合形成加合物。

表 3-2-1　部分外源性化合物及其活性代谢产物与 DNA 的结合部位

外源性化合物及其活性代谢产物	与 DNA 的结合部位
芳香族代谢产物	鸟嘧啶 N_7
2-乙酰氨基芴(AAF)	鸟嘌呤(G)N_7 和 C_8
N-羟基-1-萘胺	鸟嘌呤(G)O_6
N-羟基-2-萘胺	腺嘌呤(A)N_6
苯并(a)芘活化代谢产物	鸟嘌呤(G)N_2、N_7 和腺嘌呤(A)N_6
乙烯氧化物和丙烯氧化物	鸟嘌呤(G)N_7 和腺嘌呤(A)N_1
β-丙内酯	鸟嘌呤(G)N_7 和腺嘌呤(A)N_1
氮芥和硫芥	鸟嘌呤(G)N_7

DNA加合物是判断遗传毒性致癌物的生物标志物之一,越来越受到人们的广泛重视。现今最令人关注的是外源性化合物或其代谢物与核酸分子的共价结合,它是研究外源性化合物致癌毒性的热点。研究证实,一旦细胞内DNA加合物形成,致癌过程即已启动,随后进入促进和发展阶段。因此,DNA加合物形成是化学致癌过程中一个早期可检测的关键步骤,可以作为致癌物接触的内部剂量仪。但它要应用于人群流行病学研究,尚有许多未能解决的问题,如人群及个体间的差异较大、人群接触因素复杂、混杂因素多、可用于检测分析的组织样品有限等。因此,在设计利用DNA加合物评价人体对致癌物接触和解释研究结果时,必须充分考虑上述因素。

六、自由基损伤机制

自由基(free radical)造成的氧化损伤被认为是许多外源性化合物毒性作用的起点。自由基是一类化学反应性极强的分子或离子,生物体内有两类自由基,一类是正常参与线粒体电子转运过程的自由基,另一类是自由的、非结合状态的、能与各种细胞成分相互作用的自由基。后者有较强的反应性基,易与组织细胞成分中的电子结合,以达到更稳定的配对电子状态。正常机体内,自由基与其防御体系之间处于动态平衡之中,由于种种原因,机体内自由基积累过多而不能被防御体系消除,或者防御体系功能不足而不能消除过多的自由基时,机体的功能就可能发生紊乱,受到自由基反应的损害,导致疾病发生或机体中毒。研究证实,所有的细胞成分,包括核酸、蛋白质及脂类等均可受到自由基反应的损害。环境中有多种因素促使自由基产生,如电离辐射、紫外线及臭氧、废气、杀虫剂、除草剂、光敏剂及金属离子等许多外源性化合物。在毒理学中,主要关注的自由基有$O_2^-\cdot$、$OH\cdot$、$CH_3\cdot$及H_2O_2等。

(一)自由基与脂质过氧化

在生物体内,细胞膜和亚细胞膜系统的磷脂富含多烯脂肪酸侧链,这些多烯脂肪酸侧链使膜对亲水性物质有一定的通透性,但由于多烯脂肪酸双键电子云密度大,化学性质很不稳定,很容易发生过氧化降解,产生有细胞毒性的脂质过氧化(lipid peroxidation,LPO)产物。LPO是活性氧(reactive oxygen species,ROS)与生物膜脂质双分子层结构的多烯脂肪酸(LH)反应,产生自由基和自由基参与链式反应的过程。它的反应机理是:多烯脂肪酸上的亚甲基碳(—CH₂—)受到自由氧基的攻击,形成脂质自由基(L·);L·直接或经共振后与O₂反应,生成脂质过氧自由基(LOO·);在膜的碳氢中心,脂肪酸侧链是交错对插的,故一个磷脂脂肪酸侧链上的LOO·可经夺氢反应攻击相邻的饱和脂肪酸—CH₂—上的氢,生成一个脂质过氧氢(LOOH)和一个新的LOO·,生成的LOOH很容易发生各式各样的分解反应,经分子内环化和酯解等反应,导致LH被迅速降解。具体分为以下三个阶段。

(1)诱导阶段:LH→L·+H·

(2)传导阶段:L·+O₂→LOO·,LOO·+LH→LOOH+LOO·,LOOH→LO·+HO·

LO·和HO·都是非常活泼的自由基,与LH反应均能再生成L·:

$$LO\cdot +LH\to LOH+L\cdot ,HO\cdot +LH\to H_2O+L\cdot$$

(3)终止阶段:各种自由基最后相互结合,生成分子,链式反应终止。

$$L·+L·\rightarrow LL,LOO·+L·\rightarrow LOOL,LOO·+LOO·\rightarrow LOOL+O_2$$

可见,自由基的形成是一系列连锁反应的结果,已形成的自由基可作为一种诱导物引发新的自由基生成,使反应不断发展。在此过程中,某一自由基可经多种反应形成另一种形式的自由基团,最后形成 LOO· 和脂质过氧化物[乙烷、酯类、丙二醛(MDA)、4-羟基壬醛和酮类等]。

在正常的生理状态下,LPO 的水平极低,但是自由基侵害可导致 LPO 水平升高,LPO 水平升高可对细胞及亚细胞结构和功能造成种种损伤。例如,细胞膜的通透性、流动性改变;光面内质网扩张;糙面内质网上核糖体脱落;线粒体崩解;溶酶体破裂等,进而破坏人体细胞正常生理功能,促使人体衰老和诱发癌症。目前已发现多种外源性化合物在细胞内代谢可形成自由基,如大气污染物 O_3、NO_2,水体污染物 CCl_4、PCBs、PAHs、Cd^{2+} 等。

人们发现许多中毒过程可用 LPO 理论来解释。因此,从 LPO 角度来研究外源性化合物的毒性作用,在膜毒理学中具有相当重要的意义。

(二)自由基与蛋白质氧化损伤

外源性化合物产生的自由基对蛋白质的损伤作用实质上是对氨基酸的作用,所有氨基酸的残基都可与羟自由基作用,其中以芳香氨基酸与含硫氨基酸最为敏感。自由基对氨基酸氧化损伤的机制可能是:①在脂肪族氨基酸的 α-位置上将一个 H 原子除去,形成 C-中心自由基,其上再加 O,生成过氧基衍生物,后者分解成 NH_3 及 α-酮酸,或生成 NH_3、CO_2、醛类或羧酸,破坏脂肪族氨基酸的结构;②对芳香族氨基酸,可能是形成羟基衍生物,后者可将苯环打开或在酪氨酸处交联成二聚体。

自由基对蛋白质的影响表现在两个方面。一是直接作用。例如,酶蛋白分子受到自由基与过氧化降解产物作用,使其催化功能受损,由该酶催化的正常代谢和生化反应无法进行,只好进入其他代谢旁路,从而导致放大效应。二是间接作用。许多蛋白质功能的发挥有赖于生物膜,生物膜的完整性是蛋白质作用的基础,当膜脂的组分和含量受脂质过氧化的影响,将间接地影响与膜结合的酶活性和膜蛋白功能。

(三)自由基与 DNA 氧化损伤

ROS 生物有氧代谢过程中的一种副产品,包括单线态氧、OH·、O_2^-·、H_2O_2 等含氧自由基的统称,这些粒子相当微小,由于存在未配对的自由电子而具有很强的化学反应活性。过高的 ROS 水平会对细胞和基因结构造成损坏,这种现象称为氧化应激。ROS 对 DNA 的氧化损伤作用是毒理学研究的热点之一,它可能是突变或癌变的基础。不同的 ROS 对 DNA 的作用不同。例如,OH· 可作用于 DNA 的所有组分;单线态氧主要作用于 DNA 链中的鸟嘌呤碱基;O_2^-· 能使 DNA 链断裂;H_2O_2 虽不能直接攻击DNA,但参与损伤 DNA 的过程。ROS 如何引起 DNA 损伤,其确切机制尚未阐明。主要的研究如下。

1. 对碱基的损伤

研究表明,ROS 攻击 DNA 的靶位点主要是腺嘌呤与鸟嘌呤的 C_8、嘧啶的 C_5 与 C_6 双键。机制可能为:氧自由基直接作用于双键部位,使之获得一个加合基而改变其结构;或自由基可使 DNA 链上出现无嘌呤或无嘧啶部位;OH· 可以自动从胸腺嘧啶的甲基中除去 H 原子。ROS 与 DNA 反应,最终可形成 20 余种不同类型的碱基修饰产物,其中 8 - 羟基脱氧鸟嘌呤(8 - OHdG)形成数量最多,也最为常见。8 - OHdG 是毒理学中重要的生物标志物,以它作为 DNA 氧化损害的重要指标。

2. 造成 DNA 链断裂

其机制可能为:氧自由基对 DNA 的攻击主要针对 DNA 分子中的核糖部分,可能的位置在核糖的 $3'$-和 $4'$-C 位上,造成 DNA 链断裂;自由基对胸腺嘧啶碱基作用,造成的损害经修复酶切除,可产生类似的单链断裂;氧化应激可启动细胞内的一系列代谢过程,激活核酸酶,导致 DNA 链的断裂。DNA 链断裂在基因突变的形成过程中有重要意义,DNA 链断裂后可造成部分碱基的缺失;可造成被修复的 DNA 碱基的错误掺入和错误编码;也可引起癌基因的活化或抑癌基因的失活等,从而产生突变、癌变。

七、修复和修复失调机制

许多外源性化合物能导致生物大分子结构改变,如果这些损害不能及时得到修复,就会对生物体造成损害。损伤的分子可通过几种途径得到修复:DNA 的甲基化是可逆的,通过水解作用可去除分子的损伤部分;插入重新合成的结构进行修复,某些情况下,受损的分子可以全部分解而重新合成。例如,有机磷中毒后重新生成胆碱酯酶;酶蛋白的巯基经氧化后通过还原反应可得以修复而被重新循环利用;等等。但受损的细胞修复不常见,细胞受损伤后经常引起死亡,受损的细胞可经历程序性死亡或坏死两个截然不同的过程。经历程序死亡时,细胞先是萎缩,细胞核和细胞质浓缩,随后由膜包围 DNA 片段形成凋亡小体。经历坏死过程时,各种细胞器膨胀并与膜分离,导致细胞溶解。下面重点谈一谈 DNA 修复和修复失调。

(一)DNA 修复

DNA 可以受到不同途径的损伤,正常细胞活动过程中会发生 DNA 损伤;紫外线和放射性物质可直接损伤 DNA;外源性化合物及其活性代谢产物与 DNA 结合也可损伤 DNA;等等(图 3 - 2 - 2)。DNA 损伤导致的生物学后果虽然很严重,但细胞本身具有修复能力,一旦发生损伤,修复能力迅速被诱导,各种修复酶增多或被活化,只有当损伤的 DNA 不能被修复时,才会影响 DNA 结构和功能,导致细胞死亡或细胞突变,产生遗传疾病等。

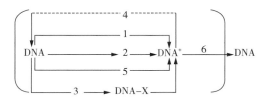

1—正常的损伤;2—紫外线和放射性损伤;3—化学物质损伤;
4—修复(如切割、重合成);5—复制;6—复制后修复
DNA:正常 DNA;DNA - X:化学物结合 DNA;DNA$^+$:异常 DNA。
图 3 - 2 - 2 DNA 损伤示意图

DNA 损伤修复是生物保持遗传机构相对稳定的重要因素,主要修复途径有以下几种。

1. 光复活修复

光复活修复(photoreactivation repair)是最简单、高度专一的酶催化修复方式,它只作用于紫外线引起的 DNA 嘧啶二聚体(主要是 TT,也有少量 CT 和 CC),由可见光(波长 310～500nm)提供能量,光复活酶与嘧啶二聚体结合,催化解聚,使 DNA 恢复到原来状态后酶即释放,继续参与下次修复。在原核细胞和真核细胞中均发现了这种光复活酶。

2. 切除修复

切除修复(excision repair)是一种取代紫外线等辐射物质所造成的损伤部位的暗修复系统,对多种 DNA 损伤包括碱基脱落形成的无碱基点、嘧啶二聚体、碱基烷基化、单链断裂等都能起到修复作用。该系统在几种酶的协同作用下,先在损伤的任一端打开磷酸二酯键,然后外切掉一段寡核苷酸,留下的缺口由修复性合成来填补,再由连接酶将其连接起来,恢复切除的 DNA 序列。切除修复有两种形式:一是碱基切除修复,它是在 DNA 糖基化酶的作用下从 DNA 中除去特定类型的损伤或者不合适的碱基;二是核苷酸切除修复,它是一个广谱 DNA 损伤的识别系统,这些损伤被一个多功能的酶复合物除去,产生一个能被 DNA 聚合酶和 DNA 连接酶修复的缺口。

3. 错配修复

错误的 DNA 复制会导致新合成的链与模板链之间产生错误的碱基配对,在含有错配碱基的 DNA 分子中,使正常核苷酸序列恢复的修复方式称为错配修复(mismatch repair),可校正 DNA 复制和重组过程中非同源染色体偶尔出现的 DNA 碱基错配。修复的过程是先识别出正确的链,切除不正确链的部分,然后通过 DNA 聚合酶Ⅲ和 DNA 连接酶的作用,合成正确配对的双链 DNA。错配修复的过程需要区分母链和子链,修复酶需要识别两个核苷酸残基中的哪个是错配的,做到只切除子链上错误的核苷酸,而不切除母链上本来就正常的核苷酸。

4. 重组修复

重组修复(recombination repair)是真核细胞修复双链断裂损伤的重要途径。双链 DNA 中的一条链发生损伤,在 DNA 进行复制时,当 DNA 聚合酶进行复制到损伤的部位时,因为该损伤部位不能成为模板,不能合成互补的 DNA 链,所以子代 DNA 链中与损伤部位相对应的部位出现缺口,完整的母链与有缺口的子链重组,缺口由来自母链的核苷酸片段弥补,合成重组后,母链中的缺口通过 DNA 多聚酶的作用,合成核苷酸片段,然后由连接酶使新片段与旧链联结,从而产生完整无损的子代 DNA,重组修复完成。细胞必须利用重组修复,通过与姐妹染色单体正常复制的同源重组来恢复正确的遗传信息。

5. SOS 修复

SOS 修复(SOS repair)是指 DNA 受到严重损伤,细胞处于危急状态时,正常的复制和修复系统无法完成 DNA 的复制,为求生存产生的一种能够引起误差修复的紧急呼救修复方式,包括诱导 DNA 损伤修复、诱变效应、细胞分裂的抑制及溶原性细菌释放噬菌体等,细胞癌变也与此有关。正常情况下无活性相关酶系,损伤不能被切除修复或重组修复,这时在核酸内切酶、外切酶的作用下造成损伤处的 DNA 链空缺,再由损伤诱导产生的一整套的特殊 DNA 聚合酶——SOS 修复酶类,在无模板情况下,催化空缺部位 DNA 的合成。这时补上去的核苷酸几乎是随机的,修复结果仍然保持了 DNA 双链的完整性,使细胞得以生存,但留下的错误较多,故又称错误倾向修复,这种修复带给细胞很高的突变率。

　　(二)修复失调

　　尽管生物体在分子、细胞和组织水平上都可以进行损伤的修复,但仍然会由于各种原因导致修复失败。许多因素能影响 DNA 的修复能力,主要因素有种属差异,个体差异,年龄、组织和器官差异,DNA 损伤的部位,DNA 受损伤的程度等。目前已发现很多外源性化合物能影响机体的修复功能,使机体修复功能失调,这些未能修复的损伤可以经 DNA 复制传到子代细胞中,即突变。突变可分为四个阶段:第一阶段,形成 DNA 加合物。外源性化合物与核酸共价结合形成加合物的方式有两种。一是母体化合物直接与核酸发生共价结合,如烷化剂产生的烷基化 DNA 加合物;二是母体化合物需经代谢活化,只有先生成具有活性的代谢物才能与核酸发生共价结合,绝大多数的外源性化合物以此种方式与核酸发生共价结合,如多环芳烃类、黄曲霉毒素及芳香胺类等,这类加合物统称为多环芳烃类 DNA 加合物。此外,还有环化 DNA 加合物等。第二阶段,可能会发生 DNA 的二次修饰,如链断裂或 DNA 修复率提高。第三阶段,DNA 结构的破坏被固定。在此阶段,受影响的细胞常表现出功能的改变,最常见的染色体异常是姐妹染色体交换。第四阶段,当细胞分裂时,外源性化合物造成的危害可导致 DNA 突变及其基因功能的改变。由突变基因指导合成的蛋白质可促使细胞分裂和增生,当这种细胞进入分裂期后,其子细胞保留着相同的增生特征,会加速子细胞的增生,使这些细胞获得更多的突变,若生长优势强于邻近的正常细胞,就会形成具有转化功能细胞的肿瘤。

第三节　影响毒性作用的因素

　　外源性化合物毒性作用强弱受多种因素的影响,其中主要影响因素有外源性化合物的结构和理化性质、机体自身的因素、环境因素等。

一、外源性化合物的结构和理化性质

(一)结构

　　外源性化合物的结构决定了其理化性质,而理化性质又决定了其代谢转化的类型及可能干扰的生化过程,从而决定了其毒性大小和毒性作用特点。同一类外源性化合物,结构(包括取代基)不同,其毒性也有很大差异。

1. 碳原子数和分子量

直链饱和烃为非电解质化合物,其毒性具有麻醉作用,从丙烷起,3~9 个碳原子内,随着碳原子数增多,麻醉作用增强,但达到 9 个碳原子之后,麻醉作用反而减弱。因为高碳烷烃脂溶性明显增高,易滞留于最先进入的脂肪组织,不易到达靶组织中发挥麻醉作用。无机化合物随着分子量的增加,毒性增强。

2. 结构功能团

烷烃类的氢被卤素取代后会使分子的极化程度增加,容易与酶系统结合而使毒性增强,卤素基团取代越多,毒性越大(如 $CCl_4 > CHCl_3 > CH_2Cl_2 > CH_3Cl$);甲烷不具有致癌作用,而碘甲烷、溴甲烷及氯甲烷等均有致癌作用。芳香烃化合物大多具有麻醉作用及抑制造血机能的毒性,芳环中引入羟基后,极性增大而毒性加强。例如,苯环上引入—OH后生成酚毒性变强;芳环中氢被甲基取代时,毒性大大降低;芳环中氢被氨基、硝基、亚硝基及偶氮基取代时,毒性则会增大;芳香烃化合物大多数可对神经产生毒性作用,含硝基的化合物的毒性作用较含氨基的化合物更强,而当有羧基、磺基或乙酰基存在时,可显著减轻物质毒性。

3. 基团电荷

带负电荷的基团如硝基、苯基、醛基、酮基、酯基、乙烯基、三氯甲基等均可与机体中带正电荷的基团相互吸引,形成的加合物使毒性增强。同样,带正电荷的基团可与机体中带负电荷的基团相互作用形成加合物,使毒性增强。

4. 异构体

机体内的酶对光学异构体有高度的特异性。当外源性化合物为不对称分子时,酶只能作用于其中一种光学异构体。一般来讲,左旋异构体比右旋异构体的毒性作用强。例如,在同一机体内,左旋吗啡有效,而右旋吗啡无作用。但也有例外。例如,对大鼠而言,左旋和右旋尼古丁毒性相等;对豚鼠来说,右旋体的毒性比左旋体大 2.5 倍。苯并[a]芘生物活化形成相应的 7,8-二氢二醇-9,10-环氧化物,分子中存在四个手性中心(7,8,9,和 10C 原子),可形成四个异构物,其中 7R,8S,9S,10R 的(+)-反镜像物诱变性和致癌性最高。

(二)理化性质

外源性化合物的脂/水分配系数、溶解度、解离度、挥发度、分散度和蒸气压等物理特性与其毒性有密切的关系,这些主要是通过影响外源性化合物在生物体内的转运行为来影响其毒性的。

1. 脂/水分配系数

脂/水分配系数大,表明其易溶于脂;脂/水分配系数小,表明其易溶于水。易溶于脂的外源性化合物表现为疏水性,易溶于水的外源性化合物表现为亲水性。外源性化合物的脂/水分配系数直接涉及它的转运、吸收、排泄和代谢。例如,脂溶性较小的戊巴比妥进入脑内的速度慢,因此,产生作用也慢,由于外源性化合物原型可被肾小管重吸收,因此,它在体内消除慢,维持时间长。脂溶性高者较易透过生物膜,排泄困难,易发挥毒性。例如,脂溶性很大的硫喷妥钠易进入脑组织,作用非常迅速,静脉注射后 1 分钟内即达到最高浓度,随后又很快经血流转移并贮存在肌肉和脂肪组织中,这种药物的重新分布使脑内药物浓度显著下降到有效浓度以下,故作用发生快,维持时间短。

2. 溶解度

在同系化合物中，水溶性好的在体液中溶解多，毒性也大。例如，As_2O_3（砒霜）＞As_2S_3（雄黄，水溶性小）。

3. 解离度

解离度是指外源性化合物的酸度系数（pKa）值。大多数外源性化合物为弱酸性或弱碱性有机化合物，只有在 pH 条件适宜，维持非离子态时，才易于吸收和通过生物膜，产生毒性效应。

4. 挥发度和蒸气压

常温下易于挥发的外源性化合物容易形成较大蒸气压而迅速经呼吸道吸收。例如，苯与苯乙烯 LD_{50} 值相似，二者绝对毒性相当，但因挥发度不同，实际毒性是苯＞苯乙烯。乙二醇、氟乙酰胺的毒性大但不易挥发，不易从呼吸道及皮肤吸入，但会经消化道进入机体迅速引起机体中毒。

5. 分散度

烟、雾、粉尘等气溶胶物质颗粒越小，比表面积越大，分散度越大，生物活性也越强。

二、机体自身的因素

毒性效应的产生是外源性化合物与机体相互作用的结果，因此机体自身的许多因素也影响外源性化合物的毒性。接触同一剂量的外源性化合物，不同的个体可出现迥然不同的反应。造成这种差别的因素很多，如健康状况、年龄、性别、生理变化、营养和免疫状况等。肝、肾病患者由于其解毒、排泄功能受损，易发生中毒；未成年人由于各器官、系统的发育及功能不够成熟，对某些外源性化合物的敏感性可能增高；孕妇在怀孕期，铅、汞等外源性化合物由母体进入胎儿体内，会影响胎儿的正常发育或导致流产、早产；个体免疫功能降低或营养不良时，对某些毒物的抵抗能力降低等。

（一）种属

不同种属、不同品系对外源性化合物毒性的易感性有差异。例如，苯可以引起兔白细胞减少，对狗则引起白细胞升高；β-萘胺能引起狗和人膀胱癌，但对大鼠、兔和豚鼠则不能；沙利度胺对人和兔有致畸作用，但对其他哺乳动物基本不能；小鼠吸入羰基镍的 LC_{50} 为 $20.78mg/m^3$，而大鼠吸入的 LC_{50} 为 $176.8mg/m^3$，其毒性比为 8：1；苯胺在猫、狗体内形成毒性较强的邻位氨基苯酚，而在兔体内则形成毒性较低的对位氨基苯酚。不同种属和品系的动物对同一毒物存在易感性的差异，其原因很多，大多数情况可用代谢差异来解释。对 300 种外源性化合物的考察报道，动物种属不同，毒性差异为 $10 \sim 100$ 倍。同一种属的不同品系之间也可表现出对某些外源性化合物易感性的差异。例如，有人观察了 10 种小鼠品系吸入同一浓度氯仿的致死情况，结果 DBA_2 系死亡率为 75％，DBA 系死亡率为 51％，C3H 系死亡率为 32％，BALC 系死亡率为 10％，其余六种品系死亡率为 0％。种属间生物转运能力存在某些方面的差异也可能成为种属易感性差异的原因。例如，皮肤对有机磷的最大吸收速度 $[\mu g/(cm^2 \cdot min)]$ 依次是兔与大鼠 9.3，豚鼠 6.0，猫与山羊 4.4，猴 4.2，狗 2.7，猪 0.3。Pb 从血浆排至胆汁的速度是兔为大鼠的 $1/2$，而狗只有大鼠的 1/50。此外，血浆蛋白的结合能力、尿量和尿液的 pH 值也有种属差异，这些因素也可能成为种属易感性差异的原因。

解剖结构与形态、生理功能、食性等不一样也可造成种属的易感性差异。

(二)遗传

遗传是指机体内决定或影响机体构成、功能、寿命等遗传水平上的因素,它决定了核酸、蛋白质、酶、生化产物,以及它们所调节的转录、翻译、代谢、过敏、组织相容性等的个体差异,在很大程度上影响了外源性化合物和内源性化合物的活化、转化与降解、排泄的过程。20 世纪 60 年代,Stokinger 将药理遗传学与环境科学联结起来,研究了许多毒作用的个体差异,指出遗传的变异决定了人体对外源性化合物反应易感性的差异,遗传因素可影响毒作用,人群中许多肿瘤和慢性疾病有家族聚集倾向,肿瘤只在相同环境中的部分个体中发生;同一环境污染所致的公害病或中毒效应在人群中也存在很大差别;在毒理学试验中还常常观察到,同一受试物在同一剂量或浓度下对同一种属和品系的动物所表现的毒作用效应有质或量的个体差异。造成上述情况的重要原因之一是遗传因素不同,特别是个体间存在酶的基因多态性(genetic polymorphism)差异,使毒物代谢或毒物动力学出现差异,导致中毒、致畸、致突变、致癌等不一样的毒性效应。

基因多态性是指在一个生物群体中,同一基因位点可存在两种以上的基因型或等位基因,也称遗传多态性。基因多态性影响酶的表达水平、结构、催化能力等方面,导致该基因控制合成的酶具有差异性,从而表现出酶的多态性(enzyme polymorphism),许多酶因此存在同工酶的现象。同工酶是可催化相同化学反应但分子结构不同的一类酶。同工酶不仅可存在于不同个体中,也可存在于同一机体不同的组织中,甚至存在于同一细胞的不同细胞器中。正是由于基因多态性引起酶的多态性,外源性化合物对一种生物群体的不同个体毒性不一样,影响了不同个体对外源性化合物引起的相关疾病的易感性。目前,生物转化代谢酶的基因多态性与相关疾病的易感性是分子毒理学研究热点之一。例如,δ-氨基-γ-酮戊酸脱水酶(ALAD)是参与血红素生物合成的关键酶之一,也是血液中与 Pb 结合力最强的蛋白,Pb 可通过抑制 ALAD 引起血红蛋白合成障碍和红细胞游离原卟啉(FEP)增加,还能引起血液中 ALAD 升高而造成间接的神经毒性。ALAD 的基因多态性与 Pb 中毒遗传易感性有密切联系,在 ALAD 基因编码区的第 177 位碱基处出现 G—C 颠换,产生 ALAD-1 和 ALAD-2 两个共显性等位基因,由此产生 ALAD1-1、ALAD1-2、ALAD2-2 三种基因型,指导合成 ALAD 三种同工酶,杂合子 ALAD1-2 型个体的该酶活力为正常人的 50%,ALAD2-2 型个体的该酶活力仅为正常人的 2%,儿童表现为杂合子 ALAD1-2 和纯合子 ALAD2-2 对 Pb 中毒的易感性增高。

(三)年龄和性别

外源性化合物对不同年龄阶段机体的毒性情况比较复杂,动物成熟的不同阶段,某些脏器、组织的发育和酶系统等有一个发育过程,功能不相同。有研究认为,新生动物的中枢神经系统发育还不完全,对一些外源性化合物往往不敏感,表现出毒性较低;动物在性成熟前,尤其是婴幼期机体各系统与酶系均未发育完全,胃酸低,肠内微生物群也未固定,因此对一些外源性化合物的吸收、代谢转化、排出及毒性反应均有别于成年期。例如,小鼠肝脏 CytP450 在新生后 15 天的水平、GSH 在出生后第 10 天才能达到成年期的水平。又如,人出生后肝微粒体 MFOs 活性只有在 8 周龄才能达到成人水平;动物进入老年,其代谢功能又逐渐趋于衰退,对一些外源性化合物的毒性反应也降低。所以,只有在机体内转化后才能充分发挥毒效应的化合物,对年幼和老年动物的毒性就比成年动物低。

成年动物生理特征最明显的差别是性别因素。不同性别分泌的激素有差别,雌雄动物性激素不同,与之密切相关的甲状腺素、肾上腺素、垂体素等水平也有不同,使机体的生理活动对外源性化合物的响应出现差异。例如,女性对铅、苯等毒物较男性更为敏感;CytP450 可受"垂体-下丘脑"系统神经内分泌的调节,因此外源性化合物在不同性别动物体内的代谢就存在差别,给大鼠四氧嘧啶预处理,再给予氨基比林,观察 MFOs 分解氨基比林的活性,雄性大鼠呈现酶活性下降,而雌性大鼠呈现酶活性增加;雌性大鼠对巴比妥酸盐类一般较雄性敏感,将相同剂量的环己烯巴比妥给予大鼠,雌性大鼠的睡眠时间比雄性大鼠长,且环己烯巴比妥在雌性大鼠体内的生物半衰期($t_{1/2}$)比雄性大,体外实验也证明雄性大鼠肝脏代谢环己烯巴比妥的速度快于雌性大鼠;有机磷化合物一般来说也是雌性动物比雄性动物敏感。例如,对硫磷在雌性大鼠体内代谢转化速度比雄性大鼠快;氯仿对小鼠的毒性是雄性比雌性敏感。此外,有的外源性化合物存在性别的排泄差异。例如,丁基羟基甲苯在雄性大鼠中主要由尿排出,而雌性主要由粪便排出。因此,毒理学研究一般应当使用数目相等的两种性别动物,若外源性化合物毒性的性别差异明显,则应分别使用不同性别的动物进行实验。

(四)营养状况

机体的营养状况可影响外源性化合物的代谢和贮存,进而影响其毒性作用,合理营养可以促进机体通过非特异性途径抵抗外源性化合物及内源性有害物质的毒性作用,特别是对经过生物转化毒性降低的外源性化合物尤为显著。

食物中缺乏必需的脂肪酸、磷脂、蛋白质、维生素必需的微量元素,机体对外源性化合物的代谢转化会发生改变。例如,MFOs 活性改变将使外源性化合物毒性发生变化,该酶系统的活性受很多营养因素的影响,例如蛋白质缺乏将降低 MFOs 活性;维生素 B_2 在体内以游离核黄素、黄素单核苷酸(FMN)和黄素腺嘌呤二核苷酸(FAD)三种形式存在,FMN 和 FAD 均为辅酶,是 MFOs 系黄素酶类辅基的组成部分,维生素 C 能提升 CytP450 的活性,增强外源性化合物的解毒(羟化)过程,缺乏维生素 B_2 和维生素 C 会影响生物转化的相 I 代谢;摄入高糖饲料,MFOs 活性降低,苯并(a)芘、苯胺在体内的氧化作用因此减弱,拉硫磷、六六六、对硫磷、黄曲霉毒素 B_1 等的毒性因此增强。

(五)机体昼夜节律

昼夜节律对外源性化合物毒性作用的影响是因为生物机体在一天的不同时间体内酶活性和代谢功能有差异。例如,乙酰胆碱酯酶(acetylcholinesterase,AChE)活性存在一个以24 小时为周期的波动过程,其中活性峰值约为 6:00,此阶段有机磷中毒引起的死亡率较低,谷值为 18:00 左右,此阶段有机磷中毒引起的死亡率较高;蒽环类抗生素阿霉素、哌喃阿霉素等在早晨施用毒性较低;铂类化合物顺铂、卡铂及草酸铂在下午及傍晚施用最为安全有效;三尖杉碱的染毒死亡率在黑暗期较高;氨甲蝶呤对小鼠及大鼠的毒性在光照期较强,而黑暗期则相反。这些都提示毒性的昼夜差异和体内代谢转运的昼夜变化有关。

此外,机体的生理和病理状态也影响外源性化合物的毒性作用。例如,妊娠常可导致动物对外源性化合物的敏感性发生改变,先天性遗传缺陷者往往可加剧毒作用,肝、肾病变尤为敏感。

三、环境因素

(一)接触条件

接触途径不同,外源性化合物首先到达的组织器官及吸收速度、吸收率或生物利用率也不同,毒作用性质和强度会有差异。经呼吸道吸收的外源性化合物,入血后先经肺循环进入体循环,在体循环中经过肝脏代谢;经口染毒在胃肠道吸收的外源性化合物先经肝脏代谢,再进入体循环;此外,还有经皮肤吸收的机制也不一样。

一般认为,同种动物接触外源性化合物的吸收速度和毒性大小顺序为静脉注射>腹腔注射>皮下注射>肌肉注射>经口>经皮,吸入染毒近似静脉注射。例如,青霉素给人静脉注射,瞬间血浆中浓度即达到峰值,其生物半衰期为 0.1h,肌肉注射相同剂量,达到峰值的时间为 0.75h,且只能吸收 80%,而口服只能吸收 3%,达到峰值时间为 3.0h,生物半衰期长达 7.5h。又如,戊巴比妥给小鼠静脉注射半数致死剂量(LD_{50})为 80mg/kg,腹腔注射 LD_{50} 为 130mg/kg,经口 LD_{50} 为 280mg/kg,以静脉注射 LD_{50} 为 1 计,腹腔注射与经口 LD_{50} 值分别增长 1.5 与 3.5 倍。又如,吸入己烷饱和蒸气 1～3 分钟即可丧失意识,而口服几十毫升并无任何明显影响。这是因为经胃肠道吸收时,毒物经门静脉系统首先到达肝脏而解毒,经呼吸道吸收则可首先分布于全身并进入中枢神经系统产生麻醉作用。经皮毒性一般比经口毒性小。例如,敌百虫对小鼠的经口 LD_{50} 为 400～600mg/kg,而经皮 LD_{50} 为 1 700～1 900mg/kg。但也有例外,久效磷给小鼠腹注与经口染毒毒性一致(LD_{50} 分别为 5.37mg/kg 和 5.46mg/kg),说明久效磷经口染毒吸收速度快且吸收率高,所以经口染毒与腹注效果才会相近。又如,氨基腈对大鼠的经口 LD_{50} 为 210mg/kg,而经皮 LD_{50} 为 84mg/kg,这是由于氨基腈在胃酸作用下可迅速转化为尿素,使毒性降低,而且到达肝脏后经解毒则会使毒性更低。

(二)溶剂和助溶剂

在毒理学实验中,受试物如果是固体与气态化合物,需事先将之溶解,液态外源性化合物往往需稀释,所以需要选择溶剂及助溶剂。最常使用的溶剂有水(蒸馏水)和植物油(橄榄油、玉米油、葵花籽油),然而,常用溶剂对某些受试物的毒性仍有影响。例如,1,1-二氯乙烯原液毒效应不明显,而经矿物油、玉米油或 50%吐温稀释后肝脏毒性增强。溶剂和助溶剂选择不当,有可能加速或延缓外源性化合物的吸收、排泄而影响其毒性,这是因为:有些溶剂和助溶剂可与外源性化合物相互作用发生化学反应,改变它的理化性质和生物活性,从而影响毒性;有些溶剂和助溶剂能促进外源性化合物的吸收。例如,DDT的油溶液能促进 DDT 的吸收,对大鼠的 LD_{50} 为 150mg/kg,而水溶液为 500mg/kg;有些溶剂本身有一定的毒性。例如,乙醇经皮下注射时对小鼠有毒作用,0.5mL 纯乙醇即可使小鼠致死,乙醇本身还可产生诱变作用。又如,二甲基亚砜(DMSO)在剂量较高时有致畸和诱发姐妹染色单体交换的作用。对溶剂、助溶剂的选择原则是:无毒、不与受试物发生化学反应、不改变受试物的理化性质和生物活性、受试物被溶解或稀释后性状稳定。

此外,溶剂和助溶剂的浓度(稀释度)和总体积也会影响其毒性。在毒理学实验中,通常经口染毒容积不超过体重的 2%～3%,容积过大,可对毒性产生影响,此时溶剂的毒性也应受到注意。例如小鼠,静脉注射蒸馏水的 LD_{50} 是 44mL/kg,生理盐水是

68mL/kg,而低渗溶液 1mL 即可使小鼠死亡。相同剂量的毒物,由于稀释度不同也可造成毒性的差异,一般认为浓溶液较稀溶液吸收快,毒性作用强。

(三)温度和湿度

有些外源性化合物与某种环境因素(如温度等)相互作用,才出现毒性变化。例如,有机氟聚合物在加热时会发生热裂解,而产生多种无机和有机氟的混合物。环境温度可改变通气、循环、体液(汗液、尿液生成量)、中间代谢等生理功能,并影响外源性化合物吸收、代谢,从而引起毒性变化。在正常生理状况下,高温环境下机体排汗增加,盐分损失增多,胃液分泌减少,且胃酸降低,将影响外源性化合物经消化道吸收的速度和量。低温环境下外源性化合物一般对机体毒性反应减弱,这与外源性化合物吸收和代谢速度较慢有关。但是,外源性化合物或代谢物经肾排泄速度减慢,存留体内时间将延长。高温环境下经皮肤吸收外源性化合物的速度增大,另外,有些外源性化合物本身可直接影响体温调节过程,从而改变机体对环境气温的反应性。有人比较了 58 种外源性化合物在 8℃、26℃和 36℃不同温度下对大鼠 LD_{50} 的影响,结果表明,55 种化学物在 36℃时毒性最大,26℃时毒性最小。引起毒性增高的外源性化合物,如五氯酚、2,4-二硝基酚及 4,6-硝基酚等,在 8℃下毒性最低,而引起毒性下降的外源性化合物,如氯丙嗪,在 8℃下毒性最大。人和动物在高温环境下,皮肤毛细血管扩张,血液循环和呼吸加快,可加速外源性化合物经皮吸收和经呼吸道的吸收,高温时尿量减少也延长了外源性化合物或其代谢产物在体内存留的时间。

某些外源性化合物如 HCl、HF、NO 和 H_2S 的刺激作用在高湿环境下增大。某些外源性化合物可在高湿条件下发生形态改变。例如,SO_2 与水反应可生成 SO_3 和 H_2SO_4,使毒性增加。高温高湿时汗液蒸发困难,呼吸加快,所以,在高温高湿环境下外源性化合物呈气体、蒸气、气溶胶时经呼吸道吸入的机会增加,且高湿环境下还因表皮角质层水合作用增高,更易吸收外源性化合物,多汗时外源性化合物也易于黏附在皮肤表面,增加皮肤对其吸收的程度。

(四)气象因素

气象气流条件对外源性化合物尤其以气态或气溶胶形态存在的毒作用效果影响很大。例如,无风、风速过小、风向不利或不定等不利的气象条件下,气态外源性化合物流动和扩散受到很大限制;炎热季节外源性化合物蒸发快,有效时间缩短;逆温时空气上下无流动,空气中气态外源性化合物沿地面移动,与生物机体接触的气态外源性化合物浓度高、有效时间长;等等。人和动物对气态外源性化合物的反应也受到季节和昼夜节律的影响。例如,大鼠和小鼠 CytP450 活性是黑夜刚开始时最高,大鼠对苯巴比妥钠的睡眠时间在春季最长,秋季仅为春季的 40%左右;等等。

此外,噪声、振动与紫外线等物理因素可与外源性化合物共同作用于机体,也影响外源性化合物对机体的毒性。例如,噪声与二甲基甲酰胺(DMF)同时存在时有协同作用;紫外线与某些致敏外源性化合物联合作用可引起严重的光感性皮炎;辐射对机体的照射部位不同,对机体影响也有很大差别;汽车排出的氮氧化物、碳氢化合物等废气,在强烈阳光照射下可发生光化学反应,产生臭氧、过氧酰基硝酸酯(PAN)及其他二次污染物,即光化学烟雾,造成多起千人以上城市居民中毒事件。

(五)化学因素

在实际环境中,往往有许多外源性化合物同时存在,如食品中残留的农药、食物加工添加的色素和防腐剂、各种药物、烟与酒、水及大气污染物、家庭房间装修物、厨房燃料烟尘、劳动环境中的各种化学物等。这些外源性化合物存在于同一环境中,且都与机体接触,在机体内可呈现十分复杂的交互作用。外源性化合物对生物体同时作用产生的生物学效应与任何单一外源性化合物分别作用所产生的生物学效应完全不同,最终会使机体产生综合毒性作用。环境毒理学把两种或两种以上外源性化合物的共同作用称为复合污染,在复合污染中,外源性化合物之间的交互作用称为联合作用,联合作用产生综合生物学效应。

1. 复合污染

随着进入环境中外源性化合物的种类和数量增加,生态系统在更多的场合以更多的概率受到了复合污染的胁迫和危害,环境中复合污染的存在更具有普遍性和多发性。随着人类对环境污染问题认识的加深,关于复合污染的研究受到了人们更为广泛的关注,其理论体系处在不断的发展和完善过程中。Trocome 在 1950 年报道了重金属之间相互作用对植物营养吸收影响的研究,从生物体对外源性化合物的累积角度,而不是从毒理学角度,解析了复合污染,但直到 20 世纪 80 年代,研究者的研究还是主要集中在单一外源性化合物,只有极少的学者对复合污染给予关注。直到 1988 年,美国科学院才发现这一问题的重要性,对多种外源性化合物联合毒性的评价进行了探讨,该年美国国家环境保护局发表了作为正式评价外源性化合物联合作用的技术文件,至此,复合污染现象在世界范围内受到了重视,有关研究开始逐渐展开。

1982 年,任继凯在我国最早使用了"复合污染"一词。自 1987 年以来,周启星从重金属 Cd - Zn 和 Cd - As 复合污染的研究着手,在我国率先系统地开展了土壤-植物系统复合污染的研究,对复合污染的特点、指标体系、生态学效应及有关研究方法进行了探讨,同时对复合污染的概念和类型进行了较为系统的分类,并给出了较为准确的定义。随后,人们对复合污染进行了针对性的研究。

复合污染在概念上并不等同于"污染物+污染物",必须同时具有以下三个基本条件:①一种以上的外源性化合物同时或先后进入同一环境介质或生态系统同一分室;②外源性化合物之间、外源性化合物与生物体之间发生交互作用;③经历化学的和物理化学的过程、生理生化过程、生物体发生中毒过程或解毒适应过程三个阶段。复合污染不是一种现象而是一个过程,需要我们从化学、生理学、毒理学、酶学、细胞学和生态学等多角度出发探讨其性质和内容,这给我们指出了复合污染研究中存在的若干问题和发展方向,对复合污染概念的深层次认识,对大气、水和土壤环境质量标准及食品安全指标的制定,有着更直接的参考价值和实践意义。

根据研究进展情况,将复合污染划分为以下四种基本形式。

(1)重金属-重金属复合污染。例如,锌肥能起到缓解镉对水稻的危害作用;土壤中锌达到 8mg/kg 时,能够抑制亚麻种子中镉的积累。

(2)重金属-有机物复合污染。在生态系统中发生的各类污染中,这种复合污染是一种比较普遍的现象,如城市生活垃圾、污泥和厩肥的农用、各种农药的施用及工业废水等造成的农田污染,同一环境介质中往往同时存在一些难降解的有机污染物和重金属。在生态系统中,重金属和有机污染物的产生有时是同源,有时是异源。例如,炼焦、炼油、电镀、化肥、印染和农药合成等工业废水及生活污水本身不只是单一污染物的来源,它们同时携带各种类型的有机污染物和重金属。

（3）有机物-有机物复合污染。有机污染物与有机污染物之间的交互作用也是生态系统中复合污染常见的形式。近年来,随着工业企业的崛起和农业污染的不断加剧,在生态系统各分室中,一些有毒有机污染物不仅含量在持续上升,其数量也在不断增加。这些有毒有机污染物有相当一部分是难以降解的人工合成化学品,它们在环境介质及生物组分中经常发生相互作用,其毒性效应也随着污染物的浓度、形态及老化时间等的变化而变化。有机污染物在生态系统中的毒性效应往往是非单一性的行为,如各种杀虫剂、除草剂、石油烃、PAHs、PCBs、有机染料等之间的相互作用,由于能够形成毒性更大的降解产物或中间体,因此,要比无机污染物之间的相互作用更为复杂,其结果也更难以预测。在我国东北黑土地区的土壤-植物系统中,由有机污染物构成的复合污染主要以有机农药之间构成的复合污染为主,不仅出现的概率高,面积也大。近年来,周启星的研究表明,在我国东部沿海地区还发现了有机染料对土壤和水体的复合污染。

（4）有机污染物-病原微生物复合污染。随着自然界中外源性化合物种类的多样化,生态系统中出现了一类比较新型的复合污染形式,即有机污染物与病原微生物的复合污染。此类污染的生态效应逐渐凸显,成为一个重要的复合污染类型。随着污水处理事业的发展,大量的污泥产生并应用于农业土壤或在林地、休闲地进行堆置,都会产生有机污染物-病原微生物的复合污染。而对那些没有进行处理的生活或工业污水,随着灌溉农田进入土壤,容易产生这种类型的复合污染。同时,土壤历来是作为废物堆放、处置和处理的场所,使大量的有机污染物和病原微生物随之进入土壤-植物系统而发生这种类型的复合污染。农业化学物质和有机肥料施用也会带入某些病原微生物,与农药本身及其分解残留物或者其他有机污染物也能构成这种类型的复合污染。有关该类型复合污染的研究目前尚未见报道。

除此之外,自然界中还存在无机物-无机物的复合污染,水体富营养化氮和磷污染就是典型的例子。生态系统中现存的各种生态因子与条件,可以催化各种复合污染物之间的交互作用,为各种复合污染提供了可能性。

2. 联合作用

根据生物学效应的差异,对某一外源性化合物毒性作用的影响表现在四个方面,我们将其归纳为多种外源性化合物联合作用的四种类型。

（1）协同作用（synergistic effect）。协同作用是指两种或两种以上外源性化合物,同时或短时间内先后与机体接触,对机体产生的生物学作用强度远远超过它们分别单独与机体接触时所产生的生物学作用之和。也就是说,其中某一外源性化合物能促使机体对其他外源性化合物的吸收加强、降解受阻、排泄延缓、积蓄增多或产生高毒代谢产物等。例如,胡椒基丁醚与拟除虫菊酯,胡椒基丁醚能抑制拟除虫菊酯的解毒系统 MFOs,从而增加拟除虫菊酯的毒性,使其毒性增加 60 倍;CCl_4 与乙醇对肝脏皆具有毒性,若同时进入机体,所引起的肝脏损害作用远比它们单独进入机体时严重。如果一种外源性化合物本身无毒性,但与另一有毒外源性化合物同时存在时可使该外源性化合物的毒性增加,这种作用称为增强作用(potentiation effect)。例如,异丙醇对肝脏无毒性作用,但可明显增强 CCl_4 的肝脏毒性作用。增强作用属于协同作用的一种。如果以死亡率为毒性指标,两种外源性化合物毒作用的死亡率分别为 M_1 和 M_2,则协同作用的死亡率为 $M > M_1 + M_2$。

外源性化合物发生协同作用的机理很复杂,有的是在机体内交互作用产生新的物质,使毒性增强,例如亚硝酸盐和某些胺化合物在胃内发生反应生成亚硝胺,毒性增大,且可能为致癌剂;有的是引起对方代谢酶系发生变化。例如,马拉硫磷与苯硫磷对大鼠的联合作用增毒达 10 倍,对狗增毒达 50 倍,其机理可能是苯硫磷抑制肝脏分解马拉硫磷的酯酶所致;苯巴比妥使动物体内溴苯氧化增强而毒性增大,原因在于苯巴比妥诱导了肝脏氧化溴苯的 MFOs 系统;此外,致癌化学物与促癌剂之间的关系也可认为是一种协同作用。

(2)相加作用(additive effect)。相加作用是指两种或多种外源性化合物混合,所产生的生物学作用强度等于各外源性化合物分别产生的作用强度的总和,在这种类型中,各外源性化合物之间均可按比例取代另一种外源性化合物,混合的作用并不改变。例如,甲拌磷与乙酰甲胺磷的经口 LD_{50} 不同,在小鼠体内相差 300 倍以上,在大鼠体内相差 1200 倍以上,但不论以何种剂量配比(从各自 LD_{50} 剂量的 1:1、1/3:2/3、2/3:1/3),两种化合物对大鼠与小鼠均呈毒性相加作用;马拉硫磷与乐果的毒理作用相同,都是通过对 AChE 的破坏作用,造成胆碱能神经突触处 ACh 积累,从而阻碍神经传导功能,二者表现为毒性相加作用。相加作用的毒害效果可用下面的方法计算:若等剂量的 A 和 B 分别作用于同一种动物,A 造成 10% 的动物死亡,B 造成 40% 的动物死亡,那么,根据相加作用,等剂量的 A 和 B 共同作用于该种动物,则造成 50% 的动物死亡,即相加作用的死亡率为 $M = M_1 + M_2$。一般通过各单项外源性化合物及混合物 LD_{50} 的测定来研究混合物的相加作用,若以 LD_{50} 为指标,相加作用公式可表示为

$$1/LD_{50(混)} = \pi_A/LD_{50(A)} + \pi_B/LD_{50(B)} + \cdots + \pi_n/LD_{50(n)}$$

式中 π_A,π_B,$\cdots$,π_n 分别表示混合物中各单项外源性化合物的组分(以小数计,n 为混合物中物质种类数);$LD_{50(A)}$,$LD_{50(B)}$,$\cdots$,$LD_{50(n)}$ 分别表示各种外源性化合物的 LD_{50}。

大部分刺激性气体的刺激作用多为相加作用,具有麻醉作用的毒物在麻醉作用方面也多表现为相加作用;外源性化合物的化学结构相近或性质相似,靶器官相同或毒性作用机理相同时,其生物学效应往往也呈相加作用。相加作用和协同作用有时容易混淆,若两个外源性化合物配比不同,联合作用的性质可能不相同。例如,氯胺酮与赛拉嗪给小鼠肌肉注射,当以药物重量 1:1 配比时,对小鼠的毒性呈相加作用,而以 3:1 配比时则毒性增强。

(3)独立作用(independent effect)。两种或多种外源性化合物由于对机体作用的部位不同、靶器官不同、受体不同、酶不同等,各自对机体产生毒性作用的机理不同,互不影响,而且外源性化合物靶位点之间的生理学关系不密切,此时外源性化合物所致的综合生物学效应表现为各个外源性化合物本身的毒性效应,称为独立作用。独立作用产生的总效应往往低于相加作用,但高于其中活性最强者。例如镉与汞,镉积累在哺乳动物的肝和肾中破坏肾、肝细胞,引起骨痛病,而汞作用于哺乳动物的脑引起水俣病,两者各自

独立作用于机体。独立作用和相加作用有时也容易被混淆。例如,用乙醇与氯乙烯联合给予大鼠,能引起肝细胞脂质过氧化效应,观察呈相加作用,但深入研究得知,乙醇是引起肝细胞的线粒体脂质过氧化,而氯乙烯则是引起微粒体脂质过氧化,实为独立作用。

独立作用的强度可按如下方法计算:若 A 和 B 两种 CAF 分别作用于同一种动物,分别造成 10% 和 40% 的死亡率,A 与 B 若共同作用于这种动物,已知二者是独立作用,造成的死亡率应为 10%＋(1－10%)×40%＝46%。以死亡率为指标,可用公式表示为

$$M=M_1+M_2(1-M_1)$$

或

$$M=1-(1-M_1)(1-M_2)$$

若有三种污染物时,混合物的预算死亡率为

$$M=M_1+M_2(1-M_1)+M_3(1-M_1)(1-M_2)$$

三种以上外源性化合物可以此类推。

(4)拮抗作用(antagonistic effect)。拮抗作用是指两种或两种以上的外源性化合物同时或短时间内先后作用于同一机体,其中一种外源性化合物可干扰另一种外源性化合物原有的生物学作用,使其减弱;或两种外源性化合物相互干扰,使混合物的生物学作用或毒性作用强度低于两种外源性化合物中任何一种单独作用时的毒害强度。也就是说,其中一种外源性化合物能促使机体对其他外源性化合物的降解加速、排泄加快、吸收减少或产生低毒的代谢产物等,从而使其毒性降低,其中能使另一种外源性化合物的生物学作用减弱的物质称为拮抗物(antagonist)。例如甲基汞与硒,当两种物质同时在鱼的体内共存时,硒可抑制甲基汞的毒性,硒是拮抗物;此外还有阿托品对胆碱酯酶抑制剂的拮抗作用、二氯甲烷与乙醇的拮抗作用等。拮抗作用的机理也很复杂,可能是各外源性化合物均作用于相同的系统或受体或酶,但其之间发生竞争。例如,阿托品与有机磷化合物之间的拮抗效应是生理性拮抗,而肟类化合物与有机磷化合物之间的竞争是与 AChE 结合,属于生化性拮抗;也可能是两种外源性化合物中的一个可以激活另一个的代谢酶而使毒性降低,例如对小鼠先给予苯巴比妥再经口给予久效磷,可使后者 LD$_{50}$ 值增加一倍以上,毒性降低。

由于认识水平和研究方法的限制,目前人们对于联合作用机制的了解尚不够充分,可能的机制是一种外源性化合物可改变另一种外源性化合物的生物转化,这往往是通过酶活性的改变产生的。常见的微粒体和非微粒体酶系的诱导剂有苯巴比妥、3-甲基胆蒽、DDT 和苯并[a]芘,这些诱导剂通过对外源性化合物的解毒作用或活化作用,减弱或增加其他外源性化合物的毒性作用。两种外源性化合物与机体的同一受体结合,其中一种 CAF 可将与另一种 CAF 生物学效应有关的受体加以阻断,以致不能呈现后者单独与机体接触时的生物学效应。一些物质可在体内与毒物发生化学反应。例如,硫代硫酸钠可与氰根发生化学反应,使氰根转变为无毒的硫氰根;一些金属螯合剂可与金属毒物(如 Pb、Hg)发生螯合作用,使之成为螯合物而失去毒性作用。总之,我们搞清外源性化合物的联合作用是为了趋利避害,例如外源性化合物的协同作用是我们要极力避免的,外源

性化合物的拮抗作用若可以减轻外源性化合物对人和生物的危害,则是我们所希望的。当然,要减轻甚至杜绝外源性化合物对人和生物的危害,工作不能仅限于此,要靠我们对环境的保护程度与水平。

3. 联合作用类型的评定方法

人们对外源性化合物联合作用类型的评定尚无标准方法,目前常用的方法有以下几个。

(1)联合作用系数法。运用相加作用的数学模式,先求出各外源性化合物各自的 LD_{50} 值,假设各外源性化合物的联合作用是相加作用,计算出混合物预期 LD_{50},再通过实验求出实测混合物的 LD_{50}。

$$联合作用系数(K)=混合物预期\ LD_{50}/混合物实测\ LD_{50}$$

混合物预期 LD_{50} 计算公式为

$$\frac{1}{混合物预期\ LD_{50}值}=\frac{a}{A\ 的\ LD_{50}值}+\frac{b}{B\ 的\ LD_{50}值}+\cdots+\frac{n}{N\ 的\ LD_{50}值}$$

式中,A,B,$\cdots$,N 分别表示混合物中各化合物;a、b、$\cdots$、n 分别表示各化合物在混合物中所占的权重,$a+b+\cdots+n=1$。

如果混合物中各化合物的联合毒作用是相加作用,其 K 值理论上应等于 1。但通常实际测得的 LD_{50} 值有一定的波动范围,所以 K 值也会有一定波动。为此,提出了两种评定联合作用类型的 K 值范围,如表 3-3-1 所示,一种认为 K 值在 0.4~2.5 为相加作用,$K<0.4$ 为拮抗作用,$K>2.5$ 为协同作用;另一种认为 K 值在 0.57~1.75 为相加作用,$K<0.57$ 为拮抗作用,$K>1.75$ 为协同作用。对于联合作用系数法的科学可靠性,学者持不同观点,还有待进一步的商榷。

表 3-3-1　联合作用系数与联合作用的类型

方法	拮抗作用	相加作用	协同作用
Smyth 法	$K<0.4$	$K=0.4\sim2.5$	$K>2.5$
Keplinger 法	$K<0.57$	$K=0.57\sim1.75$	$K>1.75$

(2)等效应曲线图法。用作图的方法评定两个化合物的联合作用,其原理是在实验条件和接触途径相同的情况下分别求出甲、乙两种受试物的 LD_{50} 值及其 95% 可信限,将甲的 LD_{50} 值及 95% 可信限的上、下限值标在纵坐标上,将乙的 LD_{50} 值及 95% 可信限的上、下限值标在横坐标上,再将两个受试物的 LD_{50} 值及 95% 可信限上、下限剂量点相应连接,形成三条直线(LD_{50} 线、95% 可信限上限线和下限线)(图 3-3-1),此即为等效应曲线。然后在相同条件下取甲、乙化合物的等毒性剂量(如各取 0.5 LD_{50} 剂

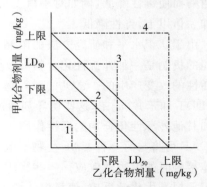

1—协同作用;2—相加作用;
3—独立作用;4—拮抗作用。

图 3-3-1　联合作用的等效应曲线

量)制成混合物,给动物染毒,得出此混合物的 LD_{50} 值。将混合物 LD_{50} 值中甲、乙两个受试物各自的实际剂量分别标在坐标图上,在此两个剂量点各做垂直线,两个垂直线延长相交。以此相交点的位置评价联合作用的类型,若交点落在 95% 可信限下限以下,表示为协同作用;交点落在两个化合物 95% 可信限上、下两条虚线之间,表示为相加作用;交点落在 95% 可信限上限之外有两种情况,若落在图 3-3-1 中的虚线直角三角形内为独立作用,若落在图 3-3-1 中的虚线直角三角形外为拮抗作用。

(3)过筛试验法。将联合作用物按相加作用预测的半数致死剂量给予试验动物,其死亡率大于或等于 80% 为协同作用,小于或等于 30% 为拮抗作用,在两者之间为相加作用。此方法不常用。

(4)统计学法,即将单个受试物进行毒性试验的结果与联合毒性试验的结果进行统计学的显著性检验,根据有无显著性差别确定联合作用的类型。

(5)直接描述法。如果实验结果非常明显,可以直接描述,综合分析,做出判断。

总之,确定外源性化合物的联合作用还存在一定的难度,特别是在野外环境中,更为科学可靠的判断联合作用类型的方法有待进一步探索。

第四节　外源性化合物的生物学效应

本节分别阐述外源性化合物在各级生物学水平上的生物学效应。

一、对生物化学和分子水平的影响

外源性化合物进入机体后,首先将导致机体产生一系列的生物化学变化,这些变化从广义上说分为两种:一种是用来保护生物体抵抗外源性化合物的伤害,称为防护性生化反应(protective biochemical reaction);另一种不起保护作用,称为非防护性生化反应(non-protective biochemical reaction),表 3-4-1 列出这两种类型的一些例子。防护性生化反应的机理是通过降低细胞中游离外源性化合物的浓度,从而防止或限制细胞组成部分发生可能的有害反应,消除对机体的有害影响。在机体酶系统中最重要的是 MFOs,其功能是增加水溶性代谢物和结合物的生成速率,从而将代谢物很快地排出体外,在这种情况下,代谢起着解毒作用。一些有机污染物可以诱导 MFOs 的生成,促进这一反应历程进行。然而,代谢的同时也可能导致活性代谢物(如致癌物)的生成,从而使细胞受到比外源性化合物原型更大的伤害。非防护性生化反应多种多样,其作用机理也多样化,结果之一是产生对生物体有害的影响,如 AChE 的抑制作用。

表 3－4－1　生物对外源性化合物的防护性和非防护性生化反应

作用类型	例子	后果
防护性	①混合功能氧化酶的诱导 ②金属硫蛋白的生成	①加快新陈代谢，生成水溶性代谢物，从而加速排泄 ②增加对金属的束缚速度，从而降低金属的生物利用率
非防护性	①乙酰胆碱酯酶的抑制作用 ②DNA 加合物的生成	①50％以上因抑制而产生可见的毒性效应 ②若导致突变会发生损害作用

　　从本章第二节可知，生物大分子和代谢过程因外源性化合物而发生的异常变化反映了外源性化合物毒性作用机理，它实际上也是外源性化合物生物学效应的体现，所以这部分内容在这里只简要提及。

　　（一）对生物机体酶的影响

　　目前已发现许多外源性化合物能诱导生物机体内增加一些酶活性，这些外源性化合物大多属于有毒有害的有机化合物，它们来自各种工业废水、生活污水、农业废水和固体废弃物，如有机氯杀虫剂、PCBs、PAHs、表面活性剂、增塑剂和染料中间体等。目前研究较多的被诱导酶有：相Ⅰ反应酶和相Ⅱ反应酶，如 MFOs、GST 和尿苷二磷酸葡萄糖基转移酶（UDPGT）等；抗氧化防御系统酶系，如 SOD、POD、CAT 、GPx 等；动物血清中的酶类。下面以生理代谢中几种重要的酶举例分别说明外源性化合物对酶的诱导和抑制作用。

　　1. 对 MFOs 的影响

　　环境生物学中广泛研究的 MFOs 有 7－乙氧基异吩恶唑酮-O－脱乙基酶（ECOD）、7－乙氧基香豆素-O－脱乙基酶（ECOD）、芳烃羟化酶（AHH）等。许多学者从酶活性、酶蛋白含量和 mRNA 三个水平上研究，发现许多外源性化合物能诱导 MFOs 活性。MFOs 活性诱导剂主要分为三类：①药物诱导剂（苯巴比妥型），包括许多药物、杀虫剂等；②致癌物诱导剂（3－甲基胆蒽型），包括苯并[a]芘等多种多环芳烃类；③甾族诱导剂，如螺内酯。苯巴比妥型诱导剂的诱导使肝脏 MFOs 活性大幅度上升，包括对硝基甲醚的 O－脱甲基化作用、甲基苯异丙基苄胺的 N－脱甲基作用、戊巴比妥化作用、艾氏剂环氧化作用，以及许多其他的氧化作用；3－甲基胆蒽型诱导剂诱导的 MFOs 活性范围较小，主要是 AHH 活性；甾族诱导剂主要使 NDDPH－细胞色素 P450 还原酶含量增加。

　　MFOs 活性被外源性化合物诱导的效应不仅能阐明外源性化合物的作用机制、生物可利用性、外源性化合物间的相互作用和生物机体的防御反应等，还可以利用它作为分子生物标志物来监测外源性化合物对生态系统的早期影响。例如，许多研究表明鱼体内 MFOs 的诱导反应极为敏感，在污染水体中鱼的 ECOD 和 AHH 活性都有明显升高，并且鱼体内 MFOs 的诱导有很好的剂量-效应关系。早在 20 世纪 70 年代中期，人们就建立了以诱导鱼体内 MFOs 活性来监测海洋石油污染的方法。然而，MFOs 的诱导不仅受大量天然化合物、人造化合物的诱导，还受到其他因素如温度、食物等的影响，因此，利用 MFOs 的诱导监测环境质量的变化和外源性化合物对生态系统的危害，目前在野外现实环境中未得到广泛开展，还在不断研究中。

　　2. 对抗氧化防御系统酶的影响

　　在生理状态下，许多体内代谢可产生活性氧（ROS），当某些种类的外源性化合物如醌类、PAHs、PCBs 和金属螯合剂等在生物体内进行生物转化时,不但产生的中间产物本身可能是自由基代谢物,而且在氧化-还原循环过程中会产生大量的 ROS(图 3-4-1),ROS 能引起 DNA 链断裂、脂质过氧化、酶蛋白失活等变化,从而引起机体氧化应激或氧化毒性。由于机体存在抗氧化防御系统,可以清除 ROS。

　　外源性化合物对抗氧化防御系统酶的影响比较复杂,对于同一类酶而言,在不同物种体内引起的生物学效应不一样。例如,陈丽梅等在进行气体甲醛对蚕豆的毒性实验中发现,随着浓度升高,蚕豆叶片质膜 H^+-ATP 酶被抑制;范轶欧等研究发现,纳米二氧化钛可致大鼠睾丸组织的 SOD 活力下降,而王发园的研究发现,纳米四氧化三铁能诱导黑麦草和灰籽南瓜的 SOD 和 CAT 活性增加;王凡将牙鲆置于不同浓度的 Cu^{2+} 溶液中,结果发现,随着 Cu^{2+} 浓度的增加,CAT、SOD、GPx 的活性均表现为低浓度诱导,高浓度抑制。这些研究结果说明,外源性化合物对抗氧化防御系统酶具有一定的毒性,也不排除一些外源性化合物对这类酶本身起到活性诱导的作用,同时,机体为了防止外源性化合物带来的过氧化损伤,也依靠某种机制提高抗氧化酶的活性。外源性化合物对抗氧化防御系统酶的影响复杂性与外源性化合物的结构和理化性质不同、物种和个体不同、机体内组织不同、暴露的时间和剂量不同等因素有关。

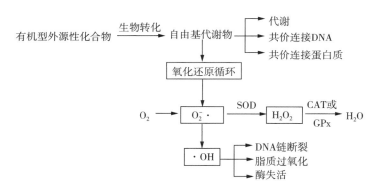

图 3-4-1　氧化-还原循环和 ROS 产生示意图

3. 对腺三磷酶的影响

　　腺三磷酶(ATPase)是生物体的重要酶,存在于所有的细胞中,在细胞供能活动、离子平衡等过程中起重要作用。早在研究有机氯农药如 DDT 等的作用机制时,人们就发现 DDT 等对 $Na^+/K^+-ATPase$、$Mg^{2+}-ATPase$ 有抑制作用,至今已发现多种水生生物、鸟类、哺乳类等的多种组织中 ATPase 对不同外源性化合物均有反应,如有机氯农药、增塑剂、多氯联苯、金属、炼油废水等,无论是离体实验还是活体暴露,都表明与 ATPase 有一定的剂量-效应关系存在,有的具有典型的毒性效应曲线。研究还发现,不同生物、不同组织的 ATPase 对外源性化合物的反应有很大差异。经过近 30 年的研究,ATPase 活性已作为一项评价污染压力的指标。

4. 对 AChE 的影响

　　AChE 在神经系统的信息传导中起重要的作用。AChE 被抑制可改变水生生物呼吸作用、游泳能力、摄食能力和社会关系;改变鸟类的行为、内分泌功能、繁殖和对非污染环境变化的耐受力;导致无脊椎动物的死亡和种群变化;等等。早在 20 世纪 50 年代,人们就发现有机磷农药和氨基甲酸酯农药对高等动物和低等动物的 AChE 具有明显的抑制作用,致使神经功能破坏,导致一系列生物学效应。AChE 抑制具有较高的专一性和敏感性,用其作为指标可以表明生物受到有机磷农药和氨基甲酸酯农药的影响。一般认为,20% 以上的 AChE 被抑制证明有暴露作用存在,50% 以上的 AChE 被抑制表明对生物的生存有危害。

5. 对 ALAD 的影响

ALAD 存在于许多组织的细胞质中,其生理作用在合成血红蛋白中起重要作用。铅离子能直接抑制鱼类、鸟类和哺乳类的 ALAD 活性。血液中铅浓度与 ALAD 活性抑制具有典型的剂量-效应关系,随着血液中铅浓度增加,ALAD 活性不断降低。由于 ALAD 测定方法简单和精确,目前把 ALAD 作为一个敏感的指标,应用于监测和评价铅污染对生态系统的影响。

6. 对蛋白磷酸酶的影响

蛋白磷酸化与去磷酸化是细胞内无所不在的反应,正是这两种反应的特定平衡协调着细胞内许多生化反应过程。蛋白磷酸酶是具有催化已经磷酸化的蛋白质分子发生去磷酸化反应的一类酶分子,与蛋白激酶相对应存在,共同构成了磷酸化和去磷酸化这一重要的蛋白质活性的开关系统,若这两种酶中任意一种活性被改变,随之而来的将是细胞内一系列生化反应的紊乱,包括促进肿瘤形成过程。蛋白磷酸酶(protein phosphatase,PP)广泛存在于细胞中,对任何一种蛋白质进行去磷酸化作用。目前已发现,抑制蛋白磷酸酶活性会对肿瘤形成有促进作用,大田软海绵酸型促肿瘤剂可抑制蛋白磷酸酶活性,而引起水华的蓝藻次生代谢产物微囊藻毒素对蛋白磷酸酶的抑制作用远远超过大田软海绵酸,是迄今最强的蛋白磷酸酶抑制剂。由于微囊藻毒素毒性大,易在软体动物、甲壳类等水生生物体内积累,而且可通过食物链迁移和生物放大,因此,微囊藻毒素的危害受到了广泛重视。近年来发现,用蛋白磷酸酶活性可检测微囊藻毒素的含量,具有很高的灵敏性。

(二)对生物大分子的影响

不同类型的 DNA 加合物可引起不同的生物学效应,包括细胞毒性、诱变作用、活化癌基因,乃至引发细胞癌变。外源性化合物及其活性代谢产物可直接与蛋白质、核酸、脂肪等生物大分子共价结合,导致生物大分子的化学性损伤,从而影响生物大分子的功能,引起一系列生物学反应,产生毒性效应。蛋白质中许多氨基酸带有活性基团,如—OH、—NH$_2$、—SH、—CN$_3$H$_4$ 等,这些活性基团在维持蛋白质的构型和酶的催化活性中起重要作用。然而,这些基团易与外源性化合物及其活性代谢产物发生共价结合生成蛋白质加合物,导致蛋白质化学损伤,引起一系列的生物学后果。DNA 可以受到不同途径的损伤,如正常细胞活动过程中的损伤、紫外线和放射性物质的直接损伤、外源性化合物及其活性代谢产物与 DNA 的共价结合等。DNA 发生损伤的生物学后果是严重的,但细胞本身具有修复能力,一旦发生损伤,修复能力迅速被诱导,各种修复酶增多并被活化。如果损伤的 DNA 不能被修复,则产生 DNA 结构和功能的影响,导致细胞死亡或细胞突变,产生遗传疾病。细胞和亚细胞膜系统的磷脂富含多烯脂肪酸侧链,这些多烯脂肪酸侧链可使脂蛋白膜对亲水性物质具有一定的通透性,但多烯脂肪酸很容易发生过氧化降解,一些外源性化合物如卤代烃、PAHs 等在细胞内代谢形成自由基,攻击膜上的不饱和键,引起膜脂质过氧化。Miller 最早发现外源性化合物与蛋白质的共价结合,其后 Boyland 等提出外源性化合物与生物大分子共价结合学说,近年来这一学说有很大发展,成为中毒机理的重要理论之一。在外源性化合物及其活性代谢产物与生物大分子的结合中,最典型的方式是外源性化合物及其活性代谢产物作为生物合成的"原料",掺入生物大分子,导致生物大分子组成的功能性异常。例如,D-半乳糖胺在通常情况下以乙酰化物存在于结构多糖中,给动物大剂量的 D-半乳糖胺,D-半乳糖胺代谢物掺入糖蛋白及糖脂,产生细胞膜损害,最终发生动物肝损害。除与生物大分子结合外,外源性化合物及其活性代谢产物还可以抑制蛋白质、RNA 和 DNA 的合成。

二、对细胞的影响

细胞是生物的结构单位。不同种类的细胞具有不同的形态结构和功能,对外源性化合物的敏感性也不一样。外源性化合物对细胞的损伤可表现为细胞结构和功能的改变,研究其与细胞结构和功能损伤的关系,不仅可以阐明它的毒性作用本质,还可以评价其有害性及其早期警报对生态系统的影响。

(一)对细胞膜的影响

细胞膜由脂质双分子层和镶嵌蛋白构成,具有很多重要的功能:细胞膜上有多种受体,如某些激素受体、神经递质受体;携带多种抗原,如组织相容性抗原及红细胞膜上血型抗原等;参与细胞内外的物质交换;等等。许多外源性化合物作用于细胞膜,可引起细胞膜结构和功能的改变。首先,外源性化合物引起的膜脂过氧化作用导致细胞膜损伤;其次,外源性化合物可影响细胞膜的离子通透性。例如,神经信息传导依赖神经细胞膜的 Na^+ 或 K^+ 通透性,拟除虫菊酯杀虫剂和 DDT 均可作用于细胞膜的 Na^+ 通道,干扰 Na^+ 通过细胞膜,影响神经传导。此外,外源性化合物与细胞膜上的受体结合,可干扰受体正常的生理功能。

(二)对细胞器的影响

1. 对线粒体的影响

在真核细胞中,线粒体是氧化磷酸化部位,是细胞提供能量的场所。外源性化合物不仅可以引起细胞线粒体膜和嵴形态结构的改变,还可以影响线粒体的氧化磷酸化和电子传递功能。例如,杀虫双是一种含氮类杀虫剂,是沙蚕毒素的衍生物,在我国农业生产上被广泛应用,然而,杀虫双对家蚕具有极高的毒性,在低剂量和长期暴露后,可导致家蚕后丝腺细胞线粒体形态结构改变,电镜观察发现线粒体嵴减少、线粒体变小。

2. 对内质网的影响

光面内质网具有类固醇激素的合成、肝细胞的脱毒作用、糖原分解释放葡萄糖、肌肉收缩的调节等重要功能,某些外源性化合物经代谢活化产生自由基,可导致光面内质网结构和微粒体膜的一些重要组分如 MFOs 被破坏。糙面内质网是蛋白质合成的部位,多核糖体附着于网上或游离于胞浆中,控制蛋白质合成,一些致癌性外源性化合物如黄曲霉毒素、芳香胺和 PAHs 等能引起核糖体脱落,导致蛋白质合成控制的改变。

除影响线粒体和内质网外,外源性化合物还可影响微管、微丝、高尔基体、溶酶体等其他细胞器,如导致溶酶体解体、异常释放有损害性的水解酶等。

三、对组织器官的影响

（一）靶－效应－蓄积

当外源性化合物进入机体后，它们可能被分布到机体的特殊器官，对组织器官产生影响。外源性化合物对不同的组织器官产生的毒作用不一样，对一些组织器官产生直接毒作用，这些组织器官称为靶组织（target tissue）或靶器官（target organ）。例如，放射性碘作用于哺乳动物的甲状腺，可能引起甲状腺癌，甲状腺是碘的靶器官；镉作用于哺乳动物的肾，破坏肾细胞，引起蛋白尿，肾脏是镉的靶器官；甲基汞作用于哺乳动物的脑，引起神经性疾病（水俣病），脑是甲基汞的靶器官。一些外源性化合物产生的毒作用在某组织或器官中表现出临床可观察的毒性效应，这样的组织或器官称为效应组织（effect tissue）或效应器官（effect organ）。外源性化合物作用于靶器官后，若毒作用直接由靶器官表现出来，则此靶器官同时是效应器官。靶器官不一定是效应器官，若在一个器官所发生的毒作用通过某种生理机制由另一个器官表现出来，该器官就是效应器官而不是靶器官。例如，马钱子碱作用于中枢神经，而在横纹肌出现痉挛，因此马钱子碱的靶器官是中枢神经系统，效应器官是横纹肌；有机磷农药作用于神经系统抑制 AChE 活性，造成胆碱能神经突触处 ACh 积累，结果表现为瞳孔缩小、流涎、肌束颤动等，有机磷农药的靶器官是神经系统，效应器官是瞳孔、唾液腺和横纹肌等。

蓄积器官是外源性化合物在体内的蓄积部位，外源性化合物在蓄积器官内的浓度高于其他器官，但对蓄积器官不一定显示毒性作用。如沉积于网状内皮系统的放射性核素对肝、脾损伤较重，会引起中毒肝炎，此时网状内皮系统是蓄积器官；DDT 等氯化烃类农药的靶器官是中枢神经系统和肝脏，但它们主要蓄积在脂肪组织中。

（二）对不同组织器官的影响

植物吸收大气污染物后，造成叶、蕾、花、果实等器官脱落，导致叶面出现点、片伤害斑的叶组织坏死现象。例如，HF 污染时，植物吸收的 F^- 随蒸腾流转移到叶尖和叶缘，在那里积累至一定浓度后就会使组织坏死，导致叶片脱落；乙烯使洋玉兰的花瓣和花萼脱水枯萎；农药污染也能对植物组织和器官产生影响，其主要影响有：叶发生叶斑、穿孔、焦枯、黄化、失绿、褪绿、卷叶、厚叶、落叶；果实脱落、畸形；花发生花瓣焦枯、落花；根发生粗短肥大，缺少根毛；等等。

外源性化合物对动物组织器官的影响很复杂，不同外源性化合物的影响具有很大的差别。以重金属污染为例，铅可损害动物造血器官（骨髓）和神经系统，对造血器官的损害通过干扰血红素合成，引起贫血，对神经系统的损害引起末梢神经炎，出现运动和感觉障碍；镉主要影响动物的肝脏和肾脏，引起骨痛病；汞主要影响动物的神经系统，引起水俣病。外源性化合物对动物损伤的器官很多，常用于研究的器官有肝、肾、神经、繁殖器官、血液、呼吸器官、消化器官和内分泌器官。

四、对个体水平的影响

外源性化合物对动物个体水平的影响主要有死亡、行为改变、繁殖力下降、生长和发育抑制、疾病敏感性增加和代谢率变化；对植物的影响主要表现为生长减慢、发育受阻、失绿黄化、早衰等。下面以动物死亡、行为、生长和发育、繁殖为例,阐述外源性化合物对个体水平的影响。

（一）对死亡的影响

在一定剂量或浓度下,外源性化合物能引起动物死亡,其死亡率常常被作为一个重要的生物学指标用以评价外源性化合物的毒性大小。不同的外源性化合物引起同一种生物的死亡率各不相同,同一种外源性化合物导致不同种生物的死亡率也不同。例如,铜引起水生生物 50% 死亡的浓度范围是:枝角类为 $5\sim300\mu g/L$,软体动物为 $40\sim9\,000\mu g/L$;汞引起这两类生物 50% 死亡的浓度范围分别为 $0.02\sim40\mu g/L$ 和 $90\sim2\,000\mu g/L$。许多因素能影响外源性化合物对生物的致死效应,例如温度升高会增加外源性化合物的致死效应;镍在 96 小时引起刚孵化出的鲤鱼苗死亡的浓度为 $6.10mg/L$,而对体长 $4\sim5cm$ 的幼鱼为 $35.0mg/L$;氮在碱性条件形成 NH_3 对生物致死效应明显,而在酸性条件下形成 NH_4^+,对水生生物则无明显毒害。

（二）对行为的影响

动物所有的行为都易受到外源性化合物的影响。当一种外源性化合物或其他因素(如温度、光照、辐射)使动物一种行为的改变超过正常变化的范围时,就产生了行为毒性(behavioral toxicity)。外源性化合物可影响的动物行为主要有捕食行为、学习行为、警惕行为、社会行为和对污染物的回避行为。研究较多的是回避行为、捕食行为和警惕行为。

1. 回避行为

回避行为是指有运动能力的动物能主动避开受污染的区域,躲到未受污染的清洁区域的行为。生物回避使环境中生物种类组成、区系分布发生改变,从而打乱了原有生态系统的平衡。例如,一些经济鱼类失去索饵场和产卵场,一些仍留在污水中的鱼类会出现更多的病鱼。不同的水生动物对同一种外源性化合物的回避能力差异很大。例如,杂色鳉对 DDT 有较强的回避能力,发生回避的阈值浓度为 $0.005mg/L$;食蚊鱼次之,阈值浓度为 $0.1mg/L$;草虾完全不回避。水生生物的活动类型、生理状态和水温变化都能影响回避反应的强度。例如,细鳞大麻哈鱼在海水中对原油的回避阈值浓度在 11.5℃时仅为 $1.6mg/L$,7.5℃时达 $16mg/L$。一般来说,水生生物对外源性化合物的回避阈值低于外源性化合物对水生生物的致死浓度。例如,鲫鱼对农药杀螟松的回避阈值浓度是 $10\mu g/L$,比致死浓度低两个数量级。但有的外源性化合物即使超过致死浓度生物也不回避。例如,食蚊鱼和草虾在异狄氏剂浓度超过致死浓度时也不知道回避。水生生物的回避能力在实验室和野外也存在差异性。例如,在受铜、锌污染的一条加拿大河流中,野外现场观测的回避阈值为实验室阈值的 18 倍。

受到外源性化合物伤害的鸟类为了逃避被捕食,常常退却到一个安全的地方,从而失去对原有领地的控制。若处在繁殖期的鸟类受到外源性化合物的伤害,则会丧失孵蛋和照顾后代的行为,导致繁殖率下降和幼鸟的死亡率增加。Bushy 等研究了有机磷杀虫剂对加拿大新不伦瑞克地区云杉中白喉麻雀的影响,他们对 13 对喷洒农药区的鸟和 7 对附近未喷洒农药对照区的鸟进行跟踪,结果表明,喷洒区白喉麻雀放弃了它们的领地,有的死亡,使喷洒区的成年白喉麻雀减少 1/3,同时,发现处在繁殖期的鸟的育雏方式受到了破坏和舍弃了孵蛋,结果是幼鸟的数量只有对照区的 1/4。

2. 捕食行为

水生生物的捕食行为可受到外源性化合物的影响。图 3-4-2 是水生生物捕食行为的组成,所有这些过程都可受到外源性化合物的影响。大型水生动物的捕食能力取决于许多因素,其中最重要的是搜索猎物的策略和感觉系统,这些捕食动物用视觉来鉴别、搜寻、捕捉和处理它们的猎物。外源性化合物可影响搜索猎物的策略和感觉系统,使之捕食能力降低,也可影响对猎物的选择,降低捕捉猎物的效率,还可以影响捕捉后处理的时间,降低捕食能力。例如,用铜喂蓝鳃鱼、用铅和锌喂斑马鱼、用烷基苯磺酸去垢剂喂旗鱼,均发现这些外源性化合物延长了捕捉后处理时间,最终导致拒食和捕食能力下降。拒食可能是外源性化合物阻断动物的味觉而产生,也可能是外源性化合物影响了水生动物的胃口,最终导致捕食停止。捕食行为的破坏可导致生物机体获得的资源减少,最终引起生产量的下降或发育和繁殖受阻。

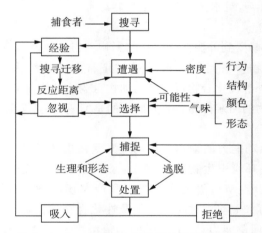

图 3-4-2 水生生物捕食行为的组成示意图

3. 警惕行为

水生动物本身有逃避被捕食的能力,因此在捕食过程中也具有防止被捕食的警惕行为。警惕行为一旦被破坏,就会导致该动物易被捕食,从而增加了死亡率,使种群数量下降。例如,电离辐射和汞可以增加食蚊鱼被鲈鱼捕食的危险性,温度、杀虫剂、五氯苯酚和镉等污染物均能增加一些水生生物被捕食的危险性,这都是因为破坏了它们的警惕功能。

(三)对生长和发育的影响

外源性化合物可引起生物机体的摄食率和生理代谢的危害,导致动物的生长和发育受阻。对生长和发育的影响通常可通过反映生物机体能量的获取、利用和代谢的综合指标来表示,该指标称为生长指示器(scope for growth,SFG),可以用下列公式表示:

$$SFG = A - (R + U)$$

式中,A 表示从食物获得的能量;R 表示呼吸作用的能量损失;U 表示排泄作用的能量损失。

当生物机体从食物中获得的能量超过机体维持正常的生理代谢所需的能量时,生物机体将利用能量进行生长发育和繁殖;反之,则生物机体不能生长发育或导致死亡。例如,三丁基锡在 2ng/L 以上,贝类 SFG 随着暴露浓度升高而减少,表明生长发育受阻;

0.9mg/L 的锌能明显抑制淡水端足目钩虾的 SFG,导致后代体重下降,长期暴露导致钩虾的种群数量和生存下降。

尽管有些外源性化合物不会危害生物机体的摄食率和生理代谢,但由于机体对外源性化合物的解毒消耗了大量的能量,仍然能导致生长发育出现障碍。换句话说,生物机体以生长发育损伤为代价降低死亡率。例如,克氏原螯虾靠频繁地蜕皮来逃避重金属的储藏;Bengtson 等研究了跳虫的金属解毒作用,分别用生长在含 $0.30\mu g/g$、$90\mu g/g$ 和 $300\mu g/g$ 铜和铅的营养肉汤培养基上的真菌来喂养这种跳虫,结果发现:高浓度的铜、铅使跳虫积蓄金属的肠细胞不断脱落,生长率下降,但死亡率有所降低。有机体以解毒机制能减少死亡率,但不利于其生长发育。

(四)对繁殖的影响

1. 环境激素的定义

外源性化合物可影响生物机体的繁殖能力,生物机体繁殖受损害最终导致种群数量下降,甚至导致物种灭绝。对动物而言,一般表现为产卵(仔)数、孵化率和幼体存活率下降及繁殖行为变化等,如有机磷杀虫剂可影响家燕的精子数量。在鸟类中,外源性化合物影响鸟类繁殖一个典型的效应是使鸟蛋壳变薄,最早发现使鸟类蛋壳变薄的外源性化合物是有机氯杀虫剂,随后人们又发现许多外源性化合物,如多氯联苯、汞、铝等都能产生鸟蛋壳变薄的效应。有机氯杀虫剂导致鸟蛋壳变薄的机理也已清楚,主要是阻碍了钙向壳腺细胞的运输。目前,蛋壳变薄已作为一个敏感指标评价外源性化合物对鸟类繁殖的影响,称为蛋壳的厚薄指数(thinness index),它等于壳的重量与壳长宽积之比。

20 世纪后期,野生动物和人类的内分泌系统、免疫系统、神经系统出现了各种各样的异常现象,人们最早发现一些鱼类的生殖器官始终不能发育成熟,雌雄同体率增多,雄性退化,种群退化。在一份涉及全球 250 多个学科的报告中,科学家认为,包括多骨鱼、两栖类、爬行类、鸟及哺乳动物等几大类,每种雄性动物都受到环境中化学物质的胁迫,很多雄性脊椎动物雌性化已相当普遍。在世界范围内出现了人类男性的精液中精子密度减小、质量下降的现象。医学家发现,20 世纪 40 年代,我国男性的平均精子密度是 6×10^7/mL,到了 20 世纪 90 年代,只有大约 2×10^7/mL,精子活度也大幅度下降。据世界卫生组织报告,半个世纪以来,全球范围内男性精子质量呈下降趋势。通过近年来的深入研究发现,环境中一些天然物质和人工合成的外源性化合物具有动物和人体激素的活性,这些物质能干扰和破坏野生动物及人的内分泌功能,导致野生动物和人产生繁殖障碍,甚至能诱发人类产生重大疾病(如肿瘤、高血压),这些物质称为环境激素(environmental hormone,EH)或环境内分泌干扰物(environmental endocrine disrupter,EED)。

人体内有八类激素,所以也有人把环境激素称为第九类激素。尽管环境激素在环境中的浓度极小,但是一旦进入人体和动物体内,可以与特定的激素受体结合,进而诱导产生雌激素,干扰内分泌系统的正常功能。因为已知的环境激素绝大多数具有类似雌激素或抗雄激素的功能,所以提到环境激素这个概念,一般是指环境雌激素(environmental estrogen,EE)。

2. 环境激素的分类

根据来源,环境激素主要分为以下两大类。

(1)天然雌激素和合成的激素药物。天然雌激素是从动物和人尿中排出的一些性激素,合成激素包括与雌二醇结构相似的类固醇衍生物,这些合成激素常被用作药物及饲料添加剂。此外,还包括来自豆科植物及白菜、芹菜等植物的植物性激素,它们具有弱激素活性、抗癌和抗有丝分裂作用,还可导致牛羊不育不孕和肝脏疾病。研究报道认为,中国和日本等是食用豆制品较多的国家,而乳腺癌、冠心病和前列腺癌等激素依赖性疾病的发病率较欧美国家低,这可能是豆制品中植物激素所诱导的免疫反应起作用的结果,然而植物激素过多也能给生殖系统带来伤害和疾病。

　　(2)具有雌激素活性的外源性化合物。这类物质广泛存在于环境中,大多具有弱雌激素活性,是常见的污染物。它们有的是副产物和代谢物,如二噁英和 PAHs;有的是人工合成的化学物质,主要用来制造除草剂、染料、香料、涂料、洗涤剂、去污剂、表面活性剂、塑料制品的原料或添加剂、药品、食品添加剂、化妆品等(表 3-4-2)。

表 3-4-2　环境激素的分类和代表物质

类别		代表物举例
人和动物体内雌激素		17-β 雌二醇、孕酮、睾酮等
合成药物和饲料添加剂		他莫昔芬、己烯雌酚、溴萘酚、壬苯醇醚-9-壬基酚、雌三醇、二甲基乙烯酚、乙炔基雌二醇、炔雌醚等
植物雌激素		拟雌内酯、芒柄花黄素、木质素、染料木横酮、染料木苷、黄豆黄原、黄豆苷、鸡豆苷素、β-谷甾醇架等
农药	除草剂	甲草胺、杀草强、莠去津、草克净、除草醚、氟乐灵、2,4-D、2,4,5-T、杜邦 326、草达灭、甲氟吡啶氧酚丙酸丁酯等
	杀真菌剂	苯菌灵、多菌灵、六氯苯、烯菌酮、代锰锌、代森锰锌、硫脲乙烯、嘧啶甲醇族、亚乙基双二硫代氨基甲酸锌、二甲基二硫代氨基甲酸锌等
	杀虫剂	林丹(β-666)、氯丹、硫丹、三嗪、甲萘威、开乐散、狄氏剂、异狄氏剂、DDT 及代谢产物、七氯和 H-环氧化物、灭多虫、甲氧氯、灭蚁灵、对硫磷、氧氯丹、毒杀酚、合成除虫菊酯等
	杀线虫剂	滴灭威、呋喃丹、二溴氯丙烷等
工业化合物	树脂原料酯	烷基酚、壬基酚、辛基酚、苯乙烯、双酚-A、聚氯乙烯、邻苯二甲酸二丁、双(2-乙基己基)己二酸盐、双(2-乙基己基)邻苯二甲酸盐等
	防腐剂	五氯酚、三丁基锡、三苯基锡等
	塑料增塑剂及各种塑料用品	苯乙烯、聚氯乙烯、邻苯二甲酸二丁酯等
	除污剂、洗涤剂	C5-C9 烷基酚、壬基苯酚、4-辛基苯酚等
	染料	烷基酚、2-萘酚、2,4-二氯苯酚、阿米唑等
	涂料	三丁基锡、三苯基锡等
	重金属	铅、镉、汞及其配合物
	绝缘油	PCB、派兰诺油等
	其他用途	双酚-A、壬基酚、氟利昂等
副产物和代谢物		二噁英、四氯联苯、多溴联苯、邻苯二甲酸盐

3. 环境激素对繁殖和内分泌的影响

环境激素对繁殖的影响主要表现为可使野生动物性发育和雄性生殖器异常。研究已发现 PCBs 可抑制鱼类卵巢发育、降低鱼类血液中雌激素和卵黄蛋白原的含量,导致胚胎和幼体发育障碍;DDT 诱导雄鸥胚胎的雌性化,即畸形卵巢组织和输卵管的发育;英国环境署通过对英国 31 条河流的调查发现,污水处理厂排放口下游的雄性虹鳟鱼发生雌性化,丧失雄性生殖力。除对野生动物的影响外,环境激素对人类生殖的危害之一是引起多种形式的雄性生殖系统发育障碍,如性腺发育不良、睾丸萎缩和睾丸癌发生率有明显增加。除了对繁殖有影响,环境激素还可导致内分泌系统、神经系统和免疫系统异常。对环境激素及其危害的研究已成为当前生态毒理学、分子生物学、环境医学等多学科交叉的一个十分活跃的前沿领域,并已受到各国政府和世界组织的高度重视。

根据目前的研究,环境激素可能通过以下几条途径影响内分泌。

(1)直接进入细胞内。环境激素可能直接进入细胞,作用于核酸或酶系统,引发遗传变异,虽然发生概率很小,但不排除其可能性。

(2)与激素受体作用。天然激素是通过细胞内或细胞膜结合受体与特定组织相互作用的。某些环境激素分子结构与生物体的激素结构类似,进而竞争受体或改变受体的识别。例如,某些 PCBs 与天然甲状腺素相似,对甲状腺素的作用产生干扰;壬基酚等能够干扰雌激素受体;烯菌酮的代谢物对雄激素受体有亲和作用,具有抗雄激素作用。

(3)阻碍天然激素合成的能力。某些环境激素具有阻碍天然激素合成的能力。例如,酮康唑可阻滞类固醇合成特定酶的反应,使类固醇类物质不能合成或合成量不足。

(4)调节细胞膜上的离子通道。正常细胞内 Ca^{2+} 的调节机理是通过细胞膜上钙受体蛋白来发挥作用的,环境激素的介入能与细胞膜上的钙受体蛋白结合,导致细胞内外信号传导被破坏,引起细胞代谢失调甚至死亡。

(5)影响内分泌系统与其他系统的调控作用。内分泌系统与免疫、神经、生殖等系统相互影响、相互制约,内分泌调节和神经调节共同构成了机体的统一调控机制,内分泌系统的紊乱使其他系统受到伤害,从而引发致癌性、免疫毒性、神经毒性等。例如,甲状腺功能的低下可造成神经系统的异常,神经与免疫系统受到损害,内分泌系统也会发生障碍。

(6)自由基学说。自由基是机体内不可缺少的,它可以维持身体内细胞的正常功能,但若过量会对精子造成损害。例如,O_2^- · 的过氧化作用使精子的膜变硬,精液流动性降低,精子活力下降,导致精子的完整性、运动性及其他功能产生不可逆转的反应,促进了精子的死亡,所以过量的自由基是造成男性不育的主要病因。

(7)肝酶系统的影响。人体肝酶系统可以影响激素在体内的水平。例如,DDT 可诱导肝微粒体单氧酶活性,从而通过单氧酶系统加速雄激素的清理过程。

(8)环境激素之间的协同作用。环境激素的种类繁多,存在各化学物质的协同作用,联合作用的强度远远高于单独作用的强度,当两种激素活性较弱的外源性化合物同时作用于机体时,其激素样作用明显增加,甚至可达到单独作用的 1 000 倍以上。

五、对种群和群落的影响

(一)对种群的影响

种群是在一定时空中同种个体的组合,具有空间特征、数量特征和遗传特征。外源性化合物通过对生物机体在个体及以下低层次水平上的影响,可在种群水平上表现出来,主要的研究集中在种群密度的改变、年龄结构和性别比例的变化、竞争关系的改变等方面。

种群密度是指单位面积或单位空间内的个体数量。一般来说,外源性化合物引起个体死亡率的增加和繁殖率的下降,最终导致种群密度下降。但有些外源性化合物也能导致个体数量的增加和种群密度的上升。例如,当有机耗氧污染物和 N、P 元素排入贫营养湖泊,改变了贫营养湖泊的营养状态,为某些种群生长提供了良好的生长条件,种群密度上升,特别明显的是某些藻类的种群密度上升,甚至可导致种群的暴发而发生水华。又如,农药的滥用造成天敌减少,引起害虫大暴发。

外源性化合物能影响种群的性别比例和年龄结构。例如,环境激素可导致野生动物性逆转,雌性雄性化或雄性雌性化,从而改变种群的性别比例。研究表明,31 种类固醇激素(16 种雄性激素和 15 种雌激素)可诱导 9 科 34 种雌雄异体鱼类和 6 科 13 种雌雄同体鱼类的性逆转。又如,英国的 15 个污水处理厂出水可使雄鲤鱼体内形成卵黄蛋白原,出现雌性化特征。大量研究表明,鱼类的早期生命阶段(卵-幼鱼)比成鱼对外源性化合物更敏感,可导致鱼类的孵化率下降、胚胎死亡、幼鱼死亡率增加等,种群年龄结构趋于老化;长期污染还可使某种鱼种群的年轻个体减少,老年个体比例增大,死亡率大于出生率,种群年龄结构也趋于老化。此外,由于外源性化合物导致捕食与被捕食的关系改变,种群的竞争关系也会改变。

(二)对群落的影响

群落是指在一定时间内居住在一定区域或生境内的各种生物种群通过相互关联、相互影响形成的有规律的一种结构单元。外源性化合物可导致群落组成和结构的改变,包括优势种、生物量、丰度、物种多样性等的变化。

1. 对物种组成的影响

耐污种是指只在某一污染条件下生存的物种。例如,颤蚓、蜂蝇幼虫等仅在有机物丰富的水体中生活、繁衍,这类生物具有独特的结构与机能,适于在低氧条件下生活,颤蚓头部钻在污泥中摄食,尾部露在污水中不停摆动以进行呼吸;蜂蝇幼虫的长的尾巴露在水表面,通过尾部的气管进行呼吸活动。敏感种是指对环境条件变化反应敏感的物种,这类生物对环境因素的适应范围比较狭窄,环境条件稍有变化即不能忍受而死亡。例如,大型水生无脊椎动物中石蝇稚虫、石蚕蛾幼虫和蜉蝣稚虫等都喜欢在清洁的水体中生活,一旦水体受到污染、溶解氧不足时就不能生存。环境被污染后,原有生物与环境中多种物质关系发生变化,出现新的生物与环境的物质循环关系。一般是耐污种在污染环境中增多,敏感种逐渐消失,狭污性种群被广污性种群代替,群落组成和结构发生改变。例如,1982 年对严重污染的松花江的哈达湾江段研究结果表明,喜污性的普通等片藻代替了喜清水性的颗粒直链藻,并出现了耐污种颤藻,耐污性的绿眼虫代替了清水性的浮游动物,还出现了耐污性的萼花臂尾轮虫和壶状臂尾轮虫,同时,鱼类区系也发生了变化。

2. 对群落优势种的影响

在群落中优势度大的为群落优势种,通过物种的密度、盖度、频度和生产量来反映,它在群落功能中占重要的位置,决定着群落的内部结构和特殊环境,是群落的创造者和建设者。如果群落主要层的优势种由多个物种组成,这些物种称为共建种。

3. 对物种多样性的影响

群落中物种多样性是指群落中物种的数目(丰度)和各个物种的相对密度(群落的异质性)。群落中所含种类数越多,群落的物种多样性就越大。群落中各个种的相对密度越均匀,群落的异质性就越大。物种多样性反映了生物群落或生境的复杂程度,同时也反映了群落的稳定性,多样性大的群落,群落异质性也大,群落稳定性高;反之则反。外源性化合物可导致敏感种消失,使群落中物种的数量下降,严重污染时将导致物种绝迹,使物种多样性下降。外源性化合物也可导致群落中种的相对密度发生变化,从而改变物种的多样性。目前,物种的多样性已作为一个敏感的群落指标,被广泛地应用于评价外源性化合物对群落结构的影响。

六、外源性化合物生物效应研究实例

(一)PM$_{2.5}$生物学效应研究

大气中的外源性化合物通常是指以气态形式进入近地面或低层大气环境的外来物质,如硫氧化物、氮氧化物、碳氢化合物和碳氧化物及飘尘、悬浮颗粒等,还包括甲醛等室内空气污染物。2020年4月中旬,东北地区多地空气质量指数"爆表"(AQI达500),齐齐哈尔PM$_{2.5}$小时浓度峰值高达1691$\mu g/m^3$。2021年2月25日,生态环境部召开例行新闻发布会,大气环境司司长刘炳江指出"十四五"期间将PM$_{2.5}$、挥发性有机化合物(VOCs)、NO$_x$、O$_3$作为空气质量改善目标指标进行协同治理。

飘尘(airborne particulate matters)又称可吸入颗粒物,是指悬浮在空气中的空气动力学当量直径不大于10μm的颗粒物,记为PM$_{10}$。它是大气中最常见的重要污染物,成分比较复杂,包括细小的粉尘、煤烟、烟气和雾,是物质燃烧时产生的颗粒状漂浮物。飘尘主要吸附水蒸气、各种有害气体和有毒有机物,还含有二氧化硅、石棉等无机物及各种金属,如Pb、Hg、Cr、Cd、Be、V、Fe及氧化物等,它们因粒小体轻,故能在大气中长期飘浮,飘浮范围可达几十千米,可在大气中造成不断蓄积。自然界的风沙尘土、火山爆发、森林火灾是大气中飘尘的天然来源,人为来源主要是火力发电、钢铁、有色金属冶炼、水泥和石油化工企业的生产过程、垃圾的焚烧、采暖锅炉烟囱和家庭炉灶等排出的煤尘和粉尘。固体颗粒物中天然来源的数量较大,但人为来源产生的颗粒物危害远比天然来源产生的颗粒物危害大。清洁的大气含飘尘量为10~20$\mu g/m^3$,目前一般居民区大气飘尘浓度为40~400$\mu g/m^3$,繁华街道上的空气中为2~4mg/m^3,工业区为3~5mg/m^3。

正常人体的呼吸道具有抵抗外界有害因素的屏障功能。直径大于5μm的飘尘不易进入肺泡,进入人体后95%可被鼻腔阻留、气管黏附和被纤毛细胞清扫出来,最终进入支气管以至肺深部的一般是PM$_{2.5}$。人体吸入PM$_{2.5}$产生的生物学效应主要在呼吸系统,包括上呼吸道炎症、肺炎(如锰尘)、肺肉芽肿(如铍尘)、肺癌(如石棉尘、镍尘)、尘肺(如二氧化硅尘)及过敏性肺部疾患。例如,张建华等研究发现,PM$_{2.5}$暴露可明显增加哮喘的发病率和哮喘急性发作的风险;王冰玉等采用基因芯片技术与生物信息学分析方法,

筛选 $PM_{2.5}$ 染毒后的人支气管上皮细胞(HBE)与未染毒细胞比较的差异表达基因和通路,发现 $PM_{2.5}$ 可引起 HBE 细胞致癌致突变相关基因的差异表达。

但近两年的研究表明,$PM_{2.5}$ 毒性远不止呼吸系统。例如,杜航等的研究表明,$PM_{2.5}$ 暴露会增加儿童行为问题的发生风险,既存在短期效应又存在长期效应;林在生等对 2015—2018 年福州市数据的时间序列研究表明,低浓度 $PM_{2.5}$ 暴露可增加福州市 65 岁及以上老年人死亡的风险;王欣等的研究表明,$PM_{2.5}$ 质量浓度升高可能会增加人群心血管系统疾病的死亡率。

(二)氟污染生物学效应研究

全氟和多氟化合物(Per – and polyfluoroalkyl substances,PFASs)是一类具有疏水疏油性、高化学稳定性和热稳定性、低表面能及高表面活性的人工合成的有机氟化物。自 20 世纪 50 年代起,PFASs 被广泛应用于纺织、地毯、皮革、造纸、包装、涂料、清洁剂、润滑剂、聚合物添加剂、灭火泡沫等生活用品和工业生产中,PFASs 已在全球几乎所有环境介质及生物体内被检出,其中研究最多的物质为全氟烷基羧酸类(perfluorocarboxylic acids,PFCAs)和全氟烷基磺酸类(perfluorosulfonic acids,PFSAs)化合物,而含有 8 个碳原子的全氟辛烷羧酸(perfluorooctanoic acid,PFOA)和全氟辛烷磺酸(perfluorooctane sulfonates,PFOS)是环境中存在的最典型的两种 PFASs。大量含氟废物进入环境,并可能通过各种途径进入人体。亚洲、欧洲、美洲、非洲和澳大利亚等多地均曾发生地方性氟中毒流行病,中国是地方性氟中毒重度流行的国家之一,病例数约占世界病例总数的 60%。《2014 年我国卫生和计划生育事业发展统计公报》显示,我国地方性氟中毒病区县数共 1 219 个,氟斑牙患者 3 268.2 万,氟骨症病人 315.3 万。通常,地下水、饮用水和食物中的氟均来自土壤,土壤氟安全对生态环境健康和人体健康具有重要意义。

潘伟一等研究发现,斑马鱼对 PFOA 的氧化应激反应有明显的时间-效应和剂量-效应关系,并能导致细胞出现能量代谢障碍或者细胞损伤。PFOA 具有神经毒性,通过诱导斑马鱼 AChE 活性,使神经突触间隙中乙酰胆碱数量减少,抑制兴奋传递。LAU C. 等在人体血液、组织器官、头发、指甲等生物样本中均检测到 PFOA,其毒性效应的主要靶器官包括肝脏、肾脏、免疫组织、生殖系统等,并且会对儿童的生长发育造成负面影响。PFOA 具有免疫毒性,主要表现在对机体免疫器官、免疫功能、免疫因子的影响和相关免疫疾病等方面。农任秋等采用体外细胞毒性试验的方法研究了 PFOA 对人肺 A_{549} 细胞的毒性作用,结果表明 PFOA 对 A_{549} 细胞的增殖存在抑制作用,会导致细胞内活性氧(reactive oxygen species,ROS)含量升高,引发人体肺癌细胞增多,可诱导细胞凋亡。

(三)有机磷农药生物学效应研究

根据化学成分,农药分为无机农药、有机农药、生物农药;根据防治对象,农药分为杀虫剂、除草剂、杀螨剂、杀菌剂、植物生长调节剂等(表 3 - 4 - 3)。很多农药具有高毒性,为确保农产品质量安全和人类健康,根据农业部第 199 号和第 274 号公告,六六六(BHC)、滴滴涕(DDT)、毒杀芬、二溴氯丙烷、杀虫脒、二溴乙烷、除草醚、艾氏剂、狄氏剂、Hg 制剂、砷类、Pb 类、敌枯双、氟乙酰胺、甘氟、毒鼠强、氟乙酸钠、毒鼠硅、甲胺磷、甲基对硫磷、对硫磷、久效磷和磷胺等高毒农药已被全面禁止使用。下面以有机磷农药为例讲述农药的生物学效应。

表 3-4-3　农药的主要分类

名称	类别	常用农药品种举例
杀虫剂	无机杀虫剂(无机砷杀虫剂、无机氟杀虫剂、其他无机杀虫剂)	亚砷酸酐、砷酸铅、砷酸钙
	植物性有机杀虫剂	鱼藤、除虫菊、烟叶、樟脑油
	人工合成杀虫剂(有机氯类杀虫剂、有机磷类杀虫剂、氨基甲酸酯类杀虫剂、拟除虫菊酯类杀虫剂、有机氮类杀虫剂)	三氯杀虫酯、林丹;久效磷、敌百虫;西维因、克百威;氯氰菊酯;杀螟丹
	生物杀虫剂	苏云金杆菌、昆虫病毒、植物浸提液
除草剂	非选择性灭生除草剂	百草枯、草甘膦
	选择性除草剂	敌稗、乙草胺、丁草胺、拿捕净
杀螨剂	有机氯杀螨剂	六六六、滴滴涕
	有机磷杀螨剂	速螨酮、扫螨净
	有机锡杀螨剂	三唑锡、苯丁锡
杀菌剂	无机杀菌剂	硫铜、石硫合剂
	有机杀菌剂(有机硫、有机氯、有机汞、有机磷、酰亚胺类)	充菌丹、灭菌丹、DDC、EBDC、丙森锌;稻瘟酞、百菌清、五氯硝基苯;赛力散、西力生;威菌磷、乙膦铝、甲基立枯磷、稻瘟净;灭菌丹、敌菌丹、灭菌磷
	生物杀菌剂	农用抗生素、植物杀菌素
植物生长调节剂	生长素类	吲哚乙酸、吲哚丁酸
	赤霉素类	赤霉酸
	细胞分裂素类	6-苄基氨基嘌呤、激动素、玉米素
	其他	乙烯释放剂、生长素传导抑制剂、生长延缓剂、生长抑制剂

人们早在 1936 年前后就开始研究合成有机磷化合物(organphosphorus compound)。1944 年,德国化学家 Schrader 等合成了特普、八甲磷和对硫磷等,由于这类化合物杀虫效率高,残效期短,受到世界各国的广泛重视。初期合成的品种尽管药效很高,杀虫谱广,但对人畜毒性也大,因此进一步研究化学结构与生物活性的关系,寻找对高等动物毒性较低的高效品种是当时有机磷杀虫剂合成的方向。其后相继发现了低毒高效品种,如倍硫磷、辛硫膦、杀螟松和马拉硫磷,同时也发现了具有内吸作用的乐果,使有机磷杀虫剂的研究前进了一大步,至今合成新的有机磷杀虫剂仍然是人们追求的目标之一。我国生产和使用的有机磷农药已有数十种之多,其中最常用的有敌百虫、敌敌畏、乐果、对硫磷(1605)、内吸磷(1059)、马拉硫磷(4049)等。

大多数有机磷农药属于磷酸酯类或硫代磷酸酯类化合物,其通式为

$$R_1R_2P(=X)Y$$

式中,R_1、R_2 表示碱性基团;X 表示氧或硫原子;Y 表示各种不同的酸性基团。由于代入的化学基团不同,即可产生多种不同的有机磷化合物。有机磷农药毒性的大小与其化学结构中的 R、X、Y 三个基团的改变有关:R 基团为乙基者毒性最大;X 基团为氧原子时毒性较硫原子大;Y 基团为强酸根时毒性较强。有机磷农药除了敌百虫能溶于水,一般不溶于水,只溶于多种有机溶剂及动、植物油中。有机磷农药对光、热、氧较稳定,遇碱易分解,敌百虫在碱性溶液中可变成毒性较大的敌敌畏。

多数有机磷农药具有高度的脂溶性,除了可经呼吸道及消化道进入体内,还能经没有破损的皮肤侵入机体。进入机体后,有机磷农药通过血液及淋巴运送到全身各组织器官,其中以肝脏中含量最多,肾、肺、骨中次之,肌肉和脑组织中含量最少。有机磷农药在体内的转化主要是氧化和分解过程,其氧化产物的毒性比原型强,而其分解产物的毒性则降低。例如,对硫磷经肝细胞微粒体氧化酶作用,氧化成毒性较强的对氧磷,对氧磷又被体内的磷酸酯酶分解而失去毒性,最终转化为二乙基硫代磷酸酯、对硝基酚和二乙基磷酸酯等。对硝基酚可呈游离状态,也可与葡萄糖醛酸或硫酸等结合而解毒,其中一部分可被还原为对氨基酚随尿排出(图 3-4-3)。马拉硫磷在动物体内能被氧化为毒性较强的马拉氧磷,同时又被羧酸酯酶分解失去毒性。马拉硫磷在温血动物体内的分解作用大于氧化作用,而在昆虫体内则相反,所以马拉硫磷是一种杀虫力强但对人和畜毒性小的高效低毒杀虫剂。

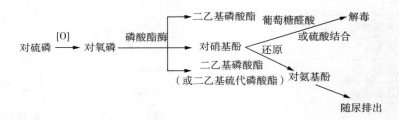

图 3-4-3 对硫磷在体内转化示意图

此外,有机磷农药还可在体内进行还原反应和结合反应。例如,对硫磷、苯硫磷等有机磷化合物分子中的硝基经还原酶催化,还原成氨基,抗 AChE 的能力因而下降。有机磷农药在哺乳动物体内最重要的结合反应是与葡萄糖醛酸和谷胱甘肽的结合反应,结合产物的生物活性降低,并易于从体内排出。一般来说,有机磷化合物从体内排出较快,主要随尿排泄,少量随粪便和呼吸气排出。

人体对有机磷农药较为敏感,成人的致死量对硫磷为 15~30mg,内吸磷为 10~20mg,敌敌畏为 1~2g,均比实验动物中测得的剂量小。有机磷农药中毒的特征是血液中 AChE 活性下降。AChE 主要存在于胆碱能神经末梢突触间隙,特别是运动神经终板突触后膜的皱褶中聚集较多,也存在于胆碱能神经元内和红细胞中,此酶对于生理浓度

的神经递质乙酰胆碱(acetylcholine, ACh)特异性高, ACh 在胞浆中合成, 合成后由小泡摄取并贮存起来。进入突触间隙的 ACh 作用于突触后膜, 引起受体膜产生动作电位, 随后就被 AChE 水解成胆碱和乙酸, 避免了受体细胞膜持续去极化而造成传导阻滞, 保证了神经生理功能的平衡与协调(图 3 - 4 - 4)。有机磷杀虫剂对人和畜的急性毒性主要是对 AChE 的抑制, AChE 被抑制后, 胆碱能神经的突触间隙中 ACh 不能被水解而积聚, 导致后续神经元或效应器官先兴奋后衰竭的一系列毒蕈碱样、烟碱样和中枢神经系统等症状, 神经系统机能失调, 一些受神经系统支配的心脏、支气管、肠、胃等脏器就会发生功能异常, 严重患者可因昏迷和呼吸衰竭而死亡。

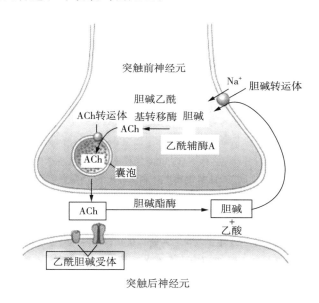

图 3 - 4 - 4　ACh 的作用机制

正常条件下, 胆碱能神经末梢部位释放 ACh, 同时 ACh 迅速被该处组织中的乙酰 AChE 分解, 以保证神经生理功能的平衡与协调。乙酰 AChE 具有两个活性部位: 带负电的阴离子部位及酯解部位。在正常生理条件下, 阴离子部位吸引 ACh 的阳离子活性中心, 酯解部位吸引 ACh 的乙酰基, 形成复合物。随后 ACh 中碳氧键断裂, 形成乙酰化酶和胆碱。因为乙酰化酶本身带有负电荷, 所以很不稳定, 易于被迅速水解形成乙酸, AChE 也随之恢复原状。有机磷化合物进入机体后, 其磷酸根迅速与 AChE 的活性中心结合, 形成磷酰化 AChE, 因而失去分解 ACh 的作用(图 3 - 4 - 5), 以致 ACh 不能迅速被其周围的 AChE 水解, 导致 ACh 蓄积。

ACh 的毒作用呈剂量-效应关系。低剂量时毒蕈碱样(M)受体兴奋, 剂量增加时 M 受体兴奋加强而烟碱(N)受体也开始兴奋, 剂量再次增加时, 中枢神经系统及植物神经中的 M 受体和 N 受体均受到抑制。这一系列变化的表现即为临床症状、体征的演化过程, 也是划分为轻、中、重度中毒等级的理论基础。一般急性中毒时血液 AChE 的活力水平与中毒程度呈正相关, 急性中毒时智力活动受到干扰, 分辨、定向、思考和判断能力均减退, 恢复期可有头晕、头痛等症状, 但会较快消失。急性中毒时对凝血也有干扰, 表现为先加速、后抑制,可能是 V、VII 因子受影响所致。有时还出现一时性糖尿,机理不详。

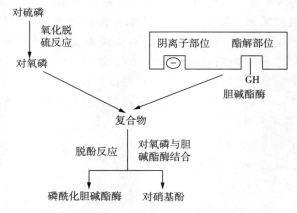

图 3 - 4 - 5　对硫磷抑制 AChE 示意图

　　由于有机磷农药具有比较容易水解的特性,进入体内后,易于分解排泄,有一部分可经肾脏由尿液排出体外。轻度中毒者,经 2～5 天血液中 AChE 就能恢复正常;稍微重症中毒者,经过一个月左右也可恢复健康。因此,有机磷农药的毒性残留时间短,大部分表现为急性中毒,慢性中毒较少见。但长期接触低浓度有机磷农药的人群,血液中 AChE 活力可持久而明显下降,大多数人没有出现明显的临床症状,少数出现头痛、头晕、食欲不振、胸闷等症状,脱离接触或经过适当治疗,一般可以很快恢复。有些有机磷农药(如敌敌畏、敌百虫等)在引起急性中毒 8～14 天后,能产生迟发性神经毒性作用,主要表现为弛缓性麻痹或轻瘫等。另外,已经发现某些有机磷农药有致突变作用,但尚未有证据表明有致畸和致癌作用。

第五节　非外源性化合物的生物学效应

一、物理性污染物生物学效应

　　引起物理性污染的污染物有放射性辐射、电磁辐射、噪声、光等。以电磁辐射为例,近几十年来,随着电子技术、无线电技术和通信技术的迅猛发展,电磁辐射被广泛应用于国民经济各个领域,并已深入家庭生活中。例如,广播、电视、通信、导航、火箭、医疗卫生、食品加工及家用电器等无疑给人类带来巨大利益,但也带来了环境中磁辐射污染问题,且这种污染有日益扩大、蔓延、明显或严重的趋势。国内外已有的大量现场资料、人群流行病学和动物实验等均证明了在电磁辐射污染较大场强或即使较低场强下长期工作和生活等都可对机体产生不良影响或危害。常见的影响和危害有以下几种。

　　1. 对眼睛的影响

　　眼睛的晶体中含有较多的蛋白质和水分,而无血管,能吸收较多的微波能量,出现水肿。较强的微波辐射会使晶体浑浊以致形成白内障,严重的造成视力完全丧失。此外,即使射频电磁场不足以引起晶体病变,也可影响视觉机能,使视野缩小,导致视疲劳,以及引起干性结膜炎。

2. 对睾丸、雌性生殖系统的影响

睾丸是人体对微波辐射比较敏感的器官,微波的热效应能抑制精子的产生,发生暂时性不育现象,一般达不到足以引起永久性不育的辐射量;雌性动物的生殖系统对微波不很敏感,只有在较强辐射量下方能降低卵的生殖功能。研究报道,长期接触射频辐射的工作人员,男性可能出现性功能下降、阳痿,甚至有的发生不育,女性出现月经紊乱等。

3. 对神经系统的影响

中枢神经系统对射频电磁辐射很敏感,大量的职业流行病学和实验研究均证明了这一点,微波辐射对大脑生物电有一定的影响,高强度或低强度长期慢性电磁辐射能引起神经系统的功能性改变。

4. 对心血管的影响

接触人群的心电图检查发现,主要有窦性心律过缓、窦性心律不齐、右束支传导阻滞、左室高电压、室性早搏及房性早搏等。

5. 对内分泌及代谢的影响

当机体受到射频电磁场能量作用时,电辐射通过神经系统使内分泌发生改变,使激素散布全身,也影响全身。有学者认为低剂量短时间的射频电磁场对于内分泌腺是兴奋作用,而大剂量长时间辐射则是抑制作用。

6. 对消化系统的影响

长期接触电磁辐射的工作人员,有一部分食欲不良、胃部不适、恶心、吐酸水等,慢性胃炎的发病率相对较高,个别人员的胃液总酸度及游离酸降低。

7. 致畸、致突变、致癌作用

通过对 57 例作业人员外周血淋巴细胞染色体畸变观察,结果发现细胞畸变总数为1.74%,与对照组比较有显著性差异,应进行大量人群流行病学的调查来进一步证实。近几年有许多病例被报道,瑞典斯德哥尔摩市卡洛琳斯卡大学的专家对 43 万长期居住在高压线、送变电站附近的居民健康研究表明,其中 15 岁以下儿童白血病患者比一般儿童高 4 倍,这引起了瑞典政府和广大民众的高度重视。进入 20 世纪 90 年代,移动电话使用者日益增多,由于使用频繁,手机性能和技术水平高低不等,有的超标,长期使用会使人的大脑受到影响,相关的诉讼案在全球已有几十起,引起了人们的重视与忧虑,因此,需要制定标准和立法来保护用户安全与健康,促使移动通信业健康发展。

二、生物性污染物生物学效应

生物性污染物对环境造成的影响即由生物有机体对人类或环境造成的不良影响。生物性污染与其他污染的不同之处是:污染物是活的生物,能够逐步适应新的环境,不断增殖并占据优势,从而危害其他生物的生存和人类生活。常指的生物性污染有病原微生物污染、植物他感作用(allelopathic effect)及生物入侵(biological invasion),对于转基因生物(transgenic organisms)是否有生物性污染的特征,目前还存在争议。下面简述病原微生物污染、他感作用,生物入侵和转基因生物将在第四章第三节介绍。

(一)病原微生物污染

病原微生物是指能够使人或者动物致病的微生物。病原微生物在空气、土壤和水体中都存在,空气中含有大量的病原微生物,如真菌孢子、病毒、放线菌等,但在空气流通好的环境中,病原微生物对人和动物的健康影响不大。土壤中的微生物以细菌为最多,占总数的 70%~90%,主要有痢疾杆菌、伤寒、副伤寒和其他沙门氏菌、霍乱、副霍乱弧菌、鼠疫杆菌、布鲁氏菌、土拉伦斯菌、钩端螺旋体、肉毒杆菌、产气荚膜杆菌、恶性水肿杆菌、破伤风杆菌等,其次是放线菌和真菌。此外,土壤可被多种寄生虫卵污染,在一些寄生虫病的传播上也有不可忽视的作用。病原微生物多属于异养菌,营养要求较高,所以土壤里的病原微生物大多不能长期存活,但转移到水体中就容易对人和动物的健康产生影响。还有一些病原微生物以动物为中间宿主,通过呼吸道飞沫传播和接触传播。例如,2020 年 1 月暴发后传播全球的新冠病毒具有高传染性和高隐蔽性,人感染了冠状病毒后会出现呼吸道症状、发热、咳嗽、气促和呼吸困难等,若抢救不及时会转化为严重的急性呼吸综合征、肾衰竭,甚至死亡。但新冠病毒感染后的致死率并不是特别高,在湖北武汉等疫情严重的地区,病死率达到 4%,国外的统计数据显示病死率不到 1%,在我国除了湖北的地区病死率也在 2% 之内。

(二)他感作用

他感作用是指一种植物(包括微生物)通过释放某些化学物质到环境中,而对其他种属植物(包括微生物)产生直接或间接的有害影响。人们形象地将他感作用称为植物界的化学战争。他感作用是植物种间相互影响的方式之一,是种间关系的一部分,是生存竞争的一种特殊形式。例如,铃兰对丁香、苦莴苣对玉米和高粱、小芥菜对花蔻麻、卷心菜对葡萄、小麦对大麻和芥菜、烟草对桑树、胡桃树对苹果树等的生长都产生他感作用的抑制效应;榆树与栎树、白桦与松树、松树与云杉是相互抑制生长,不能混交的树种;胡桃树产生的一种化学物质对部分草本和木本植物有剧毒;黑樱桃、木荷、臭椿、桉树、欧洲松、欧洲落叶松等树种均有广泛的异株克生现象;植物根系的化学物质也影响新生植物生长,苹果树、桃树等树根中有一种扁桃苷的化学物质,分解时产生苯甲醛,严重毒害桃树的更新;所以老的树根没有清除之前,新的桃、苹果无法生长;另外,植物凋落物的分解产物能对其他植物产生影响。例如,云杉、山毛榉林内的死地被物中就含有某种物质抑制云杉、松属种子萌发及幼苗、幼树生长;黑核桃树下几乎没有草本植物生长,原因是该树种的树皮和果实含有一种物质,当这种物质被雨水冲洗到土壤中,即被氧化成核桃酮,抑制其他植物的生长。

利用植物他感作用原理,可以以树的汁、液为原料,提取无毒、无副作用、无残留的高效生物杀虫剂,来防治植物病虫害。例如,皂荚液可除治蚜虫,橘皮液可有效杀死红蜘蛛、蚜虫,松针汁液可防治蚧壳虫、红蜘蛛等。人们利用臭椿、苦楝等树木释放的化学气味可驱避天牛这一特点,设置天牛厌食树种苦楝、臭椿隔离带,或做杨树林分的伴生树种或保护行,能对防止天牛入侵起到一定的阻隔作用,从而达到提高林产品品质、促进增产增效的目的。

小　结

外源性化合物以各种不同的方式损害靶器官的细胞,对生物机体产生不同的毒性作用,根据毒作用的特点、发生的时间和范围及机体对毒物的敏感性等分为速发毒作用与迟发毒作用、局部毒作用与全身毒作用、可逆毒作用与不可逆毒作用、变态反应、高敏感性反应与高耐受性反应、特异体质反应、功能作用和形态作用等。

外源性化合物毒性作用的机制包括靶位点结合机制、生物膜损伤机制、受体结合机制、钙稳态机制、共价结合机制、自由基损伤机制、修复和修复失调机制。影响外源性化合物毒性作用的因素很多,其中主要影响因素有外源性化合物的结构和理化性质、机体自身的因素、环境因素等。从生物大分子和代谢开始,生物大分子和代谢过程的异常变化是此后在细胞－器官－个体上的毒性作用基础,然后这些毒性作用放大到种群－群落－生态系统各个水平,导致在各级生物学水平上产生一系列有害的生物学效应。本章结尾介绍了几种非化学污染物的生物学效应。

习　题

1. 归纳本章的基本概念。
2. 毒性作用的类型有哪几种? 叙述外源性化合物毒性作用的机制。
3. 归纳并比较影响外源性化合物毒性作用的因素和影响外源性化合物在生物系统中行为的因素。
4. 举例说明外源性化合物在生物各级水平上的生物学效应。
5. 讨论环境激素的毒性作用及其机理。
6. 阐述外源性化合物联合作用的类型、特点及评定方法。

第四章　生物对人为逆境的响应

【本章要点】

本章以生物对由化学污染物形成的人为逆境的抗性为重点,从逆境中生物的外部逃避、内部忍耐两个方面探讨了生物对人为逆境的响应机制,分析了生物体如何通过本身形态、结构、生理、行为或生活史特性等的改变来适应和抵抗化学污染物的不良影响,并阐述了抗性机制在环境保护中的意义。

生物面临的人为逆境是污染环境和因人类活动导致的生态退化。在污染环境中,生物在正常的生命活动中必然要同外界环境进行物质和能量交换,污染物不可避免地要进入生物体内。进入生物体内的污染物,部分被分解、转化、解毒并排出体外,部分残留在生物体内,并随着食物链的延伸在其他生物体内不断积累,残留和积累在生物体内的污染物对生命活动过程产生各种不同的影响。生物一方面承受污染物的毒性作用,另一方面对污染物产生一定的抗性和适应,以积极的响应方式抵抗污染物的毒性作用。在生物进化过程中,经过自然选择,生物有利变异不断积累,不利变异逐渐被淘汰,最终使存活下来的生物越来越适应环境。适应是指在逆境中,生物机体的细胞、组织或器官通过自身的代谢、功能和结构的相应改变,以避免逆境所引起的损伤。在自然界中,适应逆境的生物可以生存并繁衍种族。抗性是植物对逆境的一种适应性反应,是生物在逆境中得以生存和延续的保证,也是人为逆境中生物多样性得以保存的基础。生物所具备的抗性强弱决定了它在逆境中的适应和生存能力。不同种类的生物对逆境产生的抗性强弱不一,同一种生物,由于生长发育时期不同,或者处于不同的逆境中,或者具有不同的生理状况,抗性强弱也不同。研究生物体对污染物抗性的生理生化机理及其遗传基础,能在分子水平上阐明其产生的原因,并为发展转基因抗性生物提供理论基础,这些研究对培育抗性新品种和建立重污染环境的生物修复技术具有重要意义。

第一节　生物对人为逆境的抗性

一、抗性的分类和指标

植物、动物和微生物生活在一定的外界环境里,当外界环境条件发生变化而对生物的生存不利时,生物会表现出抵御和忍耐这种逆境的能力,这种能力称为生物的抗逆性,简称抗性(resistance)。由于生物对污染物的抗性不是正常生物所必备的性状特征,抗性性状和抗性基因可能只为某些物种、某些种群中的少数个体所具有,因此污染环境中能够存活的生物并不多。按照抗性获得的途径,分为天然抗性(natural resistance)和获得性抗性(acquired resistance)两种。由于遗传而具有的抗性称为天然抗性,由于适应环境变化而后天形成的抗性称为获得性抗性。例如,为了控制农田杂草和病虫害,人类投入了大量的各种各样的农药,在开始使用农药的时候效果很显著,基本上起到了控制作用,但连续使用几年之后,人们发现同类农药已经不能控制同类杂草或病虫害了,原因是杂草、害虫或病原微生物获得了对这类农药的抗性,这便是获得性抗性。有些生物对一种毒物如农药,一旦产生抗性,对另一种或几种毒害机理相同的农药也能产生抗性,这种抗性称为交互抗性(cross resistance),属于获得性抗性中的一种。按照抗性表现的方式,有人将抗性划分为结构抗性、再生抗性、生理抗性、生化抗性、休眠抗性、种群抗性及群落抗性七类。

二、抗性的特点和途径

(一)抗性的特点

生物能抵抗逆境压力是因为生物具有以下特性。

1. 避逆性

避逆性(stress escape)是指生物整个生长发育过程不与逆境相遇,而是在逆境到来之前,在相对适宜的环境中已完成其生活史,通过对生命周期的调整来避开逆境的干扰,这种方式在生物尤其是植物进化上是十分重要的。例如,夏季沙漠中生长的短命植物,其渗透势比较低,只在雨季生长,且能随着环境而改变自己的生育期。

2. 御逆性

御逆性(stress avoidance)是指生物具有一定的防御环境胁迫的能力,处于逆境时其生理过程不受或少受逆境的影响,仍能保持正常的生理活性。这主要是生物体营造了适宜生活的内环境,免除了外部不利条件对其的危害,具有御逆性的植物通常具有根系发达、吸水和吸肥能力强、物质运输阻力小、角质层较厚、还原性物质含量高、有机物质的合成快等特点。例如,仙人掌一方面在组织内贮藏大量的水分,另一方面在白天关闭气孔以降低蒸腾,以此来避免干旱对它的影响。再如,泌盐植物二色补血草,能通过盐腺把大量盐分排出体外,在盐碱地生长良好。

3. 耐逆性

耐逆性(stress tolerance)是指生物处于不利环境时,通过生理生化反应来阻止、降低甚至修复由逆境造成的损伤,从而保证正常的生理活动。例如,植物遇到干旱或低温时,细胞内的渗透物质会增加,以提高细胞抗性。耐逆性包括御胁变性(strain avoidance)和耐胁变性(strain tolerance)。御胁变性是指植物在逆境作用下能降低单位胁迫所引起的胁变,起着分散胁迫的作用;耐胁变性又可分为胁变可逆性(strain reversibility)和胁变修复(strain repair)两种类型。胁变可逆性是指植物在逆境作用下产生一系列的生理生化变化,当逆境解除后,各种生理生化功能迅速恢复正常;胁变修复是指植物在逆境作用下通过代谢过程修复被破坏的结构和功能。

(二)抗性的途径

由于逆境因子种类不同,污染介质不同,生物阻止逆境因子进入体内的方法和途径也就不同。生物对逆境的抵抗往往具有双重性,获得抗性的途径可概括为外部逃避和逆境忍耐(图 4-1-1),有的抗性生物通过以上途径中的一种产生抗性,有的具有两种或两种以上的抗性途径。外部逃避(external avoidance)又称逆境逃避(stress avoidance)或拒绝吸收(reject absorption),是指生物通过避逆性和御逆性摒拒人为逆境的影响,使逆境因子不进入体内,机体内部不会在代谢上产生相应的反应。外部逃避无须消耗大量物质和能量。逆境忍耐(stress tolerance)又称内部忍耐(interior tolerance),是指化学污染物进入机体后,生物机体通过耐逆性发生的抵抗响应。生物虽经受逆境影响,但它通过生理反应而抵抗逆境,在可忍耐的范围内,逆境所造成的损伤是可逆的,即生物可以恢复正常状态;如果超过可忍耐范围,超出生物自身修复能力,损伤将变成不可逆的,生物将受害甚至死亡。

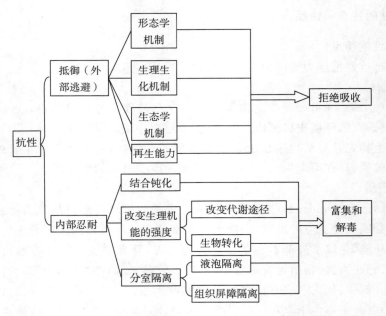

图 4-1-1 生物对逆境的抗性机制和途径

三、抗性生理生态机制

逆境生存下的植物、动物和微生物都有各自的抗性机制。

(一)外部逃避机制

1. 植物的外部逃避

植物吸收化学污染物的主要途径是叶片和根,所以植物对化学污染物引起的人为逆境主要通过叶和根来实现外部逃避。

(1)形态学机制。植物叶片的表皮层及叶表附属物是植物对逆境的防御机构,可减少毒气进入叶内,厚的角质层及木栓层可阻止气态逆境因子进入体内,从而提高植物对气态逆境因子的抗性。表皮组成与结构的变化能有效改变植物对化学污染物的反应。例如,柳属的表面有蜡质等,因此对逆境因子的敏感性比草本植物弱,抗性强。又如,在臭氧污染环境中,挪威云杉的表皮层蜡质结构发生变化,微管的晶体排列改变为无定性层,最终导致气孔堵塞。有的植物种类如夹竹桃、桂香柳等气孔分布在深凹的袋状气腔内壁上,气腔内有腺毛状附属阻挡气孔口;有些叶片上栅栏组织排列紧密,叶绿体发达;有些海绵组织较疏松,叶绿体少。气孔的分布和数量、栅栏组织与海绵组织比例、角质层的组成和结构等均影响植物对化学污染物的吸收。

（2）生理生化机制。质膜对化学污染物的吸收和转运有重要影响;环境中的气态化学污染物或空气颗粒物到达叶片表面,主要是从气孔进入植物体内,气孔关闭和开启的方式、气孔多少和形态特征影响该物质进入植物体,许多抗性植物靠调节气孔开关来控制气体进入;逆境往往使细胞膜变性、龟裂,细胞的区域化被打破,原生质的性质发生改变,叶绿体、线粒体等细胞器结构遭到破坏。

（3）生态学机制。根是植物体分布在地下的主要吸收器官,土壤中的化学污染物如重金属离子主要通过根进入体内,因此根的屏蔽作用对植物体耐受土壤污染的贡献是很大的。根对土壤中化学污染物的外部逃避机制以不吸收或少吸收为主要途径。一般来说,植物至少有以下五种不同的过程可以改变根际周围环境的生态学特征来实验外部逃避。

① 形成跨根际氧化还原梯度。有些植物具有改变根际氧化还原状态的机制。例如,生长在锰污染土壤上的植物能够分泌具有氧化作用的物质到根际环境,将 Mn^{2+} 氧化成 Mn^{4+} 而减轻毒性。

② 向根际分泌化学物质。根分泌物中含有有机酸、氨基酸、糖类、氨基酸、多肽及酚类等,这些物质能同根际土壤中的化学污染物结合使其移动性降低。人们研究玉米对铝的抗性时发现,铝胁迫可激发抗铝型玉米根尖迅速释放大量柠檬酸和无机磷酸盐。根系分泌的 HCO_3^- 可导致根际土壤碱化,使重金属离子可移动性下降,从而降低其生物可利用性。

③ 形成跨根际 pH 值梯度。根际 pH 值的变化在一定程度上调节植物对土壤化学污染物的吸收。研究表明,在人为逆境中,植物具有主动调节根际 pH 值的能力。例如,有些植物在遭受铝毒害时,根系分泌的 $-OH$ 增多使根际 pH 值上升,形成根际到土体 pH 值由高到低的梯度分布,使铝沉淀在根表面,减少根系对铝的吸收。

④ 土壤中的酶类。土壤中的酶类对化学污染物的分解转化至关重要,从而降低化学污染物进入根的概率。土壤中的酶主要来源是植物根分泌到外部环境,化学污染物在根际土壤酶的联合作用下被降解成为无毒或低毒的物质,土壤酶的这种作用对减少植物吸收化学污染物具有重要作用。

⑤ 根际微生物。大量具有趋化作用的微生物聚集在根周围,其中有些微生物具有吸收、富集、分解污染物的作用,可改变根际周围的微环境,加强化学污染物的固定。这种根际效应对化学污染物的屏蔽作用是不可忽视的。例如,凤眼莲以其高效、清洁、极强的降酚和耐酚性能而较广泛地被应用于含酚污水的治理中,而根际细菌的存在提高了凤眼莲对酚的抗性。对菌根的研究表明,菌根真菌与植物在长期的生物进化过程中形成了互利关系,菌根真菌从植物中获得其生长所必需的糖类、维生素和氨基酸等,而菌根的形成可以明显改善植物对水分、营养物质的吸收,也大大增强了植物对根系逆境压力的抵抗能力。许多真菌可以通过分泌螯合剂而减少重金属吸收,或者通过改变其细胞壁和细胞膜通透性,或胞质内络合和液泡内螯积等方式提高重金属抗性。

（4）再生能力。植物抗性除了在其形态和生理生化上发生一定的变化,还与其有很强的再生能力有关。植物的再生能力使其在受害后易于恢复,有些物质在接触有害物质时,叶子表现的抗性并不太强,但由于其枝叶的再生能力很强,很快能恢复生长,如女贞、构树等。有些植物先通过某些器官如叶片的脱落使有害物质除去,然后生出同样的器官。

2. 动物的外部逃避

动物也具有排斥环境中的化学污染物使其不能进入体内的机制,主要从形态、行为和生理结构上来实现。对于可以自由活动的动物来说,更为有效的措施是从行为（冬眠、滞育、迁移、地下生活、夜间活动等）上主动避开污染环境,如家蝇对马拉硫磷诱饵的躲避行为。一般来说,没有受污染的自然土壤和耕作土壤中土壤动物的垂直递减率非常明显,但是污染区的土壤,特别是受污染影响严重的土壤则完全不同,垂直变化异常,出现逆分布现象。这种现象部分是因为化学污染物进入土壤后大多在表层滞留富集,土壤中的动物为避开污染环境而移到化学污染物浓度较低的下层土壤中。

在生理结构上,一些动物体内存在各种屏障,以防止化学污染物进入动物体的组织或器官。以哺乳动物为例,主要的屏障是皮肤、呼吸道和消化道。

（1）皮肤屏障。皮肤由表皮和真皮组成,借皮下组织与深部的组织相连。表皮中除角质层外,由外向内依次为透明层、颗粒层、棘层及基层,合称为活性表皮。角质层主要由丝聚蛋白、兜甲蛋白、内被蛋白等组成,相互交联,形成不溶性致密的砖墙结构（图 4-1-2）。在砖墙结构中,砖墙代表角质形成细胞,灰浆则指角质细胞间隙中脂质（含神经酰胺、脂肪酸、胆固醇等）,砖墙和灰浆使表皮形成牢固的结构,限制物质在细胞内外及细胞间流动,即使是水分子也不易渗入,微生物及化学污染物更不容易透过角质层侵入机体,砖墙结构是防止水分蒸发及抵御外部物质入侵的第一道屏障。

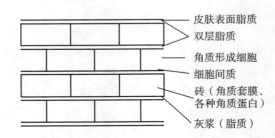

图 4-1-2　表皮的砖墙结构模式图

（2）呼吸道屏障。呼吸道可分为口、鼻咽部、气管、支气管和肺泡,通过过滤、灭活（或破坏）及清除三种作用消除化学污染物,所以是抵御有害物质侵入的良好部位。化学污染物进入呼吸道要经过鼻咽部、鼻甲和鼻中隔,湿润的鼻孔和鼻毛有利于化学污染物的吸附、滤过,并阻挡吸入气体中较大的颗粒物。此外,在鼻腔和上部支气管的黏膜层内具有黏液腺,它们以恒定而缓慢的速度分泌黏液,能冲洗出较大的颗粒,如各种粉尘和花粉等。在支气管和鼻腔黏膜的表层细胞上生有许多纤毛,其形状如刷子,起到扫帚一样的作用,通过每分钟 7 300 次的有规律摆动清除有害物质,打喷嚏也可把化学污染物清除。位于鼻咽喉下部的气管和支气管也同样有防御和清除化学污染物的能力。大部分支气管壁上均有环状肌肉层,当粉尘、碳粒、铝粉等化学污染物进入时,肌肉收缩,使支气管管腔变窄,从而使进入支气管下部的颗粒物减少。许多刺激性气体(SO_2 等)可刺激支气管使管腔变窄,这也可以说是动物的一种保护性反应。和打喷嚏反射一样,咳嗽反射也可清除积存于支气管和肺泡内的化学污染物。此外,支气管的痉挛具有阻止化学污染物到达肺泡的作用。总之,呼吸系统具有防御化学污染物的能力。

(3)消化道屏障。化学污染物可以经消化道进入动物体内,而消化道吸收作用主要是在小肠内,目前认为,正常肠道屏障功能主要有机械屏障、免疫屏障、化学屏障和生物屏障,这些功能分别有相应的结构基础,是防止进入消化道的化学污染物、肠道内有害物质和病原体进入机体内环境,并维持机体内环境稳定的一道重要屏障。屏障结构基础主要包括肠黏膜上皮、肠道免疫系统、肠道内分泌及蠕动和肠道内正常菌群,其中最关键的屏障是肠黏膜上皮屏障和肠道黏膜免疫屏障。

3. 微生物的外部逃避

微生物对重金属的外部逃避包括以下内容:减少吸收,使进入微生物细胞内的重金属含量保持在很低的水平而不产生对细胞的毒害作用;吸附;分泌胞外酶,在细胞外产生可以结合有毒重金属离子的结合物,或在细胞外将化学污染物分解转化成无毒无害的物质。

(1)减少吸收。减少吸收主要依赖形态结构机制。微生物从形态学上拒绝吸收化学污染物的结构是荚膜,它是一些细菌在一定营养条件下向细胞壁表面分泌的一层松散、透明、黏液状或胶质状的结构,化学组成主要是多糖,有的含有多肽、蛋白质、脂类、脂蛋白、脂多糖等。荚膜是细胞外碳源和能源性贮藏物质,具有很强的抗吞噬能力。此外,具有鞭毛的细菌也能主动地趋向高浓度的营养物质和逃避有害环境。

(2)吸附(adsorption effect)。从生理学角度来说,微生物逃避重金属污染的机制主要通过吸附进行,一般将微生物吸附分为胞内吸附(intracellular adsorption)、细胞表面吸附(cell surface adsorption)和胞外吸附(extracellular adsorption)。胞内吸附指一些金属离子能透过细胞膜进入细胞内。金属离子进入细胞后,微生物可通过区域化作用(compartmentalization)将其分布于代谢不活跃的区域(如液泡),或将金属离子与热稳定蛋白结合,转变成为低毒的形式。如活酵母吸收的锶、钴离子积累于液泡中,而镉和铜离子位于酵母的可溶性部分(soluble fraction)。细胞表面吸附是指将能与重金属结合的金属硫蛋白、植物螯合素及金属结合多肽等展示到细胞表面,从而提高微生物吸附重金属的能力。Kuroda 等利用细胞表面展示技术,将酵母金属硫蛋白(YMT)串联体表达在酵母细胞表面,使酵母细胞吸附重金属的能力大大提高。胞外吸附是指能够从细胞内分泌出某些具有络合或分解转化化学污染物能力的有机物质,这些物质主要是一些高分子聚合物,如多糖、蛋白质、核素及脂类等,形成胞外聚合物(extracellular polymeric substances,EPS),EPS 具有络合或沉淀重金属离子的作用,使化学污染物的移动性降低或极性改变,从而不容易进入微生物体内。

(3)分泌胞外酶。胞外酶在微生物细胞外催化的反应有以下几个。

① 沉淀作用。沉淀作用是微生物在胞外酶的作用下产生某些物质,和土壤或水体中的化学污染物发生化学反应,形成不溶性化合物的过程。例如,某些微生物细胞表面的磷酸脂酶通过裂解生成甘油-2-磷酸酯,然后生成 HPO_4^{2-},能够沉淀镉、铅和铀等可溶性金属。

② 胞外络合作用。微生物还可以通过胞外络合作用产生某些物质,这些物质有的具

有络合金属的能力,它们可以是螯合剂,或者是能够连接化学污染物的胞外聚合物,包括多糖、核酸和蛋白质,它们可以吸附可溶性的金属,使其不容易进入菌体。

③ 细胞壁结合作用。这种作用与细胞壁的化学成分和结构有关。例如,革兰氏(+)菌的主要成员芽孢杆菌属都具有固定大量金属的能力,因为其细胞壁有一层很厚的网状肽聚糖结构。有些微生物具有荚膜,该结构是化学污染物进入细胞内最重要的屏障,通过荚膜增厚增强抗性。

(二)内部忍耐机制

外部逃避机制并不能完全保护生物不受化学污染物的侵袭,化学污染物在冲破生物外部保护(如生物的表皮、叶片的气孔等)的情况下可进入生物体内。生物体吸收化学污染物后,在生物体内不断积累,当积累到一定程度,生物就会出现各种受害症状。但是,生物具有内部忍耐机制,能抵挡侵入的化学污染物的毒性作用。内部忍耐包括结合钝化、代谢解毒、改变生理机能的强度、分室隔离、改变代谢途径、分泌和排泄等过程。代谢解毒、改变代谢途径、分泌和排泄等过程在前面生物转化和生物转运中已讲述,在此不重复。

1. 结合钝化

一些生物具有使进入体内的化学污染物与体内的某种成分结合或整合,经多种方式被结合、固定下来,使其不能达到靶细胞或靶组织,不参与代谢活动,这种作用称为结合钝化(combined deactivation)。结合钝化在生物体细胞中普遍存在,细胞壁、细胞膜和细胞中的其他成分均具有这种作用。

(1)细胞壁的结合钝化。细胞壁果胶质中的多聚糖醛酸和纤维素分子的羧基、醛基等基团都能够与重金属等毒物结合,所以细胞壁是结合、固定化学污染物的重要部位。

(2)细胞膜的结合钝化。细胞膜上的蛋白质、糖类和脂质能够结合透过细胞壁的化学污染物。研究表明,当环境中的铅浓度相当大时,有部分铅透过细胞壁在细胞膜上沉积下来。

(3)细胞质的结合钝化。细胞质和液泡中具有许多能够与化学污染物结合的"结合座",当重金属突破细胞壁和细胞膜进入细胞质后,能够和细胞质中蛋白质的羧基、氨基、巯基及酚基等官能团结合,形成复杂稳定的螯合物,糖类中的醛基、有机酸中的醛基、羧基等也能与重金属螯合,螯合后产物毒性降低。

2. 改变生理机能的强度

生物可通过改变生理机能的强度来解毒。当污染物突破各种防卫机制而使靶位点暴露时,机体更多的耐性机制开始发挥防卫作用,其中第一道防卫机制就是动用机体的储备容量,将机体代谢调整到一种新的状态,使其得以修复和补偿。例如,O_3 胁迫增加机体的 ATP 和总腺苷酸含量,并增加呼吸率。对菜豆的研究证明,O_3 胁迫下机体的呼吸可分为生长呼吸和维持呼吸,其中,生长呼吸并未受到 O_3 的影响,但维持呼吸增加了 25%。显然,只要有足够的含碳物质,机体的储备容量便足以维持呼吸的变化,从而修复 O_3 胁迫所造成的损失。

3. 分室隔离

生物将化学污染物运输到体内特定部位使之与生物体内活性靶分子隔离,是生物产生抗性适应性的一个途径,这一作用称为生物的分室隔离作用(compartmentalizing effect)或屏蔽作用(shielding effect)。隔离作用的机制包括液泡隔离、组织屏障隔离、生殖隔离。

1)液泡隔离

液泡在植物抗性中承担着隔离有毒化学污染物及其代谢产物的重要作用。有些化学污染物及其轭合物被输送进入液泡,在一定程度上不能扩散出来,也不能主动地输送回细胞质中。Fuerst等研究指出植物对除草剂百草枯的抗性与液泡对百草枯及其代谢产物的隔离作用有很大关系,百草枯与植物细胞内一种未知成分结合,并将其运至液泡内储藏,使其与叶绿体中的作用位点隔离,使百草枯的毒性不能发挥。由此可见,液泡是生物储藏有害物质的主要场所。

2)组织屏障隔离

植物和动物的体内都有保护其组织器官不受逆境因子侵害的保护系统,除了皮肤屏障,还有植物的凯氏带、动物的血脑屏障和胎盘屏障,这些都称为组织屏障。

(1)凯氏带。凯氏带(casparian strip)是德国植物学家 R.Caspary 于 1865 年发现的。植物根的初生结构由外至内可分为表皮、皮层和维管柱三个部分,皮层最里面有一层紧密相连的细胞,即内皮层(endodermis),其特点是细胞排列整齐而紧密,细胞的径向壁(相邻细胞之间的壁)和横壁(上下面)上有一部分木质化和木栓化加厚,形成围绕细胞一周的环带,称为凯氏带(图 2-1-3)。凯氏带不透水,因而皮层中的水分只能通过内皮层细胞本身而不能通过细胞间隙进入中柱,这样就使水中溶解的物质和各种离子在进入中柱之前必须经过内皮层的一次选择。如果没有凯氏带,任何有害和有益的矿物质都可以从内皮层的细胞壁和细胞间隙进入根的木质部,并被输送到植物体的各个部分,显然对植物是不利的。凯氏带阻断了皮层与维管柱之间的质外体运输途径,犹如生理栅栏和阀门一样,控制着营养物质和水分进入维管柱。

(2)血脑屏障。血液中多种溶质从脑的毛细血管进入脑组织,有难有易,有些很快通过,有些较慢,有些则完全不能通过,这种有选择性的通透现象使人们设想可能有限制溶质透过的某种结构存在,这种结构可使脑组织少受甚至不受循环血液中有害物质的损害,从而保持脑组织内环境的基本稳定。以后的大量实验证明,在血-脑之间有一种选择性地阻止某些物质进入脑的“屏障”存在,称为血脑屏障(blood brain barrier)。血脑屏障是指脑的毛细血管壁与神经胶质细胞形成的、血浆与脑细胞之间的屏障,以及由脉络丛形成的血浆和脑脊液之间的屏障(图 4-1-3)。

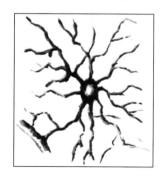
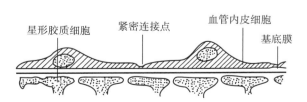

图 4-1-3 血脑屏障

血脑屏障的物质基础是脑的毛细血管,它与其他组织中的毛细血管不同,有以下三个特点:①脑毛细血管内皮细胞间相互连接很紧密,几乎无空隙;②毛细血管内皮细胞外的基底膜(basement membrane)是连续的,且较厚;③毛细血管壁外表面积的 85% 都被星形胶质细胞突包绕,有胶质膜覆盖。由此可见,物质由血液进入脑组织间液要穿越较多的层次,包括脂性的质膜和非脂性的基底膜结构。其中,穿越毛细血管内皮细胞是关键性的步骤。例如,脑毛细血管内皮细胞的胞饮作用很微弱,因此,对脑毛细血管内皮细胞来说,借胞饮作用转运物质(大分子和电解质)的能力很有限,这就更加强了脑毛细血管壁的屏障功能。血脑屏障除了 O_2、CO_2 等气体和血糖、部分氨基酸,几乎不让所有的物质通过,大部分的外源性化合物和蛋白质由于分子结构过大,一般无法通过,从而保证了脑的内环境的高度稳定性和中枢神经系统正常的机能活动。

(3)胎盘屏障。正常妊娠期间母血与子血分开,互不干扰,同时又进行选择性的物质交换,这一现象称为胎盘屏障。胎盘屏障又称胎盘膜,是胎盘内胎儿血液与母体血液进行物质交换的结构,由三个部分组成:合体滋养层、细胞滋养层及其基膜;绒毛内膜层结缔组织;绒毛毛细血管基膜和内皮。胎盘屏障是选择性透过膜,胎儿与母体间的物质交换并非简单的物理弥散,而是有高度特异的选择性。母体血液中的大分子物质、多数细菌和其他致病微生物不能通过胎盘屏障进入胎儿血液,此结构能保护胎儿免受侵害。母体血液中的抗体蛋白可通过胎盘屏障进入胎儿体内,使胎儿获得免疫能力。但某些药物、病毒、细菌和螺旋体等可通过胎盘屏障进入胎儿体内,影响胎儿正常发育,以致导致胎儿感染或畸形。

3)生殖隔离

由人类干扰造成的污染,使亲缘关系接近的类群之间在自然条件下不交配,即使能交配也不能产生后代或不能产生可育性后代的隔离机制,称为生殖隔离。生殖隔离可以发生在合子形成以前,其中包括地理隔离、生态隔离、季节隔离、生理隔离、形态隔离和行为隔离等;也可以发生在合子形成以后,其中包括杂种不活、杂种不育和杂种衰败等。在环境生物学中,生殖隔离的意义在于不破坏自然界生物多样性的法则,维护野生型种群和人为逆境压力下抗性种群的正常繁衍和延续。

(三)排出体外

化学污染物进入体内后不经过任何转化即排出体外,或很快与体内物质结合后排出体外,或经过氧化、还原、水解直接排出体外,或经过体内氧化、还原、水解再与其他物质结合后排出体外,等等。无论是以哪种方式、哪种形态,最后都排出了体外,所以,生物体对化学污染物来说只是一个通道。关于这部分内容详见第二章第一节。

四、抗性分子机理

(一)抗性基因的产生

重金属进入植物体内后能诱发机体形成硫蛋白(最快 1 小时左右),这种硫蛋白和重金属一起形成金属硫蛋白,使金属活性降低,从而失去毒性。它的机理是:重金属进入细胞核内作为诱导剂,提供给 DNA 信息,这一时期核结合的 RNA 聚合酶活性受到抑制,在转录准备完成时,此酶的活性开始上升,然后促进硫蛋白 mRNA 的合成,硫蛋白一旦形成就立即与进入细胞内的金属形成金属硫蛋白,从而提高植物对重金属的抗性。育种时选择出抗性基因以培养出新的抗性品种,这样经过几代选择,便可产生抗污染且具有优良性状基因的品系。

一般认为种群中抗性基因来源于自发突变。自发突变产生的抗性基因与其他类型的基因突变相似,其出现是完全随机的,与环境污染没有直接关系。这种抗性基因形成模式符合经典的新达尔文主义理论,该理论认为种群进化的大部分遗传变异已经(经过突变)存在于种群中。例如,将细弱剪股颖正常(非抗性)种群的种子播种在铜矿废弃地土壤中,开始时种子都能萌发和生长,继之绝大多数幼苗开始死亡。尽管如此,其中仍有大约 0.4% 的个体能形成正常根系而存活,并能继续正常生长发育。若将这些存活植株移栽到正常土壤中并测定其抗铜能力,它们通常显示出明显的抗性,且与铜矿污染区抗性种群相差无几。很显然,抗性基因已经存在于正常(非抗性)种群中。从理论上说,这些抗性基因只能来源于正常群体中非定向的基因突变,或者,是一些正常情况下不表达,在逆境压力下才启动表达、以应对(包括耐受或者逃避)不良环境的基因。

(二)抗性基因的控制

抗性变异受抗性基因的控制。根据现有资料,抗性变异的遗传可以大致分为主基因(major gene)遗传和多基因(polygenic)遗传。前者指抗性主要由单个主基因(可以有其修饰基因)控制,后者指抗性受多个基因控制,其中每个基因的单独作用较小。遗传操作证明了单个基因能够控制植物的除草剂抗性。例如,用遗传工程方法使 CytP450 基因 *CYP 51A1* 在烟草中超表达,结果使烟草的内源性甾醇生物合成出现一个旁路,导致转基因植物对三唑除草剂产生抗性。类似地,来自沙门菌(Salmonella)*aroA* 基因编码草甘膦耐性 EPSP 合酶(草甘膦的靶酶),将该基因引入烟草,使转基因植物对草甘膦的耐性大大提高。

20 世纪 80 年代以后的研究发现抗性不是由单一的大基因所控制的,而是由多基因控制的。20 世纪 90 年代以来,人们日益认识到污染环境往往是多个污染物共存的,当同时研究生物对多个污染物的抗性遗传性时,也发现抗性的多基因控制现象。关于多基因控制污染抗性问题,有的认为是数个大基因控制,有的认为是微小多基因控制。抗性基因控制是一个复杂的遗传学问题。应该强调的是,污染抗性不是正常生物所必需的性状特征,所以不可能生物的每个个体都具有像控制生长、发育和繁殖等生命活动过程必需的抗性基因,抗性性状及抗性基因可能是某些种群中少数个体具有的。

(三)酶和蛋白水平的调节

生物产生抗性的机理还可能和生物体内的许多酶反应有关。例如,某些植物叶片(如大豆、矮牵牛等)对 O_3 的敏感性随着其抗坏血酸含量的上升而下降。据计算,大部分由气孔进入的 O_3 能够在细胞外水环境中经与抗坏血酸反应而被解毒。另外,存在于机体内的多种解毒系统能够保护敏感组织不受外来污染物及其衍生物的伤害。SO_3^{2-} 氧化成 SO_4^{2-} 被认为是一种对 SO_2 污染的解毒机制。例如,大豆的抗 SO_2 品种对外源性 SO_3^{2-} 的代谢比敏感品种更为迅速。若干物种对 SO_2 的抗性与亚硫酸盐氧化酶活性有关。植物体对 SO_2 另一种可能的解毒机制是经光还原反应将 SO_3^{2-} 转变成 H_2S,后者可以从植物体挥发。例如,野老鹳草暴露在 SO_2 15~30 分钟,便可以检测到 H_2S;暴露 45 分钟时

H_2S 散发量达到最高值。

已经证明 DDT 酶是昆虫抗 DDT 的主要原因,当 DDT 与无毒的 DDT 类似物如杀螨醇结合使用时,昆虫的抗药性便大大地降低,这显然与 DDT 类似物对 DDT 酶的抑制有关;MFOs 是另一类对昆虫抗药性起重要作用的酶系统。例如,对粉纹夜蛾抗性系与敏感系的比较研究显示,昆虫对西维因的代谢与 CytP450 的量平行增加有关;昆虫抗性品系对有机磷和氨基甲酸酯类杀虫剂的抗性与其乙酰胆碱酯酶的敏感性密切相关,抗性高的品系,其乙酰胆碱酯酶的敏感性低。

(四)细胞信号水平的应答

污染胁迫可能破坏细胞的正常离子分布和动态平衡,可能使功能蛋白和结构蛋白变性,可能导致细胞的水分平衡或渗透发生紊乱,也可能破坏细胞内的膜结构,等等。这些不同的环境胁迫可以激活相似的细胞信号通路,引起相似的细胞应答。首先,胁迫刺激信号被质膜上的受体感知,并作为起始因子传递给 IP3 等第二信使。其次,由第二信使引发下游的信号转导,将信号传递给胁迫应答转录因子。最后,通过转录因子激活各种胁迫应答反应,包括激活细胞重建内部水分动态平衡的应答机制、积累相溶性溶质维持细胞渗透平衡、利用 Na^+/H^+ 逆向转运蛋白重建细胞内的离子动态平衡、依靠热激蛋白和胚胎晚期丰富蛋白修复被损伤的蛋白质和膜,从而使细胞产生胁迫耐受而存活下来。

揭示植物对非生物胁迫应答的机理需要综合利用功能基因组学、转录组学和蛋白质组学等手段,理清非生物胁迫的信号转导通路,不断发现新的与胁迫耐受相关的基因,并应用于植物胁迫耐受的遗传改造,以期提高作物产量、改良作物品质和改善生态环境。例如,对某个胁迫应答组分(如转录因子)进行的遗传改造,则可以使植物的胁迫耐受能力大大提高。通过对参与胁迫应答的转录因子进行遗传转化,可以提高植物的胁迫耐受能力。

第二节　生物在人为逆境中的适应

适应是指在逆境中,生物机体的细胞、组织或器官通过自身的代谢、功能和结构的相应改变,以避免逆境所引起的损伤。世界上所有的污染区,即使是很严重的污染区,都发现有一定的生物仍然生活保持下来,有的依然能够完成生长发育过程,特别是繁衍过程,在长期污染条件下,生物的生态效应包括两个方面:其一,不能适应污染的生物,种群衰退,物种消亡,引起了生物多样性的丧失;其二,能够适应的生物在强大的污染选择作用下,将产生快速分化并形成旨在提高污染适应性的进化取向。生存下来的生物对污染环境具有适应性。认识生物对污染环境的适应性,是环境生物学领域一个新兴的重要研究热点内容之一。

生物适应(adaptation)是生物界普遍存在的现象,是生物为了应对受损环境,在外部形态特征、内部生理技能、遗传变异特性等诸多方面都将产生一系列的调整,以保证在变化环境中的生存和发展。它包含两个方面的含义:其一,生物的结构(从生物大分子、细胞,到组织器官、系统、个体乃至由个体组成的群体等)大多适合一定的功能。例如,DNA 分子结构适合遗传信息的存储和"半保留"的自我复制;各种细胞器适合细胞水平上的各种功能(有丝分裂器适合细胞分裂过程中遗传物质的重新分配,纤毛、鞭毛适合细胞的运动);高等动植物个体的各种组织和器官分别适合个体的各种营养和繁殖功能;由许多个体组成的生物群体或社会组织(如蜜蜂、蚂蚁的社会组织)的结构适合整个群体的取食、繁育、防卫等功能,在生物的各个层次上都显示出结构与功能的对应关系。其二,生物的结构与其功能适合该生物在一定环境条件下的生存和繁殖。例如鱼鳃的结构及其呼吸功能适合鱼在水环境中的生存,陆地脊椎动物肺的结构及其功能适合该动物在陆地环境的生存,等等。生物对污染的适应性在很多情况下有种质特异性。

根据上述生物的抗性机制,可以将生物对人为逆境的适应性分成图4-2-1中的类型。生物对逆境适应性的强弱取决于胁迫强度、胁迫时间、胁迫方式和生物自身的遗传潜力。

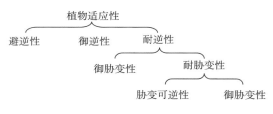

图4-2-1 植物的各种适应性

一、生物对污染适应的特点

(一)两重性

生物对污染的适应实际上包括两个方面:第一是对污染引起"自然"环境的改变的适应,以及对污染引起生物的生理变化的适应;第二是生物对污染物自身的适应。前者是间接性的,后者是直接性的。任何一个生物要在污染条件下获得生存和发展,都必须应对来自这两个方面的挑战。应该注意的是,生物对污染引起"自然"环境要素的改变及生理变化是容易适应的,而对污染物本身是很难适应的,原因在于,"自然"环境因子在污染条件下的改变及生理上的变化只是一个量的问题,即温度、光照、湿度、水分、营养条件、生物关系等物理、化学、生物因素环境因子的变化和生物体内环境的变化,对任何生物而言都可能经历过,只是程度大小不同,在其生境中不存在某个生态因子有无问题,在其生理活动过程中内环境的变化也只是量的问题,一般生物比较容易通过自我生理调节而适应这类变化。即使这些变化达到生物生存的极端环境条件,生物也具有一定的应对能力,因为生物在系统发育过程中程度不同地经历过这样或那样的类似性的变化,而且固化在它们群体中的遗传多样性很容易适应这类"自然"环境因子的新组合。但是,对于污染物本身的适应则不然。尤其是当环境中的污染物是"自然"界没有、生物正常的生理活动从来也不需要时更是如此,因为这不是一个一般性的生物外环境和内环境变化的"自然性"的胁迫问题。绝大多数污染物对于绝大多数生物而言是从来没有经受过的物质,这种物质环境与污染改变的"自然"环境具有本质的差别,前者是质的变化,后者是量的改变。对于质的变化,这类全新的化学环境,生物一般没有特异性的组织器官对污染进行解毒,往往也没有遗传背景可以作为生理变化调节的手段,生物对此的适应可能是一种"再创造"过程。

(二)适应组合

在受损环境中,生物面临这样的问题:由于环境因子恶化及对生物的不利影响,生物可以从环境中获取的资源量减少;同时,为了抵抗不良环境,消除各种影响的不良后果,需要付出更多生存资源和能量储备,从而生物为了维持其生存和发展,就需要综合协调,优化自己的生存方式。在污染环境中,生物的应对策略有以下两个方面。

1. 平衡资源获取和减少污染机会的矛盾

以植物为例,光合作用需要尽可能地张开气孔获取 CO_2,而与此同时将使更多的气体污染物进入植物体内;根需要大量地从土壤环境中获取营养物质,而与此同时有害污染物也随着进入植物体内。没有光合作用和对营养物质的吸收,植物就无法生存。为了完成这些过程,污染物将进入植物体内并对植物产生严重影响,这就需要植物调整生存动态,将最大限度地获取资源与减少污染物的进入进行选择。

2. 平衡资源的分配

仍以植物为例,污染条件下植物获取资源的能力下降,而污染条件下植物的消耗大大增加,对有限的生存资源如何分配——地上部分与地下部分、营养生长与繁殖生长、构件与基株的数量、后代种子产生的数量和质量等,都需要综合协调。

正因为受损环境中植物的适应策略是整体性的,所以在适应机制上不可能是单一方面的强化或萎缩,而是多个机制、多种过程的有机组合。在分析受损环境中生物的变化时,应该充分考虑生物的适应组合。生物对污染的适应性往往涉及多个生理过程的综合调整,乃至形态结构和功能协同发生变化,称为适应组合(adapting mosaic)。适应组合是生物适应环境的一种普遍机制。例如,在沙漠中生活的植物与正常环境中的植物显著不同,叶片退化,茎绿色并膨大形成储水组织,夜晚进行光合作用等,水、热、光合作用均发生显著变化。同理,在受损环境中植物的适应组合将具有新的特点。

(三)群体的适应性分化

外源性化合物所产生的选择压力使种群的遗传结构发生改变,种群内个体对污染的适应程度不同,所以在种群中的比例发生调整,抗性个体比例升高,种群的遗传结构由此发生变化,当这种遗传变化在世代间得到不断积累,就会提高种群对污染的适应水平,导致适应性抗性种群的形成。此外,生物在不同的生活史阶段对污染物的敏感程度不同,凡是能够跨越对污染物最敏感阶段的个体,并能够成功地完成生育繁殖,就是污染选择条件下的适应者,它将在污染选择后的种群中获得进一步发展的机会,这是一个抗性基因在种群内部扩散的群体遗传学过程。

外源性化合物对群落结构与功能的影响主要通过对群落中生物种类数目及其优势度的影响而实现。在污染条件下,群落中敏感物种消失或丧失其优势种地位,取而代之的是一些耐污种或机会种,这种抗性进化对种群的生存和更新有利,但在其他情形中则会产生多种不良后果。例如,在非污染环境中,抗性种群会付出生长缓慢、竞争力低等各种不同的抗性代价。又如,作物病虫害和杂草的抗药性将使农药施用量增加,从而导致更加严重的农药污染。污染引起的种群分化过程包括以下几个方面:①污染物作用下种群中的敏感个体消失,种群规模减小;②到适应污染阈值最低要求的个体,不断扩大在种群中的比例;③抗性个体扩大在种群中的比例,并通过种群内的基因重组,不断提高抗性水平,同时,外来基因的流入提高了种群的整体遗传多样性水平。

一般来说,抗性基因在正常种群中的频率是很小的,遗传变化的速度慢,如果适合度降低的幅度少于 5%~10%,抗性进化至少要经过很多代以后才能发生;如果是阵发性污染,生物在短期的急性毒性下表型变化往往是抵抗这类毒害作用的主要力量,但表型的可塑性同遗传关联度较低,这种选择作用的结果因没有发生到种群遗传结构的变化上,从而没有进化效应;但在强大有力的污染条件下,污染发生的持续性发挥着重要的作用,抗性基因便得以在污染条件下扩展。

(四)适应代价

为了适应污染环境,生物在生理、生化、遗传进化方面的调整,提高了生物对污染的适应性,但可能降低和制约了生物在其他方面的适应性,这就是适应代价(adaptation cost)问题。已有文献中提到的抗性代价、耐性代价与这里的适应代价包含的意义类似,只是强调的侧面不同。适应代价的表现是多种多样的,我们在这里归纳为以下三个方面。

1. 生态代价

生态代价(ecological cost)是目前探讨最多的代价形式。它主要指对污染适应的生物在进入正常环境中后,它的竞争力会降低,同时,还可能伴随对温度、水分、病虫害的抵抗能力的下降。Bradshaw 等在剪股颖的实验中发现,把抗性和非抗性品种同时种植到没有受到污染的环境中,竞争的结果是以抗性品种失败而告终;王映雪和段昌群等研究发现,对镉适应水平较高的曼陀罗对盐害的适应性大大降低;许多传粉昆虫根据植物体散发出的特殊化学物质寻找花朵,而许多植食性昆虫则根据植物体是否含有某种特定化学物质而决定是否取食。因此,植物叶片或其他组织的这些化学物质发生稍许改变就有可能对昆虫的传粉媒介和取食行为产生较大的影响。例如,O_3 熏蒸三角叶杨,使其光合作用和酚类物质含量均下降,但总的生长未受影响,表明这种次生代谢产物含量的下降可能在一定程度上补偿碳源的减少。但是,酚类物质对某些植食性甲虫具有阻食作用,其含量的下降刺激了这种甲虫取食,导致叶片的虫害程度增加。酚类物质是通过沉积在细胞壁和细胞膜上来阻止甲虫取食的,所以对以吮吸方式取食的蚜虫没有阻食作用。这样一来,蚜虫与啮食性甲虫的相对丰富度可能发生很大的变化。以上例子均说明,机体某方面抗性特征的形成可能具有多种生态学代价。

绝大多数生物抗污染性的遗传是数量遗传性的,只有当种群遗传变异量足够大时,生物应对污染需要的各种形态、生理、行为上的反应才能有充分的遗传保证。有的珍稀濒危生物,因为遗传多样性水平很低,所以在污染条件下往往因缺乏足够的遗传变异从而难以逃脱灭亡的命运。同时,由于生物从来没有经历过污染,从而保存下来的遗传变异往往与适应污染没有直接的关系,从而有的生物即使整体上具有较高的遗传多样性水平,但也未必能够适应污染环境。因为这些遗传变异与污染适应没有相关性。正因为如此,污染条件下生物多样性的丧失是难以避免的一种生态现象。

2. 生理代价

生理代价(physiological cost)是指某些抗性特征的出现能直接对其他生理过程产生不利影响。这种现象多发生在以避性机制抵抗污染物危害的情形。例如,对 SO_2 污染适应时,气孔的关闭降低了光合作用;抗性植物通过降低代谢以减少对有害元素的吸收,同时也降低了对水肥的吸收;有污染经历的曼陀罗种子在正常环境下的发芽率较低;等等。为了最大限度地吸收二氧化碳和减少水分损失,植物体能够根据各种环境因子的实际情况,如光照、水分、营养及温度等不断调整气孔的开启或关闭状态。植物叶片气孔在受到大气污染时关闭是一种有效的避性机制,由此可以控制大气污染物进入植物体。然而,这种避性机制可能要付出生理上的代价。例如,植物暴露在 O_3 中时,气孔的通透性降低,偏离其最佳开闭状态,结果 CO_2 吸收和水分蒸腾减少,直接对光合作用和蒸腾作用产生了不利影响。因 CO_2 供应不足导致的光合效率下降进而影响到植物体的生长和生殖,又降低了其适合度;因气孔关闭导致的蒸腾作用下降进而影响到叶片的能量平衡,导致叶片温度上升,以致使酶失去活性。

3. 进化代价

进化代价(evolutionary cost)反映的是对污染适应很好的植物在其他环境中进化发展的灵活度降低,以至于可能失去适应其他环境的可能性。原因可能是长期的选择作用,使与污染没有关系的种群遗传多样性丧失太多、对污染适应基因频率的固定,从而在其他环境中因缺乏应变的遗传储备,从而失去了进化发展的机会。人们在玉米和曼陀罗的重金属抗性研究中发现,经历污染时间较长的玉米种群在正常环境下的性状变化,在很多数量特征上不及没有污染经历的种群,这样在以后的进化发展中,这样的种群明显具有劣势。

以上三种代价是在不同角度上提出的,实际上它们是相互联系的,生理代价是生态代价的个体背景或更深层次的原因;进化代价是生态代价和生理代价的长期付出的可能结果。进化代价还可能与污染条件下生物的遗传多样性丧失太多有关。适应代价的出现,不仅对植物的未来进化产生了不利影响,还对生态系统的生物生产、人类社会的经济生产出现不利影响。例如,生物对污染的适应是以抵抗其他不利环境能力降低、整体生物生产力下降为代价的,污染最终导致的生物整体效应是适应能力下降,生物圈生产力降低,这样全球污染带来生物多样性的丧失及给生物进化带来的影响的速度将大大增加,因为这不但表现为已有的生物多样性的丧失上,而且幸存的生物也难以说明它已经逃脱了污染导致绝灭的劫数。所以准确地认识这一问题,在理论上可以深入认识植物的适应性及其起源,以及污染的进化效应和人工影响下的生物圈的演变;在实践上可以为人工影响下的生物圈管理、污染条件下种质优选与作物经济性状的提高对策提供理论依据。例如,如何培养一个良好的品种,能够兼顾对污染的抗性和其他环境因子的适应性,从而达到抗污和高产的目的。

二、生物适应的分子机制

生物与环境密不可分,生命的发生、演化、生长过程从无序到有序,由于其是一个开放系统,能不断从环境中引入负熵流,形成有序结构,如果离开环境就不能获得负熵流而成为死物。生命的遗传物质基础是核酸,把核酸和环境联系起来是认识生命本质和生物进化的关键。我们知道,不管是个体发育还是系统发育,环境对生物的影响都是全程性的,遗传基础相同的生物群体会因环境的不同而引起表型差异,这种变化即环境(ENV)对蛋白质产生影响,由此蛋白质对 RNA 的表达进行调控。长久的环境影响使蛋白质对

RNA 转录长久的调控必然会反射到 DNA 上,产生一定的适应性变异。

环境对生物有影响,生物反过来采取一定的机制适应环境,这种适应在很大程度上不是因为选择而造成的,而是一种主动的过程。将生命遗传的物质基础与生命存在的环境基础联系起来,用图 4-2-2 表达生物适应的分子机制:

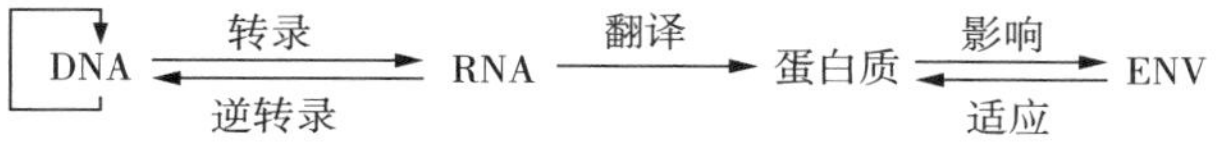

图 4-2-2　生物适应的分子机制

第三节　生物抗性在环境保护中的意义

一、超积累植物与重金属污染环境的修复

生物体表现出超量富集某种污染物的能力,将污染物积累在某一部位不表现出被损伤,可利用该特点进行污染水体和土壤的植物修复。外源性化合物对水生生物产生毒害效应,表现为生物体生长受阻、生物量降低、形态结构发生改变等。例如,水中酚类化合物含量超过 $50\mu g/L$ 时,就会使水稻等生长受到抑制,叶色变黄,当含量再次增高,出现叶片失水、内卷,根系变为褐色、腐烂。研究发现,一些水生植物如水葫芦(凤眼莲)、浮萍、金鱼藻、黑藻等能吸收与积累水中的酚、氰化物、汞、铅、镉、砷等污染物,因此,可以利用这些植物对污染物的吸收积累能力修复污染水体。近年来,对超积累植物的研究成为环境污染修复领域的研究热点,相关工作主要集中在重金属超积累植物的研究上。

超积累植物(hyperaccumulator)是指那些能够超量积累重金属的植物,也称超富集体。超积累植物往往是长期生长在重金属含量较高的土壤上,经过不断的生物进化而形成的,或是通过遗传工程或基因工程培育、诱导而成的,除了必须生长快,生物量大,有发达的根系,具有抗虫抗病能力等特征,一般还必须具有以下几个重要的特征。

1. 临界含量特征

体内某一金属元素浓度大于一定的临界值,一般来说,超积累到植物体内的某重金属含量达到一般植物的 $10\sim500$ 倍。例如,在非生理毒害情况下,天蓝遏蓝菜和鼠耳芥能在茎内积累 $30\ 000mg/kg$ 的锌,而大多数作物的临界值是 $500mg/kg$。通过 ^{109}Cd 示踪技术证明,这两种植物体内有强大的镉运输机制;高山漆姑草对铅具有超耐性;蜈蚣草、大叶井口边草对砷具有超耐性。由于不同元素在土壤和植物中的自然浓度不同,因此,临界值的确定取决于植物富集的元素类型(表 4-3-1)。

表 4-3-1　重金属在土壤和普通植物中的平均浓度及超积累植物的临界标准($\mu g/g$)

元素	土壤	植物	临界标准
镉			100
钴	10	1	1 000

(续表)

元素	土壤	植物	临界标准
铬	60	1	1 000
铜	20	10	1 000
锰	850	80	10 000
镍	40	2	1 000
铅	10	5	1 000
锌	50	100	10 000

2. 转移特征

在超积累植物中,能在体内积累并转移高浓度的重金属,茎叶内的某些重金属浓度超过了根内的元素水平,有较高的地上部/根浓度比例。通常情况下,根内的 Zn、Cd 浓度往往比茎叶中的相应元素浓度高 10 倍以上。

3. 耐性特征

耐性特征是指植物对高浓度的重金属具有较强的忍耐性,是超积累植物的一个重要特征。当土壤中重金属浓度较低时,对于超积累植物和非超积累植物来说,植物均可能正常生长,其地上部生物量都不下降;但当土壤中重金属浓度高到一定程度时,许多耐性较弱植物的生长就会受到抑制,这些植物有的尽管能够生存下来并完成生活史,但其地上部生物量往往会明显下降,但对于超积累植物来说,在相同的污染条件下,植物地上部生物量没有显著下降。这可能是由于液泡的区室化作用和植物体内某些有机酸对重金属的螯合作用,消除了重金属对植物生长的抑制,使之具有较强的耐性。

4. 富集特征

富集特征是指植物地上部富集系数大于 1,至少当土壤中重金属浓度与超积累植物应达到的临界含量标准相当时,植物地上部富集系数大于 1。到目前为止,人们已经发现对砷、锌、锰、镉具有超积累特性的植物,分别为蜈蚣草、东南景天、商陆和龙葵等。例如,魏树和和周启星等在镉污染水平为 2~5mg/kg 条件下发现,龙葵茎及叶的 Cd 含量分别超过了 100mg/kg,这是公认镉超积累植物应达到的临界含量标准,表明龙葵对镉具有超富集吸收能力。

一些超积累植物能同时超量吸收、积累两种或几种重金属元素。例如,遏蓝菜就具有很大的吸收锌和镉的潜力,Baker 等首次田间试验表明:土壤含锌 444μg/g(干重)时,遏蓝菜地上部锌浓度是土壤全锌量的 16 倍,是非超积累植物(油菜、萝卜等)的 150 倍,遏蓝菜从土壤重吸收的全锌量为 30.1kg/ha,是欧洲联盟允许年施入土壤量的 2 倍。

人们一直努力寻找超积累植物并选育优良品种,但后来发现,野生型超积累植物在污染净化和修复方面有很多不足:很多品种个体矮小、生长缓慢;对生物气候条件的要求也比较严格,区域性分布较强,严格的适生性使成功引种受到严重限制;专一性强,一种植物往往只作用于一种或两种特定的重金属元素,对土壤中其他浓度较高的重金属则表现出中毒症状,从而限制了在多种重金属污染土壤治理方面的应用前景。所以,研究者除了通过野外寻找超积累植物,逐渐将基因工程运用到这一领域,通过分子生物学技术鉴别重金属超富集相关基因,并应用基因工程技术培育出高产、高效和可富集多种重金属的转基因植物。

二、生物入侵的环境生物学意义

人类活动通过多种方式引进外来物种,导致被引入地的生物入侵;人类活动也能扩大病原体的传播和诱导新型病原体的产生,引起病原体污染;基因工程的发展将外源基因引入其他物种,外源基因通过各种途径整合进非目标生物基因组而导致基因污染;等等。这一切经过生物学机制或过程介导的人类活动有些已经对生物系统产生了实际的不利影响,有些正显现出潜在的风险。特别是近年来,生物入侵已成为一种全球性现象,其对地球的影响是当前全球变化的一个重要组成部分,作为环境生物学中一个重要而迅速发展的研究领域受到显著的关注。生物入侵不但对生态系统的结构、功能及生态过程产生重要影响,而且给人类带来巨大的经济损失,是导致全球生物多样性减少的主要原因之一。

(一)生物入侵的概念

地球上不同区域生长着各种不同的生物物种,地理隔离使多数物种只能栖息在一定的领地区域内,山脉、河流、海洋等地理屏障的阻隔及气候、土壤、温度、湿度、光照等自然环境因素的差异构成了不同区域间物种迁移的障碍。如果某种生物从原生存地经自然的或人为的途径侵入另一个新的环境,在新的区域里繁殖、扩散并维持下去,成为野生状态,对入侵地的生物多样性、农林牧渔业生产及人类健康造成经济损失或生态灾难,称为生物入侵(biological invasion)。

人类活动引入外来种的历史很悠久。例如,公元前138年,张骞通西域开辟了陆上"丝绸之路",随后西域的葡萄、石榴、蚕豆、红花、紫花苜蓿及汗血宝马等都被引入中国;美国的22 000种维管植物中大约有5 000种是非本地种;美洲牛蛙原产美洲东北部,在20世纪已被引入全球四大洲包括中国在内的40余个国家,该物种蝌蚪体型大,对当地种两栖类有竞争优势,其成年个体是包括两栖类动物在内的多种生物的捕食者,引入的美洲牛蛙还能携带和传播两栖类动物的真菌病原体,是引起全球两栖类动物物种数量下降和灭绝的主要原因之一。

有两个概念与生物入侵相关,即外来种和入侵种,外来种(alien species 或 exotic species)是指因种种原因被引入非原生地的物种,又称非本地种(nonnative species 或 or-nonindigenous species),包括其种子、卵、孢子或其他可以使该物种繁衍的物质。入侵种(invasive species)是指在被引入地建立了足够大的种群,并向周围地区扩散,对新分布区生态系统的结构和功能造成明显影响和损害的外来种,具有生态适应能力强、繁殖能力强、传播能力强等特点。入侵种的定居能力、扩散能力、对生态系统的危害程度和对景观的影响强弱不同、差异很大。与生物入侵相关的相对概念有本地种、非入侵种、外来建群种等。本地种(indigenous species)是指分布在原生地即原来的分布区的物种,或称为原生种或土著种(native species)。非入侵种(noninvasive species)是指在被引入地可以自我维持但不扩散的外来种。外来建群种是在非原生地建立了可自我维持(self sustaining)的种群的外来种。需要指出,外来种和入侵种是两个不同的概念。入侵种必定是外来的物种,但外来种不一定成为入侵种。

入侵种的特征是:借助人类活动越过隔离障碍,或能自然逾越空间障碍而入境;可在当地的自然或人为生态环境中定居,建立可自我维持的种群,并自行繁殖与扩散;对当地的生态系统和景观生态造成明显的影响,并损害当地的生物多样性。入侵种还有一个背景特征,即被引入地具有足够的可利用资源,缺乏自然控制机制,人类进入的频率高。一般说来,入侵性强的物种都具有一些相应的特征。例如,繁殖能力强,植物能产生大量的种子,动物则产卵量大或产仔量大,这样不仅提高了其后代存活的绝对数量,还提高了其传播的概率,在入侵的第一个阶段就占有了优势。为了解释这些现象,科学家提出了以下几点假说:生态位空缺假说、生物因子失控假说、群落物种丰富度假说及迁入前后干扰假说。例如,巴西胡椒在 19 世纪被引入美国的佛罗里达,但是直到 20 世纪 60 年代早期,它们还不为人所知。现在,它们在佛罗里达已经占据了 280 000 英亩(1 英亩＝4 046.86m²)的面积,并且群落密集,没有别的植物能与之竞争。

(二)生物入侵的过程

外来种刚进入一个新生态系统并非就能成为入侵种,而是在一定条件下实现从外来种向入侵种的转变、完成入侵过程。它首先需要安全地从一个地区转移到另一个区域,在新的地区,少数个体能存活下来并形成一个可以自我维持的种群,由此种群再进行繁殖和扩散,从而在较大范围内对生态系统和经济造成严重的影响及损失。

1. 引进外来种的途径

外来种的有意引入是人类为了某种目的有意识地将这些外来种引入新地区。

(1)大部分引入种以提高经济效益为目的。例如,作为蔬菜植物引进我国的有尾穗苋、反枝苋、苋、茼蒿、芫荽和菊苣等;来自非洲的尼罗罗非鱼已在我国云南、广西形成自然种群;牛蛙具有个体大、生长快、肉味鲜美等特点,是我国最早引入的养殖蛙类,1959 年从古巴引进后,先后在 20 多个省市推广养殖。

(2)一些外来种是作为牧草和饲料而有意被引入的。例如,目前在我国危害严重的凤眼莲是 20 世纪 60 年代作为猪饲料有意引入的;作为牧草或饲料引进我国的还有水花生、三叶草、白香草木樨、赛葵、梯牧草、节节麦、臂形草、裂颖雀稗、牧地狼尾草、棕叶狗尾草、苏丹草、波斯黑麦草、田毒麦和芒颖大麦草等。

(3)一些外来种是作为观赏物种或宠物有意引入的。例如,线叶金鸡菊、大花金鸡菊、秋英、圆叶牵牛、马缨丹、含羞草、万寿菊、南美蟛蜞菊、荆豆、加拿大一枝黄花等都是作为观赏植物引入我国的;红腹锯鲑脂鲤原产于亚马孙河流域,在当地被列入最危险的四种水族生物之首,该物种作为观赏鱼种进入我国;巴西龟是全球性的外来入侵种,目前在国内宠物市场有售。

(4)有些外来种是作为药用生物被引入的。我国有万余种药用生物,绝大部分为我国原产,少部分为外来种,作为药用植物引进我国的有垂序商陆、决明、望江南、土人参、月见草和洋金花等。

(5)有些外来种是作为改善环境状况的生物被引入的。例如,大米草原产于英国,20世纪 60 年代作为保护沿海滩涂的植物被引进到我国江苏海涂试种并获得成功,之后逐渐被其他沿海省市成功引种繁殖,至今该物种在沿海地区快速扩散,面积已达数十万公顷;除大米草外,中国沿海滩涂还引种了互花米草、孤米草和大绳草等草本植物和无瓣海桑等乔木;作为草坪植物引进的有毛花雀稗、地毯草、巴拉草和多花黑麦草等。

外来种的无意引入是一些生物以人类或人类传送系统为媒介,分布到其自然分布区以外的区域。无意引入通常随人或其他生物或非生物物品,通过交通工具或信函邮寄方式而被引进。具有小型或隐型繁殖体(如浮游生物的幼体、植物的种子)、与栽培或养殖物种相似(如杂草种子、鲤科小鱼)、有利于运输(如老鼠、吉普赛飞蛾)及与其他物种共生(如粟树锈病菌)等特征的都有助于意外引入。

2. 外来种入侵的阶段性

生物入侵过程可以区分为以下四个阶段。

(1)引入(introduction)。在入侵过程发生之前,必须有一个非本地种的引入步骤,非本地种被有意或无意引进到一个新区域,此阶段的非本地种也可以称为引进种(introduced species)。正确的引种会增加被引入地生物的多样性,也会极大丰富人们的物质生活。例如,玉米、花生、甘薯、马铃薯、芒果、槟榔、无花果、番木瓜、夹竹桃、油棕、桉树等物种原非中国原产,是历经几百年陆续被引入中国的重要物种。不适当的引种会使缺乏自然天敌的外来种迅速繁殖,并抢夺其他生物的生存空间,进而导致生态失衡及其他本地物种的减少和灭绝,严重危及一国的生态安全。

(2)初期定居(emergeiace)。非本地种在新地区形成不稳固的种群,该种群可能会随时因各种原因被消除。初期定居阶段可以看作非本地种入侵过程的开始,此阶段的非本地种也可以称为偶见种(casual species)。偶见种在被引入地可以繁盛生长,甚至偶尔也能繁殖,但不能自我更新种群,种群的维持需要依靠重复引入。

(3)建群(establishment)。外来种适应当地生态条件,能够在没有人类干预的情况下进行生长、发育和繁殖,完成多个生活史世代。对外来植物而言,它们常常可以在母体植株附近顺利地增殖后代,而且并不一定入侵自然的、半自然的或人工生态系统。此阶段自我维持种群的建立使每个世代对新生境的适应能力逐步增强。此阶段的非本地种也可以称为建群种(established species),尚不是入侵性的物种。

(4)扩散(expansion)。这时的非本地种已适应新生境,是已归化的物种,其种群已经达到相当大的数量,具有合理的年龄结构和性比,并具有快速增长和扩散的能力。当地缺乏控制入侵种种群数量的生态调节机制时,该物种可能会迅速传播蔓延,形成暴发趋势,并给当地的生态环境和经济造成危害。

外来种在生物入侵过程中,由前一阶段进入后一阶段时需要克服各种生物屏障和非生物屏障。首先,外来生物(或其繁殖体)在引入阶段需要借助于人类作用克服地理屏障;其次,由于不能在长时间内自我更新种群,偶见种只有克服新生境中阻碍其生存的环境屏障和调节其生殖的各种不利因素,才能进入建群阶段而转变成为建群种;最后,建群种转变成为入侵种还必须克服新区域内各种影响其扩散的屏障和应对各种不利的非生物因素和生物因素。因此,外来种在各阶段之间的每次转变都会受到不同类型阻力的影响。由于这些阻力的存在,最终能够成为入侵种的外来种可能只是其中的一小部分。

3. 入侵后的适应性进化

外来种被引入新区域后,需要应对和克服各种环境控制因素。在这个过程中,部分物种成功地适应新环境,变为归化种;其中有的进一步大规模地扩散和暴发,成为入侵种。在入侵过程中,如果被引入地的生物环境和非生物环境与原产地不同而产生环境胁迫,外来种为了生存和生殖,必须产生表型性状的分化,即产生适应进化。只有这样,外来种才能在新的环境中建立新的种群,进而迅速繁殖和扩散,成为入侵种。外来入侵生物的适应性进化常常是一种快速进化事件。在这种进化过程中,自然选择可能基于环境饰变而起作用。近年来的研究表明,外来入侵种的快速适应性进化通常表现出形态结构、生理特性、物候学特性或可塑性方面的快速改变。

4. 入侵生物的扩散和传播

当外来入侵种群在新地区的分布面积达到一定的大小后,就有可能发生暴发性的扩散。生物体任何一个部分,在其离开母体后仍能保持活力,并在适宜条件下形成新的个体时就成为扩散体,动物的虫卵、幼虫、蛹和成虫等均可以作为扩散体,植物的细胞和器官具有全能性,所以其任何部分都有可能成为扩散体。根据形成方式和性质的不同,植物的扩散体可以分为有性扩散体和无性扩散体。在种子植物中,有性扩散体包括种子和果实,无性扩散体包括各种营养生殖器官,如块茎、根状茎、球茎、鳞茎、珠芽、匍匐茎等,以及由无融合生殖形成的果实与种子。在高等植物中,大多数种类以有性扩散体进行传播。但是,有些种类除了以果实和种子为主要扩散体,也可以利用无性扩散体进行散布和繁殖,甚至整个生活史仅有无性扩散体,如凤眼莲。扩散体的扩散可以通过多种传播机制完成,这些机制包括自动传播、借气流传播、借重力传播、借水流传播、借动物传播及人为传播。扩散体的数量与大小是生物体适应传播与幼体建立之间相互协调的结果。生物体在繁殖过程中产生的扩散体数量多少,能保证生物体有足够的机会得到传播,在土壤中形成潜在的种群,避开不良环境,在适宜条件下形成新的个体,进而对种群的稳定和发展起到重要作用。

(三)新型入侵生物——转基因生物

转基因生物也称遗传工程生物(genetically engineered organisms,GEOs),是指人类按照自己的意愿有目的、有计划、有根据、有预见地运用重组 DNA 技术将外源基因整合于受体生物基因组,改变其遗传组成后产生的生物及其后代。转入基因的生物个体成为受体生物,而提供目标基因的生物成为供体生物。按照转移目的基因的受体类型可以把转基因生物分为转基因植物、转基因动物、转基因微生物和转基因水生生物四类。按照转移目的基因用途可以分为抗除草剂转基因植物、抗虫转基因植物、抗病性转基因植物(包括抗病毒、细菌、真菌、线虫等)、抗盐害转基因植物、抗病毒转基因家畜或禽类、生长激素转基因家畜等。自从 1983 年世界上诞生了第一株转基因植物以来,转基因技术便在农业、医药和环境保护与污染治理方面显示出广阔的应用前景。1986 年,抗虫和抗除草剂的转基团棉花首次进入田间试验,目前已在棉花、水稻、小麦、玉米、马铃薯、番茄、大豆等农作物及林木等其他植物中获得转基因品系。自 1980 年人们首次获得转基因小鼠以后,已相继培育成功转基因兔、鸡、猪、羊、牛、鱼等,其中有些转基因动物已进入产业化阶段。

但是任何事物都有其两面性,转基因技术可以跨越自然界中天然的生物杂交屏障,使外源基因可以在不同物种之间流动、表达和遗传,使转基因技术本身存在一些不能确证但危害可能巨大的隐患,包括对安全健康和生态环境的威胁,所以转基因生物的安全性从问世以来引起众多争议。在安全健康方面,可能对人类和动物健康有直接影响或通过类似食物链的级联作用产生间接的影响。例如,抗病毒转基因作物在大田种植时,作物体内的抗病毒基因表达虽然能使它减少病毒的侵染,但是不能保证它在食物链中的安全性,包括对其他昆虫、动物及人食用的影响。在生态环境方面,可能形成强势物种,入侵环境后破坏当地的生物多样性;如果转基因作物的外源基因向亲缘野生种转移,就会污染到整个种子资源基因库,对物种进化产生深远而不利的影响,转基因作物还可能由于抗性增加而自身杂草化,这样就改变了植物原有的竞争优势,破坏了生态平衡。对于转基因生物的安全性现在还没有得出明确的答案。随着越来越多的转基因生物进入环境,对转基因生物可能出现的生态环境问题做出明确预测和风险评估是目前生物安全领域十分迫切的课题之一。

三、抗性微生物的环境生物学意义

利用对有机和重金属污染具有抗性的微生物,对环境中的有机污染物和重金属污染进行降解和转化,已经被成功应用于环境污染治理和修复。微生物修复具有成本低、对环境无二次污染、操作简单等优势,迄今为止,人们已发现能降解石油污染的微生物共100余属、200多种,它们分属于细菌、放线菌、霉菌和藻类;降解石油的细菌有假单胞菌属、不动杆菌属、小球菌属、弧菌属等属中的某些菌株;等等。但是,微生物的抗性也有它的负面作用。例如,20世纪最重要的医学发现之一抗生素(antibiotics),它是由微生物(包括细菌、真菌、放线菌属)或高等动植物在生活过程中所产生的具有抗病原体或其他活性的一类次级代谢产物,能干扰其他生活细胞发育功能的化学物质,在非常低浓度下不仅能杀灭细菌,还对霉菌、支原体、衣原体、螺旋体、立克次氏体、病毒等其他致病微生物也有良好的抑制和杀灭作用。目前已知天然抗生素不下万种,现临床常用的抗生素有转基因工程菌培养液中提取物及用化学方法合成或半合成的化合物。在欧美的发达国家,抗生素的使用量占所有药品的10%左右,我国抗生素使用量最低的医院占到30%,基层医院可能高达50%,此外,全球每年约有2 000万吨的抗生素被用于兽药,抗生素滥用是我们不可回避的问题。由于抗生素的大量使用,许多细菌可通过随机突变或表达潜在抗性基因获得抗性,也可通过抗性基因水平转移获得抗性,导致细菌耐药性问题日益严重。这些获得了耐药性的环境微生物可能通过多种方式传播进入人体,对人类健康和生态安全构成巨大的威胁。养殖的鱼、虾、贝体内的抗性菌株和抗性基因经排泄后对养殖区域及其周围的农业环境及人居环境构成基因污染隐患,对公共健康和食品、饮用水安全构成威胁。抗生素抗性基因及其在环境中的传播、扩散作为一个新的全球性污染问题正逐渐引起人们的重视。

小　结

当外界环境条件发生变化而对生物的生存不利时,生物会表现出抵御和忍耐这种逆境的抗性。抗性划分结构抗性、再生抗性、生理抗性、生化抗性、休眠抗性、种群抗性及群落抗性 7 类,生物一方面通过形态学机制、生理生化机制、生态学机制、再生能力等将化学污染物阻挡于体外,另一方面通过结合钝化、代谢解毒、改变生理机能的强度、分室隔离、改变代谢途径、分泌和排泄等过程将化学污染物在体内富集、解毒、隔离、排出。

逆境生存下的植物、动物和微生物都有各自的抗性机制。生物抗性具有避逆性、御逆性和耐逆性的特点,避逆性和御逆性叫外部逃避,化学污染物进入机体后,生物机体通过耐逆性发生的抵抗响应称为内部忍耐。从分子水平来说,生物的抗性不外乎抗性基因的产生和控制、酶和蛋白水平的调节、细胞信号水平的应答。

生物对污染的适应具有两重性、适应组合、群体的适应性分化、适应代价特点,生物适应的分子机制体现在生命遗传的物质基础和生命存在的环境基础两个方面。为了适应污染环境,生物在生理、生化、遗传、进化方面进行调整,以在这几个方面付出部分代价而提高对污染的适应性。生物抗性的环境生物学意义具有双面性,超积累植物在重金属污染环境的修复中发挥了巨大的作用。生物入侵不但对生态系统的结构、功能及生态过程产生重要影响,而且给人类带来巨大的经济损失,是导致全球生物多样性减少的主要原因之一。转基因生物在农业、医药和环境保护与污染治理方面显示出广阔的应用前景,但它跨越了自然界中天然的生物杂交屏障,使外源基因可以在不同物种之间流动、表达和遗传,使转基因生物存在一些不能确证但危害可能巨大的隐患,包括对安全健康和生态环境的威胁。

习　题

1. 归纳本章的名词概念。
2. 抗性分为哪几种类型? 它的特点如何?
3. 试述植物、动物和微生物的抗性机制。
4. 简述生物抗性和适应的分子机理。
5. 超积累植物为什么能被用于重金属污染环境的修复?
6. 叙述生物入侵和转基因生物的环境生物学意义。
7. 生物入侵分为哪几个阶段?
8. 微生物的抗性有何环境生物学意义?

第二部分 实验研究篇

第五章　环境毒理学实验的原理和方法

【本章要点】

本章较为详尽地阐述了环境生物学这门学科中常见环境毒理学实验的原理和方法,包括环境毒理学实验的标准化和实验方法,一般毒性实验的目的、方法和结果评价,生理生化和代谢实验的测试指标和测试方法,"三致"实验的原理和方法,并介绍了微宇宙法在环境生物学研究中的应用,以及与环境生物学其他研究方法比较的优点和缺点。

人为逆境因子对身处该环境中的生物有毒性作用,这些毒性作用分别从群体(种群、群落和生态系统)、个体及个体以下(器官、组织、细胞、分子)等各级水平表现出来。了解人为逆境因子对生物可能发生的毒性作用、作用机理及早期损害的检测指标,不仅为制定环境卫生标准提供了科学依据,还为污染环境的质量监测和评价提供了科学的方法论。研究人为逆境因子对生物机体的影响属于环境毒理学范畴,环境毒理学实验是对受试生物进行染毒处理,然后提取样品进行测试和分析,最后进行统计处理获得必要的毒性参数,系统地利用生物不同组构水平产生的效应来测试一种或多种人为逆境因子单独或联合存在时所导致的影响或危害,环境毒理学实验分为一般毒性实验、生理生化毒性实验和遗传水平毒性实验。

有的书上把环境毒理学实验称为生物测试,是因为环境毒理学实验测试的结果对于监测环境质量的变化,确定单一污染物的安全浓度,研究多种污染物联合作用的生物效应,制定污染物或废水的排放标准、环境质量标准,以及外源性化合物的生态风险评价等均有重要的价值。

环境毒理学实验(生物测试)具有一定的优点:常规的物理和化学检测只能测定外源性化合物的浓度,不能测定外源性化合物对生物机体的影响,因此仅靠化学和物理的检测不能全面地评定外源性化合物对生态系统的影响。例如,在水环境中,多数外源性化合物的相互作用及错综复杂的基质的毒性效应都不能被直接测知。不同的生物物种对于相同的毒物具有不同的反应,一种生物在全部的生活史的不同生命阶段,其反应也并不始终一致,甚至如果生物机体以前接触过毒物,目前的受害性也会改变,这些必须依赖毒理学实验来进行。

环境毒理学实验不仅能弥补物理检测和化学检测的不足,还能提供物理检测和化学检测无法得到的数据。例如,通过水污染的毒理学实验可以获得以下多种数据:①污染物对水中生物有利及不利的浓度或强度;②水体环境因素对于污染物毒性的影响;③污染物对某一受试物种的毒性特征;④各种水生生物对某类排放废水或污染物的相对敏感性;⑤为满足水污染控制的要求,废水所应处理的程度,以及废水处理方法的有效程度;

⑥允许的废水排放量和允许的污染物排放浓度。因此,环境毒理学实验具有理化检测所不具备的优点:能全面地、综合地评定污染物对生态系统的影响或污染状况,并且测试方法简单,不需要特殊仪器设备。

第一节　相关概念

一、染毒

染毒(exposure)是指用待研究的外源性化合物对实验材料(植物、动物或微生物)进行一定的剂量或浓度处理。待研究的外源性化合物在毒理学实验中被称为待测物或受试物,实验材料被称为受试生物。如果待研究的是物理因子,一般只说处理,不说染毒。染毒的途径和方式根据受试生物的类型、待测物的性质不同而不一样。例如,对于高等植物来说,染毒途径主要经根和叶;对于哺乳动物来说,染毒途径主要经消化道、呼吸系统和皮肤;对于微生物来说,染毒途径只需穿过细胞膜。

二、剂量和浓度、效应和反应

(一)剂量和浓度

毒物的毒性用来表示毒物剂量与反应之间的关系,毒性大小所用的单位一般以毒物引起受试生物某种毒性反应所需要的剂量表示。剂量(dose)是指机体经过一次染毒后,被机体吸收到体内的受试物的量,一般以 mg/kg 计。浓度(concentration)是指将受试生物暴露在含有受试物的环境中,该环境中单位面积或体积受试物的量,一般以 ppm、mg/m^3 等计。

(二)效应和反应

效应(effect)又称生物学效应(biological effect),表示为接触一定剂量或浓度的受试物引起生物个体或群体发生的生物学变化,可以肉眼观察或通过一定方法和借助仪器监测到。例如,接触六六六(HCH)引起神经系统功能性紊乱,肝、肾退行性改变,此为HCH引起的效应,这种改变若能用计量资料来表达其强度,属于量效应(quantity effect)。但有些性质的效应,如死亡、头痛等难以量化其强度,此时只能从效应的有、无或表现异常与否予以计数,即为质效应(quanlity effect)。通过统计学方法的处理,量效应和质效应可以相互转换。例如,血压值是一个量效应,但以某个值为标准,高于此值视为高血压,即质效应。

反应(response)是指接触一定剂量或浓度的受试物后,表现出一定程度某种效应的个体在一个群体中所占的比例,一般以％或比值表示。例如,由于接触某种受试物引起死亡的动物占该群动物的50％。

三、剂量/浓度－效应/反应关系

外源性化合物的剂量或浓度与个体或群体中发生的量效应强度之间的关系称为剂

量/浓度-效应关系(dose & concentration effect relationship),简称量-效关系。剂量/浓度-反应关系(dose & concentration response relationship)表示外源性化合物的剂量或浓度与某一群体中质效应的发生率之间的关系。机体内出现的某种损害作用,如果由某种外源性化合物引起,则存在明确的剂量/浓度-效应关系或剂量/浓度-反应关系,否则不能肯定。值得注意的是,机体的过敏性反应虽然也是外源性化合物所引起的损害作用,但涉及免疫系统,与一般中毒反应不同,往往不存在明显的剂量/浓度-反应关系,小剂量便可引起剧烈甚至致死性的全身症状或反应。

剂量/浓度-效应关系和剂量/浓度-反应关系均可用曲线表示,曲线以表示效应强度的计量单位或表示反应的百分率(或比值)为纵坐标,以剂量或浓度为横坐标,绘制散点图而得到。不同外源性化合物在不同条件下,其剂量/浓度与效应/反应的相关关系不同,呈现为不同类型的曲线,常见的剂量/浓度-反应/效应曲线有直线型、抛物线型、S型三种形式。

1. 直线型

直线型是指效应或反应强度与剂量(或浓度)呈直线关系,随着剂量(或浓度)增加,效应或反应强度也随之增加,并成正比关系[图 5-1-1(a)]。在生物体内,这种直线型曲线少见,仅在某些体外实验中可在一定剂量范围内存在。

2. 抛物线型

剂量(或浓度)与效应或反应强度呈非线性关系,随着剂量(或浓度)增加,效应或反应强度也随之增高,但最初增高急速,继之变为缓慢,以致曲线呈先陡峭后平缓的抛物线形[图 5-1-1(b)]。如果将剂量(或浓度)换成对数值,则呈直线,以便在低剂量与高剂量、低反应强度与高反应强度之间进行相互推算。

3.S 形

S 形是指在外源性化合物的剂量(或浓度)与反应关系中较常见,部分剂量(或浓度)与效应关系中也有出现。此种曲线的特点是,在低剂量(或浓度)范围内,反应或效应强度增高较为缓慢,当剂量较高时,反应和效应强度随之急速增高;但剂量继续增加时,反应或效应强度增高又趋向缓慢。曲线开始平缓,继之陡峭,然后又趋平缓,呈不甚规则的 S 形,曲线的中间部分,即反应率 50% 左右,斜率最大,在此附近的剂量(或浓度)略有变动,反应即有较大增减。S 形曲线分为对称与非对称两种。非对称 S 形曲线两端不对称,一端较长,另一端较短。如果将非对称 S 形曲线横坐标(剂量或浓度)以对数表示,则成为对称 S 形曲线[图 5-1-1(c)];如果再将反应率换成概率单位(probit),则成直线[图 5-1-1(d)]。

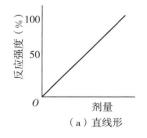

（a）直线形

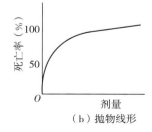

（b）抛物线形

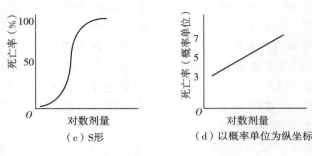

图 5-1-1   剂量(浓度)-反应曲线(续)

四、低剂量刺激作用

大量研究表明,用低剂量有毒外源性化合物处理有机体时,其生理代谢不但没有表现出抑制,反而具有显著的促进作用,这种刺激作用的大小通常高于对照组的 30%～60%,其峰值一般出现在低于该化合物无观察效应浓度(no observed effect concentration,NOEC)以下 4～5 倍的剂量范围,外源性化合物的这种在低剂量作用时表现为刺激效应,而高剂量作用时表现为抑制效应的现象称为低剂量刺激作用(hormesis)。这种低剂量刺激而高剂量抑制的剂量-效应关系可以用倒 U 形和 J 形曲线描述(图 5-1-2)。目前已经发现化学结构和性质差异很大的有毒物质。例如,重金属、杀虫剂、除草剂、致癌物、抗生素及其他大量化合物都存在这种作用。低剂量刺激作用广泛出现在细菌、真菌、藻类、高等植物、原生动物、无脊椎动物、脊椎动物及生物离体培养物中。最常出现该作用的生物学效应终点是生长效应,其次为代谢效应、生殖效应、寿命和癌症等。目前,尽管有人提出代谢反馈和超补偿作用等假设,但是低剂量刺激作用的生物学机理还不清楚。近年来,曾经一度被忽视的低剂量刺激作用重新引起了人们的重视,也引起了许多争论。支持者认为,低剂量刺激作用是一种真实且客观存在的生物学现象,在各种生物物种、各种生物学和生态学终点中普遍存在;反对者认为,低剂量刺激作用不是普遍存在的,其产生依赖于一定条件,或者认为该作用只存在于个体水平上的效应,不适合更高生物层次的效应;还有人甚至否定该作用的存在,认为低剂量刺激作用只是正常范围内的测定误差,是无法重复、没有证实、缺少理论根据的假设。由于在传统的毒理学文献和专著中涉及低剂量刺激作用的内容相对较少,因此支持该理论的研究者认为低

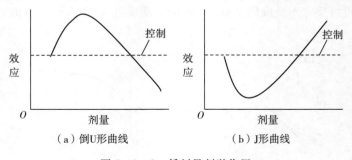

图 5-1-2   低剂量刺激作用

剂量刺激作用长期以来被主流毒理学"忽视、排斥和边缘化"。Calabrese列举了化学品具有低剂量刺激作用的上百个研究实例,其中包括多种以生物标志物表示的生态终点。支持者认为,低剂量刺激作用可能关系到中、低度化学污染的环境风险,因此在外源性化合物的生态风险评价过程中应该进行客观、正确的研究和对待。

五、定量构效关系

外源性化合物的生物学活性与其物理、化学特性之间存在一定的关系,可以利用物质的理化性质或化学结构对其生物学活性进行定量分析。定量构效关系(quantitative structure – activity relationship,QSAR)是在传统构效关系的基础上,借助分子的理化性质参数或结构参数,以数学和统计学手段定量描述分子结构和分子的某种生物活性之间的关系。定量构效关系的基本假设是化合物的分子结构包含决定其物理和化学性质信息,而这些理化性质则进一步决定了该化合物的生物活性,进而化合物的分子结构性质数据与其生物活性也应该存在某种程度上的相关。QSAR理论历史可以追溯到1868年提出的Crum – Brown方程,该方程认为化合物的生理活性可以用化学结构的函数表示。QSAR最早被用于药物设计,现在已经成为环境毒理学中预测评价化学品毒性的重要方法。狭义的构效关系研究的对象是药物,广义的构效关系研究的对象是一切具有生理活性的化学物质,包括药物、外源性化合物等。QSAR由三个要素构成,即小分子理化性质的参数化、化合物生物活性的定量标识、联系理化性质与生理活性的数学模型。

药物化学家Hansch将分子整体的疏水性、电性、立体参数与药物分子的生理活性联系起来,建立了二维QSAR法,又称Hansch法。他将分子整体的理化性质参数如脂水分配系数、偶极矩、分子体积作为药物活性函数的自变量,通过在两者之间建立回归方程找到活性最强的分子所应该具有的理化性质,在原有分子骨架的基础上,根据这些参数的指引设计新化合物,有目的地寻找新药,这种方法称为二维QSAR。后来,Cramer等提出了基于分子空间结构的比较分子场方法(comparative molecular field analysis,CoMFA)。CoMFA通过比较同系列分子附近空间各点的疏水性、静电势等理化参数,将这些参数与小分子生理活性建立联系,从而指导新化合物的设计。相比Hansch法,CoMFA法考虑到分子内部的空间结构,因而被称为三维QSAR。除了Hansch法和CoMFA法,还有Free – Wilson法、分子链接性法、单纯形法、斐波那契搜索法、H – QSAR、模式识别法等QSAR研究方法。

活性参数是构成二维QSAR的要素之一,人们根据研究的体系选择不同的活性参数,常见的活性参数有半数有效剂量(或浓度)、半数抑制剂量(或浓度)、半数致死剂量(或浓度)、最小抑制剂量(或浓度)等。结构参数是构成QSAR的另一大要素,常见的结构参数有疏水参数、电性参数、立体参数、几何参数、拓扑参数、理化性质参数及纯粹的结构参数等。QSAR出现之后,在药物化学和环境科学领域都产生了很大影响,人们对构效关系的认识从传统的定性水平上升到定量水平。

QSAR法的自动化程度高,能够快速地对化学物质进行分类标记、毒性分级及危险性评估,有效减少了实验动物的使用,具有广阔的发展前景。随着国际上对动物福利的要求越来越严格,QSAR作为一种毒理学替代法在化学品毒性外推和生态风险评价中发挥了越来越重要的作用。但是,利用 QSAR 法进行化学品的毒性外推仍然存在一些困难需要克服。QSAR 目前还只是一种基于统计分析的经验模型而不是机理模型,而且主要是化学品结构与其生物个体毒性效应的相关关系,直接被用于预测和外推种群、群落和生态系统水平的毒性效应还存在不确定性。因此,传统的单一物种毒性试验获得的毒性数据已远远不能满足外源性化合物生态风险评价的要求,而是要更加重视基于化学品生物作用机理的比较分子力场、分子对接等三维 QSAR 模型,并且从种群、群落乃至生态系统水平上获取生态毒理学数据,研究不同生物之间、不同终点之间毒性数据的相关关系,在化学品毒性外推中发挥着更重要的作用。

六、常用的剂量(浓度)参数

人们通常应用一些毒性参数表达外源性化合物的毒性大小及比较不同外源性化合物的毒性,在比较不同外源性化合物的毒性时,所用的毒性参数在量的概念上必须具备同一性和等效性。以下是一些常用的毒性参数。

(一)致死剂量(浓度)

致死剂量(浓度)(lethal dose & concentration,LD & LC)表示一次染毒后引起受试生物死亡的剂量(浓度)。但在一个群体中,死亡个体的多少有很大程度的差别,所以对致死量还应进一步明确下列几个概念。

(1)绝对致死剂量(浓度)(absolute lethal dose & concentration,LD_{100} & LC_{100}):表示一群受试生物全部死亡的最低剂量或浓度。

① 半数致死剂量(浓度)(median lethal dose & concentration,LD_{50} & LC_{50}):能引起一群受试生物的 50% 死亡的最低剂量或浓度。

② 最小致死剂量(浓度)(minimum lethal dose & concentration,MLD & MLC):能使一群受试生物中仅有个别死亡的最低剂量或浓度,低于此值则不引起机体死亡。

③ 最大耐受剂量(浓度)(maximum tolerance dose & concentration,LD_0 & LC_0):能使一群受试生物虽然发生严重中毒,但全部存活无一死亡的最高剂量或浓度。

(2)无观察效应剂量(浓度)(no observable effect does & concentration,NOED & NOEC):外源性化合物对机体的损害作用或毒作用表现为引起机体发生某种生物变化,一般说来,这种生物学变化随着剂量的递减而减弱,当外源性化合物的剂量减到一定量但尚未减到零时,生物学变化已达到零,即不能再观察到外源性化合物所引起的生物学变化,此剂量即为 NOAEL 或 NOEC,也被称为最大无作用剂量(浓度)(maximum no-effect level,MNEL)。NOED 的定义为:外源性化合物在一定时间内,按一定方式与机体接触,用现代最灵敏的检测方法和观察指标,不能发现任何损害作用的最高剂量。

NOED 是根据亚慢性实验的结果确定的,是评定外源性化合物对机体损害作用、毒性作用的主要依据,并可以其为基础,制订人体每日允许摄入量(acceptable daily intake,ADI)和最高容许浓度(maximum allowable concentration,MAC)。ADI 是指人类或动物终生每日摄入该外源性化合物对健康无任何已知不良效应的剂量。ADI 值越高,说明该外源性化合物的毒性越低。MAC 是指某外源性化合物可以在环境中存在,而不致对人或动物造成任何损害作用的最高浓度。由于接触的具体条件及人群的不同,即使是同一种外源性化合物,它在生活和生产环境中的 MAC 也不同。

(3)有毒效应最小剂量(浓度)(lowest observed adverse effect level,LOAEL):又称最低觉察反应浓度(LOEC),是指使机体发生某种异常变化所需的外源性化合物的最小剂量,即能使机体开始出现毒性反应的最低剂量,也称最小有作用剂量(minimal effect level,MEL)。因为 MEL 一般略高于 MNL,也可称为中毒阈剂量(浓度)(threshold level)或中毒阈值。理论上讲,MNL 与 MEL 应该相差极微,但实际中由于受到对损害作用观察指标和检测方法灵敏度的限制,两者之间存在一定的剂量差距。

(4)毒作用带(toxic effect zone):一种根据毒性和毒性作用的特点综合评价外源性化合物危险性的指标。常用的有急性毒性作用带(acute - toxic effect zone)和慢性毒性作用带(chronic - toxic effect zone)。

$$急性毒作用带 = \frac{半数致死剂量}{急性毒性最小有作用剂量}$$

急性毒作用带的比值越大,则急性毒性最小有作用剂量与可能引起半数死亡的剂量(LD_{50})的差距就越大,此种外源性化合物引起死亡的危险性就越小;反之,比值越小,则引起死亡的危险性就越大。

$$慢性毒作用带 = \frac{急性毒性最小有作用剂量}{慢性毒性最小有作用剂量}$$

慢性毒作用带的比值越大,表明引起慢性毒性中毒的可能性越大;反之,比值越小,引起慢性中毒的可能性越小,而引起急性中毒危险性则相对较大。此种表示方法亦可被用于亚慢性毒性作用(亚慢性毒性作用带)。

(5)半数效应剂量(浓度)(median effect dose & concentration,ED_{50} & EC_{50}):能引起 50% 受试生物的某种效应变化的浓度。

(6)半数抑制剂量(浓度)(median inhibition dose & concentration,ID_{50} & IC_{50}):能引起 50% 受试生物的某种效应抑制的浓度。ED_{50}(EC_{50})和 ID_{50}(IC_{50})通常指非死亡效应。

(二)毒物单位与分级

毒性大小与半数致死剂量呈反比,不同外源性化合物之间毒性的差别相当大,可达到百万倍甚至几千万倍。毒物急性毒性常按吸入 2h 测得的 LD_{50}(LC_{50})进行分级,将毒物分为剧毒、高毒、中毒、低毒和微毒五级。

(1)毒物单位:一般吸入毒物在空气中的浓度以 mg/m^3、mg/L 表示,哺乳动物常以 mg/kg 或 mL/kg 体重表示,水环境中毒物一般以 mg/L、$\mu g/L$ 表示,偶尔也用每单位体表面给药量即 mg/m^2 表示。

(2)毒性分级:毒性分级在预防中毒等方面有着重要的意义,外源性化合物的生产、包装、运输、贮存和使用,均必须按所属毒性级采取相应的防护措施。此外,为了便于制定和比较环境质量标准等,也必须将它们按毒性进行分级。但目前使用的分级方法、标准和毒性级的名称在毒理学文献中很不统一,因而往往造成混乱和判断的错误,目前要统一也比较困难。为消除分级标准之间的差别,建立协调、统一的化学品分级标准,由国际劳工组织、经济合作与发展组织以及联合国危险货物运输专家委员会三个国际组织共同提出框架草案,建立了全球化学品统一分类与标签制度(Globally Harmonized System of Classification and Labelling of Chemicals,GHS)。2002 年 9 月,在约翰内斯堡召开的联合国可持续发展世界首脑会议提出:各国应在 2008 年全面实施 GHS。表 5-1-1～表 5-1-4 列出了几种毒性分级系统。

表 5-1-1　GHS 关于化学品急性毒性分级标准

分级	大鼠经口 LD_{50} (mg/kg)	大鼠或兔经皮 LD_{50} (mg/kg)	大鼠吸入 LC_{50}		
			气体(ppm)	蒸气(mg/L,4h)	粉尘和雾 (mg/L,4h)
1	≤5	≤50	≤100	≤0.5	≤0.05
2	5～50	50～200	100～500	0.5～2	0.05～0.5
3	50～300	200～1 000	500～2 500	2～10	0.5～1
4	300～2 000	1 000～2 000	2 500～5 000	10～20	1～5
5	5 000				

表 5-1-2　世界卫生组织关于化学品急性毒性分级标准

毒性分级	大鼠经口 LD_{50} (mg/kg)	大鼠或兔经皮 LD_{50} (mg/kg)	大鼠吸入 LC_{50} (mg/m³,4h)
极高毒性	<25	<50	<500
有毒	25～200	50～400	500～2 000
有害	200～2 000	400～2 000	2 000～20 000

表 5-1-3　世界卫生组织关于农药危险性分级标准

危险性分级	大鼠经口 LD_{50} (mg/kg)		大鼠经皮 LD_{50} (mg/kg)	
	固体	液体	固体	液体
Ⅰa 极高毒性	5	20	10	40
Ⅰb 高度危险	5～50	20～200	10～100	40～400
Ⅱ 中度危险	50～500	200～2 000	100～1 000	400～4 000
Ⅲ 轻度危险	>500	>2 000	>1 000	>4 000

表 5-1-4　中国农业部农药产品毒性分级标准

毒性分级	大鼠 LD_{50}/LC_{50}(mg/kg 或 mg/m³)		
	经口	经皮	吸入
剧毒	<5	<20	<20
高毒	5～50	20～200	20～200
中等毒	50～500	200～2 000	200～2 000
低毒	>500	>2 000	>2 000

第二节 环境毒理学实验标准化和实验方法的分类

一、环境毒理学实验标准化

(一)影响实验的因素

以下三个方面的因素影响毒理学实验的结果。

1. 受试生物

受试生物的年龄、生活阶段、尺寸大小、季节、脱皮阶段、食物等均影响生物对受试物的敏感性。

2. 实验条件

实验的温度、水质的温度和盐分、水流速度、溶解氧、受试生物的总量、实验溶液的pH值和构成实验装置的材料等不仅影响受试生物对受试物的反应,还影响受试物的浓度、性质和形态。

3. 实验室条件

不同实验室人员的操作水平、仪器设备和采用的统计分析方法等,能使测试结果在不同实验空间有很大的差异。

这些因素中的每种都能影响测试结果,人们可能把这种影响错误地归因于外源性化合物的差别,因而毒理学实验方法要求标准化。过去几十年,一些国家和国际组织已建立了大量的毒理学实验标准方法,如美国材料与试验学会(ASTM)、经济合作与发展组织(OECD)、美国国家环境保护局(USEPA)等。我国近年来也颁布了一些标准化的毒理学实验方法,1991年9月14日颁布、1992年8月1日开始实施《水质 物质对蚤类(大型蚤)急性毒性测定方法》(GB/T 13266—1991)和《水质 物质对淡水鱼(斑马鱼)急性毒性测定方法》(GB/T 13267—1991)。在标准化的毒理学实验中对重要的因素值做了规定,如光照周期、生物大小、生物量、溶解氧和pH值等,并且对统计方法、毒物分析方法、环境条件的测定方法等做出了统一的规定。

毒理学实验标准化的意义在于:①广泛性,即在同一类型的不同实验室中进行许多有用的测试,并把结果一致的测试选择出来;②准确性,即增加数据的精确度;③可重复性,即测试可以被其他实验室重复;④操作方便,即各种人员都容易进行该类实验;⑤可比性,即可方便地将数据进行比较;⑥可靠性,即可为环境管理、环境立法(环境标准建立)提供可靠的数据或结果。除了上述优点,标准化也有它的缺陷。例如,标准化方法一般只能回答普遍关注的特殊性问题,就受试物而言,对于非常见的外源性化合物、易分解的外源性化合物和混合型外源性化合物等,目前通过标准化方法还难于进行。因此,还必须发展更多的标准化的毒理学实验方法。

(二)实验应遵循的原则

基于毒理学实验标准化的原则,为了在实验研究中能有效地控制随机误差,减少或避免各种非处理因素对实验产生的干扰,以较少的实验对象取得较多可靠的实验数据,达到经济高效的目的,我们在进行环境毒理学实验研究的方案设计时必须遵循以下原则。

1. 科学性原则

科学性是指实验目的要明确,实验原理要正确,实验材料和实验手段的选择要恰当,整个设计思路和实验方法的确定都不能偏离相关原理及其他学科领域的基本原则,分析问题、设计实验的全面性和科学性体现了逻辑思维的严密性。科学性原则包括以下内容。

(1)实验原理的科学性。实验原理是实验设计的依据,也是用来检验和修正实验过程中失误的依据,因此它必须是经前人总结或科学检验得出的科学理论。

(2)实验材料选择的科学性。选择恰当的实验材料,是保证实验达到预期结果的关键因素之一。

(3)实验方法的科学性。只有依据科学而严谨的实验方法,才能得出正确而可靠的实验结果。

(4)实验结果处理的科学性。对于实验过程中得到的一些数据、现象或其他信息不能简单处理,应首先整理后仔细分析,找出它们所能够透露给我们的最大信息量。

2. 平行重复原则

任何实验必须有足够的实验次数,才能避免结果的偶然性,使得出的结论准确、科学。重复是指控制某种因素的变化幅度,在相同实验条件下多次研究或观察其对实验结果影响的程度,从而提高实验研究结论的可靠性和科学性。

1)平行重复原则的内容

实验研究中的平行重复原则主要体现在以下几个方面。

(1)整个实验的重复。目的是确保实验的重现性,提高研究结论的可靠性。真正的科学研究应该是经得起重复验证的。

(2)样本的重复。通过对一定数量的样本进行研究,发现处理因素与实验效应间的普遍联系,避免把个别情况或偶然、巧合现象当作必然的规律。在实验设计时要考虑样本大小的问题。样本含量过少,所得指标不够稳定,结论也缺乏充分的根据;样本含量过多,会增加实际工作中的困难,也不易做到对条件的严格控制,并且造成不必要的人力和物力的浪费。统计设计的重要任务之一就是正确估计样本含量,在保证研究结论达到一定可信度的条件下,确定最少的实验样本含量。

(3)同一个体的重复观察。在实验时对受试对象进行重复测量,以测量结果的平均值作为最终观察值,可提高观察结果的精密度。

2)样本含量

样本含量是重复原则的重要体现,是用样本的研究结果推断总体参数的统计学保证。影响样本含量的因素很多,统计学上有专门的公式进行样本含量计算。一般来说,在毒理学研究中,可从以下几个方面来提高实验效率,以较少的样本含量取得较好的重复性。

(1)计量资料的实验效率高于计数资料。计量资料的样本含量可稍少于计数资料,若误差控制较好,设计均衡,每组 10～30 例具有可比性;计数资料的样本只能计算发生率和构成比,即使误差控制较好每组也要有 20～100 例,才能进行有效的组间对比。

(2)误差的大小。波动较大、误差大的实验数据所需的样本就要多些,结果稳定、误差小的样本例数可以少些。

(3)处理因素效应的强弱。处理因素的效应强,实验组的效应数据与对照组的效应数据差值就大,则所需样本的例数少;反之宜多。

(4)配对设计或自身对照的实验效率高于分组设计。由于同体自身对比和配对实验,生物个体变异对结果的影响较小,往往由较少的例数就可以取得较好的统计效果,但要注意配对或同体自身对照设计是否合理,有无蓄积作用的影响等。

在毒理学实验中,样本含量的设定除了要按研究目的考虑统计学要求,还要参照有关实验动物例数的习惯性规定,现在提供以下数据供参考:①小动物(小鼠、大鼠、鱼、蛙等)每组 10～30 只,计量资料每组不少于 10 只,计数资料每组动物数应酌情增加;若按剂量分成 3～5 个剂量组时,每组 8 只也可,但每个处理因素的动物总数不少于 30 只;②中等动物(兔、豚鼠等)每组 8～20 只,计量资料每组不少于 6 只,计数资料每组不少于 30 只;③大动物(狗、猫、猴等)每组 5～15 只,计量资料每组不少于 5 只,计数资料每组不少于 10 只。

3. 对照性原则

科学、合理的设置对照可以使实验方案简洁、明了,且使实验结论更有说服力。实验中无关变量很多,无关变量是指实验中除实验变量外的影响实验结果与现象的因素或条件,即指与研究目标无关,但影响研究结果的变量。实验者应严格控制无关变量,平衡和消除无关变量对实验结果的影响,否则实验结果的真实性无法得到认定。对照实验的设计是消除无关变量影响的有效方法。

1)对照必须具备的条件

毒理学实验等研究中设立的对照必须具备以下条件,否则不但对照无效,而且更易造成假象,导致得出错误的结论。

(1)对等。对照实验设置的正确与否,关键就在于如何尽量保证"其他条件的完全相等",为使组间具有"可比性",要求除处理因素外,对照组具备与实验组对等的非处理因素,这是对照的最基本要求。因此,应注意以下三个方面的对等:①生物材料方面,生物材料的年龄、性别、体重、窝别、品系、种属、健康状况等要一致;②实验条件方面,生物材料的培养条件、实验室或培养房的温度、湿度、通风条件等要一致,测试仪器和器具、实验试剂等也要相同;③处理方法或观察者方面。假如由两个人操作或由两个人观察结果,绝不允许一个人专门操作或观察实验组,另一个人操作或观察对照组,而应由每人操作或观察每组的 1/2。总之,组间对等的程度越好,非处理因素的影响抵消得越多,这样处理因素的效应越能突出地表现出来。

(2)同步。在时间方面,为了保证组间一致性,要求实验组与对照组在整个实验研究过程中始终处于同一时间和空间,组间实验平行进行。

(3)专门设置。在每个研究中都应为实验组设立专门的对照组,不得借用以往的结果或其他研究的资料或文献资料作为对照组,否则,由于不同步、不对等、缺乏可比性而失去对照的意义,甚至产生错误的结论。

(4)例数相等。通常对照组的例数不应少于实验组。统计理论表明,当各组的例数相等时,组间合并误差最小,效应差值的显著性也最高,能更好地发现处理因素的实验效应。

2)设置对照组的方法

(1)空白对照,即不对对照组做任何处理,但其他实验条件应与实验组相同。例如,进行动物致癌实验,在实验组加入可疑致癌物,对照组不加入该可疑致癌物,除此之外,两组其他条件完全一致,观察肿瘤的发生。

(2)条件对照,又称实验对照,即给对照组施以部分处理因素,但不是实验所研究的处理因素。这种对照方法是指不论实验组还是对照组的对象都做不同条件的处理,目的是通过得出两种相对立的结论,以验证实验结论的正确性。例如,观察甘草糖浆的止咳效果,是甘草、糖浆单独起作用,还是二者联合起作用。实验组用甘草糖浆,设两个对照组,其中一组用甘草水剂,另一组用糖浆,观察三组的疗效,这两个对照组即为条件对照。

(3)阳性对照和阴性对照。采用实验效果已肯定的化学物作为对照组,应呈现阳性结果,用来判断实验方法是否正确,避免假阴性。例如,进行致癌、致畸、致突变实验时一定要设立相应的阳性对照组。与阳性对照相反,效果已肯定为阴性的对照组,称为阴性对照,用来控制实验方法的假阳性。

(4)标准对照。不设对照组,而是用标准值或正常值作为对照。例如,观察某种药物的解热效果,以正常人的正常体温值为标准;又如,实验组用甲药治疗某种疾病,用以往治疗过同种病的乙药作为标准对照组,但乙药的疗效应是代表当时高水平的,绝不能用较低疗效的药物作为对照,否则就人为地提高了实验组的疗效。实验研究一般多不用标准对照,因为两组的实验条件不对等,对比效果差。

(5)自身对照,是指对照组和实验组针对同一研究对象进行。例如,在生物体左、右两侧分别给予处理因素和不给予处理因素,观察某种毒物的致敏作用;或者观察染毒前后实验动物某种指标的变化,不再另外设置对照组。自身对照简便,但关键要看清楚实验处理前后的现象及变化差异,尤其是自身前后对照要谨慎,只有在被观察的评价指标随着时间先后变化稳定且受试对象不受时间条件因素影响的情况下,才能用自身前后对照。当难以判断实验结果是由时间推移所致,还是由实验处理因素所引起时,不宜采用自身对照。

(6)相互对照。对照组和实验组针对同一研究对象进行,不单独设置对照组,而是几个实验组之间相互为对照。例如,使用几种药物(新药与旧药)治疗同一种疾病,对比它们之间的治疗效果。

(7)历史对照。以本人或他人过去研究的结果与这次研究的结果做比较,历史对照因为组间可比性差,只有非处理因素影响较小的少数疾病或某些特殊实验才可应用。

4. 单因子变量原则和等量性原则

单因子变量原则强调的是不论一个实验有几个实验变量,都应确定一个实验变量对应观测一个反应变量,它是处理实验中的复杂关系的准则之一。实验组和对照组相比只能有一个变量,只有这样当实验组和对照组出现不同的结果时,才能确定造成这种不同结果的原因肯定是由这个变量造成的，从而证明实验组所给实验因素的作用。因此，在设计对照组实验时首先要确定变量并加以正确设置，所要验证的中心条件即为变量。

等量性原则与单因子变量原则是完全统一的，只不过强调的侧面不同。单因子变量原则强调的是实验变量的单一性，而等量性原则强调的是严格控制无关变量(控制变量)必须等量，以平衡和消除无关变量对结果的影响。实验变量是实验中由实验者操纵的因素或条件，是作用于实验对象的刺激变量，也称自变量，自变量须以实验目的和假设为依据，应具有可变性和可操作性。反应变量又称因变量，是随着自变量变化而产生反应或发生变化的变量。反应变量是研究是否成功的证据，应具有可测性和客观性。实验变量是原因，反应变量是结果，二者具有因果关系。无关变量在进行严格控制时，不但要等量，而且是在适宜条件下的等量、常态条件下的等量。由无关变量引起的变化结果称为额外变量，二者也是前因后果的关系，但它们的存在对实验与反应变量的获得起干扰作用。

5. 随机原则

随机是指在抽取样本以前，使每个总体单位都有同等的被抽取的机会，从而使样本对总体有较好的代表性，并使其抽样误差的大小可用统计方法来估计。在进行实验研究时，无论是抽样研究还是抽样分配，只有遵守随机原则，所得资料才适合统计处理的需要。这是因为一般数理统计的计算方法是在随机化的基础上推演出来的。随机的目的就是提高组间的均衡性，尽量减少偏倚。随机化也是应用统计方法进行资料分析的基础，同时，随机化也是实现均衡性或齐同性的手段之一。

在实验研究中，随机方法主要体现在抽样、分组和实施过程等方面：①抽样随机。抽样随机能使总体中每个个体都有同等的机会被抽到样本中，使样本对总体有较好的代表性，保证实验研究所得出的结论具有普遍意义和推广价值。②分组随机。在进行实验研究时，要将受试对象分配成几个组，这时也必须用随机方法，使每个对象都有同等的机会被分配到各组中，这就不至于人为地造成各组对象间的不齐同，以提高各组间的可比性。③操作顺序随机。每个受试对象接受处理的先后顺序也要随机，以平衡实验操作顺序的影响。凡一切可能影响实验结果的处理因素与非处理因素及条件都要注意随机化，以保证处理组间的均衡性和齐同性。

随机化的方法有很多，如抽签、摸球、使用随机数字表等方法，在实验中广泛应用随机数字表进行随机化。随机数字表是随机化的重要工具之一，表内各数字之间相互独立，毫无关系。使用随机数字表可以从任何数字开始，按任何顺序读取，但应注明所选用的随机数字表的出处、开始数字的行数和列数及读取随机数字的方向。

毒理学实验先对受试生物进行染毒处理，然后提取样品进行测试和分析，最后进行统计处理获得必要的毒性参数并做出评价，测试结果对于监测环境质量的变化，确定单一污染物的安全浓度，研究多种污染物联合作用的生物效应，制定污染物或废水的排放标准、环境质量标准及外源性化合物的生态风险评价等均有重要的价值。

二、实验方法的分类

毒理学实验体系有多种，实验目的不同，采取的技术方法也不同，下面介绍几种常用的实验体系。根据毒性的类型,毒理学实验可分为生殖毒性实验、免疫毒性实验、遗传毒性实验;根据毒物的作用效果,毒理学实验分为致突变实验、致畸实验、致癌实验;根据染毒途径,毒理学实验分为经口实验、经皮实验等;根据毒物作用对象,毒理学实验分为细胞毒性实验、植物毒性实验、动物毒性实验等;根据受试生物的种类,毒理学实验分为单物种毒理学实验、多物种毒理学实验、模拟生态系统毒理学实验;根据测试目的,毒理学实验分为排放水的品质测试、相对毒性测试、相对敏感性测试、味或臭气测试、生长率测试等;根据受试生物材料的不同,毒理学实验分为整体动物实验、离体实验(游离的动物脏器、组织或细胞实验)、体内实验、体外实验等;根据受试物的给予方式,毒理学实验分为静止式毒理学实验、半流动式毒理学实验和流动式毒理学实验;根据所测试的生物效应,毒理学实验分为一般毒性实验、蓄积实验、行为实验、"三致"(致突变、致畸、致癌)实验、DNA 损伤修复实验等。

三、实验程序

在毒理学中,通过动物毒性实验和对人群的观察来阐明人为逆境因子的毒性及其潜在的危害,这一过程称为毒理学安全性评价。在安全性评价中,一般把毒理学实验划分为四个阶段,第一阶段为急性毒性实验和局部毒性实验;第二阶段包括重复剂量毒性实验、遗传毒性实验、致突变实验、短期致癌实验;第三阶段包括亚慢性毒性实验(包括繁殖、致畸实验)、生殖实验、毒物动力学实验、代谢实验、蓄积毒性实验等;第四阶段包括慢性毒性实验和慢性致癌实验。

在环境毒理学实验项目中,对于我国创制的新化合物和未进入自然环境前的化合物,一般要求进行四个阶段的实验,特别是对其中化学结构提示有慢性毒性和(或)致癌作用可能者,或产量大、使用面广、摄入机会多者,必须进行全部四个阶段的实验,先进行一般性急性毒性实验,确定 LC_{50}(或 LD_{50})和可能的毒性作用的特点和器官,再进行后续实验。对于前人没有研究过的外源性化合物毒性,毒理学实验的程序主要包括:了解受试物的理化性质、受试物与生物体的接触机会和途径,以及该化学物的生产和使用规模等情况、受试生物的选择、染毒途径、剂量或浓度确定、实验时间确定、染毒和样品的收集与保存、测试项目和测试指标的选择、测试及结果的分析处理。对于与已知物质(经过安全性评价并允许使用者)的化学结构基本相同的衍生物,则可根据第一、第二、第三阶段实验的结果,由有关专家进行评议,决定是否需要进行第四阶段实验。对于我国仿制的而又具有一定毒性的外源性化合物,若多数国家已允许其被使用于食品中,并有安全性的证据,或世界卫生组织已公布 ADI(allowable daily intake,每日允许摄入量)者,同时我国的生产单位又能证明我国产品的理化性质、纯度和杂质成分及含量均与国外相同产品一致,则可先进行第一、第二阶段实验,如果实验结果与国外相同产品一致,一般不再继续进行实验;如果在产品质量或实验结果方面与国外资料或产品不一致,应进行第三阶段实验。

环境毒理学的受试生物并不只局限于动物,还包括植物和微生物,本节重点以动物为例来阐述毒理学实验的程序。

(一)受试生物的选择

实验目的不同,受试生物不同。例如,要研究并开发一个药品,在实验的开始阶段首先要做动物实验,一般选择老鼠。若是用 Ames 实验来检测某受试物是否含有致突变作用和致癌作用,则选择鼠伤寒沙门氏菌。选择好适合研究需要的受试生物是获得正确实验结果和实验成功的重要环节,实验结果影响到是否能反映现实问题,或有助于解决某一现实问题。动物实验要求在其接触化合物之后的毒性反应与人接触该化合物的毒性反应基本一致,利用任何一种或几种实验动物的急性毒性结果向人外推都必须十分慎重,所以选择实验动物的原则非常重要。一般来说,受试生物必须具备以下条件。

(1)对受试物敏感。

(2)应具有广泛的地理分布和足够数量,并在全年中某一实际区域可获得。

(3)应是生态系统的重要组成,具有重大的生态学价值。

(4)在实验室内易于培养和繁殖,易于获得、品系纯化。

(5)应具有丰富的生物学背景资料,比较清楚地了解其生活史、生长、发育、生理代谢等。

(6)对受试物的反应能够被快速、简便地测定,并有一套标准的测定方法和技术。

(7)测试的结果有一定的参考价值。例如,药品检测一般选择鼠,因为鼠和人一样是哺乳动物,药品在鼠身上的治疗效果对人类有参考价值。

(8)应具有重要的经济价值和旅游价值,应考虑与人类食物链的联系。

此外,还应考虑到受试生物的个体大小、体重、年龄、生活史长短、源产地、实验用水是否受到环境污染物污染、健康、特殊生理状态等因素。

(二)染毒方式、剂量和实验期限

不同的生物物种或同一生物物种在不同的发育阶段,受试物进入生物体内的途径和方式可能不一样,发生毒性作用的剂量或浓度也不同。

1. 染毒方式

(1)植物毒理学实验染毒

高等植物通过根、茎、叶吸收外界环境中的物质,主要吸收部分是根和叶,根部吸收土壤和水中的无机离子、水和一些有机成分,叶主要吸收空气中的气态物质,以及吸附到叶表面的一些离子、水分和小分子有机物,不过这部分吸收很少。所以,对于气体污染物一般采取熏气法,通过气孔途径染毒;对于重金属污染和水体污染物,通过将受试物加入土壤或水培液中,进行根部染毒。

(2)动物毒理学实验染毒

动物染毒途径的选择应尽量模拟人类在环境中接触该受试物的途径或方式,基础毒性研究不论是急性、亚慢性还是慢性毒性研究,主要是经口、经呼吸道及经皮肤吸入、注射等途径,此外还有离体组织细胞暴露。染毒途径不同,毒物的分布和吸收速度也不同,吸收速度依次是静脉吸收＞呼吸道吸收＞腹腔注射＞肌内注射＞皮下注射＞皮内注射＞经消化道吸收＞皮肤涂布吸收。例如,敌百虫经小鼠经口 LD_{50} 为 $400\sim600mg/kg$,经皮下注射 LD_{50} 为 $100\sim300mg/kg$,经皮涂布 LD_{50} 为 $1\,700\sim1\,900mg/kg$。毒物进入体内途径不同,经过和首先到达的器官及组织不同,尽管所给剂量相等,表现出的毒性反应在性质和程度上也差异很大。例如,经口给予 $NaNO_3$,在肠道细菌作用下,还原为亚硝酸盐,可引起高铁血红蛋白血症,而通过静脉注射却没有这种毒效应。

① 经口染毒：有灌胃、喂饲和吞咽胶囊等方式。灌胃是经常使用的经口染毒方法，受试物直接灌入胃内，而不与口腔及食道接触，故而给予的受试物剂量准确。灌胃体积依据所用实验动物而定，小鼠一次灌胃体积为 $0.1\sim0.5mL/10g$ 体重，大鼠在 $1.0mL/100g$ 体重之内，家兔在 $5mL/kg$ 体重之内，狗不超过 $50mL/10kg$ 体重。喂饲染毒是将受试物溶于无害的溶液中拌入饲料或饮用水，使动物自行摄入含受试物的饲料或水，然后依据每日食入的饲料与水推算动物实际摄入受试物的剂量。为了计算每只动物摄入受试物的剂量，一般要将每只动物单笼饲养。由于此法更适宜进行多日染毒，急性毒性实验一般不采用此法。吞咽胶囊是将所需剂量的受试物装入药用胶囊内，并将其强制放到动物的舌后咽部迫使动物咽下。此法剂量准确，尤其适用于易挥发、易水解和有异臭的化学物，兔、猫及狗等较大动物可用此法。

② 经呼吸道染毒：凡是气态或易挥发的液态化学物均有经呼吸道吸入的可能，在生产过程中形成气溶胶的化学物也可经呼吸道吸入。经呼吸道染毒分为静式吸入染毒与动式吸入染毒两种方法。静式吸入染毒即在一定容积的染毒柜内加入一定量受试物，造成含一定浓度受试物的空气环境，使受试动物在规定时间内经吸入而达到染毒的目的，该法适用于短时间染毒的实验。动式吸入染毒以机械通风为动力，连续不断地将含有已知浓度受试物的新鲜空气送入染毒柜内，并排出等量的污染气体，使染毒浓度保持相对稳定，这样可使染毒时间不受染毒柜（室）容积的限制，也可避免动物缺氧、CO_2 积聚、温度增加等对实验结果造成的可能影响，该法适用于较长时间及反复染毒的实验。

③ 经皮肤染毒：液态、气态和粉尘状外源性化合物均有接触皮肤的机会。外源性化合物是否能经皮肤吸收导致机体中毒或仅在皮肤局部引起损伤与外源性化合物的性质有关，能经皮肤吸收的化学物主要以扩散方式经过皮肤角质层屏障，在表皮角质细胞的间质中充满非极性的脂类物质，脂溶性化学物主要通过这种途径渗透入皮肤，所以角质层薄的皮肤部位更易吸收外源性化合物。表皮破损、皮肤水化或脱水，以及易于滞留于角质层的化学物，均可增加化学物的渗透。

④ 注射染毒：注射染毒有皮下注射、皮内注射、肌内注射、腹腔注射、静脉注射等方式。对非啮齿类可模拟人拟用注射途径，而啮齿类的尾静脉和肌内注射难以多次染毒，必要时改为皮下注射或腹腔注射。注射染毒应调整受试物的 pH 值及渗透压，pH 值应为 $5\sim8$，最好是等渗溶液，动物对高渗的耐受力比低渗强。静脉注射应控制速度，腹腔注射在遗传毒理学实验中有时用，但在致畸实验中，为避免可能的损伤和局部高浓度对靶器官的影响，不应采用腹腔注射。

⑤ 离体组织细胞染毒：近年来随着染毒装置的改进，毒性实验的体外研究成为可能。例如，Cultex 细胞体外暴露染毒系统，使用 transwell 膜技术，可使细胞直接暴露于各种气态或液态受试物的环境中进行染毒。细胞生长在 transwell 膜上，染毒时膜基底面处于雾化或液态的培养基中，细胞面暴露于受试物中，可模拟受试物进入体内的过程。离体组织细胞染毒能使细胞在常温和有充分营养的条件下进行实验，在毒理学领域是一个较好的研究工具。

（3）微生物毒理学实验染毒

用微生物进行外源性化合物毒性实验，具有快速、简便、灵敏和价廉的特点。微生物毒性实验测定的指标一般分为细菌发光、细菌生长、呼吸代谢速率或菌落计数等。由于微生物结构简单,细胞与外界环境直接接触,外源性化合物只要能穿过微生物细胞膜,就能进入体内,所以染毒方式很简单,实验中在培养基中加入一定剂量的受试物即可。

2. 剂量的设计、分组和实验期限

剂量和浓度的设计、分组和具体实验性质一样,下面以剂量为例来说明。不同的实验类型根据其实验目的对受试物的剂量要求不一样,短期实验剂量高,长期实验剂量低。对一个具体实验来说,急性毒性实验的剂量一是通过查阅文献或资料,借助前人相关或相近的研究结果分析获得;二是若无有关资料作为参考,通过预试验获得。亚慢性毒性试验和慢性毒性试验的剂量都是以急性毒性实验所得到的 LD_{50} 为依据进行设计的。亚慢性毒性试验的上限剂量需控制在受试生物接触受试物的整个过程中,不发生死亡或仅有个别个体死亡,但有明显的中毒效应,或靶器官出现典型的损伤,此剂量的确定可参考两个数值,一是以急性毒性的阈剂量为亚慢性试验的最高剂量,二是以此受试物 LD_{50} 的 $1/20 \sim 1/5$ 为最高剂量。慢性毒性实验染毒剂量组为无作用剂量组、阈剂量组、发生比较轻微毒性效应的剂量组(最高剂量组),对于结果的解释比较有利。在剂量设计上,最大剂量组应引起明显的毒性反应,最低剂量组则不应出现毒性作用,在此两组中间再设 $1 \sim 3$ 个剂量组。具体设计可参考三组数据:一是以亚慢性阈剂量为出发点,即以亚慢性阈剂量或其 $1/5 \sim 1/2$ 剂量为慢性毒性实验的最高剂量,以这一阈剂量的 $1/50 \sim 1/10$ 为慢性毒性实验的预计阈剂量组,并以其 $1/100$ 为预计的慢性无作用剂量组;二是以急性毒性的 LD_{50} 为出发点,即以 LD_{50} 的 $1/10$ 剂量为慢性实验的最高剂量,以 LD_{50} 的 $1/100$ 为预计慢性阈剂量,以 LD_{50} 的 $1/1\,000$ 为预计的无作用剂量组。组间剂量差一般以 $5 \sim 10$ 倍为宜,最低不小于两倍,这样有利于求出剂量-反应关系,也有助于排除实验动物个体敏感性差异。水生生物慢性实验的处理浓度常选择 96h LC_{50} 的 $1/2$、$1/10$、$1/20$、$1/100$、$1/200$ 等浓度梯度,原则上要求能使最高浓度在一个月内出现死亡,最低浓度未出现异常。

急性毒性实验一般设 $5 \sim 7$ 个染毒剂量组,亚慢性和慢性毒性实验一般设三个染毒剂量组,同时都设一个对照组,每组至少 $2 \sim 3$ 个平行,如使用了助溶剂,应增设溶剂对照组,其浓度与试剂中的最高溶剂剂量相同。低剂量组原则上相当于阈剂量水平或未观察到作用水平;高剂量组原则上应使动物产生明显的或严重的毒性反应,甚至引起少数动物死亡;为观察毒性反应的剂量关系,在高、低剂量组之间应再设 1 个中剂量组,以出现轻微中毒效应为度。

实验期限的选择根据实验目的和受试生物的种类而定。例如,在急性毒性实验中,对鱼类染毒时间是 96h,水蚤类染毒时间是 48h,藻类染毒时间是 96h,蚯蚓染毒时间是 14d,Ames 实验不超过 72h;亚慢性毒性实验中蓄积毒性实验时间是 20d,致畸实验时间是从动物母体受孕到分娩这段时间,迟发性神经毒性实验连续给药 28d 后继续观察 14d。根据对已有资料的分析,受试物所致哺乳类动物的病理改变大部分在 6 个月以内出现,而 6 个月以后的实验期间所能增加的病理变化为数甚少,所以哺乳类动物的亚慢性毒性实验时间多进行 $3 \sim 6$ 个月;慢性毒性实验为 $1 \sim 12$ 个月,长期致癌实验为 $18 \sim 24$ 个月。

一般认为,工业毒理学慢性实验动物染毒 6 个月或更长时间,而环境毒理学与食品毒理学则要求实验动物染毒 1 年以上或 2 年,也有学者主张只有动物终生接触外源性化合物,才能全面反映它的慢性毒性效应,以及求出阈剂量或无作用剂量。但是,也有学者认为将大鼠作为慢性毒性实验动物,接触受试物 1 年以上不一定有必要,因为多次经验证明延长接触 1 年以上,大鼠不再出现新的毒性效应(致癌实验除外)。例如,有报道在 122 种化合物中,大鼠连续接触 3 个月之后才出现毒性效应的只有 3 种(占 2.46%),其他化合物均在 3 个月内已出现毒性效应。因此,认为以大鼠为实验对象时连续接触受试物 90 天,即可确定受试物的长期无作用水平。但是,这种观点还存有争论,因此在食品及环境毒理学中进行慢性毒性实验,接触外源性化合物的时间仍以 2 年为好。

(三)取样与样品保存

1. 取样

受试生物经过染毒处理后要立即取样,取样原则如下。

(1)健康组织取样。要保证所取的样品来源从外观看是健康的,无损伤、无病理性状。

(2)同一时间取样。所有染毒组和对照组要在相同时间一次性取完样。

(3)同一部位取样。对于所有浓度梯度组,样品应取自相同部位或组织器官。

(4)样品量足。所取的样品量要保证后面的实验所需。

(5)随机取样。除了致畸实验和实验结果要考虑性别差异的实验,样品应从受试生物的总体中随机抽取,保证各组取样机会均等,而不给实验增加特殊性。

2. 样品保存

如果取的生物样品不能立即进行实验,就要进行适当的保存。短期保存建议 4℃ 并暗处冷藏,不超过 5 天。在某些特定情况下,不能及时进行冷藏,则先要将被测生物组织放入冰屑中,再及时进行冷藏。冷冻是保存生物样品的基本方法,−20℃ 的冷冻温度能延长贮存期,因为 −20℃ 下的生物样品如血浆、尿液和组织样品均被冻凝,其大部分酶的活性被抑制。但 −20℃ 保存不能超过两个月,超过两个月的样品应该在 −70℃ 下保存。

如果样品包含细胞、细菌或微藻类,在冷冻过程中会破裂、损失细胞组分,需要经过特殊处理。例如,菌样保存有冷冻真空干燥保存法和甘油管冷冻保存法。冷冻真空干燥保存法是指将待存菌分纯后,用准备好的保护剂牛奶洗下菌苔,把菌悬液滴入菌种管后,在管口抽取少许棉花塞入管内细颈处,先放入 −40℃ 冰箱速冻 40 分钟,再放入准备好的混有盐的冰中,接上真空泵,真空抽干呈粉末状,火焰封口,贴上标签保存。此法保存时间长,不易变性,但需要专用仪器,一般实验室难以配备,而且过程复杂、操作难度大,需要较长时间才能完成。所以此法适合具有条件的实验室菌种的长期保存。甘油管冷冻保存法是指利用微生物在甘油中生长和代谢受到抑制的原理达到保藏目的,其方法是将 80% 的甘油高压蒸汽灭菌待用,将培养好的斜面菌种用无菌水制成高浓度的菌悬液 ($10^8 \sim 10^{10}$ CFU/mL)。加入无菌甘油,充分混匀,使甘油浓度为 10%～30%,于 −70℃ 下冻存。

为防止样品中的被测物被所含的酶进一步分解代谢,需要立即终止酶的活性,方法有液氮中快速冷却、微波照射、匀浆及沉淀和加入酶活性抑制剂(如 NaF)等。为了防止反复冻融对样品的影响,在制备样品时尽量以每次实验所需的量进行分装。

（四）测试指标的选择

外源性化合物的毒性分别从生物系统的各级水平上反映，所以测试指标有很多。大面积的持久性污染可能导致生物群落和种群的特征变化，从群落水平来说，外源性化合物的生物学效应体现在群落物种的丰度和多度、盖度和频度、群落的组成和结构、优势种、营养结构等方面。从种群水平来说，外源性化合物的生物学效应体现在种群密度、年龄组成、性别比例、出生率和死亡率、迁入和迁出率、种群分布等方面。从个体及其个体以下水平来说，则体现在机体外部形态和结构、生理生化反应、遗传水平等方面。个体以上生物水平的测试详见第六章第二节，以下重点讲述毒理学实验中在个体及其个体以下水平常用的测试指标。

1. 外观指标

对于植物，常用于毒理学实验的指标有种子萌发率、主根长、株高和鲜重、叶片颜色和伤斑、叶片形状和大小、开花时间等。对于动物，常用于毒理学实验的指标有体重、食物量、排泄量、胚胎成活率、器官畸形、体表颜色、行为、死亡等。对于微生物，常用于毒理学实验的指标有菌落的总数、形态、大小、色泽、透明度、致密度和边缘等特征。

2. 生理生化和代谢指标

常测的生理生化指标有总蛋白、可溶性蛋白、可溶性糖、丙二醛（MDA）、蛋白质和DNA加合物形成、H_2O_2含量、乙酰胆酯酶活性、抗氧化酶类（SOD、POD、CAT 等）活性、细胞膜和亚细胞结构损伤、代谢异常等。动物还有血液指标、生殖指标等，植物还有叶绿素含量、气孔导度与开度等。

3. 遗传水平指标

常用于毒理学实验的遗传水平的指标有染色体畸变、微核率、显性致死和隐性致死、姐妹染色单体交换、DNA 损伤和修复合成、"三致"（致突变、致畸、致癌）等。

对于一个具体的实验，并不是以上指标任意选择，有的外源性化合物的毒性很小，外观上很难观察到中毒症状，有的外源性化合物是生理和代谢毒性，外观上也很表现出中毒症状。所以选择合适的测试指标对获得有效和有价值的实验结果至关重要。

（五）结果的分析处理

实验结果即在实验过程中观察到的现象或收集到的数据，是实验反应的客观存在，通过对实验结果的分析、比较、抽象概括而得出定性或定量表达的结论。一般来说，毒理学实验结果有三种预期情况，即实验组与对照组结果无明显差别、实验组呈现强效应而对照组呈现弱效应、实验组呈现弱效应而对照组呈现强效应，也可表达为无关、正相关、负相关。这样的结论要通过统计处理、软件处理、误差分析来实现，此外，还应分析实验结果外推的可能性大小。

第三节　一般毒性实验方法

一、急性毒性实验

世界上越来越多新的化合物被人工合成，这些新的化合物是否有毒，毒性程度如何，可通过哪些途径进入生物体内,毒性作用特点怎样,对于这些问题,有的可以查到资料,有的则需要通过现场调查研究和短期毒理学实验(short term bioassays),测定受试生物在短时间内暴露于高浓度的外源性化合物下,其对生物机体的影响,以便为现场防护措施提供理论依据和为进一步毒理研究和制订 MAC 打下基础。

(一)急性毒性的定义和目的

急性毒性是指受试物大剂量一次或 24h 内多次接触于机体后,在短时间内对机体所引起的毒性作用。研究受试物大剂量给予受试生物后,在短时间内所引起毒性作用的这一过程,称为急性毒性实验(acute toxicity test)。在急性毒性实验中,一般采用 LC_{50} 或 LD_{50} 表示受试物的急性毒性大小。所以,LC_{50} 或 LD_{50} 不仅是衡量毒物急性毒性大小的基本数据,还是用来对各种受试物毒性强弱进行比较和进行各种毒理实验需要掌握的基本数据。LC_{50} 或 LD_{50} 是对实验观测结果进行统计学处理后求得的计算值,它不受实验生物敏感性差异的影响,剂量-反应关系灵敏,重复性好,误差也比较小。

急性毒性实验可分为急性致死实验和急性非致死实验,该类实验的主要目的如下。

(1)求出受试物对一种或几种受试生物的致死剂量及其他急性毒性参数(通常以 LC_{50} 或 LD_{50} 为主要参数),为急性毒性分级选择提供依据。

(2)复制急性中毒模型。观察急性中毒表现、毒作用强度和死亡报告情况,初步评价毒物对机体的毒效应特征、靶器官、剂量-反应关系及对人体产生损害的危险性。

(3)为亚慢性、慢性毒性实验研究及其他毒理学实验提供接触剂量和观察指标选择的依据。

(二)受试生物准备

急性毒性实验可以用不同的生物作为受试生物,如大鼠、小鼠、狗、猴、兔、豚鼠、猪、猫、鱼类、水蚤及藻类等,同一实验的受试生物必须来自同一种群;在研究受试物对植物的毒性作用时,可选择某些高等植物如拟南芥、蚕豆、洋葱、白菜等模式物种。植物一般采用萌发种子或幼苗,实验前选择萌发或生长势头相当、饱满健康的材料;动物一般采用小动物,实验动物应预先观察 7d 左右,以了解其健康状况及正常活动状态。例如,选择金鱼为受试生物,试验前至少在连续曝气的稀释水中驯养 7d,使其适应实验环境,驯养期间每天换水,每天喂食 1~2 次。驯养时的水质条件和照明条件与试验时的条件一致,试验前 24h 停止喂饲,每天清除粪便及食物残渣。驯养期间死亡率不得超过 10%,否则该批鱼不得用作试验。试验用鱼应无明显的疾病和肉眼可见的畸形。试验前两周内不应对其做疾病处理。

(三)染毒

急性毒性实验多数采用静止式,但如果研究的外源性化合物易挥发或性质不稳定,不宜采用静止式,因为在实验过程中外源性化合物的浓度会下降,受试生物对外源性化合物的暴露程度会逐渐减少。如果受试生物代谢速率快,也不宜采用静止式,因为排出代谢废物多,代谢废物的累积或分解会产生不适当的高浓度 CO_2 和 NH_3,影响实验结果。此外,如果是生物化学需氧量(biochemical oxygen demand,BOD)高的工业废水和生活污水,必须用流动式,因为溶解氧的迅速耗尽会对受试生物造成压迫。

不同物种在毒性实验中的染毒方式有很大的差别,以哺乳动物为受试生物的急性毒性实验一般采用经口染毒、经皮肤染毒、经呼吸道染毒和注射染毒方法,一般均分别用两种性别的成年小鼠或/和大鼠。小鼠体重为 $18\sim22g$,大鼠体重为 $180\sim220g$。植物的毒性实验可以采用种子萌发实验和植物生长实验。购买动物后使其适应环境一周,选择其中健康活泼的作为受试生物。

所用受试生物物种不同,测试时间也不同。例如,在水污染的急性毒性实验中,一般来说是藻类小于 $72h$,水蚤类小于 $48h$、鱼类小于 $96h$,时间最长不超过 $14d$。急性毒性实验通过测定急性毒性参数,为毒性分级和标签管理提供依据,同时,快速估计受试物的毒性,了解受试物对机体造成急性损害的可能性和严重程度,并为亚慢性毒性各项实验的剂量设计提供依据。常用的急性毒性实验有一般急性毒性实验、致突变实验、短期致癌实验、DNA 损伤修复实验、行为异常测试等。

受试物溶解或悬浮于适宜的介质中,一般采用水或食用植物油作为溶剂,可以考虑将羧甲基纤维素、明胶、淀粉等配成混悬液;不能配制成混悬液时,可配制成其他形式(如糊状物等),必要时可采用二甲基亚砜,但不能采用具有明显毒性的有机化学溶剂,如采用有毒性的溶剂应单设溶剂对照组观察。染毒方式见上述内容,受试动物染毒前后一般禁食 $16h$ 左右,不限制饮水,各剂量组的灌胃容量相同,小鼠常用容量为 $0.4mL/20g$;大鼠常用容量为 $2.0mL/200g$。灌胃方式一般是一次性给予受试物,也可一日内多次给予,每次间隔 $4\sim6h$,$24h$ 内不超过 3 次,尽可能达到最大剂量,合并作为一次剂量计算。

以种子萌发实验测试毒物毒性的染毒方法如下:取萌发率达 80% 以上的正常种子,将其置于盛有实验液的培养皿中,在黑暗条件下培养 $2\sim4d$。测量种子的苗长、根长及萌发率。根据萌发率可以求得 LC_{50} 值,从根长或苗长中可得 EC_{50} 值。陆生植物生长实验采用盆栽实验系统。在体积相同、形状一致的聚乙烯塑料钵或瓷钵中盛适量的支持基质(一般用石英砂或玻璃球珠),钵中播种受试植物的种子。若进行根接触实验,把支持介质装入盆钵至离顶部 $2.5cm$ 止,加入营养液,受试植物的种子播种在支持介质上。待出苗后间苗,每盆保留 10 株生长整齐一致的幼苗,处理开始 $14d$ 后收获植物,进行生长调查和分析。若进行叶片接触实验,将水溶性受试物或以有机溶剂为载体的非水溶性受试物配制成实验液,直接喷洒于植物叶表面。若受试物在常温下以气态形式存在,将受试植物置于熏气系统的暴露室中进行熏气实验,$14d$ 后收获植物,进行生长调查分析,此方法可测定受试植物的 EC_{50} 值。

(四)预试验和正式实验

鱼类对水环境的变化反应十分灵敏,当水体中的污染物达到一定程度时,就会引起一系列中毒反应,如行为异常、生理功能紊乱、组织细胞病变,甚至死亡。采用静态实验方法,在规定的条件下使鱼接触含不同浓度受试物的水溶液,实验至少进行 $24h$,最好以 $96h$ 为一个实验周期,在 $24h$、$48h$、$72h$、$96h$ 时分别记录实验鱼的死亡率,确定鱼类死亡 50% 时的受试物浓度。该法操作简便,不需要使用特殊的设备,适宜于受试物在水中相对稳定、在实验过程中耗氧量相对较低的短期实验。对在水中不稳定、耗氧量较高的受试物或需要进行较长时间的实验观察时,可采用动态实验方法。下面以鱼类为受试生物介绍预试验和正式实验的步骤。

进行预实验的目的是求出最高全存活浓度及最低全致死浓度,为正式试验确定浓度范围。观察鱼中毒的表现和出现中毒的时间,为正式实验选择观察指标提供依据。同时,还要做一些化学测定,以了解实验液的稳定性、pH 值、溶解氧的变化情况,以便在进行正式实验时采取措施。方法:从驯养的同一种种群的鱼群中随机挑选平均体长 7cm 以下、身宽 3cm 以下、驯养 7d 的健康金鱼若干条,设置 3~5 个浓度,每个浓度用 3~5 尾鱼,观察 24~96h。每日至少两次记录各容器内的死鱼数,并及时取出死鱼。求出 24h 100%死亡浓度和 96h 无死亡浓度。如果是一种新的化合物,第一次预试验的剂量选择参照同系物的毒性或文献资料加以估计,先用少量动物以相差 5~10 倍的组距的三个剂量进行,如果此次预实验结果无法确定正式实验所需的浓度范围,应另选择一个浓度范围再次进行预实验。

正式实验所选择的浓度应包括使实验鱼在 24h 内死亡的浓度,以及 96h 内不发生中毒的浓度,在预试验得到的最高全存活浓度和最低全致死浓度之间按一定等对数间距或等比级数设置 5~7 个浓度组,其浓度范围在三个依次的几何系列浓度中最好能够测得 20%~80%的死亡率,等比级数一般为 1:0.75 左右。实验鱼的数目以每浓度组每个平行 10~20 尾合适,不得少于 10 尾,分别在 24h、48h、72h、96h 后检查受试鱼的状况。观察指标包括理化指标和生物指标。理化指标有水的溶解氧、pH 值、水温、硬度等,用以检查实验条件的稳定性,排除由于实验条件变化带来的影响。生物指标包括鱼的死亡率和由中毒引起的鱼的生化、生理及形态学、组织结构等方面的影响。死鱼的判断标准为用玻璃棒轻触鱼的尾部,没有反应即认为死亡。

(五)实验结果的统计处理

急性实验大多以死亡为受试生物对毒物的反应指标,根据记录的结果,采取适当的数理统计方法或数据处理软件对试验数据进行处理,求 96h LC_{50} 值及 95%置信限。测定 LC_{50} 的方法有多种,测定方法不同,计算 LC_{50} 的方法也不同,常用的有寇氏法、直线内插法、概率单位图解法,也可应用有关毒性数据计算软件进行分析和计算。在实际工作中,应选择较为简便的方法计算 LC_{50}。

1. 寇氏法

用寇氏法可分别求出受试鱼在 24h、48h、72h、96h 的 LC_{50} 值及 95%置信限。LC_{50} 的计算公式为

$$\log LC_{50} = X_m - i\left(\sum P - 0.5\right)$$

式中,X_m 表示最高浓度的对数;i 表示相邻浓度比值的对数;$\sum P$ 表示各组死亡率的总和(以小数表示)。

95%置信限的计算公式为

先求标准误:

$$S\lg LC_{50} = i\sqrt{\sum \frac{pq}{n}}$$

式中,p 表示 1 个组的死亡率;q 表示$(1-p)$;n 表示各浓度组鱼的数量。

$$95\%置信限 = \lg LC_{50} \pm 1.96 S\lg LC_{50}$$

2. 直线内插法

直线内插法是指采用线性刻度坐标,绘制死亡百分率对受试物浓度的曲线,从引起 50％死亡率的内插浓度值求出 LC_{50} 值(图 5-3-1)。

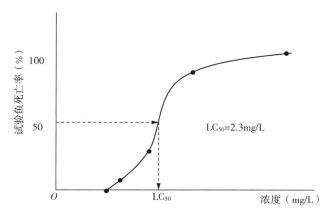

图 5-3-1 采用直线内插法估算 LC_{50}

3. 概率单位图解法

概率单位图解法又称直线回归法,是指用半对数纸,以浓度对数为横坐标,死亡百分率对应的概率单位为纵坐标绘图,将各实测值在图上用目测法画出一条相关直线,从直线中读出 LC_{50} 值。下面以 $HgCl_2$ 对大型溞染毒的 48h 实验结果为例介绍概率单位图解法。

(1)将浓度转换成浓度对数,查死亡率-概率单位换算表,将各组死亡率转换为概率单位。例如,18μg/L 浓度组实验溞死亡 55％,查表得相应的概率单位为 5.13。

(2)从浓度对数和概率单位的关系,用最小二乘法求出概率单位图解法的方程:$y=a+bx$,求 a 值和 b 值的联立方程为

$$a+b\sum x=\sum y, a\sum x+\sum x^2=\sum xy$$

解方程得:

$$a=\frac{\sum x^2\sum y-\sum x+\sum xy}{n\sum x^2-(\sum x)^2}, b=\frac{n\sum xy-\sum x\sum y}{n\sum x^2-(\sum x)^2}$$

列出概率单位图解计算表(表 5-3-1)。

表 5-3-1 概率单位图解计算表

浓度 (μg/L)	浓度对 数(x)	死亡率 (％)	概率单位(y)
3.2	0.505 1	0	2.76
5.6	0.748 2	15	3.96

(续表)

浓度 (μg/L)	浓度对 数(x)	死亡率 (%)	概率单位(y)
10.0	1.000 0	20	4.16
18.0	1.255 3	55	5.13
32.0	1.505 2	100	7.24
Σ	5.013 8	—	23.25

将表中各数值代入上面公式(表中浓度组数 $n=5$),求得 a、b 值:

$$a=\frac{5.656\ 2\times23.25-5.013\ 8\times25.853\ 8}{5\times5.656\ 2-5.013\ 8^2}\approx0.5985$$

$$b=\frac{5\times25.853\ 8-5.013\ 8\times23.25}{5\times5.656\ 2-5.013\ 8^2}\approx4.040\ 4$$

式中,a 表示截距,在直线回归方程中,当 $x=0$ 时,a 等于 y 值,表示在不给受试物时,生物自然死亡的估计值;b 表示直线的斜率,斜率越大,表示受试物的浓度有较小改变时,即能引起死亡率的较大改变,故可通过斜率比较两种受试物的性质。直线的斜率越大,表示该受试物的毒性越大。直线的斜率相等,表示受试物的性质相似。此外,直线平缓(斜率较小),意味着受试物的吸收差,转化和排泄快。直线陡峭常意味着受试物吸收快,出现中毒作用快。

(3)LC_{50} 计算。用死亡率为 50% 的概率单位 $y=5$ 代入直线回归方程 $y=a+bx$,有:

$$5=0.598\ 5+4.040\ 4x$$
$$x\approx1.089\ 4$$
$$LC_{50}=\lg^{-1}1.089\ 4=12.285\ 7(\mu g/L)$$

(4)LC_{50} 的 95% 可信限计算。因为实验数据具有抽样性质,所求出的 LC_{50} 存在一定的抽样误差,所以必须求出其 95% 可信限。计算方法是根据正态曲线把 1.96 称为 5% 界,可信限则由 LC_{50} 值加减 1.96 倍标准误构成。计算方法如下:

求标准差 S:

$$S=\frac{1}{b}=\frac{1}{4.040\ 4}\approx0.247\ 5$$

求标准误 S_E:

$$S_E=\frac{2S}{\sqrt{2N}}=\frac{2\times0.247\ 5}{\sqrt{2\times60}}\approx0.045\ 2$$

式中,N 表示概率单位在 3.5~6.5 范围内的各组动物的总数。本例包括 3 个浓度组,每个浓度有 20 个实验动物,3 组共 60 个,即 $N=60$。LC_{50} 的可信限为

$$\lg^{-1}(1.089\ 4\pm1.96\times0.045\ 2)=\lg^{-1}(1.089\ 4\pm0.088\ 592)$$

$$=\lg^{-1}(1.000\ 8\sim1.178\ 0)$$

$$=10.018\ 4\sim15.066\ 1(\mu g/L)$$

(5)回归直线的检验。所做回归直线有无意义，必须进行统计检验。现引进相关系数
r。r绝对值越接近1，x和y的线性关系越好；r绝对值如果接近0，则可认为x和y之间
没有线性关系。求出的相关系数r值只有显著才能考虑用所确定的直线来描述x和y
之间的关系。经查相关系数检验表(可查阅有关概率统计书籍)，r值在0.05水平显著，
故所配的直线是有意义的。

(六)结果评价

鱼类急性毒性实验一般以96h LC_{50}表示受试物在相应时间内对受试生物致死率的
影响。检测外源性化合物样品时，以mg/L表示，计算结果有效位数保留4位。检测废
水样品时，以百分数或mL/L表示，计算结果有效位数保留4位。LC_{50}小于人可能摄入
量的10倍，受试物毒性过大，一般应予放弃；LC_{50}大于人可能摄入量的10倍，可进入第
二阶段实验；LC_{50}在人可能摄入量的10倍左右，应进行重复实验。要保证实验结果有
效，实验过程中必须满足下列条件。

(1)受试物浓度不低于理论浓度的80%。

(2)实验结束时所有对照组和处理组溶解氧浓度不应低于空气饱和值(air saturation
value，ASV)的60%。

(3)对照组受试鱼的死亡率或非正常率不大于10%，或每缸不大于1尾。

(4)参比物质重铬酸钾对受试鱼的24h LC_{50}为200~400mg/L，且同一实验室不同时
期的实验结果一致。

(5)实验期间应保持实验室条件正常，如出现停电、停水等情况而影响实验时，应及
时停止实验，待实验室条件恢复正常后重新进行实验。

二、亚慢性毒性实验

中期毒理学实验(intermediate term bioassays)是介于短期和长期之间的一类毒理
学实验，一般来说时间为15~90d。中期毒理学实验多为半流动式和流动式。半流动式
是指每隔一定时间将实验液移出，换上新鲜的相同浓度的实验液，或将受试生物转入新
的相同浓度的实验液中，更换时间一般为24h一次。如果实验液浓度变化较快，则应缩
短换液间隔时间。这种方法操作简单，而且可维持实验液浓度并保持水质相对稳定，是
常用的毒性实验方法之一。

中期毒理学实验主要是了解受试物的亚慢性毒性和遗传毒性，包括亚慢性毒性实
验、蓄积毒性实验、致畸实验、迟发性神经毒性实验等。通过致畸实验，可判断受试物的
胚胎毒性及其是否有致畸性；通过繁殖实验，可判断受试物对生殖过程的损害作用；通过
迟发性神经毒性实验，可判断受试物是否具有迟发性神经毒作用等等。

亚慢性毒性实验(subchronic toxicity test)是研究生物体在约1/10生命期间少量反
复接触某种外来物质所引起的损害作用的毒性实验，实验的目的是在急性毒性实验基础
上进一步观测受试物对机体的主要毒性作用及毒性实验基础上进一步观测受试物对机

体的主要毒性作用及毒作用的靶器官,确定较长时间内反复接触受试物所引起的毒性效应强度、性质和靶器官,初步估计 NOAEL 和 LOAEL,预测对人体健康的危害性。此外,亚慢性毒性实验的结果也可为慢性实验和致癌实验的剂量设计选择最适观测指标及为最适剂量提供参考。有时,通过急性毒性实验或参考其他有关资料可基本掌握受试物质经亚慢性毒性实验所能获得的结果,则可省略一些实验而直接进行慢性毒性实验。实验项目主要有 90d 喂养实验、皮肤致敏实验(皮肤变态反应实验)、14~28d 亚慢性毒性实验、迟发性神经毒性实验、蓄积性毒性实验、两代繁殖实验及部分遗传毒性实验(原核细胞基因突变实验如 Ames 实验等,真核细胞染色体畸变实验如微核实验,显性致死实验如睾丸生殖细胞染色体畸变分析实验、致畸实验等)。

(一)实验方法

亚慢性毒性实验选用的实验动物应是急性毒性实验证明的对受试物敏感的动物种属和品系,同时还应考虑与慢性毒性实验中预计使用的动物种属和品系相同,通常选用两种以上的实验动物,要求选择啮齿类和非啮齿类两种实验动物各一种,以便全面了解受试物的毒效应。实验时一般选用健康、年幼的动物,家兔和猫的体重为 1~2kg,狗的体重为 5~8kg,小鼠的体重为 15g 左右,大鼠的体重为 100g 左右。按随机原则分组,各实验组动物体重均值应相近,各种动物体重应控制在组平均体重的±20%范围内。一般实验组应用 3~4 个剂量组,每组动物数一般大鼠为 20 只,家兔和猫为 10~30 只,狗为 6~8 只,猴为 2~4 只,雌雄各 1/2。由于实验时间长,为保证实验顺利,可以每组多加一定数量的动物,实验结束时动物数达到能够有效评价受试化学物毒作用的数量。同时,还可多设一个剂量组,对于结果的解释比较有利。

亚慢性毒性实验中接触外源化合物的途径应尽量模拟人类在环境中实际接触的方式或途径,具体有经口、经呼吸道及经皮肤接触三种,应根据实验目的和受试物性质的不同,选择不同的染毒途径。大部分化合物常经口染毒,其方法有将受试物均匀地掺入饲料中食用、以水作助剂饮用或灌饲等。必要时应定期监测饲料或饮水中的受试样品浓度,观察其稳定性。实验之初密切观察动物是否拒绝自动摄入拌药饲料,应尽早改为其他方式染毒,如灌胃。饮水法是将水溶性的无异味的毒物溶于饮水中,让动物自由饮用。采用这种方式的前提是无异味,经口灌胃方法的给药量较准确,故常被采用。经皮肤接触、吸入和非肠道染毒被用于特殊目的毒性实验。在实验过程中,每日应定时染毒,使实验动物血液(体液)中受试物浓度稳定,保持每日相似的生物效应。实验动物选用等数的雌、雄个体,数目为各组 10~20 只,高剂量组动物在实验期间应出现明显的中毒表现,但不使其大量死亡,低剂量组中应有一组未见到上述中毒表现,中剂量组剂量处于中间水平。剂量的确定见本章第二节,设置对照组。

(二)观察指标选择

观察与检测项目一般有受试动物采食量、摄水量、一般健康状况、生长(每周称重一次)、死亡、行为及临诊症状等,其他指标还有血尿生化指标、器官功能(如肝功能和肾功能)、器官相对重量(如肝体比、肾体比)、病理组织学检查等。

观察指标可分为一般性指标和病理学检查,一般性指标又可分为一般综合性指标和一般化验指标。

1. 一般性指标

（1）一般综合性指标：是非特异性观察指标，它是外源性化合物对机体毒性作用的综合性总体反映。一般综合性指标主要观察受试动物的一般活动、中毒症状及死亡情况。每周称重 1 次，记录饲料或饮水量，以及排便量，并在此基础上计算食物利用率（动物每食入 100g 饲料所增长的体重克数）和生长率（各组每周摄入食量与体重增加之比），以及脏器湿重与单位体重的比值（脏器系数）。脏器系数的意义是指实验动物在不同年龄期，其各脏器与体重之间的重量比值有一定规律。若受试化合物使某个脏器受到损害，则此比值就会发生改变，可以增大或缩小。因此，脏器系数是一个灵敏、有效和经济的指标。

实验动物在接触外源性化合物过程中所出现的中毒症状及出现各症状的先后次序、时间均应记录和分析，尤其对动物被毛色泽、眼分泌物、呼吸、神态、行为等需注意观察，这类资料经过分析，有利于探讨受试化合物损伤的部位及程度。

（2）一般化验指标：主要指血液和肝、肾功能的检验。通常血液学检验常规项目包括血红蛋白、红细胞数、白细胞数、血小板数，以及与凝血功能有关的指标。血生化检验包括丙氨酸氨基转移酶、天门冬氨酸氨基转移酶、血清总蛋白、尿素氮、肌酐、甘油三酯、总胆固醇等。有时还需要在实验中期进行血液生化指标检测。肝、肾功能常规项目包括谷丙转氨酶、谷草转氨酶、血清尿素氮、尿蛋白定性或定量及尿沉渣镜检等。

2. 病理学检查

实验结束时，处死所有动物并进行尸检。如果未见明显病变，可将高剂量组和对照组的主要脏器进行病理学检查，发现病变后再对较低剂量组的相应器官组织进行检查，包括心、肾、肝、脾、肺、肾上腺、甲状腺、垂体、前列腺、胸腺、睾丸（连附睾）、前列腺、卵巢、子宫、胃、十二指肠、回肠、结肠、胰腺、膀胱、淋巴结、脑、脊髓、胸骨（骨和骨髓）、视神经等，在实验过程中，死亡或濒死的动物也应进行组织病理学检查。

（三）结果评定

数据处理与实验结果评价的内容包括各组动物数、出现损伤的动物数、损伤类型和每种损伤动物的百分比，对不同数据类型（如计量指标或计数指标）选择合适的统计学方法进行分析，将处理组与对照组结果进行比较，得出科学结论。一般从 90d 亚慢性毒性实验可得出未观察到 NOAEL 和 LOAEL、主要中毒表现和毒作用的靶器官，为慢性实验提供资料。

对于 90d 经口实验，NOAEL 不大于人可能摄入量的 100 倍，表示毒性较强，一般应予放弃，特殊情况需经专家评议；大于 100 倍而小于 300 倍者，可进行慢性毒性试验；不小于 300 倍者，则不必进行慢性试验，可进行评价。对于 21d 吸入实验和 21d 经皮实验，按工业毒物对人的接触性危害进行评价，迟发性神经毒性实验根据神经毒性反应评价，两代繁殖实验根据动物的异常现象、发生率及严重程度评价，生殖毒性实验评价受试物对哺乳动物（啮齿类大鼠为首选）生殖的影响，与其他的药理学、毒理学研究资料综合比较，以推测受试物对人的生殖可能产生的毒性或危害性。

三、蓄积毒性实验

蓄积毒性（accumulative toxicity）是指低于一次中毒剂量的外源性化合物反复与机

体接触一定时间后使其中毒的毒性作用,用于测试蓄积毒性的实验称为蓄积毒性实验。蓄积毒性作用的产生,是由于外源性化合物进入机体的速度大于从机体消除的速度,从而使其在体内的量不断积累,达到对机体引起毒性作用的阈剂量所致。外源性化合物在体内的蓄积作用是引起亚慢性毒性作用和慢性毒性作用的基础,因而蓄积毒性作用是评估环境污染物毒性作用的常用指标之一,也是制定其环境卫生标准的重要参考依据,在毒理学实验中,阐明外源性化合物有无蓄积作用及其程度非常有意义。一种外源性化合物蓄积毒性大小,主要决定于它进入机体的速度及其从机体消除的速度,外源性化合物在体内的蓄积表现在物质量和功能两个方面,反复进入机体内的外源性化合物,其吸收量大于消除量,导致在体内的量得以逐渐积累,此种量的蓄积称为物质蓄积。不断进入机体的外源性化合物,对机体反复作用使其某些功能发生改变并逐渐积累加重,最后引起机体损伤,此种蓄积称为功能蓄积。

任何外源性化合物,其连续吸收产生的体内蓄积量并非可以无限增加,而是存在一定的极限。大量实验表明,外源性化合物在体内蓄积的极限值与机体在单位时间内的吸收量成正比关系。当外源性化合物吸收和消除的过程呈现动态平衡时,虽然每单位时间仍有相同剂量的吸收,但体内的蓄积量已不再增加,即外源性化合物的蓄积达到了极限。因此,其极限值还与外源性化合物在体内的消除速度即生物半衰期($T_{1/2}$)有关。如果以 $T_{1/2}$ 为时间单位将毒物给予实验动物,经过第 1 个生物半衰期后,体内蓄积量可达到极限值的 50%,第 2 个生物半衰期后为 75%,第 3 个生物半衰期后为 87.5%,依此类推。一般外源性化合物的蓄积量经过 6 个生物半衰期后,基本上就已达到了蓄积极限,此时理论上蓄积量为极限值的 98.4%。

除吸入染毒外,外源性化合物在体内蓄积的极限值可以按以下公式估算,即

$$A = a \times T_{1/2} \times 1.44$$

式中,A 表示蓄积的极限值;a 表示外源性化合物吸收量。

因此,在实验中只要测得受试物的 $T_{1/2}$ 及每个生物在半衰期内吸收受试物的量,即可大致知道它在体内蓄积的动态。吸入染毒时,当环境中受试物的浓度保持相对恒定时,受试物在体内的蓄积也存在一定的极限值。

外源性化合物的功能蓄积程度常用分次染毒所引起某效应的总量 $ED_{50}(n)$ 与一次作用时所得相同效应的剂量 $ED_{50}(I)$ 的比值,即蓄积系数 K 表示,其公式为

$$K = \frac{ED_{50}(n)}{ED_{50}(I)}$$

测定蓄积系数的实验一般用小鼠或大鼠,常用的观察指标有死亡和受试物对机体的特异性损害等。当以死亡为指标时,上式改为

$$K = \frac{LD_{50}(n)}{LD_{50}(I)}$$

对于功能蓄积系数的测定,按染毒方法可分为固定剂量连续染毒法和剂量定期递增染毒法两种。实验先按常规方法测定受试动物的 LD_{50} 或 ED_{50},即 $LD_{50}(I)$ 或 $ED_{50}(I)$,

然后另取动物进行 $LD_{50}(n)$ 或 $ED_{50}(n)$ 的测定。

1. 固定剂量连续染毒法(20d 蓄积法)

实验分为 2~4 组,每组动物有 10~20 只。各组动物每天固定用 $(1/20 \sim 1/2)LD_{50}$ 的剂量连续染毒,直至实验组动物发生 1/2 死亡;或分次染毒剂量总和已达 5 个 LD_{50},而动物即使尚未达到 1/2 死亡,实验也可宣告结束。因此,分次染毒剂量为 $(1/20)LD_{50}$ 时,实验可长达 50d。若 $(1/20)LD_{50}$ 剂量组有动物死亡,且实验结果存在剂量-反应关系,为强蓄积性;若 $(1/20)LD_{50}$ 剂量组无死亡,但实验结果存在剂量-反应关系,为中等蓄积性,无剂量-反应关系为弱蓄积性。

2. 剂量定期递增染毒法(蓄积系数法)

取动物约 20 只,每天染毒,以 4d 为一期。染毒剂量每期递增一次;开始给 1/10 LD_{50},以后按等比级数 1.5 倍逐期递增。每天的染毒剂量见表 5-3-2。实验期限最长只需 28d。一般连续染毒 20d,若动物死亡未达 1/2,此时染毒总剂量已达一次 LD_{50} 的 5.3 倍,即蓄积系数已大于 5.0,实验也可以结束。若实验期间动物发生 1/2 死亡,则可按表 5-3-2 查得相应的染毒总剂量,即蓄积系数。

表 5-3-2 剂量定期递增染毒法毒物剂量用表

染毒总天数	1~4	5~8	9~12	13~16	17~20	21~24	25~28
每天染毒剂量	0.10	0.15	0.22	0.34	0.50	0.75	1.12
各期染毒总剂量	0.40	0.60	0.90	1.40	2.00	3.00	4.50
染毒期间总剂量	0.40						
		1.0					
			1.9				
				3.3			
					5.3		
						8.3	
							12.8

表 5-3-2 中的剂量均以一次染毒的 ED_{50} 或 LD_{50} 为单位。蓄积系数的评价标准见表 5-3-3。应用蓄积系数比较各毒物蓄积作用时,必须注意测定蓄积系数的实验方法是否相同。实验资料表明,用剂量定期递增染毒法测得的蓄积系数比用固定剂量连续染毒的大。

表 5-3-3 蓄积系数的评价标准

蓄积系数	蓄积作用分级
<1	高度蓄积
1~3	明显蓄积
3~5	中等蓄积
>5	轻度蓄积

需要指出,受试生物在多次接受受试物后,可能对受试物的毒性反应逐渐减轻,甚至

不出现毒性症状。这是因为上述染毒方法激发了机体的代偿功能,使机体对该受试物毒性作用的敏感性降低所致,即产生耐受性或耐受现象。为了确定是否有耐受现象出现,可在实验结束时对存活的动物给予一次冲击剂量(一般用一次 LD_{50} 的剂量),统计比较处理组动物死亡率与预先未经毒物处理的对照组的死亡率。如果处理组动物死亡率明显低于对照组,表示有一定的耐受性;处理组动物死亡率高于对照组或无显著差异,则表示未出现耐受现象。据实验,小鼠按剂量定期递增法用二甲基乙酰胺染毒 20 天,再给予一次 LD_{50} 剂量,动物未见死亡,而对照组动物死亡率达 70%。这说明动物已产生耐受性;但剖检见处理动物肝脏已有明显的病理损害。所以,受试生物产生耐受性并不意味着机体的功能或组织未发生变化。

四、慢性毒性实验

长期毒理学实验(long term bioassays)是指在低浓度污染物作用下,使受试生物的整个生活史尽可能暴露其中的一类毒理学实验,又称全部生活史的毒理学实验(complete life – cycle bioassays)。对动物来说,是从一个卵期到下一代的卵期或更长,连续进行,对更小的生物(如浮游生物)来说,则可持续几代。但有些生物的生活史很长,甚至长达数年,因此,人们选用在整个生活史中的最敏感的几个阶段来进行,称为部分生活史的毒理学实验(partial life – cycle bioassays)。例如,人们选用某些鱼的早期发育阶段来进行水污染的长期毒理学实验。

长期毒理学实验可确定受试物的 NOAEL 和中毒阈剂量,测定 MAC,为推算受试物的安全接触限值提供依据;可以确定受试物对受试生物的致癌性,通过代谢动力学实验可以了解受试物的吸收、分布、代谢和排泄特点;也可测定受试物对生长、生殖、有性生殖产物的发育、成熟、产卵、孵卵的成功性、幼体的成活、不同生命阶段的生长与存活,以及对畸形、行为和生物积累等的影响。

在长期毒理学实验中,要保证实验的环境条件如 pH 值、硬度、温度等和自然界的季节变化相符合,实验中有性生殖产物的发育、生长等必须合乎自然季节的规律,所以只能采用流动式,将受试生物置于流动的实验液中,测定受试物对生物的毒性。这种方法不仅可以维持实验液浓度稳定,还能将受试生物的代谢产物随水流带走,防止受试生物缺氧。

常用的长期毒理学实验有慢性毒性实验和致癌实验等。

慢性毒性实验属于部分生命周期或全生命周期的毒理学实验,研究生物体在长时间内少量反复持续接触受试物后所产生的毒性效应,尤其是进行性的不可逆的毒性作用及致癌作用,其目的是观测受试物在低剂量反复作用的条件下,对机体所产生的损害及特点,确定引起损害作用的 MNL 和 MEL,确定外源性化合物的毒性下限,即长期接触受试化合物可以引起机体危害的阈剂量和无作用剂量,为进行该化合物的危险性评价与制定人接触该化合物的安全限量标准如 ADI 和 MAC 等提供毒理学依据。慢性毒性实验可持续 12~24 个月(如大鼠 24 个月、小鼠 18 个月),更长时间的慢性毒性实验又称终生实验(lifespan test)。如果慢性毒性实验期限过长,实验动物老年后可能会出现一些与实验无关的复杂病理变化及自发性疾病等干扰毒性实验结果。总之,亚慢性毒性实验和慢性毒性实验期限往往与实验目的和实验生物种类有关。

（一）实验方法

慢性毒性实验使用的实验动物与亚慢性毒性实验使用的实验动物相同，有利于研究的连续性。实验动物最好纯系甚至同窝动物均匀分布于各剂量组，哺乳动物类一般选用大鼠和另一种非啮齿类动物作为受试动物。实验动物的年龄应低于亚慢性毒性实验，选用初乳的动物为宜。例如，出生 3 周内的、体重为 $10\sim12g$ 的小鼠，或出生 3～4 周、体重为 $50\sim70g$ 的大鼠，要求雌雄各 1/2。水生生物慢性毒性实验的受试生物一般选用水蚤和鱼类，用于慢性毒性实验的鱼类多为生活周期短、怀卵量多的小型鱼类，如金鱼、鲫鱼、鲤鱼及一些小型热带鱼类。由于鱼类生活史不同阶段对外源性化合物的敏感性不同，慢性实验一般选用对其最敏感的阶段，如胚胎-仔鱼或早期幼鱼阶段。

慢性毒性实验染毒途径同亚慢性毒性实验，要注意的是，在染毒期间一定要保证合理饮食及适宜的温度和湿度等环境条件，以防止由于外界环境的不适而引起实验动物不应有的死亡，使实验更具有说服力。

（二）观察指标选择

鱼类慢性毒性实验的观察指标一般包括鱼体长和体重、产卵日期、产卵次数、产卵数、总产卵数、孵化数和孵化率、暴露 30 天早期成鱼存活数及百分数等。此外，还有内禀增长能力 r_{m}、世代平均周期、周限增长率和净增殖率等。鼠等慢性毒性实验的观察指标基本与亚慢性实验相同，同时注意以下几点：①在染毒前对动物的一些预计观察指标，如血、尿、肝、肾常规检查及某些生化指标进行测定，既利于染毒后比较，又可对动物的健康状况进行筛选，凡是指标差异过大的动物应废弃。②在染毒期间进行定期指标观察时，对照组和各剂量组应同步进行，同期比较。③实验结束后，最好将最高剂量组与对照组的部分动物继续留养 1～2 个月，以对已显现变化的指标进行追踪观察，有助于探讨受试物对实验动物有无滞后毒性作用，以及损伤是否可以恢复。

实验期间进行指标观察时，对实验动物的一般健康状况每天至少要有一次认真的观察和记录；死亡动物要及时剖检；有病或濒死的动物需分开放置或处死，并检测各项指标；如果动物出现异常，需详细记录肉眼所见、病变性质、时间、部位、大小、外形和发展等情况，对濒死动物要详细描述；实验期的前 13 周即前 3 个月，每周要对全部动物分别称量体重，以后每 4 周一次，每周要检查和记录一次每只动物的饲料食用量，若以后健康状况或体重无异常改变，可以每 3 个月检查一次。血液学检查一般在实验的第 3 个月和第 6 个月及以后每 6 个月常规检查一次血红蛋白、血细胞压积、红细胞计数、白细胞计数及分类、血小板及血凝实验等，大、小鼠每组每一性别检查 10 只，且每次检查尽可能安排为同一动物，非啮齿类动物则全部检查；当发现动物健康状况有变化表现时，必须对有关动物的血液进行红、白细胞计数，若需要进一步探讨，还要进行白细胞分类检查；至于各剂量组只有在高剂量组和对照组动物间有较大差异时，才进行红、白细胞计数检查，濒死的动物应进行白细胞分类检查。血液生化检测指标有总蛋白含量、白蛋白含量、酶活性测定、糖代谢测定、脲氮测定等。病理检查针对所有实验动物，包括实验过程中死亡或濒死而处死的动物及实验期满处死的动物，都应进行解剖和全面系统的肉眼观察，观察到的可疑病变和肿瘤部位均应留样，进一步做组织学检查，还要测定重要脏器的绝对重量和脏体比值,至少包括肝、肾、肾上腺、脾、睾丸、附睾、卵巢、子宫、脑、心等脏器,必要时还应选择其他脏器。显微镜检查是慢性毒性实验的主要必检项目,凡在实验过程中濒死处理的动物均应进行。此外,要累积常用动物的肿瘤发生数据,为今后制定相应自然肿瘤发生率提供依据。

(三)结果评定

慢性毒性实验结束后,按各阶段的实验资料、数据汇总后进行统计分析;用统计学分析技术完整、准确地比较各实验组之间毒性效应的差异性,以阐明各个指标的 NOAEL/MNL/NOEC 和 LOAEL/MEL/LOEC,确定毒物的 MAC:NOAEL<MAC<LOAEL。

通过慢性毒性实验所获得的结果,对受试物在低剂量长时间接触机体时所引起的毒性作用有更深入的了解,可依据敏感观察指标出现异常的最小阈剂量,找出该受试物慢性毒作用的 NOAEL,为受试物能否应用或为制定环境卫生标准提供最重要的参考依据。若 NOAEL≤人可能摄入量的 50 倍,表示毒性较强,一般应予放弃;若 NOAEL 为人可能摄入量的 50~100 倍,由专家共同评议后决定;若 NOAEL≥人可能摄入量的 100 倍,可以考虑允许使用;对于致癌实验,参照世界卫生组织提出的判断标准。由于实验是在受试动物生命期的绝大部分时间进行的,其间通过对动物的一般观察及其对各脏器的病理学检查,对受试物的致癌性评定也可提供一个有参考价值的依据。

第四节　生理生化和遗传水平实验方法

当外界环境受到污染时,生物的某些生理生化指标会随之发生变化,而且比可见症状反应更灵敏、精确。因此,可选择这些在分子和细胞水平上的生理生化和遗传水平的指标测定外源性化合物对生物的影响。随着分子生物学技术的快速发展,人们已可从分子水平探索外源性化合物对生物产生毒性作用的机制,确定环境污染物的早期检测终点,并进行早期预测。

一、生理生化和代谢指标测定

(一)加合物测定

1. 加合物的定义

外源性化合物进入生物体后,经生物系统代谢活化,可形成亲电子代谢产物,亲电子性化合物及其代谢产物与生物体内大分子亲核部位(如蛋白质的-SH)发生不可逆转的共价结合,形成大分子加合物。外源性化合物在细胞内产生的大分子加合物有两类:蛋白质加合物(protein adduct)和 DNA 加合物(DNA adduct)。

DNA 加合物的形成是生物体对外源性物质的吸收、代谢等诸多过程的综合结果,是外源性化合物诱发 DNA 分子损伤的一种常见形式,加合的位点多在 $N-7$-鸟嘌呤、$O-6$-鸟嘌呤、$N-1$-腺嘌呤或 $N-3$-腺嘌呤,它一旦逃避自身的修复,就可能成为化学致突变、致畸、致癌性的最小因子,外源性化合物对 DNA 的修饰是外源性化合物致癌过程的起始。在实验动物体内已检出有黄曲霉毒素、4-氨基联苯、联苯胺、2-萘胺、氯乙烯等

DNA 加合物，最早关于 DNA 加合物的研究是 Brooks 和 Lawley 于 1964 年在 *Nature* 上关于 PAHs 与 DNA 形成加合物的报道，PAHs 被生物体吸收后，经过代谢转化为活性的亲电物质，再与 DNA 共价结合形成 DNA 结合物，从而引起 DNA 结构的改变。DNA 加合物的形成及持久性取决于生物体暴露于化学物的浓度及时间、生物体对化学物的吸收、代谢及生物体对 DNA 损伤的修复能力。因此，DNA 加合物是生物体暴露于致癌物的有效剂量及致癌物在体内产生的有效作用的综合表现，定量测定 DNA 加合物可初步判定样品的遗传毒性。

　　人群调查发现，与蛋白质形成加合物的化学物有很多。例如，溴苯是一种重要的肝脏毒物，进入体内后经 CytP450 作用形成溴苯-3,4-环氧化物，可与蛋白质共价结合；烷基化试剂可与血红蛋白末端氨基酸的氨基、半胱氨酸的巯基及组氨酸咪唑环上 N_1 或 N_3 共价结合；环氧乙烷、环氧丙烷可与血红蛋白中组氨酸、末端氨基酸残基共价结合；4-氨基联苯、苯胺经体内代谢氧化后可与蛋白半胱氨酸的巯基结合；此外，还有其他芳香胺、多环芳烃、黄曲霉毒素、溴代甲烷、乙烯、丁二烯、苯乙烯、氯乙烯、苯、三硝基甲苯等，还有的是其代谢产物与蛋白质的加合物。加合物的形成必将影响蛋白质结构和功能。例如，白蛋白是血液和组织间质中的主要蛋白质，也是脂肪酸、内源性化合物及外源性运输的主要载体，终致癌物容易与它结合，形成共价加合物，诱导细胞癌变。

　　蛋白质加合物和 DNA 加合物可以作为接触生物标志物，反映外源性化合物进入生物体到达靶位的内接触剂量，也可以作为一种效应标志物，反映蛋白质和 DNA 受到有毒外源性化合物损伤的效应剂量。近年来，两种加合物的研究已成为现代毒理学领域的研究热点，在生物监测和评价中具有重要意义，成为近年来研究和应用最多的一种分子水平的生物标志物。

　　2. 加合物测定的方法
　　(1) 色谱-质谱法
　　色谱-质谱 (GC-MS) 法是目前最常用的诊断、检测及定量分析加合物的方法，其原理是根据复杂样品中的各组分在流动相和固相间具有不同的分配系数，当两相进行相对运动时，各组分便在两相中进行溶解、吸附、脱附的多次反复分配，达到彼此分离的结果。该法的优点是灵敏度高、特异性强，用于检测极微量加合物的存在及研究其形成机理。在蛋白质加合物中，外周血蛋白（血红蛋白、血清白蛋白）最引人注意，血红蛋白 (Hb) 在一定程度上可以代替 DNA 用于检测加合物，虽然化合物与 Hb 的加合并不具有致癌作用，但由于 Hb 也具有亲核中心，可与亲电子物质反应形成稳定的 Hb-加合物，因而 Hb-加合物可间接反映连接于 DNA 的加合物。动物实验已发现 50 多种外源性化合物可与 Hb 反应，致突变物及致癌物均可与 Hb 连接。Hb 的生存期为 120 天左右，因而 Hb-加合物可作为中长期暴露的指标。Hb-加合物最常用的测定方法有 GC-MS 法，先进行血红蛋白加合物的透析分离，纯化后在碱性条件下水解血红蛋白及其加合物，对样品做色谱分析前处理，收集并浓缩至适当浓度，用负离子化学源的 GC-MS 分析。

　　(2) 免疫法
　　用免疫学的方法检测 DNA 加合物是近年发展起来的一门新技术，该法是基于抗原-

抗体反应原理建立起来的一种检测方法,先通过免疫的方法获得特定的 DNA 加合物的单克隆或多克隆抗体,然后将血清中得到的抗体包被于微孔板中,最后通过一定方法将样品与所包被的 DNA 加合物抗体竞争性地结合,进而分析所产生的 DNA 加合物。根据应用技术,可分为放射免疫分析法(RIA)、酶联免疫分析法(ELISA)及超敏酶学放射免疫法(VS－ERISA)等方法。

RIA 是将核素分析的高灵敏度和抗原-抗体反应的特异性结合,以放射性核素作为示踪物的标记免疫测定方法,标记免疫分析的四个环节分别为抗体生产、标记试剂制备、分析方式设计、分析信号检测,后三个环节是密切相关的,其中重要的是选择探针来制备标记物,探针决定了信号检测的方法,同时也影响和限制着分析方法的选择。此项技术灵敏特异、适用性广、速率较快,已制成多种标准试剂盒,使用方便,应用范围十分广泛,至今仍是测定各种微量物质常用的手段。但需使用专门设备,价格昂贵,同时,RIA 测定还会产生不可忽视的放射性污染,常用核素半衰期短,试剂盒稳定期不长,以及不易快速、灵活地进行自动化分析等诸多不是,特别是近年来因非放射标记免疫测定技术及其自动化分析的飞速发展和普及,故 RIA 将逐渐会被这些优秀的标记免疫分析方法取代。

1971 年,瑞典学者 Engvail 和 Perlmann、荷兰学者 Van Weerman 和 Schuurs 分别报道将免疫技术发展为检测体液中微量物质的固相免疫测定方法,Sabtella 等于 1988 年创建了 ELISA。ELISA 的基础是抗原或抗体的固相化及抗原或抗体的酶标记,是把抗原-抗体反应的特异性和酶的高效催化性能结合起来的一种标记技术。该法将酶以共价方式与抗体(抗原)连接,形成酶标抗体(抗原),酶标记的抗原或抗体既保留其免疫学活性,又保留酶的活性,用酶标抗体(抗原)与相应的抗原(抗体)反应,形成带有酶标记的免疫复合物。检测时,待测样本(含有抗体或抗原)与固相载体表面的抗原或抗体起反应,用洗涤的方法使固相载体上形成的抗原抗体复合物与溶液中的其他物质分开,再加入酶标记的抗体或抗原,与抗原抗体复合物反应从而也结合在固相载体上,此时固相上的酶量与样本中受检物质的量呈一定的比例。加入酶的底物后,底物被酶催化成为有色物质,产物的量与样本中受检物质的量有关,故可根据显色的深浅进行定性或定量分析。因为酶的催化效率很高,放大了免疫反应的结果,所以测定方法具有很高的灵敏度。

用生物大分子加合物抗体(单克隆体或多克隆体)来诊断、检测靶组织中的相应加合物及其含量,可以在特异的组织或细胞中进行定位研究,它既不影响酶的催化性质,又不改变抗体(抗原)的特异性。它上面的酶催化无色素底物,生成有色产物,即使数量很低,也能用比色方法将其测出,从而可定性定量分析样品中的抗原或抗体。ELISA 技术有两种基本方法:直接法(测定抗原)和间接法(测定抗体)。

蛋白质加合物也可以通过免疫法检测。免疫法的灵敏度可达到一个加合物/$10^7 \sim 10^8$核苷酸水平,所需样品的 DNA 量为 $25 \sim 50 \mu g$。优点是费用低,简便易行,无须接触高水平的暴露量,适用于大量人群流行病学调查的研究;其缺点为所需样本量大,抗体间存在交叉反应,对于非抗原性加合物和未知抗原的加合物不能进行检测。

(3)荧光测定法

荧光测定法的原理是通过某些化合物的加合物具有荧光特性而进行定量,常见的技术有同步荧光法、低温激光法和激光-反射荧光法,其灵敏度为 1 个加合物/$10^6\sim10^8$ 核苷酸,所需样品量为 $100\mu g$ 左右。荧光法的优点是不破坏生物大分子链,并可区分出加合物的不同立体异构体及大分子链不同位点上的加合物。荧光法还可用于研究 DNA 加合物的形成或修复与时间之间的动态关系,但不适用于检测发光的化合物。

（4）^{32}P-后标记法

Gupta 于 1982 年就建立了 ^{32}P-后标记法（^{32}P – postlabeling assay）来诊断、检测生物体中形成的 DNA 加合物,它也是一种非常灵敏的诊断方法,灵敏度为 1 个 DNA 加合物/$10^9\sim10^{10}$ 核苷酸。该法的基本原理是,与外源性物质形成加合物的单核苷酸,可抵制酸酶的降解,并被标记上 ^{32}P,从而通过放射性的定量分析诊断、检测所形成的 DNA 加合物。此法的优点是检测能力强,应用范围广,可适用于检测不同类型的外源性化合物,如PAHs、芳香胺、烷基化物、不饱和醛类及活性氧、紫外线辐射等所引发的 DNA 加合物,尤其是可用于生态毒理学研究中生物样品的加合物测定及判断化合物的生态毒性。尽管如此,^{32}P-后标记法还不是一个标准的方法,在定量水平上存在局限性,因此有必要同其他检测方法结合起来应用。

此外,DNA 加合物的测定法还有碱洗脱法及 LM – PCR 法等。

（二）抗氧化酶活性和过氧化代谢产物含量测定

近来大量研究表明,生物在逆境胁迫中,细胞内自由基代谢平衡可能被破坏而有利于自由基的产生。自由基是机体氧化反应中产生的有害化合物,具有强氧化性,过剩自由基的毒害之一是引发或加剧膜脂过氧化作用,造成细胞膜系统的损伤,进而损害机体的组织和细胞,引起慢性疾病及衰老效应,严重时会导致生物细胞死亡。自由基是具有未配对价电子的原子或原子团,生物体内产生的自由基主要有超氧自由基（$O_2^-\cdot$）、羟自由基（$OH\cdot$）、过氧自由基（$ROO\cdot$）、烷氧自由基（$RO\cdot$）等。生物细胞膜有酶促和非酶促两类抗氧化物防御系统,超氧化物歧化酶（SOD）、过氧化氢酶（CAT）、过氧化物酶（POD）、谷胱甘肽过氧化酶（GPx）、抗坏血酸过氧化物酶（ASA – POD）等是酶促防御系统的重要保护酶,抗坏血酸（维生素C,V_C）、维生素 E（V_E）、β-胡萝卜素、还原型谷胱甘肽（GSH）等是非酶促防御系统中的重要抗氧化剂。酶活性水平和 H_2O_2、丙二醛（MDA）、自由基等过氧化代谢产物的含量水平可作为生物受外源性化合物损害的生理生化指标。

对于以上酶活性和过氧化代谢产物的含量测定方法有多种。下面分别介绍 SOD、CAT、POD 三种酶活性和 GPx、MDA 含量的测定原理。

1. SOD 活性测定

SOD 的催化底物是 $O_2^-\cdot$,一般多以一定时间内产物生成量或底物的消耗量作为酶活性单位。由于 $O_2^-\cdot$ 自身很不稳定,且不易制备,测定 SOD 的方法除少数采用直接法外,一般多为间接法。

（1）直接法。直接法的原理是根据 $O_2^-\cdot$ 或产生 $O_2^-\cdot$ 的物质本身的性质测定 $O_2^-\cdot$ 的歧化量,从而确定 SOD 的活性。经典的直接法包括脉冲辐射分解法、电子顺磁共振波法、核磁共振法等。由于所需的仪器设备价格昂贵,一般较少应用。

（2）间接法,即一般化学法,这些方法的共同特点是,要有一个 $O_2^-\cdot$ 的产生体系和一个被 $O_2^-\cdot$ 还原或氧化的可检测体系。在 SOD 存在下,一部分 $O_2^-\cdot$ 被 SOD 歧化,因而

O_2^-·还原或氧化检测体系的反应受到抑制,根据反应受抑制程度,测定 SOD 的活性。

邻苯三酚自氧化法即改良 Marklund 法,可测定 SOD 活性,其原理是基于经典的分光光度法。在碱性条件下,邻苯三酚自氧化成红桔酚,用紫外-可见光谱跟踪波长为325nm、420nm 或 650nm(经典为 420nm),同时产生 O_2,SOD 催化 O_2 发生歧化反应,从而抑制邻苯三酚的自氧化,样品对邻苯三酚自氧化速率的抑制率可反映样品中的 SOD 含量。本法具有特异性强、所需样本量少(仅 50μL)、操作快速简单、重复性好、灵敏度高、试剂简单等优点。

细胞色素 C 还原法即 McCord 法,也可测定 SOD 活性,其原理是黄嘌呤-黄嘌呤氧化酶体系中产生的 O_2 使一定量的氧化型细胞色素 C 还原为还原型细胞色素 C,后者在550nm 有最大光吸收。在 SOD 存在时,由于一部分 O_2 被 SOD 催化而歧化,O_2 还原细胞色素 C 的反应速度则相应减少,即其反应受到抑制。将抑制反应的百分数与 SOD 浓度作图可得到抑制曲线,由此计算样品中 SOD 活性。本法是间接法中的经典方法,但本法的灵敏度较低。

除了上述方法,一般化学法还有羟胺法、黄嘌呤氧化酶-NBT 法、肾上腺素法、没食子酸法、6-羟多巴胺法、亚硝酸盐形成法和碱性二甲亚砜法等。

2. CAT 活性测定

H_2O_2 浓度越高,分解速度越快。H_2O_2 在 240nm 波长下被强烈吸收,CAT 能分解H_2O_2,可根据 H_2O_2 的消耗量或 O_2 的生成量测定该酶活力大小。由于 CAT 的作用,反应溶液的 A_{240} 随着反应时间延长而降低,根据测量吸光度的变化速度即可测出 CAT 活性。

除了用上述紫外分光光度法测定 CAT 活性,电化学法、化学滴定法等方法也能测定CAT 活性。

3. POD 活性测定

在有 H_2O_2 存在的情况下,过氧化物酶能将邻甲氧基苯酚氧化生成茶褐色产物,此产物在 470nm 波长处有最大吸收峰,故可通过测定 470nm 波长下的吸光度变化测得过氧化物酶的活性。

4. GPx 测定

测定 GPx 活力有以下两种常用方法。

(1)直接法,即直接测定 GSH 减少量,这是 1959 年 Mills 首次提纯 GPx 时所用的方法之一。GSH 在 255nm 处光吸收量大,故可从 255nm 光吸收减少量计算 GSH 的消耗量,从而判断酶活性。由于该方法的灵敏度差,仅适用于纯酶活性测定。

(2)间接法,其原理是利用 H_2O_2 或有机氢过氧化物氧化 GSH,同时加入 NADPH 及谷胱甘肽还原酶,使氧化的 GSH 重新转变为 GSSH,NADPH 转变为 $NADP^+$,测定$NADP^+$ 在 340nm 的光吸收即可确定酶活性。此法的灵敏度高、专一性强,现已被普遍使用。

5. MDA 含量测定

生物器官衰老或在逆境下遭受伤害,往往发生膜脂过氧化作用,MDA 是膜脂过氧化的最终分解产物,其含量可以反映生物遭受逆境伤害的程度,可通过测定 MDA 了解膜脂过氧化的程度以间接测定膜系统受损程度及植物的抗逆性。在酸性和高温度条件下,可以与硫代巴比妥酸(TBA)反应生成红棕色的三甲川(3,5,5-三甲基噁唑-2,4-二酮),其最大吸收波长为 532nm,但是测定植物组织中 MDA 时受多种物质的干扰,其中最主要的是可溶性糖,糖与 TBA 显色反应产物的最大吸收波长为 450nm,糖与 TBA 显色反应产物在 450nm 的消光度值与 532nm 和 600nm 处的消光度值之差呈正相关。配制一系列浓度的蔗糖与 TBA 显色反应后,利用双组分分光光度计法测定上述三个波长的消光度值,可求糖和 MDA 的浓度。

除了上述生理生化指标,还有 H_2O_2 含量、乙酰胆碱酯酶活性、谷胱甘肽过氧化物酶活性、叶绿素含量、细胞膜和亚细胞结构损伤、代谢异常、血液指标、生殖指标、气孔导度与开度等。

(三)MFOs 活性测定

MFOs 催化的反应类型繁多,且底物特异性不强,故有多种方法被用于 MFOs 测定,可分为直接法和代谢法。直接法是指直接测定 MFOs 的各组成成分,如 CytP450 含量,7-羟乙基试卤灵正脱乙基酶、苯并芘羟化酶、NADPH-P450 还原酶等酶活性。代谢法是指通过测定 MFOs 催化反应中的底物消耗量或产物生成量来计算 MFOs 作用大小。由于使用单一方法进行 MFOs 的评价不够全面和可靠,因此,在毒理学中常采用多种检测分析方法,从不同角度进行 MFOs 作用的评定。

(四)一般代谢酶的活性测定

用特定反应中的关键酶的变化证实外源性化合物的影响已有很长的历史,尽管早期工作远不及现在的研究这样全面、系统,但随着研究工作的不断深入,越来越多新的酶指标被发现和采用。生物受到亚致死剂量毒物的暴露时,不仅可借助酶指标来对毒物进行生化水平上的评价,还可用来探讨毒物的作用机制。

1. AChE 活性测定

AChE 是生物体中的一种重要酶,也是一个典型的毒理指标。因为 AChE 对有机磷农药十分敏感,在 0.1×10^{-6} 浓度下,其活性即受到明显抑制,所以 AChE 可作为有机磷农药污染的生物标志物。早在 20 世纪 50 年代,Woss 就提出自然水环境中极低浓度的有机磷杀虫剂可用鱼脑或无脊椎动物的 AChE 活性的抑制来检测。原理是利用 AChE 使 ACh 分解为乙酸和胆碱,中止反应后,未被反应的 ACh 与盐酸羟胺作用生成羟肟酸,该产物在酸性条件下与 $FeCl_3$ 作用,生成深褐色铁络合物,其颜色深浅度与 ACh 量成正比,可以比色定量,间接测出 AChE 的活性。一般认为,20% 以上的 AChE 抑制表明暴露作用的存在,50% 以上的 AChE 抑制表明对生物的生存有危害。最近,资料表明这项生化指标已被用到 QSAR 的研究中。近期这类工作较多应用水生无脊椎动物作为研究材料。测定 AChE 活性最常用的方法是比色法,Ellman 提供的方法的原理是,由乙酰胆碱酯酶水解乙酰胆碱的硫醇同系物而产生硫醇,可与双二硫代硝基苯甲酸(DTNB)起反应,生成一种深黄色的结合物,于是可在 412nm 波长处进行测量;另一种比色法是依据与未水解的乙酰胆碱底物形成一种棕色的异羟肟酸铁的络合物的原理,于 540nm 波长处进行比色测定。根据放射测量法,发展了一种测定胆碱酯酶的灵敏方法,系采用乙酰-1-^{14}C 胆碱作为底物,而用计数器测量所释放出的乙酸-1-^{14}C 的浓度,未水解的底物先用离子交换法除去,而后将放射性乙酸进行计数测量。所有测量在 30min 内即告完成,其准确度为 3%,或者更高。除上述测定方法外,还可采用测压法、荧光法和电化学法对 AChE 活性进行测定。

2. 三磷酸腺苷酶活性测定

三磷酸腺苷酶(ATPase)是生物体内重要的酶,存在于所有的细胞中。它在生物体内的作用是水解高能化合物三磷酸腺苷(ATP)而释放出供生命活动所用的能量,因而它有着重要的生物学意义。ATPase 活性按 Matsumura 等的方法进行。用钼蓝法测定经酶水解释放的无机磷。酶活性用微摩尔无机磷/(毫克蛋白・小时)[μmol P/(mg・h)]表示。

3. 血清转氨酶活性测定

氨基酸分子上的氨基转移到 α-酮酸分子上的反应称为转氨反应。转氨反应是氨基酸代谢的重要反应之一,由转氨酶催化,经转氨后,原来的氨基酸变成酮酸,原来的酮酸则变成新的氨基酸。例如,谷丙转氨酶可催化丙氨酸和 α-酮戊二酸转氨生成丙酮酸和谷氨酸。血清中含有谷丙转氨酶,将血清与丙氨酸和 α-酮戊二酸混合液共同保温,即产生丙酮酸和谷氨酸。丙酮酸与 2,4-二硝基苯肼作用生成腙,在碱性环境下呈红色,红色的深浅与丙氨酸的生成量成正比,可用比色法测定。通过计算丙酮酸的生成量,可确定转氨酶的活性。

正常血清内转氨酶的活性不高,但六六六、DDT 等污染物均可引起转氨酶活性升高。

利用污染条件下转氨酶活性与正常情况下转氨酶活性大小比较,可以反映环境污染的状况。

二、遗传毒性毒理学试验

环境遗传毒性主要是研究环境中外源性化合物和物理辐射等物理因素诱发的生物体遗传物质如 DNA 或 RNA 的变异作用,以及其在子代中的有害遗传变化效应,一般主要包括环境物质对机体的致突变作用、致畸作用及致癌作用(即"三致"遗传毒性效应)。

因为在人体中已建立了某些化合物的暴露和致癌性之间的关系,而对于遗传性疾病尚难以证明有类似的关系,所以遗传毒性试验主要用于致癌性预测。遗传毒性实验能检出 DNA 损伤及其损伤的固定,以基因突变、较大范围染色体损伤、重组和染色体数目改变形式出现的 DNA 损伤的固定,一般被认为是可遗传效应的基础,并且是恶性肿瘤发展过程的环节之一(这种遗传学改变仅在复杂的恶性肿瘤发展变化过程中起到部分作用)。染色体数目的改变与肿瘤发生有关和可提示生殖细胞发生非整倍体的潜在性有关,在检测这些类别损伤的试验中呈阳性的化合物为潜在的人类致癌剂和/或致突变剂。遗传毒性实验是一个庞大的实验体系,包括致突变实验体系、致畸实验和致癌实验体系。

(一)致突变试验体系

1. 基本概念

生物体的遗传物质发生了基因结构的变化称为突变(mutation),某些物质(如污染物或其他环境因素)引起生物体细胞遗传信息发生突然改变的作用称为致突变作用(muta-genesis)。偶然的复制、转录、修复导致碱基配对错误可产生自发性突变,具有引起生物体的遗传物质发生基因结构变化的物质称为致突变物(mutagen),或称诱变剂,环境因素可诱发突变,使突变率提高。突变可分为基因突变(gene mutation)和染色体畸变(chromosome aberration)两大类。基因突变是指一个或几个 DNA 碱基对的改变,只涉及染色体的某一部分的改变,不能用光学显微镜直接观察。染色体畸变是指染色体的数目或结构发生改变,可用光学显微镜直接观察。上述的两种突变类型仅是程度之分,而在本质上并无差别。因此,狭义的突变通常仅指基因突变,而广义的突变则包括染色体畸变和基因突变。

　　在生物的繁衍过程中,因为只有通过突变才能有生物体新种类的形成。例如,农作物、园林植物、禽、畜、鱼等新品种的培育,就是通过定向突变筛选后而获得的,故突变有其有利的一面。但是各种外源性化合物对人类引起的各种突变的结果,对健康则多存在很大的潜在威胁。因此,从理论上推测,这些突变虽然也可能出现有益的后果,但概率极小,而且无法鉴别和控制,所以,从毒理学角度,不论突变的后果如何,应将致突变作用视为外源性化合物毒性作用的一种表现。化学致突变物(chemical mutagen)作用于机体的体细胞或生殖细胞,所引起的后果并不相同。生殖细胞包括雄性精子和雌性卵子。致突变物作用于生殖细胞引起突变,可以导致两种后果:①突变细胞不能与异性细胞结合及胚胎出现死亡,它发生于子代,为显性,因此这种突变又称显性致死突变(dominant lethal mutation);②引起遗传性疾病(hereditary diseases)。如果生殖细胞发生突变,这种突变为非致死性,则可以传给后代,引起先天性遗传缺陷,即遗传性疾病,使人类基因库(gene pool)受到影响。

　　化学致突变物作用于胚胎或胎儿期的细胞,可导致体细胞突变(somatic mutation),也可引起胚胎畸形,如果突变对胚胎的影响较为严重时,还可造成胚胎死亡。化学致突变物作用于体细胞,还可以形成肿瘤(tumor)。

　　2. 实验分类

　　致突变试验是为了确定某种外源性化合物对生物体是否具有致突变作用所进行的试验,包括体外基因突变试验、细胞遗传学试验、体内基因突变试验、DNA 损伤试验四个部分。这些试验有的在体外进行,有的在体内进行,所使用的生物系统包括微生物(细菌、真菌等)、哺乳动物的细胞、昆虫乃至哺乳动物或植物等。从目前较成熟的研究来看,常见的体外基因突变试验有鼠伤寒沙门氏菌/哺乳动物微粒体酶试验(Ames 试验)、哺乳动物体细胞株突变试验(如以叙利亚地鼠胚胎细胞为材料的体外细胞转化试验)、转基因动物致突变试验等;细胞遗传学试验有体内细胞染色体畸变试验、体外细胞染色体畸变试验(如体外细胞系细胞遗传学分析、微核试验、大鼠骨髓染色体畸变试验)等;体内基因突变试验有显性致死突变试验、果蝇伴性隐性致死试验等;DNA 损伤试验有姐妹染色单体交换试验、DNA 修复合成试验、碱性单细胞凝胶电泳试验(SCGE,彗星试验)等。下面选择其中几种进行介绍。

　　(1)Ames 试验

　　Ames 于 1975 年建立起的鼠伤寒沙门氏菌(Salmonella typhimurium)回复突变试验

即 Ames 试验,是一种利用微生物进行基因突变的体外致突变试验法。该试验的原理是,同一种微生物的营养缺陷型突变型菌株与受试物接触,若此受试物具有致突变性,可使突变型微生物再发生一次突变,重新成为野生型微生物,这种突变叫作回复突变(reverse mutation)。检测到此受试物具有回复突变作用,说明它也有正向致突变作用。鼠伤寒沙门氏菌有一种菌株是组氨酸营养缺陷型(his⁻),不具有合成组氨酸的能力,故在低营养(不含或少含组氨酸的培养基)的培养基中,除极少数自发回复突变的细胞外,一般只能分裂几次,在显微镜下只能见到很微弱的细小菌落。鼠伤寒沙门氏菌野生型(his⁺)具有合成组氨酸的能力,可在低营养的培养基上生长。但 his⁻ 型受诱变剂作用后,大量细胞发生回复突变,自行合成组氨酸,发育成肉眼可见的 his⁺ 型菌落。将 his⁻ 菌株与被检受试物接触,若该受试物具有致突变性,则可使 his⁻ 型发生回复突变,重新成为his⁺ 型。据此来检定受试物是否具有致突变作用。

$$\text{his}^+ \text{型} \underset{\text{回复突变}}{\overset{\text{正向突变}}{\rightleftarrows}} \text{his}^- \text{型}$$

实验方法如下:吸取测试菌增菌培养后的菌液 0.1mL,注入熔化并保温 45℃左右的上层软琼脂中,需肝微粒体酶 S9 活化的再加 0.3~0.4mL S9,立即混匀,倾于平板上,铺平冷凝。用灭菌尖头镊夹灭菌圆滤纸片边缘,纸片浸湿受试物溶液,或直接取固态受试物,贴放于上层培养基的表面,同时做对照。平皿倒置于 37℃温箱培养 48h,一般在纸片外围长出密集菌落圈的为阳性,菌落散布密度与自发回变相似的为阴性(图 5-4-1):①在平板上无大量菌落产生,说明试样中不含诱变剂;②在纸片周围有一个抑制圈,其外周围出现大量菌落,说明试样中存在某种高浓度诱变剂;③在纸片周围长有大量菌落,说明试样中存在浓度适当的诱变剂。

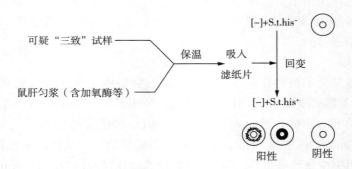

图 5-4-1　Ames 试验法检测示意图

也可根据突变率来判断致突变物。方法是计数每个浓度平皿培养基上的回变菌落数的平均数,凡诱发回变的 his⁺ 菌落数为自发回变 his⁺ 菌落数的 2 倍以上时,并有剂量-反应关系,即为致突变物,可以用突变率表示,当突变率大于 2.0 时,为阳性结果。突变率的计算公式为

突变率＝诱发回复突变菌落数/自发回复突变的菌落数(对照)

大多数外源性化合物只有经过细胞代谢活化才有致突变作用,需要 MFOs 系统催

化，MFOs 系统存在于哺乳动物且主要在肝细胞微粒体上，故在测试系统中加入哺乳动物肝微粒体酶及受氢系统（代谢活化系统），以弥补体外试验缺乏代谢活化系统的不足，进一步提高试验方法的灵敏度，所以该试验又称鼠伤寒沙门氏菌/哺乳动物微粒体酶试验。研究报道，利用本法检测已知致癌物的结果，与对动物致癌性相符率较高（约 90%），假阳性和假阴性较低（约 10%），一般于 48h 可得出结果，费用也低，因而是检测受试物致突变作用较为简便的筛检方法。鉴于外源性化合物的致突变作用与致癌作用之间密切相关，故此法被广泛应用于致癌物的筛选。

但 Ames 试验也有不足的方面。例如，微生物的遗传信息仅为哺乳动物的 1/6；微生物的 DNA 修复系统没有哺乳动物的复杂而精巧；微生物无免疫功能，而哺乳动物则具有复杂的免疫监视机能。此外，少数不在肝脏中进行代谢转化的外源性化合物，使用 Ames 试验不能检出其突变性，如苏铁素。诚然，尽管 Ames 试验存在上述不足之处，但由于它具有简便、灵敏、快速、费用低等优点，目前在致突变试验中仍占有重要地位。

（2）哺乳动物体细胞株突变试验

基因点突变试验除采用微生物外，还可利用哺乳动物突变细胞株发生回复突变，借助其生化方面的特殊改变，从而确定受试物是否具有致突变性。常用的细胞株有中国地鼠肺细胞株 V_{79}、中国地鼠卵巢细胞株（CHO 细胞株）及小鼠淋巴瘤 $L_{5178}Y$ 细胞株。V_{79} 细胞株和 CHO 细胞株都类似成纤维细胞，其特点是缺乏利用嘌呤碱的一种酶，即次黄嘌呤鸟嘌呤磷酸核糖基转移酶（HGPRT），如果在培养基中加入某些嘌呤碱类似物，如 6-巯基嘌呤（MP）、6-硫代鸟嘌呤（TG）及 8-氮杂鸟嘌呤（AG），这些化合物对正常细胞具有一定毒性。因为正常细胞具有能利用嘌呤碱的酶，所以能利用这些细胞毒性物质，致使正常细胞在此种中毒情况下不能生长。这是因为 TG 和 AG 只是在化学结构上类似，实际上并不具有嘌呤碱的生理功能。当细胞合成 DNA 时利用了它们，由于细胞得不到所需的真正嘌呤碱，以致不能生长。但是，突变型细胞因为缺乏利用嘌呤碱的酶，所以加入这些具有毒性的嘌呤碱类似物后不受影响，在培养基上生长良好。如果突变型细胞接触了致突变物，即可又发生一次突变（回复突变）成为正常细胞，此时又能像正常细胞一样利用具有毒性的嘌呤碱类似物以致中毒，不能在培养基上生长，借此可以确定突变细胞株是否发生了回复突变，因而可确定受试物是否具有致突变性。

因为 V_{79} 细胞株和 CHO 细胞株均为突变细胞株，对鸟嘌呤的 O_6 烷基化后修复能力较差，所以对化学致突变物更为敏感。但成纤维细胞株除能对 PAHs 类进行代谢活化外，对其他外源性化合物缺乏代谢活化能力，因此，往往需要加入外源性活化系统，如微粒体酶或 S9 等。

小鼠淋巴瘤 $L_{5178}Y$ 突变细胞株的特点是缺乏胸苷激酶（TK），如在培养基中加入具有细胞毒性的 5-溴脱氧尿苷，仍能生长，但此种突变细胞株与致突变物接触并发生回复突变后，即转变成正常细胞，又可恢复利用 5-溴脱氧尿苷的能力，致使细胞中毒，在培养基上不能生长。所以小鼠淋巴瘤 $L_{5178}Y$ 突变细胞株也可用来检测受试物是否具有致突变作用。

(3)微核试验

染色体是遗传物质的载体并含有生物体全部的遗传信息,染色体遗传信息的异常可不同程度地影响生物机体的生存,轻者突变,重者死亡。很多外源性化合物能引起染色体的异常,染色体仅出现微小的异常变化,都可能对人体健康产生非常严重的影响。

目前评价外源性化合能否诱发染色体异常的方法最常用的是,直接观察染色体异常(染色体中期相分析,CA)和检测由于染色体丢失或断片形成而出现的微核(微核试验,micronucleus test,MNT)。MNT 是公认的检测染色体异常的简便方法,特别是应用小鼠骨髓红细胞微核检测方法,目前已成为一种能获得大量客观数据的外源性化合物遗传毒性评价体系。

微核(micronucleus,MCN)也称卫星核,是真核类生物细胞中的一种异常结构,是染色体畸变在间期细胞中的一种表现形式。一般认为,微核是由有丝分裂后期丧失着丝粒的染色体断片或因纺锤体受损而丢失的整个染色体在分裂过程中行动滞后,在分裂末期不能进入主核,便形成主核之外的核块,当子细胞进入下一次分裂间期时,它们便浓缩成主核之外的小核,即形成微核。在细胞间期,微核呈圆形或椭圆形、游离于主核之外的核小体,嗜色与主核一致,大小在主核 1/3 以下。微核的折光率及细胞化学反应性质和主核一样也具有合成 DNA 的能力。微核往往是各种理化因子如辐射、外源性化合物对分裂细胞作用而产生的,细胞具有自我修复功能,所以通常情况下细胞内微核率很小,只有不能被修复的才会形成微核。经证实,微核率的大小和作用因子的剂量或辐射累积效应呈正相关,这一点与染色体畸变的情况一样。

微核试验是检测染色体或有丝分裂器损伤的一种遗传毒性试验方法,最常用的是啮齿类动物骨髓嗜多染红细胞(PCE)微核试验。以受试物处理啮齿类动物,然后处死,取骨髓,制片、固定、染色,于显微镜下计数 PCE 中的微核。如果与对照组比较,处理组PCE 微核率有统计学意义的增加,并有剂量-反应关系,则可认为该受试物是哺乳动物体细胞的致突变物。此外,人外周淋巴细胞微核试验也可被用于人群接触环境致突变物的监测和危险性评价。但人和动物的微核试验多用骨髓和外周血细胞,这需要一定的培养条件与时间,细胞同步化困难,微核率低,一般只有 0.2% 左右。植物系统则更直接、更简便。微核测定逐渐从动物、人扩展到植物领域。例如,采用高等植物花粉孢子利用其天然的同步性作为微核测试材料,取得较好效果,华中师范大学生物系自1983 年开始,建立了一套蚕豆根尖微核测试,并首次用于监测水环境污染,经鉴定已被列入国家《生物监测技术规范(水环境部分)》。

(4)显性致死突变试验

显性致死突变试验(dominant lethal mutation test)是检测外源性化合物对动物生殖细胞染色体的致突变作用。与骨髓细胞染色体畸变分析不同之处在于,前者观察体细胞染色体本身的结构和数目的变化,而本试验系观察胎鼠的成活情况。因为哺乳动物生殖细胞染色体发生突变时(染色体断裂或重组),往往不能与异性生殖细胞结合,或使受精卵在着床前死亡或胚胎早期死亡。

显性致死突变试验是使雄性大鼠或小鼠先接触受试物。根据染毒期限不同,可分为急性、亚慢性和慢性。给予受试物的途径尽量与人接触的途径相一致。最后一次染毒当天的雄鼠与未交配过的非染毒雌鼠按 1 雄 2 雌每周同笼 5 天,小鼠 5～6 周,大鼠 8～12 周,每周更换一批雌鼠,查出阴栓之日为妊娠第 0 天,将雌鼠在受孕后第 12～14 天剖腹取出子宫,检查活胎数、早期死亡胚胎数、晚期死亡胚胎数,并计算下列各项指标:

$$平均受孕率 = \frac{受孕母鼠总数}{同笼母鼠总数} \times 100\%$$

$$平均着床数 = \frac{总着床数(早死、迟死、吸收、活胎数)}{受孕母鼠总数}$$

$$平均活胎率 = \frac{活胎总数}{受孕母鼠总数} \times 100\%$$

$$着床前死亡率 = \frac{黄体数 - 着床数}{黄体数} \times 100\%$$

$$死胎率 = \frac{死胎数(早死、迟死)}{着床数} \times 100\%$$

$$平均早死数 = \frac{早死胎总数}{受孕毒鼠总数} \times 100\%$$

阳性:平均活胎数显著减少,平均死胎数显著增加,有一个或多个死胎的孕鼠率增加。

$$有一个以上死胎的孕鼠率 = \frac{有一个以上的死胎(早、迟死)孕鼠数}{受孕母鼠总数}$$

阴性:最高剂量组的剂量为最大耐受量,染毒组数及交配的方法符合要求,每组每周供分析的孕鼠数不少于 20 只,阳性对照结果一定是阳性。

显性致死突变试验只能反映雄性动物生殖细胞染色体畸变。如果整个试验过程中受孕率低于 30%～40%,结果不正确,需重做。本方法由于干扰因素多,灵敏性不够高,不能作为一种危险度评价的方法,只能用来确证体外实验或其他试验系统获得的阳性结果,阐明化学物能否到达性腺组织产生遗传效应。

（5）果蝇伴性隐性致死试验

果蝇的性染色体和人类一样,雌蝇有一对 X 染色体,雄蝇则为 XY。伴性隐性致死试验(sex-linked recessive lethal test,SLRLT)的遗传学原理是,根据隐性基因在伴性遗传中的交叉遗传性,雄蝇的 X 染色体传给 F₁代雌蝇,又通过 F₁代传给 F₂代雄蝇,位于 X 染色体上的隐性基因能在半合型情况下于雄蝇中表现出来,若雄蝇经致突变物处理后,便能在 F₂代雄蝇配子 X 染色体上的基因上诱导发生隐性致死突变。野生型雄蝇为红色圆眼,有隐性致死时在 F₂代中便没有红色圆眼的雄蝇。实验将经受试物(致突变剂)处理的雄蝇与未经处理的雌蝇(X 染色体上带有易鉴别的表型标记,以区别父本或母本的 X 染色体)交配,此时产生的 F_1 代雌蝇带有来自父本的具有致死突变的 X 染色体。因为此种致死突变为隐性,所以 F_1 雌蝇仍然能正常生长、发育、生殖。将此类 F_1 雌蝇与雄蝇交配,则将有半数雄合子是含有经受试物处理的雄蝇(P_1)的 X 染色体。此时 X 染色体上隐性致死基因得以表现,引起此雄蝇死亡(图 5 - 4 - 2)。

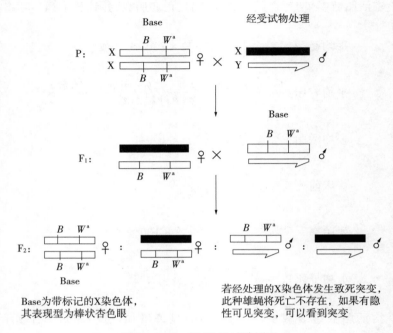

图 5 - 4 - 2　SLRLT 试验原理

根据受试染色体数(F_1 代交配的雌蝇数减去不育数和废管数)与致死阳性管数求出致死率,计算公式为

$$致死率(‰) = \frac{致死管数}{受试染色体数} \times 1\,000$$

求得的试验组与对照组的致死率进行统计学分析,按《食品安全国家标准　果蝇伴性隐性致死试验》(GB 15193.11—2015)进行致突变性评定。

(6)姐妹染色单体交换试验

每条染色体由两个染色单体组成,一条染色体的两个染色单体之间 DNA 的相互交换,即同源位点复制产物间的 DNA 互换称为姐妹染色单体互换(sister chromatid exchange,SCE),它可能与 DNA 断裂和重组相关但其形成的分子基础仍然不明。5 -溴脱氧尿嘧啶核苷(Brdu)是胸腺嘧啶核苷(T)的类似物,在 DNA 复制过程中,Brdu 能替代胸腺嘧啶核苷的位置,掺入新复制的核苷酸链中。所以当细胞在含有 Brdu 的培养液中经过两个细胞周期之后,两条姐妹染色单体的 DNA 双链的化学组成就有差别:一条染色单体的 DNA 双链之一含有 Brdu,另一条染色单体的 DNA 双链都含有 Brdu。当用荧光染料染色时,可以看到两股链都含有 Brdu 的姐妹染色单体染色浅,只有一股链含有 Brdu 的单体染色深,用这种方法就可以清楚地看到姐妹染色单体互换情况。如果姐妹染色单体发生了互换,结果是深染的染色单体上出现浅色片段,浅染的染色单体上出现深色片段。很多致突变物或致癌物可以大幅度地增加 SCE 频率,因此,目前广泛运用这个测试技术对外源性化合物的致突变性进行检测。应用该方法时,评判结果要注意 SCE 频率的增加和接触受试物的剂量呈现相关关系,SCE 频率增加要有统计学意义,即接触受试物后,SCE 频率的增加比"自发"性增加或"本底"性增加有明显的统计学显著意义的差别。

(7)DNA 修复合成试验

外源性化合物可由各种途径进入机体,与细胞 DNA 结合,引起 DNA 损伤,细胞对其 DNA 损伤具有修复能力,细胞与外源性化合物接触后,若能诱导 DNA 修复合成,即可据此推断该化合物具有损伤 DNA 的潜力。正常情况下,在细胞有丝分裂周期中,仅间期的 S 期是 DNA 合成期。当 DNA 受损伤时,损伤修复的 DNA 合成主要在其他期,称为程序外 DNA 合成,又称修复合成,即 UDS,因此发现 UDS 的 DNA 增多,即表明 DNA 发生过损伤。方法:在体外培养细胞中,用药物(常用羟基脲)抑制 S 期 DNA 半保留复制,掺入待测受试物和标记的脱氧胸腺嘧啶核苷(^{3}H - TdR),用放射自显影或液体闪烁计数法测定非 S 期合成的 UDS 中 ^{3}H - TdR 量,与对照组进行比较评价。不同浓度受试物需测定 4～5 次,计算出各浓度组 ^{3}H - TdR 掺入量与对照之比,若有统计学差异,并有浓度-效应关系者可判为阳性;若并未见浓度-效应关系,但在某一浓度可重现地诱发羟基脲抗性 ^{3}H - TdR 掺入的增加,也可慎重地判为阳性。

8)碱性单细胞凝胶电泳试验

碱性单细胞凝胶电泳试验(single cell gel eletrophoresis,SCGE)是 Ostling 等于 1984 年首创的,以后经 Singh 等进一步完善而逐渐发展起来的一种快速检测单细胞 DNA 损伤的实验方法,因其细胞电泳形状颇似彗星,又称彗星试验(comet assay)。有核细胞的 DNA 分子量很大,DNA 超螺旋结构附着在核基质中,用琼脂糖凝胶将细胞包埋在载玻片上,在细胞裂解液的作用下,细胞膜、核膜及其他生物膜遭到破坏,细胞内的 RNA、蛋白质及其他成分外泄到凝胶中,随后扩散到细胞裂解液中,但核 DNA 仍保持缠绕的环区附着在剩余的核骨架上,并留在原位。如果细胞未受损伤,电泳时,核 DNA 因其分子量大停留在核基质中,荧光染色后呈现圆形的荧光团,无拖尾现象。若细胞受损,在中性电泳液(pH=8.0)中,核 DNA 仍保持双螺旋结构,虽偶有单链断裂,但并不影响 DNA 双螺旋大分子的连续性。只有当 DNA 双链断裂时,其断片进入凝胶中,电泳时断片向阳极迁移,形成荧光拖尾现象,形似彗星。在碱性电泳液(pH>13)中,先是 DNA 双链解螺旋且碱变性为单链,单链断裂的碎片分子量小可进入凝胶中,电泳时断链或碎片离开核 DNA 向阳性迁移,形成拖尾。细胞 DNA 受损越重,产生的断链或碱易变性断片就越多,其断链或断片也就越小,在电场作用下迁移的 DNA 量也就越多,迁移的距离越长,表现为尾长的增加和尾部荧光强度的增强。因此,通过测定 DNA 迁移部分的光密度或迁移长度可定量地测定单个细胞的 DNA 损伤程度。

(二)致畸试验体系

致畸是具有潜在的遗传毒理及生殖毒理学效应,致畸试验属于"三致"实验之一,一般采用性成熟的活体试验动物进行交配,检测受试物导致胚胎死亡、结构畸形及生长迟缓等毒作用。自从 20 世纪 60 年代初期,由于孕妇服用镇静剂沙利度胺,造成近万名畸形儿的悲剧事件发生后,在对外源性化合物毒性评价的研究中,致畸试验就成为人们广泛重视的一项内容,许多国家对一些药物、农药、食品添加剂及工业化学品规定,应经过致畸试验方能正式使用。我国自 20 世纪 70 年代起也开始了对农药、食品添加剂、防腐剂和各种环境污染物的致畸研究,并把致畸试验列为农药和食品添加剂毒性试验的内容之一。

1. 相关概念

(1)畸形(malformation):胚胎在发育过程中,由于受到某种因素的影响,胚胎的细胞分化和器官形成不能正常进行,造成器官组织上的缺陷,并出现肉眼可见的形态结构异常者,如农药五氯酚钠诱发的大鼠胎仔露脑(左)、脐疝畸形;农药敌枯双诱发的大鼠胎仔骨骼畸形。

(2)畸胎:有畸形的胚胎或胎仔,广义的畸胎也包括生化、生理功能及行为的发育缺陷胚胎。

(3)致畸物:能引起胚胎发育障碍而导致胎儿发生畸形的物质称为致畸物或致畸原(teratogen)。目前已知有 1 000 多种环境化学物引起动物及人的畸胎,肯定的人类致畸物约为 20 种。据《世界报》报道,美国波士顿大学医学院对 2.2 万名怀孕妇女研究后得到结论:他们把妇女分成两组,第一组每天吃 5 000 国际单位 IU 的维生素A,第二组每天吃超过 10 000 国际单位的维生素 A,结果第一组新生儿畸形比例为 1.3%,第二组比例为 3.2%(婴儿有兔唇、脑积水,严重心脏缺陷等)。孕妇摄入大量维生素A,有潜在致畸作用,畸形儿相对危险度是 25.6(正常男性为 5 000 国际单位,女性为 40 000 国际单位)。

(4)致畸作用(teratogenesis):致畸物通过母体作用于胚胎而引起胎儿畸形的现象。例如,人类有一种隐性遗传病,患者臂和腿部分缺失(短肢畸形),这种病在 20 世纪 60 年代的西欧、日本通过调查发现是妇女在妊娠早期 30~50 天吃了一种名为沙度利胺的安眠药,延缓了胎儿四肢发育;20 世纪 40 年代,美国在日本广岛和长崎丢下两枚原子弹,诱发唐氏综合征(畸形)。

2. 化学致畸作用的机理

能引发致畸作用的因素很多,有物理因素、生物因素、化学因素,主要是化学因素,但化学因素诱发畸形的机理相当复杂,确切的机理还有待证实,可能的有以下几种。

(1)生殖细胞的遗传物质突变引起胚胎发育异常。环境污染物作用于胚胎体细胞,引起体细胞突变可产生畸形胎,但无遗传性。例如,亚硝胺和放线菌素 D 可改变细胞内DNA 的结构和转录功能,造成染色体突变,这种突变若是不能修复的显性基因突变,就会立即在其本身表现出来,可能产生畸形胎。体细胞突变引起的发育异常除了形态上的缺陷,有时还会产生代谢功能的缺陷,如酶分子的氨基酸组成的改变等。不少有致畸作用的外源性化合物能引起染色体畸变,如甲醛、克菌丹等。但在胚胎发育期,各种染色体异常与畸胎之间的关系尚不清楚。基因突变、染色体畸变均可引起畸形,其中基因突变可能是引起遗传性畸形的一个重要机理,不过,畸形并非都是突变引起的。

(2)对细胞的生长分化较为重要的酶类受到抑制。在细胞增殖、细胞分化及器官生长发育等过程中要有很多专一性的酶参与,如核糖核苷酸还原酶、DNA 合成酶、DNA 聚合酶、碳酸酐酶、二氢叶酸还原酶等,这些酶受到抑制或破坏,一部分细胞不能正常增殖、分化,影响胚胎正常发育过程,从而引起畸形。例如,敌枯唑能干扰需要吡啶核苷酸辅酶的酶促反应,从而产生致畸作用;具有酞酰亚胺母核结构的毒物可以抑制原胶原羟化酶,从而阻断胶原合成,产生致畸效应;红细胞和肾脏细胞中有一种碳酸酐酶,能催化 $CO_2 + H_2O \rightarrow H_2CO_3 \rightarrow H^+ + HCO_3^-$,接触利尿剂乙酰唑胺后,特异性地抑制了碳酸酐酶,血液和组织中 CO_2 浓度升高,细胞内 pH 值下降,干扰了蛋白质合成和糖酵的传能过程,并减缓了细胞增生,导致畸形。

(3)胚胎发育期细胞增殖速度极快,需要消耗大量能量,母体正常代谢过程被破坏,使子代细胞在生物合成过程中缺乏原料必需的物质,如镁、锰、叶酸、嘧啶合成等,同时也会使胚胎能量不够,影响正常发育,以致出现生长迟缓及畸形。

(4)生殖细胞分裂的障碍:细胞的增殖包括 DNA 复制、RNA 转录及蛋白质的翻译和细胞分裂等过程,正常情况下,在器官发生期细胞增殖速度极高,在此期间对外界因素反应极为敏感。核酸的合成过程受到破坏引起畸形;或者在细胞分裂中期成对染色体彼此不分开,以致一个子细胞多一个染色体,而另一个子细胞少一个染色体,从而造成发育缺陷;或者改变细胞增殖速度,导致胚胎发育异常。

此外,由于胚胎内外液体的渗透压与黏度的改变,也可导致畸形的发生;发育中的组织生物膜损伤也可能会导致畸形的发生。总之,对致畸机理的阐明是一个十分复杂的过程,目前不够充分、彻底,需要不断深入、补充、更新、改进。

3. 致畸作用的毒理学特点

致畸作用虽然也属于毒作用的一种表现,但具有自身的毒理学特点。

(1)胚胎与致畸物接触时因胚胎处于不同的发育阶段而呈现不同的敏感性。

①器官发生期的胚胎对致畸物最为敏感,此期称为敏感期或危险期(critical period)。有性生殖动物由受精卵发育成为成熟个体的过程,可概括为胚泡形成、着床、器官发生、胎儿发育及新生儿发育等阶段。着床前的胚胎对胚胎致死作用较为易感,对致畸作用并不如此。在胚胎发育后期和新生儿期,最容易表现的发育毒性是生长迟缓和神经、内分泌及免疫系统机能的改变。胎仔或胎儿对胚胎致死作用的易感性虽然较胚胎低,但是仍有一定数目的死产胎发生。在致畸作用中,对致畸物最敏感的阶段是器官发生期,一般称为危险期或关键期。在常用试验动物中,自受精日计算,大鼠器官发生期为 9～17 天,小鼠器官发生期为 7.5～16 天,家兔为 11～20 天。在器官发生期中,致畸物与胚胎接触可能造成形态结构异常,但如果在着床前胚泡形成阶段接触致畸物,则往往出现胚胎死亡,畸形极少。大鼠着床前胚泡形成期,自受精日计算为 3～4 天,开始着床日为 5.5～6 天;小鼠分别为 3～4 天和 4.5～5 天;家兔分别为 3～4 天和 7 天。

②同一剂量的同种致畸物作用不同的胚胎所处发育阶段,可以产生不同部位的畸形。例如,以 20mg/kg 体重剂量环磷酰胺在受精后第 8～12 天期间,每日分别给予小鼠,虽然畸形多出现于前肢趾部,但畸形种类则可因给予的日期不同而分别为多趾、并趾、缺趾和无趾。如果将大量维生素 A 在受精后第 8 天给予大鼠,主要出现骨骼畸形;如果在第12 天给予,则诱发腭裂。同样剂量砷酸钠在小鼠受精第 7 天和第 9 天分别给予,前者主要出现脐疝,后者主要为露脑。

③不同的致畸物有不同的作用敏感期。例如,沙利度胺的作用敏感期为怀孕的第35～51 天,氨基蝶呤的作用敏感期为怀孕的第 40～54 天;射线对实验动物胚胎的影响因

胎儿发育阶段不同而异,小鼠和大鼠发育的早期是敏感期,25~50拉德剂量即可致畸,但到发育后期只有150~400拉德才能产生缺陷。

(2)剂量-效应关系较为复杂。

①剂量-效应关系表现为不同的模式。机体在器官形成期间与具有发育毒性的化合物接触,可以出现畸形,也可引起胚胎致死,剂量增加时二者增强程度并不一定成比例,胚胎死亡增加,畸胎数将因而减少。因为每种致畸物均有引发畸胎的阈作用剂量,高于此剂量时,剂量低可表现为畸形;在一定范围内,畸胎发生率与剂量有相关关系,致畸作用的剂量反应曲线较为陡峭;超过这一剂量范围,受损细胞数目增多,超过胚胎的修复能力,导致有关组织、器官、系统产生发育障碍,引起胚胎死亡,从而掩盖了致畸作用的显现,致畸率反而下降。

②某种致畸物可以引起一定的畸形,但在同一条件下,给予更高的剂量,并不会出现同一类型的畸形。可能由于较高剂量往往造成较为严重的畸形,较低剂量一般引起轻度畸形,而严重畸形有时可将轻度畸形掩盖。例如,一种致畸物在低剂量时可以诱发多趾,中等剂量时则诱发肢长骨缩短,高剂量时可造成缺肢或无肢。

③许多致畸物除具有致畸作用外,还有可能同时出现胚胎死亡和生长迟缓,而且不同表现还可以相互影响,又无一定规律。典型的致畸作用剂量-反应曲线的斜率是很陡的,即致畸带较为狭小,最大无作用剂量与100%致畸剂量之间的距离较小,一般相差1倍,往往100%致畸剂量即可出现胚胎死亡,剂量再增加,即引起母体死亡。有人观察到致畸作用最大无作用剂量与引起100%胚胎死亡的最低剂量仅相差2~3倍。例如,剂量为5~10mg/kg体重的环磷酰胺给予受孕小鼠不表现为致畸作用,但增加到40mg/kg体重,可引起100%胚胎死亡。过低剂量不足以显示确实存在的致畸作用,可得出错误的结论;剂量过高可使大量胚胎死亡或对母体毒性作用过强,都可影响结果的正确性。另外,评定一种致畸物对人体的危害时,应充分考虑人体可能实际接触的剂量。

(3)物种差异及个体差异在致畸作用中较为明显

任何外源性化合物的损害作用都存在物种及个体差异,但在致畸作用中更突出。同一致畸物在不同动物中并不一定都具有致畸作用,引起畸形的类型也不一致。例如,小鼠胚胎对糖皮质激素很敏感,能产生裂腭,而其他哺乳动物的胚胎则不敏感;杀虫剂西维因对豚鼠具有致畸作用,对家兔和仓鼠并不致畸;农药二嗪农和除草剂草完隆对豚鼠与家兔致畸,但对仓鼠未见致畸作用;沙利度胺对人类及其他灵长类动物具有强烈的致畸作用,但对小鼠和家兔即使接触较大剂量,其致畸作用仍极为轻微。同一物种动物的不同品系对一种致畸物敏感性的差别也很大,脱氢皮质酮、生物染料锥虫蓝及沙利度胺都存在这种现象。物种及种间差异,可能由于同一致畸物在不同物种和同一物种的不同品系动物的代谢过程中有一定差异;也可能是由于致畸物主要是通过母体胎盘作用于胚胎或胎仔,而不同物种动物的胎盘构造不相同,这些差异可能是由遗传因素,即基因型差异引起的。

4. 致畸试验原理和方法

致畸试验的目的是通过畸形胚胎的是否产生检测受试物能否通过妊娠母体引起胚胎畸形,其原理是在胚胎发育的敏感

期(细胞分化和组织器官形成期),某些环境因素对其有致畸作用,在这个时期给怀孕母体染毒,若受试物有致畸作用,肯定会产生畸形胚胎,通过检查母体的胚胎(外形、骨骼、内脏等),评价受试物的致畸性,如精子畸形试验、胚胎畸形试验。方法如下:

(1)选择动物

除了按一般毒性试验要求选择,还有几点额外的要求,即受试物在机体内的代谢过程与人类基本相似;该动物的胎盘构造与人类的相似;孕期较短,每窝产仔数较多,以便获得足够的标本;性成熟、未交配过;♀、♂均选。致畸实验多采用大鼠、小鼠和家兔,试验所需动物数均以经交配确定已受精的雌性动物为计数对象。如果采用鼠为实验动物,每组15～20只;如果采用家兔为实验动物,每组7～8只。

(2)剂量分组

根据试验目的和要求不同确定剂量分组,若对受试物只进行有无致畸作用的定性检测时,剂量组数可较少,若不仅观察致畸作用的剂量关系,还探讨与作用的靶器官之间的关系,剂量分组应增多。一般为3个剂量组,高剂量组应使母鼠产生明显的毒性反应,但母体死亡率不应超过10%,一般是$1/3 LD_{50}$～$1/2 LD_{50}$;低剂量组应无明显的毒性反应,一般是$1/100 LD_{50}$～$1/30 LD_{50}$;中间剂量组与最高、最低剂量组呈等比级数关系;阴性对照组为溶剂对照组,使排除活剂,试验条件对试验的干扰(变异);阳性对照组的目的是排除假阴性,大鼠和小鼠可用维生素A、乙酰水杨酸、敌枯双、五氯酚钠、环磷酰胺等作为致畸试验阳性对照物;家兔可以用6-氨基烟酰胺作阳性对照物。

(3)交配

将性成熟未交配过的雌鼠和雄鼠按1♂+2♀或1♂+1♀同笼过夜,次日检查雌鼠受孕情况,以雌鼠阴道发现阴栓或涂片发现精子为受孕0天。

(4)染毒

将已受孕的鼠随机分入各剂量组,通常设三个剂量组和一个对照组,每组20只孕鼠。在胚胎发育的器官形成期开始给予受试物,大鼠和小鼠一般是受孕后第5天开始,每天一次。如果受试物给予太早,受精卵着床受到影响,细胞分化程度极低,若致畸作用强则胚胎死亡,致畸作用弱则少数细胞死亡,多数可以代偿调整;给予太迟,胚胎发育已成熟,不受影响。试验期间每天称母鼠体重,根据体重增长,随时调整剂量,并据此判断妊娠和胚发育过程是否正常。

(5)剖检

自然分娩前1～2天(大鼠受孕后第19～20天,小鼠受孕后第18～19天),将各剂量组同时剖腹一部分母鼠取出子宫内胎仔,留1/4左右自然分娩观察新仔生长发育及生理功能情况,记录活胎、死胎及吸收数,检查活胎仔的外观、骨骼及内脏畸形。由于目前没有充分证据表明骨骼对致畸物比内脏更敏感,因此,有人主张将来自两个子宫角的胎鼠随机分配到骨骼畸形检查中。现将胎仔的外部检查及骨骼和内脏畸形检查的具体方法叙述如下。

① 胎仔外部检查。将处死(或深度麻醉)的试验动物剖腹暴露子宫,进行下列的检查和记录:确定怀孕情况、顺序编号,依次鉴别检查活胎数、早死胎数、晚死胎数和吸收胎数;剪开子宫,按编号顺序,对胎仔逐一检查记录性别、体重、身长、尾长和全窝胎盘总量;

对活胎仔由头部、躯干、四肢、尾部进行外观检查,检查有无畸形。

活胎:完整成形,呈肉红色,可自然运动,对机械刺激有运动反应,胎盘呈红色,较大。

晚死胎:完整成形,呈灰红色,无自然运动,对机械刺激无反应,胎盘为灰红色,较小。

早死胎:呈紫褐色,未完整成形,无自然运动,胎盘为暗紫色。

吸收胎:呈暗紫色或浅色点块,不能辨认胚胎和胎盘。

黄体:在卵巢表面呈黄色鱼子状突起,提示孕鼠的排卵数。

② 胎仔骨骼检查。胎仔骨骼检查是致畸试验一项重要的观察内容,一般是将每窝的 1/2 或 2/3 活胎剥去皮肤和内脏,具体做法如下:将留作骨骼检查的胎仔放入 75%～90% 的乙醇溶液中进行固定,时间为 2～5 天;将固定好的胎仔置于 1% 的 KOH 溶液中 3～10 天,直至肌肉透明可见骨骼。在此期间,依据情况可更换 1% KOH 溶液数次,每次更换溶液时将胎仔脱落的皮肤洗去;经 1% KOH 溶液处理后的胎仔,用茜素红进行染色直至骨骼染成桃红色或紫色为止,一般需 2～5 天,必要时中间须更换新染色液数次;经染色后的胎仔置于透明液中 1～2 天,脱水透明,检查骨骼畸形。

经上述处理的胎仔骨骼标本,可肉眼在或放大镜、解剖显微镜下观察。注意检查各骨骼的状态、大小、数量有无异常及骨化程度。

③ 胎仔内脏检查。运用随机法将经外观检查后的胎仔数 1/2 或 1/3 置于 Bouin 液中固定 1～2 周,运用徒手切片法进行头部器官、胸腔、腹腔和盆腔的检查,具体方法如下:戴橡皮手套取出固定好的胎仔标本,在自来水下洗去固定液,用单面刀徒手沿口经耳作一水平切面,这一切面将口腔上下腭分开,主要检查有无腭裂、舌缺或分叉;把上述切面切下的颅顶部沿眼球前沿垂直作额状切面,这一切面着重检查鼻道有无畸形,如鼻道扩大、单鼻道等;沿着眼球正中垂直作第二额状切面,检查眼球有无畸形,如少眼、小眼、无眼;沿眼球后缘垂直作第三个额切面,检查有无脑水肿积水,有无脑室扩大;沿胸、腹壁中线和肋下缘水平线作"十"字切开胸腹,暴露胸腔、腹腔及盆腔内的器官,逐一检查各主要脏器的位置、数目、大小匀称性及形状等有无异常。

(6)结果评定

主要计算畸胎总数和畸形总数。在计算畸胎总数时,每一活胎仔出现一种或一种以上畸形,均作为一个畸胎。在计算畸形总数时,同一活胎仔出现一种畸形,作为一个畸形计算,如果出现两种或两个畸形,即作为两个畸形计算,并依此类推。计算畸胎总数和畸形总数的同时,必须考虑其有无剂量-效应关系,并按下列指标与对照组进行比较:

① 交配率(%) $= \dfrac{\text{已交配动物数}}{\text{实验动物数}} \times 100\%$。

② 死亡率(%) $= \dfrac{\text{死亡动物数}}{\text{实验动物数}} \times 100\%$。

③ 母体增重(g) = 处死时母体体重 - 妊娠第 6 日体重 - 处死时子宫连胎重。

④ 母体畸胎出现率,主要根据出现畸胎的母体在妊娠母体总数中所占的百分率计算。计算出现畸形母体数时,同一母体不论出现多少畸形胎仔或多种畸形,一律按一个出现畸形胎仔的母体计算。

$$畸胎率(\%)=\frac{有畸胎动物数}{妊娠动物数}\times100\%$$

⑤ 活胎率$(\%)=\dfrac{活胎仔数}{胎仔总数}\times100\%$。

⑥ 吸收胎率$(\%)=\dfrac{早期吸收数+中期吸收数+晚期吸收数}{胎仔总数}\times100\%$。

⑦ 死胎率$(\%)=\dfrac{死胎数}{胎仔总数}\times100\%$。

⑧ 外观畸形率$(\%)=\dfrac{外观畸形数}{检查胎仔数}\times100\%$。

⑨ 骨骼畸形率$(\%)=\dfrac{骨骼畸形数}{检查骨骼标本数}100\%$。

⑩ 内脏畸形率$(\%)=\dfrac{内脏畸形数}{检查胎仔数}\times100\%$。

此外,还可计算各组♀动物受孕率、妊娠增长体数、每窝活产胎仔数、死胎率等。将上述指标与对照组结果进行比较,分析有无显著性差异,有无剂量-反应关系。

评价时要注意几点:①与自然变异区分。生物正常情况下也有自然的变异,变异是指正常情况下,一个物种亲代与子代之间或同一子代不同个体之间在机体某一剖位或器官的形态,结构或数量应基本相同或相似,若出现不相同现象,即变异。变异并非畸形,但有时难以区分二者。一般情况下,变异不存在生命危害,甚至不影响正常的生理功能;自然变异率很低,环境因素可使变异率提高,畸形出现率较高。很难明确变异与畸形,正常内部引起的变异有遗传性,若非遗传性视为畸形。在一定剂量范围内,畸形有剂量-效应关系和剂量-反应关系。据此区别,故致畸试验中不可从个别畸胎现象来对受试物的致畸性做出一个肯定的结论,一是要从对照组比较,二是要观察有无剂量-反应关系,三是环境污染物的致畸作用除与环境污染物本身特性有关外,还与受试动物的选择、给予受试物的时间、剂量和方式等有关。因此,有时只有重复试验,或对两种不同品系的动物同时进行试验,观察其结果的一致性,才能得出正确结论。②致畸作用存在物种差异,对动物有致畸作用的物质,不一定对人类有致畸作用,不能根据一种动物具有致畸性就简单断定对人类一定有致畸性,只有结合临时观察和流行病等调查才能肯定。③试验的阈剂量与人类实际可能摄入量之间的差别。但应注意,只要证实受试物对一种动物有致畸性就要警惕,因其有潜在危险性。

(三)致癌效应试验体系

癌即恶性肿瘤,是指有分裂潜能的细胞受致癌因素的作用后发生恶性转化和克隆性增生所形成的新生物,人体任何部位、任何组织都可以发生肿瘤。某些物理、化学及生物因素具有促使动物或人体发生恶性肿瘤的作用。人类肿瘤有 $80\%\sim90\%$ 与环境因素有关,其中与化学因素有关的占 $80\%\sim85\%$,如煤烟、煤燃油引发肺癌(扫烟囱的工人易得),苯胺染料易得膀胱癌(生产工人)。国际癌症研究机构到 1995 年止评述了 800 多种外源性化合物,已确定约 120 种化学因素为肯定的对人类致癌因素,其中约 1/2 与职业有关。我国职业病名单中列有 11 类职业性肿瘤,病因均与接触化学因素有关,分别为石棉致肺癌、间皮瘤;联苯胺致膀胱癌;苯致白血病;氯甲醚、双氯甲醚致肺癌;砷及其化合物致肺癌、皮肤癌;氯乙烯致肝血管肉瘤;焦炉逸散物所肺癌;六价铬化合物致肺癌;毛沸石致肺癌、胸膜间皮瘤;煤焦油、煤焦油沥青、石油沥青致皮肤癌;β-萘胺致膀胱癌。

1. 基本概念

化学致癌作用是指外源性化合物引起正常细胞发生恶性转化并发展成肿瘤的过程,具有化学致癌作用的外源性化合物称为化学致癌物。例如,1775 年,英国医生 Potter 发现,经他治疗的阴囊癌患者多是扫烟囱的工人,19 世纪下半叶,随着冶金工业的发展,接触煤焦油的工人中癌症发病率极高。1915 年,日本的山崎和石川用实验证明煤焦油可引起皮肤癌。1954 年,有三名化学家用二甲亚硝胺溶剂做实验,不久两人发生了肝硬变。1956 年,马吉等研究表明,各种亚硝胺随着结构的不同,可在实验动物的不同部位引起癌变。到目前为止,没有发现哪种化学致癌物只引发良性肿瘤不引发恶性肿瘤。化学致癌物分为以下几种。

(1)直接致癌物:有些致癌物可以不经过代谢活化就具有活性,称为直接致癌物。这类物质绝大多数是合成的有机物,包括有内酯类如 β-丙烯内酯等;烯化环氧化物如 1,2,3,4-丁二烯环氧化物;亚胺类;硫酸酯类;芥子气和氮芥;活性卤代烃类等。

(2)前致癌物:大多数致癌物只有经过代谢活化才具有致癌活性,这些致癌物称为前致癌物。前致癌物分为天然和人工合成两大类。人工合成的主要有多环或杂环芳烃类,如苯并(a)芘、3-甲基胆蒽等;单环芳香胺类如邻甲苯胺等;双环或多环芳香胺类如联苯胺等;喹啉类;硝基呋喃类;硝基杂环类;烷基肼类等。天然物质主要有黄曲霉毒素、环孢素 A、烟草和烟气、槟榔及酒精性饮料。

(3)近致癌物:在活化过程中接近终致癌物的中间产物。

(4)终致癌物:经过代谢转化最后产生的活性代谢产物。

具有遗传作用的化学致癌物具有以下特点:①生物学效应具持久性和迟发性;②在动物试验中,当剂量相等时,多次给予受试物比一次效应较大;③从机理看,一般和宿主细胞的遗传物质或其他细胞大分子的相互作用有关。

2. 细胞癌变机理

一个人每昼夜大约有 10^6 个体细胞发生突变,一部分有可能被免疫、修复,不影响生殖细胞,不具遗传性,体细胞突变引起的癌瘤要经过两次突变来完成。由于体细胞突变的频率一般为 1×10^{-6}/代,一个细胞在其生存期连续两次突变的机会很小,其突变性状一般传给下一代个体,除非突变部分可以由无性繁殖方式传给后代或者突变部分以后能产生生殖细胞。细胞癌变的机理到目前仍未彻底搞清楚,但有以下三个比较重要的学说。

(1)体细胞突变学说(somatic mutation theory):该学说由美国 Huebner 和 Todaro 于 1969 年首次提出。1923 年,Bauer 系统地提出肿瘤发生的体细胞突变学说。这一学说认为细胞癌变是由于致癌因素作用于体细胞的 DNA,使其发生突变,导致细胞功能发生异常改变,细胞生长异常而致癌。

(2)癌基因致癌学说:后来的学者发现,致癌病毒携带有能致癌的遗传信息,即癌基因(oncogene),在正常细胞中也存在与病毒癌基因高度相似的 DNA 序列,称为原癌基因(C - onc),于是人们提出了癌基因致癌的概念。该学说主张,大部分人体肿瘤不是由病毒引起的,细胞癌变是由正常细胞中存在 C - onc 引起的,正常情况下 C - onc 受到严密控制,处于阻遏状态,不表达,只有被激活后,C - onc 附近的染色体断裂(特异性位点断裂等)遭到破坏才表达,才有可能使细胞发生癌变。细胞中还有另一类基因抑癌基因,具有抑制细胞转化和维持细胞正常生长的作用,这类基因丢失和失活也会导致细胞癌变。

(3)分化障碍学说(differentiation obstacle theory):该学说认为,细胞癌变不一定需要体细胞遗传物质发生突变,可能是由于调控细胞生长、分裂和分化的基因表达失控所致,这一学说又称基因表达失常学说。有两个试验暗示非突变致癌的可能性,说明癌变不是需要细胞遗传物质发生突变,而只是细胞分化过程中有关的基因调整过程受到致癌因素的干扰,使细胞分化和增殖发生紊乱而出现癌变。这两个试验一个是蛙肾腺瘤细胞试验(核移植),20 世纪 60 年代末有人把蛙肾腺瘤细胞核注入去核蛙卵细胞中,卵孵育后形成蝌蚪,而不见肿瘤出现,所以认为原来腺瘤在形成时其基因组并未发生突变。另一个是小黑鼠畸胎瘤细胞试验(细胞移植),20 世纪 70 年代中期有人在小鼠的子宫中分娩出毛色黑白相同的小鼠,但没有肿瘤。说明移植的畸胎瘤细胞在这个胚胎中不但存活而且能生长发育,其控制毛色的基因还得到表达。因此认为原来的畸胎瘤不一定是突变的结果。

3. 细胞癌变过程

细胞癌变一般有以下几个阶段。

(1)引发阶段:正常细胞在致癌因子的引发下变成癌细胞,如 PAHs、氨基甲酸乙酯等都是致癌的引发剂,需时短,不可逆转。不是所有的细胞受到致癌物作用都转化成癌细胞,只有在 DNA 修复功能无能为力和体细胞免疫监视机能降低时,才会转化成癌细胞,但一旦转化成癌细胞即不可逆。

(2)促长阶段:经过引发的癌细胞不断增殖,直至形成一个临床上可被检出的肿块的过程。这一阶段需时较长,可逆,在这个阶段治疗的效果较好。

(3)浸润和转移阶段:肿块不断发展,促长过程可长可短,长时达几年、十几年,在此过程中,恶变细胞获得增殖优势即可形成癌,逐渐侵害周围正常组织,并扩散到较远部位。该阶段无法治疗,过程不可逆,免疫在此过程中起到重要作用。

4. 致癌试验的基本方法和体系

致癌试验(carcinogenic test)是检验受试物及其代谢产物是否具有致癌作用或诱发肿瘤作用的慢性毒性试验方法,有时可与慢性毒性试验同时进行。利用完整动物进行长期试验目前仍为致癌试验的重要方法,但是为了满足对大量的外源性化合物进行致癌试验的客观要求,也发展了一些短期的快速筛选试验方法。

(1)利用培养细胞进行短期筛选试验

有人做过小鼠皮肤肿瘤诱发试验,用佛波醇酯(TPA,拮抗血管紧张素)为促长剂,在小鼠皮肤局部连续涂抹多环芳烃,观察到皮肤乳头瘤和癌发生,还有人做过小鼠肺瘤诱发试验,以乌拉坦(麻醉药)为引发剂,以二丁基经基甲苯(BHT)为促长剂,经腹腔注射、灌胃或吸入,观察到小鼠肺肿瘤发生。这两个试验都属于体外进行的短期筛选试验。短期筛选试验的原理是,哺乳动物单个离体贴壁培养细胞经过若干次分裂后,可形成肉眼可见的细胞集落。正常情况下,同种细胞在相同培养条件下一个细胞的集落形成率趋于恒定,细胞形状、染色均一;当培养环境中有突变物时,可诱发性长出转化集落(TE),与正常性集落不同,通过有无形成 TE 和 TE 形成率,并结合用它接种到动物体中发生肿瘤的情况,即可检测受低物有无致癌活性。

实验证明,约 85% 以上已知的致癌物经检测都具有致突变作用,这与体细胞突变学说相一致。因此,利用已建立的致突变试验方法快速筛选外源性化合物是否具有致癌作用,从理论上和实践上均可被认为有一定的实用价值。此外,利用哺乳动物细胞体外转化法,也是短期筛选受试物有无致癌性的一种重要方法。根据癌变原理的阶段来说,培养细胞与各种化学或物理致癌剂接触后发生一系列表型改变,如失去密度依存性、生长特性、细胞生长杂乱、细胞形态改变、核型改变、在等基因宿主或裸鼠中形成肿瘤等。通过增殖,这些表型变异的细胞与正常细胞不同的集落即转化集落。通过转化集落的存在和转化集落形成率及转化细胞接种裸鼠中发生肿瘤来评价化合物的致癌活性。细胞转化试验与动物致癌试验相比较有其特有的优点:实验周期短、经济、方便,一个细胞克隆或细胞巢就相当于一只受试动物;受试物直接与靶细胞作用,便于控制剂量,不受吸收、代谢、分布的影响,并且可不受体内免疫系统等干扰;便于观察。目前开展得最多、最广泛的是原代或早期传代的叙利亚仓鼠胚胎细胞和小鼠 C3H/10T1/2、BALB/C－3T3 细胞系的转化试验。例如,小鼠培养细胞系 BALB/3T3 在培养中增强形成一个单层细胞,染色均一,细胞图形排列紧密,然后停止分裂,将这些细胞注射到已受到免疫抑制的同源动物体内,不会形成肿瘤。若将受试物加到培养动物中,则在单位细胞上有些部位形成生叠细胞,一个致密的团块,染色涂细胞形态变化多,变形,成纤维状等。将这些转化灶细胞分离出来,扩大培养,然后注射到同源动物体内,大多数情况下宿主形成恶性肿瘤。

(2)利用完整动物进行长期诱癌试验

当一种化学物经过短期试验证明其具有潜在致癌性,或其化学结构与某种已知致癌物十分近似,又在人类社会中有实际应用价值,就必须进行长期诱癌试验。长期诱癌试验的做法是:①选用抗病力强、容易饲养、肿瘤自发率低、对受试物敏感的动物,一般首选动物为刚断乳或 6～8 周龄小鼠和大鼠,饲料及饮水中外源性化合物不应超过容许浓度,并保证必需的营养成分;②设对照、最大耐受剂量(无明显的非致癌性损害)和两个中间剂量 4 个组,或设对照、最大耐受剂量和半数最大耐受剂量 3 个组,每组雌雄各 74 只动物,每组动物体重变化不应超过平均体重的 ±20%。染毒途径最好模拟人的接触途径,可以经消化道、呼吸道和皮肤,通过喂食或饮水染毒时,每周给予 7 天,通过吸入、灌胃或皮肤染毒时,每周给予 5 天,实验期限为 24 个月;③实验前 8 个月每周称一次动物体重,以后每两周称一次。消化道染毒时应计算食物或饮水消耗量。每天观察两次动物,记录肿瘤出现时间、部位、大小、数目、外形、硬度和发展情况。发现死亡、垂死的和临床异常的功物,应详细记载。实验第 15 个月时每组雌雄动物各处死 10 只,其余在第 24 个月处死,进行完整的尸体解剖,检查所有器官组织,凡肉眼能辨认的肿瘤或可疑的肿瘤组织均应记录其所在的脏器的部位、大小、形状、颜色、硬度、与正常组织界限及肿瘤组织本身有无出血、坏死,也要注意非肿瘤性病变。对于肿瘤组织、可疑肿瘤组织及肉眼不能判断性质的其他病变均进行病理组织学检查,同时进行血液生化检查。

对于长期诱癌试验,若受试组与对照组之间的数据经过统计学处理后,以下四种情况中有任何一条出现显著性差异,并存在剂量-反应关系,即可认为受试物的致癌试验为阳性。

(1)肿瘤只发生在受试组动物,对照组无肿瘤,或受试组出现对照组没有的肿瘤类型。

(2)受试组与对照组动物均发生肿瘤,但受试组发生率高。肿瘤发生率按下式计算,应包括良性、恶性及二者的总发生率。此外,还应将不同器官的肿瘤发生率分别统计。

$$肿瘤发生率 = \frac{试验终了时患肿瘤动物总数}{有效动物总数(最早出现肿瘤时存活动物总数)} \times 100\%$$

(3)受试组的平均肿瘤数高于对照组。

(4)受试组与对照组的肿瘤发生率虽无显著差异,但受试组肿瘤发生的潜伏期(各实验组第一例肿瘤发现的时间)短。

第五节　微宇宙法

微宇宙(microcosm)是自然生态系统的一部分,又称模拟生态系统,包含生物和非生物的组成及其过程,能提供自然生态系统的群落结构和功能,但又不完全等同于自然生态系统,没有自然生态系统庞大和复杂,不能包含自然生态系统的所有组成,也不能包含自然生态系统的所有过程。微宇宙一般也包括中宇宙(mesocosm)。应用微宇宙技术不仅可以研究一般生态系统,还便以对那些人们难以到达的沙漠、远洋和火山口等特殊生态系统进行研究,近年来,该技术在生态学研究领域得到越来越广泛的应用。1992 年,美国亚利桑那州的第二生物圈(bioshpere 2)就是用来模拟研究地球生态系统的微宇宙,对于保护全球生态环境做出了重大贡献。在模拟化学污染物在真实环境中的毒性机制和解决环境污染的生态修复技术中也广泛应用微宇宙法。由此可见,微宇宙法的设计、研究和应用具有重要的应用意义。

一、微宇宙法简介

微宇宙法是指在自然环境中应用小型生态系统或实验室模拟野生生态系统进行实验的技术。该概念起源于古希腊哲学界,其中心思想是,自然界一切单元,不论其大小,在结构和功能上均具有相似性,一种水平上的结构和功能与另一水平上的相似,这种相似推理的法则在哲学上称为微宇宙理论。19 世纪中叶,Warrington 发表了第一篇有关微宇宙的自然科学论文,他在 12 加仑(1 加仑≈3.79L)的水族箱中放入两尾金鱼和一些苦草,又引入 5~6只螺蛳,建立了与天然大鱼塘相似的、简单的生态平衡系统,即微宇宙。他指出,根据微宇宙理论,即相似推理的原理,微宇宙实验结果可以推广到野外真实世界。

20 世纪初,微宇宙的思想逐渐从哲学界过渡到自然科学领域,特别是生态学领域。

例如,Woodruff 应用微宇宙法成功地进行了经典的生物演替实验,到 20 世纪 40~50 年代,许多生态学家对于应用微宇宙法研究生态系统中群落代谢及有关现象的独到之处得到共识。例如,Odum 等建立的一套实验程序证明微宇宙的确是一个多生物的微小世界,它在许多方面与其代表的真实世界非常相似。

20 世纪 70 年代,随着生态毒理学的发展,微宇宙法在生态毒理学领域受到重视,Metcalf 率先用微宇宙法研究了农药在生态系统中的归宿。此后,有关微宇宙法应用的学术讨论多有报道,于是,微宇宙法也在数量、类型和研究项目等方面进入迅速发展阶段,1980 年,Giesy 等将微宇宙理论命名为微宇宙学(microcosmology)。近年来,我国学者对微宇宙理论进行研究和探讨,并应用微宇宙法研究生态毒理学问题。

二、微宇宙的主要类型

微宇宙总体可分为三大类,即陆生微宇宙、湿地微宇宙和水生微宇宙。

(一)陆生微宇宙

陆生微宇宙(terrestrial microcosm)通常是在容器内装入土壤,移植(殖)陆生植物和动物,系统中含有空气,能与外界交换,O_2 和 CO_2 水平保持与外界相通。Decatanzaro 建立的 30 个林地微宇宙模拟镍冶炼厂污水排放对林地生态系统的影响;中国科学院植物所建立的包含 6 个 $2m \times 2m \times 1.1m$ 培植池陆生中宇宙,研究农药对陆生生态系统各组分的影响。陆生微宇宙不乏是研究有毒污染物环境归宿和效应的方法。由于陆生微宇宙的试验生物数量有限和生物对污染物暴露历史的差异性,人们较难获得有效的具有统计意义的毒性数据,如 LC_{50}。陆生微宇宙平衡稳定期较长,在几年的研究期间很难得出具有代表性的生态系统变化过程,应用陆生微宇宙还需仔细了解边界条件对系统的影响。

(二)湿地微宇宙

湿地微宇宙(wetland microcosm)即人工湿地系统,早先主要被用于研究农药在农业湿地环境中的持久性,近年来利用湿地微宇宙研究污染物的迁移和转化,并研究湿地系统用于处理污染物的可能性与条件,同时,对于了解地表径流对水域生态系统的影响也有重要意义。例如,传统污水处理厂在处理污水时有大量的 CH_4 排放,需要寻找高效处理废水同时低 CH_4 排放的废水处理方法,人工湿地作为传统污水处理技术的一种补充方案,由于经济成本低和环境影响低等优点而得到广泛应用。然而,随着污水排放量不断增加,人工湿地处理污水过程中的 CH_4 排放总量也会越来越多。在人工湿地中,CH_4 的产生是在厌氧条件下由产甲烷菌利用有机物质生成并在氧化层被甲烷氧化菌部分消耗,最后通过植物通气组织扩散等方式从土壤传输到大气的过程。不同种类的植物能为产甲烷菌提供碳源而增加 CH_4 排放量,也能为根区甲烷氧化菌提供一定量的氧气促进 CH_4 氧化,从而减少 CH_4 排放。选择合适的植物种类对于减少人工湿地 CH_4 排放有重要意义。赵争艳等以细砂基质的人工湿地微宇宙为实验平台进行三种植物单种和三种物种混种的比较实验,分析了物种丰富度对系统 CH_4 排放和氮去除的影响,探讨了物种特性对系统 CH_4 排放和氮去除的影响,并分析判断兼具高氮去除和低 CH_4 排放的植物群落组成。该研究为人工湿地处理污水降低 CH_4 排放的植物配置提供了科学依据。

(三)水生微宇宙

水生微宇宙(aquatic microcosm)包括模拟河流、湖泊、河口及海洋生态系统的各种类型。

1. 水族箱系统

水族箱系统(aquaria)是模拟水生生态系统的最早应用的微宇宙。最早建立的水族箱系统曾被用于放射性物质、农药等毒物的降解性研究和大气中重金属粒子进入水体表面微层的规律性研究。水族箱系统的设计和操作简单,正因为它过于简单、真实性差,严格进行研究的并不多。

2. 溪流微宇宙

溪流微宇宙(stream microcosm)是用来模拟河流生态系统的微宇宙,主要有水渠系统和循环水系统。循环水系统结构紧凑、占地面积小,可作为化学品危险性评价的有用试验设施,能满足建立有毒物质控制法规的要求。美国、德国、加拿大、日本等国家广泛采用这类微宇宙研究外源性化合物慢性暴露的行为及其生态学效应,循环式溪流微宇宙比较经济,但真实性较差。

3. 池塘与水池式微宇宙

池塘与水池式微宇宙(pond and pool microcosms)的特点是其直径远远大于深度,多被用于模拟湖泊、水库和河口等生态系统,以了解它们的自组织过程、系统特征、富营养化过程及污染物的生态效应等。这类微宇宙结构简单、规模小,条件易于控制,因此而得到较多的研究和较广泛的应用。中国科学院动物研究所曾用含多种水生生物种子、孢子、卵子的干河泥和自来水组成池塘微宇宙来研究单甲脒农药的生态效应,普遍认为这类微宇宙可用作化学品危险性评价中的中间或较高层次的试验与研究的模拟系统。

4. 围隔水柱微宇宙

在海洋中的围隔水柱微宇宙(enclosed column microcosm)也称远洋微宇宙(pelagic marine microcosm),一般不含沉积物,水柱体积与上表面积的比例为$2\sim4m^3/m^2$。这类微宇宙的真实性强,但耗费大,难以维持很长时间。湖泊中的围隔水柱微宇宙最简单的例子是测定浮游植物光合生产力的"黑白瓶",也有较大的围隔水柱用于研究湖泊水华控制等问题,这种围隔系统也同样具有真实性强而耗费大的利弊。

5. 陆基海洋微宇宙

陆基海洋微宇宙(land-based marine microcosm)是指在陆地上构建的模拟海洋生态系统的微宇宙,它较围隔水柱微宇宙系统费用低,条件相对容易控制,运行时间长,当然真实性差一些。美国罗德岛海洋实验室建立的 MERL 微宇宙由 14 个圆柱体水槽组成,水槽中水深 5m,底部沉积物厚 0.37m,总体积为 $13.1m^3$。该实验室对 MERL 微宇宙进行过多年的研究,也用这类微宇宙进行过多种模拟试验,结论是微宇宙的体积越大,达到稳态所需要的时间越长,一旦大系统形成稳态,它可以向别的微宇宙转接而使其在较短的时间内达到相同的稳态条件。

6. 珊瑚礁和底栖生物微宇宙

海洋珊瑚礁和湖泊、河口沉积物是多种水生生物栖息的地方,构建珊瑚礁和底栖生物微宇宙(reef and benthic microcosms)对于研究生物多样性、保护生物多样性具有重要意义。

三、微宇宙法的优缺点和标准化

(一)微宇宙法的优点

微宇宙法与实验室单一物种试验、野外试验及数学模型相比较,具有以下独特的优点。

1. 真实性

微宇宙法具有与自然生态系统非常相似的生物学组成、营养循环及多种物理参数,可在控制条件下对功能完全的生态系统进行研究,观测到多种过程和组分的相互作用,它比单一物种的实验室研究提供了更完整的信息。微宇宙法不仅可以了解污染物对生态系统影响的全面结果,还可以合理地将结果外推到自然生态系统,而单一生物的毒性试验结果很难被直接外推到复杂的自然生态系统。例如,2-甲基萘的降解速率在试验瓶中试验的结果比微宇宙法测得的结果低得多,因为单一生物的作用过程与生态系统完成的过程不同,2-甲基萘在全功能生态系统中的降解是由不同营养级多种生物经过一系列选择、适应等正常自组织过程之后共同作用的结果。野外试验直接研究外源性化合物对自然生态系统的效应,往往很难得到明确的结果,而且,从某一地区、某一时期得出的结果很难被用于其他地区和其他时间。数学模型是设法把实验室数据同野外试验数据综合起来进行预测的工具,但是常因数据量太少而受到局限,而且很难找到决定一个生态系统所必需的所有变量,因此很难准确地预测外源性化合物的生态效应。

2. 重复性和再现性

重复性和再现性问题是所有环境毒理学实验中的重要问题,无论是单一物种试验还是野外试验和微宇宙试验,试验表明,微宇宙与天然系统之间及微宇宙与微宇宙之间存在的差异均在自然环境偏差限度范围内,一般小于 30%。

3. 灵活性

微宇宙法的应用相对灵活,可对不同环境条件下多种类型的生态系统进行探究。例如,对沙漠、海洋等难于研究的自然环境,利用微宇宙法进行研究,其结果可以定量地直接外推到自然环境中。微宇宙法还可以灵活地选择一两个营养级,甚至可以仅用一种指示生物进行仔细研究。

4. 效益/成本高

花费比野外试验低得多的代价即可获得与野外试验相当的效果。

5. 安全性

使用放射性标记化合物、毒物或未知致病性的工程生物进行试验,微宇宙法可以避免环境遭受危害。

微宇宙法可被用来验证和校准实验室试验结果与野外观测结果之间的差异,通过标准化的单一物种试验,人们已经积累了大量有用的数据,这些数据如何与野外观测结果联系起来,它们与野外观测结果究竟有多大差距,通过微宇宙试验可以来验证。因为微宇宙的生态结构和功能介于二者之间,它在二者之间架起了一座桥梁。总之,微宇宙法的应用使人们能够在控制条件下研究全功能的生态系统,能在生态水平上研究外源性化合物的效应,推动了环境毒理学的发展。但是,它仍有许多问题值得人们认真思考和研究。

(二)微宇宙法的缺点

微宇宙只能延续数月或几年,不可能维持太长时间,因此,很多重大的生态过程无法通过微宇宙法体现,如生物演替过程、多代生物种的传代过程等。微宇宙虽不是完全的天然系统,但也不是完全可控制的,因此只能在自然差异限度内重复,不能像实验室试验那样严格重复。微宇宙中群落结构比较复杂,对外源性化合物反应的终点不够明确,要求人们对结构复杂的微宇宙进行更加深入的研究,试验并识别系统中针对不同外源性化合物的最敏感的反应终点,包括生物学的、生物化学的和分子生物学的。虽然目前微宇宙法有很多不足,但随着环境毒理学的发展,微宇宙理论及微宇宙技术在环境毒理学中将得到更加充分、更加完善的应用和发展。

微宇宙法一般朝以下两个方向发展:①向标准化发展。微宇宙法的标准化是指应用相同的生物组合、生物培养介质和试验条件。Taub 等对水生微宇宙组分和方法做出规定,包括培养基质、生物组成、数据处理与统计方法等,经标准化的水生微宇宙试验结果较为一致,重现性也较好。②向高度自动化控制发展。随着计算机技术和仪器技术的发展,以及 PCR 和生物技术的广泛应用,微宇宙法也会向自动化控制和终点的自动化测量发展。

(三)微宇宙标准化

由于天然系统的复杂程度和时空的不同,微宇宙试验结果难以重复验证和被外推至天然生态系统。此外,在新化学品开发的早期难以确定这种化学物质的释放场所,因而也不能确定可能受到其影响的天然生态系统的类型。微宇宙的标准化可以在一定程度上满足这些需求。

微宇宙的标准化是指应用相同的生物组合、生物培养介质和起始条件及相同的试验设计,包含多个营养等级的标准化微宇宙,能够经济高效地为外源性化合物生态风险评估及管理提供生态学数据。标准化微宇宙能够实现更多的平行重复,使研究结果具有良好的统计学价值。同时,也便于在实验室内和不同实验室之间进行重复验证。人工组合微宇宙技术是实现微宇宙标准化较为适合的手段。美国华盛顿大学 Taub 等在人工组合水生微宇宙研究的基础上,研究不依赖室外现场的标准化水生微宇宙试验方法,他们对微宇宙的组合和方法做出规定,包括供水和培养液、生物组成、物质装备、数据处理与统计方法等。他们的研究显示标准化微宇宙能够获得可重复和可再现的试验结果。

四、微宇宙法在环境生物学研究中的应用

微宇宙法提供了在生态系统水平上研究污染物对生态系统影响和生态系统对污染物适应能力的有用工具。

(一)用于外源性化合物在环境中迁移与归宿的研究

微宇宙中外源性化合物的迁移、转化是一个重要特征,因此,利用放射性标记物可跟踪污染物的时空分布、迁移转化过程及其转化产物。这方面较典型的例子是 Metcalf 的微宇宙法研究,该系统经过反复构建和修正,实验了约 200 种外源性化合物的归宿及生态效应。Metcalf 及其同事还把辛醇-水分配系数 K_{ow} 与全生物体的生物积累联系起来,可以根据 K_{ow} 的对数值 $\log P$ 安全地预测生物浓缩效应 EM 值。生物降解是外源性化合物归宿的一个重要方面,而该系统在对于测量生物降解指数 BI 和生态放大指数 EI 非常有用。Fuhr 总结了有机污染物在湿地微宇宙中变为生物无效性的归宿,他指出,生态系统以紧密结合的机制部分地中和毒性,这种机制是生态系统对人类经济活动产生的毒物的适应过程中形成的,从而起到保护生物圈的作用。近年来,关于外源性化合物在环境中的迁移与归宿的研究,微宇宙法得到普遍应用。

(二)用于外源性化合物生物效应的研究

中国科学院动物研究所和植物研究所曾成功地运用实验室水生微宇宙、池塘微(中)宇宙、水陆生中宇宙和陆生中宇宙研究了农药及其他污染物对生态系统结构与功能的影响,发现含有多种水生生物种子、孢子和卵子的池塘微(中)宇宙和水陆生中宇宙对外源性化合物均具有生态系统水平上的效应,且具有各自的代表性。实验室水生微宇宙从1982年开始进入研究,以实验室贮备纯培养生物、培养液和标准沉积物建立,并对微宇宙的生物组成、培养液和沉积物的成分、试验条件等各项因素进行了比较研究,提出了标准化试验程序。被接种的贮备纯培养生物为我国淡水生态系统的常见种类,在实验室内易于培养。池塘微宇宙体积小、结构简单,条件易于控制,适用于在室内进行较细致的机理研究;池塘中宇宙规模较大,结构复杂,功能稳定,较接近自然实际,适用于分析外源性化合物的环境行为和生态效应趋势;水陆生中宇宙适用于研究农药等外源性化合物通过地表径流对水域生态系统的影响;陆生中宇宙可被用于研究农药对陆生生态系统结构与功能的影响,且研究结果与现场农地生态系统的研究结果一致,可较全面地评价农药进入陆生生态系统后对其结构和功能的影响程度,摸清它在作物-土壤系统的残留特点,进行农药危害性的预测,提出合理使用农药的措施。总之,微宇宙系统的组建与管理技术简便、费用较低,是生态系统水平上研究外源性化合物环境毒理学效应评价及预测的良好工具,可根据不同目的和条件选择使用。微(中)宇宙还被用于研究生物遗传型的改变,植物生长、初级生产力和产量的变化,生物行为和种间相互作用的变化,对生物多样性的影响,剂量-效应关系,反应与恢复,化学品的预评价等诸多生态毒理学问题。

(三)用于生物对外源性化合物反应的研究

微宇宙不仅可以在模拟真实的环境下测试一般性生物对于外源性化合物的反应,还有助于发现生物在真实环境中对外源性化合物的特异性反应。Sander等用微宇宙法研究低水平镉对河口优势硅藻种群的影响,发现 $5\mu g/L$ 的镉对种群组成、生长速率、种群密度及 C/N 比率几乎没有影响,但优势硅藻的孢子数量明显减少,使孢子减少的镉浓度大约比硅藻生长受抑制的量低一个数量级。由于孢子形成和萌发是硅藻维持优势的机制,孢子持续减少导致河口群落组成和优势种发生了改变。Phelps等研究了微宇宙中海洋沉积物间隙水中铜对蛤子行为的影响,掘洞是蛤子逃避被捕食的主要功能,如果掘洞速度减慢,其整个种群的生存就会受到威胁,他们发现,蛤子掘洞速度与蛤所在沉积物间隙水中铜的浓度直接相关。

(四)用于外源性化合物的生态风险评价

由于微宇宙系统能比单一生物实验提供更完整的信息,可同时提供暴露和归宿的信息,近年来外源性化合物的生态风险评价中,微宇宙系统的应用越来越普遍。欧洲共同实验室研究计划对单一生物种实验室方法和微(中)宇宙法进行了比较,发现用单一生物种实验室方法测得的二氯苯胺的慢性 NOEC 值比微(中)宇宙试验高约200倍,这说明微宇宙法进行外源性化合物的生态风险评价研究对特定化合物可能更敏感。肖鹏飞模拟浙江地区典型稻区水生态系统构建了标准化微宇宙,微宇宙中包括 8 种浮游动物和 10 种淡水浮游藻类,评价稻田农药水生态风险。该研究初步建立了农药混合暴露水生态风险的试验和评价技术体系,通过江南稻区常用农药代表性品种毒死蜱-丁草胺-三唑酮三元混合暴露对浮游生态群落水平影响的研究,初步揭示了多元污染物生态效应的叠加与协同作用生物学效应机制。

(五)用于修复生态工程的研究与参数设计

近年来,微宇宙法还被广泛用于原位修复生态工程或治理工程的研究与参数设计。Huddleston 等精心构建了两个湿地微宇宙,对炼油厂废水进行净化处理试验,结果表明,48h 内炼油厂废水平均 BOD_5 去除 80% 以上,$NH_3 - N$ 去除 90%,同时,为湿地特征参数设计提供了有用的参考。刘丹丹等从太湖梅梁湾采集无扰动泥芯样本,分别添加固定化氮循环细菌、水生植物伊乐藻建立室内微宇宙,模拟生态修复,探讨不同修复处理下硝氮的去除机制,结果表明沉水植物与固定化氮循环菌组合生态修复技术促进了湖泊水体氮素的脱除,起到了净化作用。该研究被应用于生态修复实践。

小　结

环境毒理学实验不仅能弥补物理检测和化学检测的不足,还能提供物理检测和化学检测无法得到的数据。毒理学实验体系有多种,根据毒物的作用效果,毒理学实验分为致突变实验、致畸实验、致癌实验;根据所测试的生物效应,毒理学实验分为一般毒性实验、蓄积实验、行为实验、"三致"(致突变、致畸、致癌)实验、DNA 损伤修复实验等。为了提高实验的成功率,并保证实验结果能反映一定的问题,在进行毒理学实验实验前要了解影响毒理学实验的因素、毒理学实验应遵循的原则。为了避免不必要的环节,还要熟悉毒理学实验的程序。

本章重点讲述了急性毒性实验、亚慢性毒性实验和慢性毒性实验的实验目的、受试生物选择、染毒方法和剂量设计、测试指标的选择、结果的处理和评定;讲述了生理生化和遗传水平测试("三致"实验)的方法及其原理;最后介绍了微宇宙法的分类、优缺点及其在环境生物学研究中的应用。

习　题

1. 归纳并总结本章的名词概念。
2. 毒理学实验有哪些分类方法?毒理学实验为什么要标准化?对于不同的外源性化合物应该进行什么样的毒理学实验项目?选择的标准是什么?
3. 简述一般毒性实验的目的和剂量设计的方法。
4. 简述急性毒性实验选择 LC_{50} 作为结果评定的意义。
5. 归纳"三致"实验常用的方法和原理。
6. 致畸作用的特点是什么?这些特点对致畸实验设计的意义何在?
7. 致癌作用的机理是什么?

第三部分 实践应用篇

第六章　人为逆境的生物学监测和评价

【本章要点】

本章介绍了生物学监测和评价的定义、理论依据、优缺点；介绍了生物学监测和生物学评价的方法与技术，生物标志物的分类、特点、选择原则，以及在环境监测和评估中的意义；探讨了 ERA 的技术关键、框架和评价内容。

环境质量是指在一个具体的环境里，环境的总体或环境的基本要素对人群的生存和繁衍及社会经济发展的适宜程度，它包括自然环境质量和社会环境质量两个方面，自然环境又可具体划分为大气环境质量、水环境质量、土壤环境质量等。环境质量的好坏直接影响人们生存质量和生态系统的稳定性，所以要定期对环境进行质量监测和评价。环境学监测和评价方法很多，有物理方法、化学方法和生物学方法，生物学方法用于环境质量的监测和评价，是生物及环境关系的原理在环境领域中的应用。自然界中生物分布极其广泛，生长的环境十分复杂，变化无常，当环境受到人为破坏时，生活在其中的生物必然会遭到不同性质、不同程度的影响。一方面，人为逆境对生物的生存或生殖产生有害的生物学效应；另一方面，生物采取不同的方式抵抗和改变身处其中的人为逆境。环境生物学工作者发现这种相互作用、相互影响的关系可以被应用到处理和解决环境问题中，由此产生了应用环境生物学，包括利用生物对人为逆境的敏感性和抗性进行环境质量或污染状况的生物学监测和生态风险评价，利用生物的抗性和适应性进行污染的治理和修复等内容。

生物学监测是近几十年来发展起来的被应用于环境监测领域的一门新兴技术，作为环境监测的重要组成部分，生物学监测具有敏感性、长期性、连续性、经济性、非破坏性和综合性等优势，有望在生态系统环境监测、总量控制、生态风险评价、环境污染早期预警、突发事件监测和环境标准制定等领域取得突破。

第一节　生物学监测和评价概述

一、概述

利用生物个体、种群或群落对人为逆境所产生的反应来阐明环境受损状况，从生物学角度为环境质量的监测和评价提供依据，这种监测手段称为生物学监测（biological monitoring/biomonitoring）。这是一种古老而具有生命力的监测方法。例如，矿工在下井之前先以绳缚鸡投入井中,观察鸡的反应,若鸡死则证明井中有毒气;在国外,矿工在矿井坑道或易生毒气之处喂养金丝雀,依照其反应判断是否有毒气产生;等等。这都是生物学监测方法的早期实践。在当代,尽管拥有越来越先进而精密的理化监测设备,但生物学监测仍有用武之地,并且具有理化监测所没有的优点。生物学监测技术诞生于 20 世纪初,对其机理及应用的研究经历了一个从生物整体水平向细胞、基因和分子水平逐步深化的发展过程。1992 年举行的北大西洋公约组织高科技讨论会指出,对于环境污染的监测,仅用理化的方法是没有意义的,只用生物学的方法却是有意义的,最佳方式是将化学方法和生物学方法兼而并用。会议还认定,今后对环境污染的监测将使用人体、动物和植物三大系统。

生物学评价(biological assessment)是指用生物学方法按一定标准对一定范围内的环境质量进行评定和预测,用生物学方法评价环境质量的现状及其变化趋势,从而判断对人群健康、生态系统是否造成风险。本章的生物学评价只讨论生态风险评价。生物学评价要依靠生物学监测的结果,二者一般不需要使用贵重的仪器和设备,可经济、简便地反映出环境中各种污染物综合作用的结果,甚至可以追溯过去,进行回顾评价,所以生物学评价可分为回顾评价、现状评价和预测评价。此外,生物学评价还可对大型水利工程、工矿企业的建设可能产生的生态风险进行预断评价。

生物学监测和评价是物理方法和化学方法对环境质量进行监测和评价手段的补充及完善,其基本任务概括为以下几个方面:①对环境的污染或变化进行监查,包括污染物类型和污染程度的鉴别和测定,污染对生物的直接危害症状及程度的测定,其中,对人类健康构成严重威胁的"三致"物的检测显得尤为重要;②对环境的污染或变化状况进行监视,这需要在一定期间内对环境污染物的类型、污染程度和危害进行重复监察,此项任务可为环境污染状态的变化或污染物的消长提供动态记录;③对环境污染状况进行监控,即不断地将环境现状的监察资料与先前所设定的环境标准进行比较,这可以及时发现超标污染物的类型及污染程度,并为环境管理提供依据。

二、生物学监测的理论依据

生物与其生存环境是统一的整体。环境创造了生物,生物又不断地改变着环境,两者相互依存、相互补偿、协同进化,这是生物进化论的基本思想,是生物学和生态学重要的理论基础,同时也是生物学监测理论依据的核心。

(一)生命与环境的协同进化理论

生物系统各层次之所以能够指示其生存环境的质量状况,从根本上说,是由两者之间存在着相互依存和协同进化的内在关系决定的。按照进化论的理论,原始生命始于无机小分子,生命的产生是地球各种物质运动综合作用的结果。同时,生命一经产生又在其发展进化过程中不断地改变着环境,形成了生物与环境间的相互补偿和协同发展的关系,群落的原生演替就是这方面的典型例子:裸露的岩石最初只有地衣生活在岩石表面,此时的环境并没有可供植物着根的土壤,更没有充分的水和营养物质,但地衣在生长过程中的分泌物和尸体的分解不但能把等量的水和营养物质归还给环境,而且能生成不同性质的物质促进岩石风化变为土壤,其结果是环境保存水分的能力增强了,可提供的营养物质的种类和数量增加了,为高一级植物苔藓类创造了生存条件。生物逐渐从无到有,群落从低级阶段向物种多样性提高、结构和功能趋向相对稳定、顶极阶段发展。

生物的变化既是某一区域环境变化的一个组成部分,又可作为环境改变的一种指示和象征。生物与环境之间的这种协同性是开展生物学监测的基础和前提条件。

(二)生物相对适应性法则

生物对环境的适应是生物能够很好地生活在各种环境中的表现,生物多样性就是适应多样性的体现。南极大陆是地球上最寒冷的地方,但在那里生活的动物仍为 70 余种,据分析,南极海水的冻点为 $-1.8℃$,这个区域水体中生活的许多鱼类能够合成抗冻蛋白,使鱼类能够安全生活。

在一定环境条件下,某一空间内的生物群落的结构及其内在的各种关系是相对稳定的,当受到人为干扰时,一种生物或一类生物在该区域内出现、消失或数量的异常变化都与环境条件有关,是生物对环境变化适应与否的反映。生物的适应具有相对性。相对性一方面是指生物为适应环境而发生某些变异,自然界中同一物种在不同环境的类型分化就是生物适应环境的一种变异;另一方面是指生物的适应能力有一个生态幅,超过这个范围,生物就表现出不同程度的损伤特征。正是生物适应的相对性才使生物群落发生各种变化,以群落结构特征参数(种的多样性、丰度、均匀度、优势度、群落相似性等)作为生物学监测指标就是以生物相对适应性法则为理论依据。

(三)生物富集现象

生物富集现象是生命活动的普遍现象之一。生物在生命活动的全过程中,需要不断地从外界摄取营养物质,以构成自己的机体和维持各种生命活动。在长期的进化历程中,生物对环境中某种元素或物质的需求与环境提供给它的这类元素或物质的量基本是协调的,但人为逆境中的污染物被生物吸收和富集,可使体内该类污染物的浓度远远超过环境中的浓度,而且还会通过食物链在生态系统中传递和被放大,当这些物质超过生物所能承受的浓度后,就会对生物乃至整个群落造成影响或损伤,并通过各种形式表现出来。生物学监测可以此为依据来分析和判断各种污染物在环境中的行为及危害。

(四)可比性和可重复性

生物学监测结果常受多种因素的影响而呈现出较大的变化,这给在同一类型的不同生态系统间比较生物学监测的结果带来了困难,但这并不等于生物学监测结果没有可比性。生命具有共同的特征,都由细胞构成,都能进行新陈代谢,都具有感应性和生殖能力等,这些共同特征决定了不同地区的同种生物抵抗某种环境压力或对某一生态要素的需求在一定的范围内接近。此外,采用结构和功能指标,如系统结构是否缺损、能量转化效率、污染物的生物学放大效应等,也可以对不同生态系统的环境质量或人为干扰效应的生物学监测结果进行对比。只要方法得当,指标体系相同,不同地区同一类型生态系统的生物学监测结果是具有可比性和可重复性的。

三、生物学监测的优缺点

生物学监测具有某些独特的应用价值和理化监测不能替代的特点,这使现代环境监测实践中,生物学监测的理论与方法得到了不断的发展和有效的运用。但生物学监测本身具有一定的局限性,不能代替理化监测,如果在生物学监测实践中同时配合一定的理化监测技术,将会使生物学监测的结果更加明确而有效。生物学监测的优点和局限性均是由生物本身的特点所决定的。

(一)生物学监测的优点

(1)生物学监测能直接反映环境质量对生态系统的影响,反映人为逆境对生物产生的综合效应。因为人为逆境同时存在多种污染物,所以对生物系统的影响不是单一地来源于某种污染物,而是来自各种污染物的联合作用。理化监测能精确地测定环境中污染物的浓度,但不能显示多种污染物混合后对生物系统的影响。生物学监测可以监测生物所接受的各种污染物的综合影响,因而生物学监测所反映的是各种污染物综合作用的结果,能客观地显示人为逆境对生态系统的真实影响。

(2)生物学监测具有连续监测的功能,可反映大面积的、长期的、历史的环境质量状况。运用生物学监测方法,可以在大面积或较长距离内密集布点,甚至在边远地区也能布点。人为逆境状况与人类活动密切相关,在某一时期,某种生产活动常大量排放出某种特定的污染物,随着该生产活动的减少或停止,特定的污染物的环境浓度也会下降。生物体能从环境中吸收污染物,通过分析在不同历史时期采集的植物标本的化学成分,可得知该污染物的污染历史。例如,美国宾夕法尼亚州立大学的研究人员采用中子活化法分析树木年轮中重金属元素的含量变化,结果显示 20 世纪第一个 10 年的年轮铁含量减少,20 世纪 50 年代后汞含量增加,50 年代早期至 60 年代银含量增加,经分析,这与当地在同期内炼铁炉被淘汰、工业用汞量增加及在云中撒布碘化银活动有关。

(3)灵敏度高,能发现早期污染或环境变化。某些生物对特定的污染物极为敏感。例如,水体中有机磷农药浓度为$(1\sim10)\times10^{-9}$ mg/L 时即能抑制鱼脑乙酰胆碱酯酶活性;此外,有些生物对环境中的污染物具有很强的蓄积能力,其体内污染物含量可高于环境浓度数十倍、数百倍,甚至数十万倍。例如,对以淡水鱼为食物的苍鹭进行调查发现,虽然河水中的 DDE 与狄氏剂浓度仅为百万分比浓度级,常规理化分析难以测出,但鱼体内 DDE 浓度为 0.7×10^{-6} mg/L,狄氏剂浓度为 0.2×10^{-6} mg/L,而苍鹭体内 DDE 和狄氏剂浓度分别高达 8.0×10^{-6} mg/L 和 4.5×10^{-6} mg/L,最高可达 26×10^{-6} mg/L 和 14.5×10^{-6} mg/L。利用这些高敏感、高蓄积生物作为监测生物,能够及时检测出环境中的微量污染物,作为早期污染的报警器。

(4)方法简单,价格低廉,不需要购置昂贵的精密仪器,不需要烦琐的仪器保养及维修等工作。理化监测需要购置必需的仪器设备和药品,需要较多的资金,仪器的维修和保养、专业人员的培训等也会提高监测的成本。生物学监测很少要求使用价格昂贵的仪器,监测生物的栽培、饲养和管理费用都不高,监测数据的收集也不复杂。

(二)生物学监测的缺点

(1)生物学监测不能像理化监测仪器那样迅速做出反应,不能精确地监测出环境中污染物的实际浓度。监测生物对污染物的反应通常只有在污染物达到靶位点后,干扰其正常生理代谢功能并产生可监测的症状时才表现出来,这需要一定的时间。特别是当环境中污染物浓度较低时,监测生物出现可检测症状的时间可能更长。此外,在没有精确确定浓度-反应曲线的条件下,仅根据监测生物的反应不能确定环境中污染物的实际浓度,只能比较各个监测点之间的污染水平。

（2）易受监测生物生长发育状况的影响。不同监测生物个体间对同一种人为胁迫的反应有着或多或少的差异,这种差异来源于个体的生理状况、发育期不同等。

（3）易受各种环境因素的影响。环境中的物理因素、化学因素和生物因素能影响监测生物的各种反应,并与人为胁迫引起的反应相互混淆。首先,人为胁迫可与自然因素交互作用而影响监测生物的反应。例如,O_3 对斑豆伤斑面积的伤害程度与光照强度密切相关,在相同臭氧浓度下,光照强度越大,斑豆伤斑面积越大;与干燥空气相比,露、雾或细雨条件下 SO_2 对监测生物有更强的伤害作用;在土壤中增施微量元素硼能显著增加 HF 对葡萄的伤害;等等。其次,由自然因素引起的生物损伤类似由人为胁迫引起的损伤。例如,由霜冻或矿物质营养缺乏引起的植物症状类似由 SO_2 引起的伤害症状;植物病毒感染引起的病症类似由 O_3 伤害产生的伤斑;等等。

（4）监测参数的选择较为困难。由于选用的是活体生物,同一种生物不同生长时期对污染物的敏感性和反应不同,即使是同一种生物也存在个体差异,如何挑选合适的生物进行监测,要视监测的环境（土壤、大气、水域）、污染物类型（重金属、杀虫剂、有毒气体、放射性元素、致癌物等）和受检环境中生物对污染物的反应情况而定。

鉴于上述生物学监测的优缺点,在实际应用中,一般将其与理化监测配合运用,达到扬长避短、相互补充、准确监测的目的。理化监测在一定程度上揭示了人为逆境中的主要污染物组分,但难以科学地反映所有污染物组分及各种污染要素的作用,生物学监测中的毒性试验是一种"黑箱"方法,尽管不能揭示逆境含有哪些污染物及浓度,却能综合反映污染物对生物的毒性大小或危害程度。将二者结合起来,可以真实、综合和全面地评价人为逆境对环境的危害。此外,监测生物的规范化、监测条件的标准化、浓度-反应曲线的精确化及监测人员的专业化均可在一定程度上弥补生物学监测的不足。

四、指示生物和监测指标的选择

1909 年,德国学者 Kolkwitz 和 Marson 对一些受有机污染物污染的河流中的生物分布情况进行了调查,发现河流的不同污染带存在着代表这一污染带特性的生物。他们在此基础上提出了指示生物（biological indicator）的概念,一些生物面对环境中的某些物质（包括进入环境中的污染物）能产生各种反应或信息而被用来监测和评价环境质量的现状和变化,这些生物被称为指示生物。在陆生动植物中也有许多指示生物,一些鸟类对大气污染特别是 CO 污染的反应敏感;地衣、苔藓植物、紫花苜蓿等对 SO_2 敏感。很多生长期较长、容易栽培和管理、对大气污染反应敏感而且症状明显的植物都可作为指示生物。指示生物是生物学监测的核心,分为敏感生物和耐性（抗性）生物,能够对污染物做出定性、定量反应:敏感生物在污染物含量很低甚至低至化学方法测不出来时就表现出某些灵敏的反应。例如,牵牛花对光化学烟雾很敏感,可根据牵牛花的症状及反应程度对光化学烟雾进行定性、定量分析;耐性（抗性）生物在逆境中表现出良好的生长势,逆境反而促进了这类生物的生长,如富营养化水体中蓝藻的大量出现。

（一）指示生物的选择

1. 选择原则

生物种类繁多,从无细胞结构的病毒到灵长类动物,从自养生物到异养生物,从水生到陆生,种类达数百万种,但并非所有生物都适用于监测环境污染或环境质量的变化状况,指示生物的选择应遵循以下原则。

(1)选择对污染物敏感的生物。不同物种对污染物的敏感性差异很大,不同品种间的敏感性也存在着明显的差异,即使同一物种间的敏感性也存在着明显的差异。例如,唐菖蒲对 HF 很敏感,但不同品种的敏感性不同,唐菖蒲的雪青花品种暴露在 HF 中 40 天,叶尖会出现 $1\sim1.5cm$ 的伤斑,而粉红花品种叶尖伤斑长达 $5\sim15cm$。监测生物的敏感性直接决定了生物学监测的灵敏性,这一点对建立早期人为胁迫的生物报警系统尤为重要。

(2)选择具有逆境特异性反应的生物。逆境特异性反应一方面是指生物对特定污染物具有特殊的敏感性或特殊的抗性,而对其他污染物的敏感性或抗性较低。例如,烟草 Bel-W3 品种对低浓度的 O_3 极为敏感,叶片上的褐色斑是对 O_3 的一种特有的反应,而且表现出剂量-反应关系;另一方面,某些生物对某类污染物具有极强的抗性,当环境受到此类物质污染后,其他生物可能消失,但抗污生物能生存并成为群落中的优势物种。例如,颤蚓类底栖动物能在溶解氧很低的条件下生存,是有机污染十分严重的水体中的优势种,所以成为有机污染水体代表性的指示生物。选择具有污染物特异反应的生物用于生物学监测便于解释监测结果。

(3)选择遗传上稳定的生物。生物学监测需要重复性好,所以遗传稳定性是必要条件之一。在其他条件一致的情况下,遗传上稳定的监测生物可望在不同地点和不同时间获得较为一致的监测结果,这也是生物学监测方法标准化所必须具备的条件。最好选用无性系生物,因为无性系个体间在遗传上差异很小。此外,监测生物应具有明确而便于辨认的遗传标记,以帮助监测人员鉴别。

(4)选择易于繁殖和管理的常见生物。生物学监测需要大量的生物个体,监测生物应具备通过有性生殖或无性繁殖方式大量繁殖后代的能力,种质的保存和扩大繁殖应简单易行,避免选用珍稀濒危物种。用于监测时,监测生物的栽培或饲养等管理措施应便于操作。例如,选用多年生植物监测大气污染可以免除反复播种之劳,选择易于繁殖和管理的常见生物可以降低监测成本,提高生物学监测的实用价值。

(5)尽量选择除监测功能外兼有其他功能的生物。监测生物的多功能能够提高生物学监测的综合效益。例如,选用行道树或花卉等兼具绿化或观赏价值的植物监测大气污染,国内外在大气污染的监测上常选用唐菖蒲、秋海棠、牡丹、兰花、玫瑰等,这些植物都既可观赏和获得经济效益,又能预警。

2. 选择方法

指示生物的选择常见的有以下三种方法。

(1)现场调查法。已知某监测区有单一污染物的排放,选择该区,对污染源影响范围内的各类植物进行观察记录,特别注意叶片上出现的伤害症状特征和受害面积,比较后评比出各自的抗性等级,将敏感植物选为指示植物。这种方法相对来说简单易行,缺点是受野外条件下多种因子复杂作用的影响,易造成个体间的不一致,影响选择结果。

(2)盆栽筛选法。先将待筛选的植物在没有污染的环境中盆栽培植,待生长到适宜大小时移至监测区内,观测它们的受害症状和程度。经过一段时间后,评定多种植物对污染的反应,选出敏感植物。这种方法可避免现场评比法中因条件差异造成的影响。

(3)人工熏气法。将待筛选的植物放置在人工控制条件的熏气室内,把已确定的单一或混合气体与空气掺混均匀后通入熏气室内,根据不同的要求控制熏气时间,选出敏感植物。该方法能较准确地把握植物反应症状或观察其他指标、受害的最低浓度或最早时间等参数。

(二)监测指标的选择

正确选择监测指标是生物学监测成败的关键。从理论上说,如果生物系统对逆境胁迫产生反应,它必然有某种形式状态的改变,这种状态的改变可发生在生物系统的不同组构水平。状态改变可以是结构性的,如形态、种群遗传结构及群落组成的改变;也可以是功能性的,如呼吸、光合作用、行为反应、生态系统的初级生产力等改变。这些变化都可以作为监测指标,并以各种测试手段,如形态解剖技术、生理生化技术、毒理学技术、生态学技术等进行测定。

在实际工作中,由于受到人力、经费、技术水平及其他条件的限制,不可能对所有指标进行测定,监测人员应根据具体情况选择对解决问题最关键的指标,这样不仅能较快地解决实际问题,还能更合理地使用人力和经费。在选择监测指标时,一般应遵循以下原则。

1. 根据监测目的选择监测指标

若要及时发现早期污染,可选择对低浓度污染物敏感的动物行为反应或植物伤斑等易于观测的指标。若要监测环境污染程度,可采用植物化学分析方法直接测定监测植物体内的污染物蓄积量,分析树木年轮性状可揭示当地污染历史等。

2. 根据污染物的性质和毒理作用机制选择监测指标

不同性质的污染物毒理作用机制不同,会对生物产生不同的毒性效应。例如,有些污染物能抑制光合作用,或刺激呼吸作用,选择光合效率或呼吸速率作为监测指标就能达到监测这些污染物的目的。又如,有些污染物能刺激 SOD、CAT 及 POD 活性,这些酶的活性就是有用的监测指标。

3. 根据生物的特性选择监测指标

监测生物可以是动物、植物或微生物,在结构上可以是单细胞或多细胞,在繁殖习性上可以是有性生殖或无性繁殖,在生态系统中所承担的功能可以是生产者、消费者或分解者,选择监测指标时可视生物的特性来确定。例如,利用蚯蚓吞食土壤腐败有机质的习性监测土壤金属污染,等等。

第二节　生物学监测和评价的方法与技术

一个完整的生物学监测程序包括现场调查和取样、现场观察与测试、实验室测定、数据统计分析和评价。通过现场调查和取样可以了解污染源、主要污染物、污染特征和强度,选择用于生物学监测的指示生物和合适的监测指标,确定采样点和取样方法等。现场观察与测试的内容很多,如监测区域的指示生物(当地野生或人工盆栽)的形态结构变化、个体生长发育和繁殖存活情况、种群或群落的数量和结构特征变化等,可以对观测的指标进行监测和记录。实验室测定主要是指进行环境毒理学指标的测试,包括细胞水平测试、生理生化测试和基因水平测试等,将以上各项工作得到的结果进行统计和分析,再依据一定的标准划分质量等级,从而进行生物学评价。生物学监测和评价中既用到了传统生物学方法,也用到了先进生物学技术,根据划分依据不同,有多种分类方法。从生物种类来分,分为动物监测、植物监测和微生物学监测;从环境介质来分,分为大气污染监测、水污染监测和土壤污染监测;从监测指标和技术手段来分,分为毒理学监测和评价、生态学监测和评价、分子生物学监测和评价。本节以植物监测为例,以监测指标和技术手段划分的方法和技术进行介绍。

一、毒理学监测和评价方法

(一)形态结构监测法

形态结构监测法包括指示生物个体的形态、结构、植物叶片伤斑面积和数目、动物脏器组织坏死、胚胎死亡数目、个体死亡数目等各种形态和生理变化指标的监测,以此来评价环境污染状况和质量。在形态结构与生理监测方法中,发展最成熟、应用最广泛的就是利用植物对大气污染进行监测。植物监测由于方法简单易行、灵敏度高,早在 20 世纪初就引起人们的注意,发展到现在,已经积累了很多经验,并且被广泛应用于实践。许多植物对大气污染的反应极为敏感,其敏感程度因植物种类和污染物种类的不同而不同。对于大气污染质量的监测和评价,可通过指示植物的叶片外部症状来体现。对植物最有害的大气污染物是 SO_2、O_3、过氧酰基硝酸酯(PAN)、HF 和 C_2H_4 等。

(1)SO_2。植物受 SO_2 伤害后的典型症状为叶面微微失水并起皱,出现失绿斑,失绿斑渐渐失水干枯,发展为明显的坏死斑,颜色可以从白色、灰白色、黄色到褐色、黑色不等。在低浓度时一般表现为细胞受损,不发生组织坏死,长期暴露在低浓度环境中的老叶有时表现为缺绿。不同植物叶片对 SO_2 的毒害症状存在较大差异,禾本科植物在中肋两侧出现不规则坏死,从淡棕色到白色;针叶植物从针叶顶端发生坏死,呈带状,颜色为红棕色或褐色。用于监测 SO_2 污染的指示植物有苔藓、地衣、紫花苜蓿、大麦、荞麦、美国白蜡树、欧洲白桦、南瓜、美洲五针松、芥菜等。

(2)O_3。植物受 O_3 伤害后症状为阔叶植物下表皮出现不规则的小点或小斑,部分下陷,小点变成红棕色,后褪成白色或黄褐色;禾本植物最初的坏死区不连接,随后可以造成较大的坏死区;针叶树种的针叶顶部发生棕色坏死,但棕色和绿色组织分布不规则。用于监测 O_3 的指示植物有矮牵牛花、菜豆、洋葱、烟草、菠菜、马铃薯、葡萄、黄瓜、松树、美国白蜡树等。

(3)PAN。PAN 诱发的早期症状是在叶背面出现水渍状斑或亮斑,继之气孔附近的海绵组织细胞被破坏并为气窝取代,结果呈现银灰色、褐色,受害部分还会出现许多"伤带"。用于监测 PAN 的植物有长叶莴苣、瑞士甜菜及一年生早熟禾等,它们的叶片对 PAN 敏感,但对 O_3 表现出相当强的抗性。

(4)HF。一般植物对氟化物气体很敏感,其危害特点是先在植物的特定部位呈现伤斑,如单子叶植物和针叶树的叶尖、双子叶植物和阔叶植物的叶缘等。开始这些部位发生萎黄,然后颜色转深形成棕色斑块,在发生萎黄组织与正常组织之间有一条明显的分界线,随着受害程度的加重,黄斑向叶片中部及靠近叶柄部分发展,最后,叶片大部分枯黄,仅叶主脉下部及叶柄附近仍保持绿色。用于监测 HF 污染的植物有唐菖蒲、郁金香、葡萄、玉簪、金线草、金丝桃树、杏树、雪松、云杉、慈竹、池柏、南洋楹等。

(5)C_2H_4。C_2H_4 影响植物的生长及花和果实的发育,并且加速植物组织的老化。用于监测 C_2H_4 污染的植物通常有兰花、麝香石竹、黄瓜、西红柿、万寿菊、皂荚树等。

土壤中的污染物对植物的根、茎、叶都可能产生影响,出现一定的症状。例如,Zn 污染引起洋葱主根肥大和曲褶;铜污染使大麦不能分蘖,长四五片叶时就抽穗;硼污染使驼绒蒿变矮小或畸形;砷污染使小麦叶片变得窄而硬,呈青绿色;镉污染使大豆叶脉变成棕色,叶片褪绿,叶柄变成淡红色;等等。所以植物的典型受害症状往往也被用来监测土壤污染。

(二)生理生化监测法

生理生化监测法是指以污染物引起的生物个体行为、生长、发育及各种生理生化变化为指标监测环境污染状况。在一定的浓度范围内,污染物没有致死作用和致病作用,但可能干扰生物的某些生理功能,使其偏离正常状态。污染物干扰生理生化过程的重要特征之一是在不表现出外观损伤之前改变机体的生理代谢。例如,受到一定浓度的污染后,动物的回避反应和游泳能力等行为反应可能发生变化;呼吸、耗氧量及生长率等生理反应可能发生变化;酶活性和肝细胞的糖原转化等生化反应也可能发生变化。当外界环境受到污染时,植物、动物和微生物的某些生理生化指标也随之发生变化,而且比可见症状反应更灵敏、精确。大气是生物赖以生存的基本条件之一,大气一旦受到污染,生物马上会做出不同程度的反应,如某些动物生病、死亡或迁移;植物叶片出现病变,植株生病、死亡;大肠埃希菌对光化学烟雾非常敏感,痕量就可导致死亡,O_3 对大肠埃希菌也有毒害作用,使细胞表面氧化,造成内含物渗出细胞而被解体;等等。污染大气中常见污染物对植物生化的影响研究结果见表 6-2-1。

表 6-2-1　污染大气中常见污染物对植物生化的影响研究结果

污染物	监测指标(酶、代谢物或代谢类型)	变化
F_2、HF、SO_2	过氧化物酶	增加
SO_2、NO_2、碳氢化合物	多酚氧化酶	增加
SO_2、NO_x	谷氨酸脱氢酶	增加
SO_2	RuBP -羟化酶	减少
SO_2、NO_x	硝酸还原酶	减少
酸雨、O_3	过氧化物歧化酶	增加
非特异性	抗坏血酸	增加
SO_2	谷胱甘肽	增加
非特异性	多胺	增加

（续表）

污染物	监测指标(酶、代谢物或代谢类型)	变化
非特异性	乙烯	增加
非特异性	腺苷酸状态	减少
非特异性	光合作用	减少
臭氧、酸雨、SO_2	光反射	减少
酸雨	浑浊度测试	增加

监测水体污染常用的鱼类生理指标有鳃盖运动频率、呼吸频率、呼吸代谢、侧线感官机能、渗透压调节、摄食量与能量转换率、血液成分变化、抗病力等。例如，鱼的血液对铅很敏感，铅中毒会加速红细胞的沉降，增加不成熟红细胞的数量，使一般红细胞溶解和退化而导致溶血性贫血，因此，鱼体内不成熟红细胞的增加和溶血性贫血可以作为水体中铅污染的监测指标。但一般水污染的监测指标运用污染物对动物的生化影响较多，用鱼来监测水污染的生化代谢指标有血糖水平、酶活性变化、糖类及酯类代谢等。污染物对微生物的生化影响也可被用于水体污染的监测。例如，发光细菌是测定由污染物引起的细胞学损伤的良好工具，明亮发光杆菌在正常生活状态下，体内荧光素在有氧参与时，经荧光酶的作用会产生荧光，光的峰值在 490nm 左右；当细胞活性高时，细胞内 ATP 含量高，发光强；休眠细胞 ATP 含量下降，发光弱；当细胞死亡，ATP 立即消失，发光即停止。处于活性期的发光菌受到外界毒物(如重金属离子、氯代芳烃等有机毒物、农药、染料等化学物质)的影响，菌体就会受到抑制甚至死亡，体内 ATP 含量也随之降低甚至消失，发光减弱甚至到零，并呈现线性相关。又如，PAHs 是空气中普遍存在的污染物，它能刺激细胞产生畸变，蜡状芽孢杆菌和巨大芽孢杆菌都可被用来监测 PAHs。

(三)物质含量监测法

在正常环境中，生物体内各种化学成分的含量大致在一定范围内变化，这是生物长期适应环境的结果。但在污染环境中，由于生物对污染物的吸收、蓄积特性，其体内污染物的蓄积量一般与环境的受损程度存在相关关系，能够忠实地"记录"污染过程。生物体内的污染物及其代谢产物含量能够反映环境污染物的种类及污染程度，因而不同历史时期采集的生物标本能够为某地区的污染监测历史提供客观的"自动记录"资料，对其进行成分分析，就能对污染物的污染进行推测和评价。

生活在污染环境中的生物可以通过多种途径吸收大气、土壤和水中的污染物，因此，可以通过分析指示生物组织及其排泄物中污染物的种类和含量来监测环境的污染状况，这属于生物暴露监测。在正常生态环境中，生物体内各种化学成分的含量大致是一定的，这是生物长期适应环境的结果，但在污染环境中，由于某种污染物浓度显著高于背景值，生物体内可能大量蓄积该种污染物。此外，某些污染物因其本身的固有特性，即使其环境浓度不高，也能蓄积在生物体内而使体内浓度大大高于环境浓度(如有机氯农药和重金属)。基于生物的这种蓄积特性，分析生物体内某些污染物的含量便能监测环境污染状况，此类分析方法可以监测一种特定的或一类类似的污染物及其代谢产物的大分子加合物(如血红蛋白加合物和血清白蛋白加合物)。

高等植物叶片中的污染物含量也常常被用来监测大气污染。具体做法有:在污染地区选择抗性好、吸污能力强、分布广的一种或者几种指示植物,分析叶片中某种或多种污染物含量;或者人工实地栽培指示植物;或者把盆栽指示植物放到监测点,经过一段时间后取叶片分析其中污染物含量,从而判断当地环境污染情况;等等。植物树皮一年四季都能固定空气中的污染物,它具有不受季节限制的优点,所以可以把污染区植物树皮中污染物含量与生长在清洁区条件相类似的植物树皮污染物含量相比较,用来监测空气污染的年度变化。

对水生生物体内的污染物进行分析,同样可以了解水中污染物的种类、相对含量和危害程度。在国外就有分析浮游生物和鱼虾体内污染物含量和种类来进行监测的例子,有的已经以此为依据制定了环境质量标准。

值得注意的是,污染物对人体健康的影响越来越引起世界的关注,人们不仅仅满足于了解污染物在动物、植物、微生物体内的情况,更急切地想知道污染物在人体内的分布和含量。因此,现在的生物学监测中还包含人体健康监测的内容。例如,环境中的铅污染可以通过人体血液和头发中的铅含量来监测,也可以通过血液中游离原卟啉浓度和尿中 δ-氨基乙酰丙酸浓度来监测。又如,可根据人尿中马尿酸浓度监测空气中甲苯浓度,根据人尿中有机溶剂的浓度来监测空气中的有机溶剂浓度等。

生物体内各种化学成分含量可用原子吸收分光光度法(AAS)、X 射线荧光分析法(XRF)、气相色谱法(GC)、高压液相色谱法(HPLC)、纳喷串联质谱(nano ESI - MS/MS)等技术测定。例如,用 AAS 法可定量测定镉、汞、铅、铜、锌、镍、铬等有害金属元素;用 XRF 法可同时分析生物样品中的多元素痕量成分;用 GC 法可测定粮食等生物样品中烃类、酚类、苯、硝基苯、胺类、PCBs、有机氯和有机磷农药等有机污染物;HPLC 法可被应用于对粮食、蔬菜等中的多环芳烃、酚类、异腈酸酯类和取代酯类、苯氧乙酸类等农药的测定;以丙烯酰胺(AM)处理人的血液,然后用 HPLC 结合 nano ESI - MS/M 可分析红细胞溶解产物中的 AM -球蛋白加合物。

(四)遗传毒性监测法

环境中许多污染物能够引起生物体的遗传学水平发生改变,并导致受遗传损伤的当代或子代个体出现病变甚至死亡。利用染色体畸变和基因突变等指标能监测环境污染物的致突变作用,反映生物所处的环境质量变化状况。例如,多环芳烃、重金属、射线等能诱变染色体畸变和基因突变,并导致受遗传损伤的当代或子代个体出现病变甚至死亡。常用的遗传毒性毒理学监测法有染色体畸变试验、Ames 试验、微核试验、姐妹染色体单体交换试验、DNA 损伤试验、碱性单细胞凝胶电泳等(详见第五章第四节)。通过遗传毒理学实验测得的结果可以作为指示生物的监测指标,反映环境污染程度,以此评价环境质量状况。

二、生态学监测和评价方法

生态学监测(ecological monitoring)是指利用生态学手段,结合物理技术、化学技术和生化技术,对生态环境中的各个要素,生物与环境之间的相互关系,生物群落和生态系统的结构、功能进行监控。此类方法主要是以由污染物引起的群落组成和结构变化及生态系统的功能变化为指标监测环境污染状况,又称生物群落法。在未受污染的地区,生态系统处于自然状态,其结构与功能基本上是稳定的。当受到污染胁迫后,其物种组成可能发生变化:敏感物种消失,抗性物种增加,个别强抗性物种成为种群中的优势种。随着结构的变化,生态系统功能也发生相应变化,包括能量流动、物质循环及各种生态调节机制的改变。生态系统结构与功能的变化可以用各种参数表述,而这些参数即可作为一个监测指标。例如,描述群落结构状况的多样性指数即可作为一个监测指标。生态学监测常用的方法有植物群落监测法、细菌学监测法、微型生物群落监测法和底栖大型无脊椎动物监测法等。

(一)附生植物群落监测法

附生植物(epiphyte)是指不与土壤接触,其根群在其他植物体表面上生长,利用雨露、空气中的水汽及有限的腐殖质(腐烂的枯枝残叶或动物排泄物等)为生的生物。例如,地衣和苔藓这两类植物对大气中的重金属、粉尘、SO_2 和 HF 等污染极为敏感,SO_2 年平均浓度在 $0.015\sim0.105\,mg/m^3$ 内就可使地衣绝迹,当大气中 SO_2 超过 $0.017\,mg/m^3$ 时,大多数苔藓植物就不能生存。它们不但是非常好的指示生物,而且由于没有真正意义上的根,其营养物质的获得主要通过从空气中或沉降物中吸收,因此,它们体内的污染物含量与大气环境中的污染物浓度及其沉降率之间有着良好的相关关系。根据这两类植物的多度、盖度、频度、种类和数量的变化绘出污染分级图,可显示大气污染的程度、范围和污染历史。1968 年,在荷兰举行的大气污染对动植物影响的讨论会上,地衣和苔藓被推荐为大气污染指示生物,利用地衣监测 SO_2 的利弊见表 6-2-2。

表 6-2-2　利用地衣监测 SO_2 的利弊

利	弊
① 地衣生长慢和生长时间长; ② 地衣易处理和移植; ③ 地衣没有维管系统,易从水溶液中吸收和累积硫; ④ 地衣种对 SO_2 反应可以从最敏感排列成有抗性的序列; ⑤ 地衣对低浓度 SO_2 比高浓度的更敏感; ⑥ 地衣种的分布与周围 SO_2 浓度有一个好的相关性	① 地衣再生能力弱,暴露在 SO_2 下会死亡; ② 地衣也积累氟、重金属和 SO_2; ③ 地衣对高浓度 SO_2 反应慢; ④ 在野外统计地衣种工作量大; ⑤ 常常需要具有地衣方面的专门知识

早在 20 世纪初期,人们就开始了关于附生植物监测大气污染的研究,发现地衣种群结构的改变与大气污染水平的改变直接相关,经过半个多世纪的努力,终于有了一套较为成熟的监测方法——地衣生长绘图法,该法需要调查的项目有种的总数、每个种的覆盖度、每个种的分布频率、颜色变化、叶绿素含量、菌丝体受害程度、生殖状况、生长发育及产量等特征。根据这些特征可以把调查地区分成以下五个区。

(1)Ⅰ区:清洁。树上富含各种地衣种群,生长充裕、茂盛。

(2)Ⅱ区:轻度污染。生长茂盛但种的组成发生变化。

(3)Ⅲ区:中度污染。嗜中性附生地衣占优势,地衣种类仍然丰富。

（4）Ⅳ区：较重度污染。地衣植被种类数目少且密度低，叶状地衣少，并在一些情况下畸形。

（5）Ⅴ区：重度污染。在树上地衣生长几乎不存在，只有壳状地衣（"地衣荒漠"）存活。

然后把整个监测地区按照五个分区绘制成图，用这种方法不仅可标明一个特定地区各范围污染状况，还可对该地区较长时期的污染状况进行比较。

Gottardini 等用大气纯净指数（Index of atmospheric purity，IAP）法监测大气环境质量，先应用以下公式计算大气纯净指数：

$$IAP = \sum_{i=1}^{n}(QF_i)/100$$

式中，IAP 表示大气纯净指数；n 表示调查区苔藓的种数；Q 表示调查区某种苔藓的生态指数或污染敏感指数，采用 DMS 指数，在调查区各点与某种苔藓同时出现的苔藓种数的平均值；F_i 为调查区中每种附生苔藓的频度。

通常情况下，可根据 IAP 值将污染区分为五个区域，分别用字母 A～E 来表示（表 6-2-3）。用 IAP 法划分污染区的准确度与物化监测法的相似度可达 97%。

表 6-2-3　大气纯净指数分区标准

污染区	IAP 值范围	污染程度
A	0≤IAP≤12.5	重度污染
B	12.5<IAP≤25	高度污染
C	25<IAP≤37.5	中度污染
D	37.5<IAP≤50	轻度污染
E	IAP>50	相对清洁区

Hawksworth 等用表 6-2-4 中的标准判断被监测区域的 SO_2 污染程度。

表 6-2-4　用地衣监测法评价大气环境质量状况

污染带	空气中 SO_2 质量浓度/$(mg \cdot L^{-1})$	地衣特征
0	>0.17	没有地衣存在，只有联球藻属（Pleurococcus）存在
1	0.125～0.15	地衣种类有 Lecunora conizacoides，混有联球藻属的绿藻生长其间
2	0.07	有叶状地衣 Parmelia 生长于树上，Xanthoria 生长于石灰石上
3	0.06	地衣 Parmelia 和 Xanthoria 在树上均能见到
4	0.04～0.05	地衣有 Parmelia
5	0.035	地衣有 Evemia 和 Rarmelia
6	0.03	地衣有 Usnea 和 Lobsria，这两种都是只有在清洁空气中才能找到的典型种类

(二)细菌学监测法

1. 大气污染的细菌学监测

空气中微生物的数量和人与动物的密度、植物的数量、土壤与地面的铺装情况、气温与湿度、日照与气流等因素有关。室外空气中的微生物大部分为非致病性微生物,一般病原微生物的存在比较少;室内空气中可有较多的微生物存在,特别是在通风不良、人员拥挤的环境中,也可能有来自人体的某些病原微生物。通过对空气中微生物的检测可以了解空气环境中微生物的分布情况,为地区性空气环境质量评价提供生物污染的依据。检测空气中的微生物有以下几种方法。

(1)沉降平皿法。将盛有琼脂培养基的培养皿置于一定地点,打开皿盖暴露一定时间,然后进行培养,计数其中生长的菌落数,暴露 1 分钟后每平方米培养基表面积上生长的菌落数相当于 $0.3m^3$ 的空气中所含的细菌数。这种检验方法比较原始,一些悬浮在空气中的带菌小颗粒在短时间内不易降落到培养皿内,无法确切地进行定量测定,但这种检测方法简便,可适于不同条件下的对比检验。

(2)吸收管法。利用特制的吸收管将定量空气快速吸收到管内的吸收液内,然后用吸收液培养,计算菌落数或分离病原微生物。

(3)撞击平皿法。抽吸定量的空气,快速撞击在一个或数个转动或不转动的培养皿内的培养基表面上,然后进行培养,计数生长的菌落数。

(4)滤膜法。使定量空气通过滤膜,带有微生物的尘粒会吸着在滤膜表面,然后将尘粒洗脱在适当的溶液中,再吸取一部分进行培养计数。

评价空气微生物污染状况的指标可以用细菌总数和链球菌总数,目前对于空气中微生物数量的标准尚无正式规定,一般认为空气中细菌总数超过 $500\sim1\,000$ 个/m^3 时,空气便会发生污染。

2. 水污染的细菌学监测

带有致病菌的粪便随着污水排入天然水体中,水源受到污染,可能会引起某些疾病的暴发。因此,水质的细菌学检测可以监测水中致病微生物的污染,对保护人群健康具有重要意义。大肠菌群在水中存在的数目与致病菌呈一定正相关,易于检查,常被用于水体受粪便污染的指标。同时,水中细菌总数也可反映水体受到有机污染的状况。我国现行的饮用水卫生标准规定,1mL 自来水中细菌总数不得超过 100 个,1L 水中大肠菌群数不得超过 3 个。一般认为,1mL 水中,如果细菌总数为 $10\sim100$ 个为极清洁水;$100\sim1\,000$个为清洁水;$1\,000\sim10\,000$ 个为不太清洁水;$10\,000\sim100\,000$ 个为不清洁水;多于 $100\,000$ 个为极不清洁水。

(1)细菌总数的平皿法测定。细菌总数是指 1mL 水样接种于普通琼脂培养基中,在37℃下培养 24 小时所生长的菌落数。细菌总数是检验水体是否污染的标志之一,可以反映水体有机污染的程度。一般未受污染的水体细菌数量很少,如果细菌总数增多,表示水体可能受到有机物的污染,细菌总数越多,污染越严重。

(2)大肠菌群的测定。大肠菌群是指需氧及兼性厌氧、在 44.5℃温度下培养 24 小时能使乳糖发酵、产酸、产气的一群革兰氏阴性无芽孢杆菌。它基本包括粪便内全部兼性厌氧的革兰氏阴性杆菌,以埃希氏菌属为主,还有柠檬酸杆菌属、肠杆菌属、克雷伯氏菌属等,是较好的水质粪便污染的指示菌。大肠菌群检验方法有滤膜法及多管发酵法两种,滤膜法适用于杂质较少的水样,特别适用于自来水厂作为常规监测之用。滤膜(孔径为 $0.45\mu m$)是一种微孔性薄膜,将水样注入已灭菌的放有滤膜的滤器中,经过抽滤,细菌即被截留在膜上,然后将滤膜贴于选择性培养基上,在 44.5℃ 温度下培养 24 小时,对滤膜上生长的此特性的菌落进行计数,计算出每升水样中含有的粪大肠菌群数。多管发酵法可适用于多种水样,实验时间较长,其原理是根据大肠菌群能发酵乳糖、产酸、产气,以及具备革兰氏染色阴性、无芽孢、呈杆状等特性,通过初(步)发酵、平板分离和复发酵三个步骤进行检验,求得水样中的总大肠菌群数,试验结果以最可能数(most probable number,MPN)表示。

① 初(步)发酵(推测试验):将不同稀释度的水样分别接种到含有乳糖等糖类的培养液中,在 37℃ 温度下培养 24 小时,观察产酸、产气情况,以初步判别是否有大肠菌群存在。

② 平板分离(证实试验):由于水中除大肠菌群外,尚有其他细菌亦可引起糖类发酵,故需做进一步证实。主要是将初发酵管中的菌液接种到伊红美蓝培养基或远藤氏培养基上,这类培养基可以抑制某些其他细菌而利于大肠菌群菌生长。根据菌落特征,挑出可能为大肠菌群的菌落制片,如经镜检为革兰氏阴性无芽孢杆菌,即进一步证明为大肠菌群菌。

③ 复发酵(完成试验):将上述可能为大肠菌群的菌落再次移接入乳糖培养液,经 24 小时产酸、产气者即最后确证为有大肠菌群存在。根据肯定有大肠菌群存在的初发酵管数目及试验所用水样,利用数理统计原理或查阅专用统计表,最后计算出每升水中大肠菌群的最可能数目。

(三)微型生物群落监测法

微型生物是指在水生生态系统中只有在显微镜下才能看到的微小生物,包括细菌、真菌、藻类、原生动物和小型后生动物等,它们彼此间有复杂的相互作用,在一定的生境中构成特定的群落。微型生物群落是水生系统内的重要组成部分,其群落结构特征与高等生物群落相似,当水环境遭到污染后,群落的平衡被破坏,种数减少,多样性指数下降,随之结构、功能参数发生变化。最早的微型生物群落监测环境污染实践是德国学者 Kolkwitz 和 Marson 于 20 世纪初提出的污水生物系统。该系统的理论基础是河流受到有机物污染后,在污染源下游的一段流程里会产生自净过程,即随着河水污染程度的逐渐减轻,生物种类也发生变化,在不同的河段出现不同的生物种。据此,可将河流依次划为 4 个带:多污带、α-中污带、β-中污带(甲型、乙型中污带)和寡污带,每个带都有自己的物理特征、化学特征和生物学特征。20 世纪 50 年代以后,一些学者经过深入研究补充了污染带的种类名录,增加了指示种的生理学和生态学描述(表 6-2-5)。

表 6-2-5 Kolkwitz 和 Marson 污水生物系统的化学和生物特征

类别	多污带	α-中污带	β-中污带	寡污带
化学过程	因腐败现象引起的还原作用和分解作用明显开始	水及底泥中出现氧化	到处进行着氧化作用	因氧化使矿化作用达到完成阶段

（续表）

类别	多污带	α-中污带	β-中污带	寡污带
溶解氧	全无	有一些	较多	很多
BOD	很高	高	较低	低
H_2S	有强烈的硫化氢气味	没有硫化氢气味	无	无
有机物	有大量高分子有机物	因高分子有机物分解产生胺酸	很多脂肪酸胺化合物	有机物全分解
底泥	往往有黑色 Fe_2S_3 存在,故常呈黑色	在底泥中 Fe_2S_3 已氧化成 $Fe(OH)_3$,故不呈黑色	有 Fe_2O_3 存在	底泥大部分已氧化
水中细菌	大量存在,每毫升 100 万个以上	数量很多,每毫升在 10 万个以上	数量少,每毫升中 10 万个以下	数量少,每毫升 100 个以下
栖息生物的生态学特征	所有动物都为细菌摄食者,均能耐 pH 值的强烈变化,耐低溶解氧的兼气性生物,对 H_2S 等毒性物质有强烈的抗性	摄食细菌的动物占优势,一般对溶解氧及 pH 值变化有高度适应性,能耐受氨,对 H_2S 仅有弱的耐受性	对溶解氧及 pH 值变化的耐受性差,对腐败毒物无长时间的耐受性	对溶解氧及 pH 值变化的耐受性很差,特别缺乏对腐败性毒物(如 H_2S 等)的耐受性
藻类	无硅藻、绿藻、结合藻及高等植物出现	藻类大量发生,有蓝藻、绿藻、结合藻及硅藻等	硅藻、绿藻、结合藻出现,此带为鼓藻类主要分布区	水中藻类少,但着生藻类多
动物	微型动物为主,原生动物占优势	微型动物占大多数	多种多样	多种多样
原生动物	有变形虫、纤毛虫,但无太阳虫、双鞭毛虫及吸管虫	逐渐出现太阳虫、吸管虫,但无双鞭毛虫	太阳虫、吸管虫中耐污性弱的种类出现,双鞭毛虫也出现	仅有少数鞭毛虫和纤毛虫
后生动物	仅有少数轮虫、蠕形动物,昆虫幼虫出现	贝类、甲壳类、昆虫出现,鱼类中的鲤、鲶等可在此带栖息	淡水绵、水螅、贝类、小型甲壳类、两栖动物、鱼类均可出现	除各种动物外,昆虫幼虫种类极多

　　在生物组建水平中,群落水平高于种和种群水平,因而在群落水平上的生物学监测和毒性试验比种和种群水平更具有环境真实性,为环境管理部门提供了符合客观环境的结构和功能参数,便于做出科学的判断。1969 年,美国学者 Cairns 等发展和创立聚氨酯泡沫塑料块(polyurethane foam unit,PFU)法,利用孔径为 $100 \sim 150 \mu m$、厚度为 5cm、规格为 $5cm \times 6.5cm \times 7.5cm$ 的 PFU 小块收集水中微型生物群落(含细菌、真菌、藻类、原生动物和小型后生动物)监测水质。中国科学院水生生物研究所沈韫芬教授等在国家自然科学基金委员会和国家环保局等部门的资助下,经过 10 余年的研究,对 PFU 法进行了修正、改进和推广,使 PFU 法更为完善,发展和建立了生物学监测新方法。

　　PFU 法的原理是，微型生物群落在水生态系统中客观存在，河流、湖泊、海洋等多种类型水体中的石子、泥石、沉水木块、人工基质（载玻片、PFU 等）都可以被认为是一个生态上的“岛”。对于微型动物来说，悬挂在水中的 PFU 就是一个小岛，将 PFU 浸泡在水中，暴露一定时间后，水体中大部分微型生物种类均可群集到 PFU 内，挤出的水样能代表该水体中的微型生物群落。用 PFU 法得到的原生动物群集过程是群集速度随着种类上升而下降，已证明原生动物（包括植物性鞭毛虫、动物性鞭毛虫、肉足虫和纤毛虫）在群集过程中符合生态学上的 Mac Arthur - Wilson 岛屿区域地理平衡模型，由此可求出群集过程中的三个功能参数（Seq、G、T90%）。微型生物群落集群速度与种类数的交叉点就是种数的平衡点，达到平衡点的时间取决于环境条件。环境污染能影响集群速度和平衡点，在被不同程度污染的水域中，其集群速度和种类数不同，故可利用其监测水环境质量变化。如果群集速度快、种类少，则水质污染严重；反之，则水质良好。我国于 20 世纪 80 年代起运用 PFU 法监测和评价水体污染。沈韫芬等运用该方法研究了鸭儿湖氧化塘进出水的水质状况，在氧化塘进水塘中，毒物浓度高，原生动物群集速度慢，种类最少，在出水塘中的原生动物群集速度快，种类最多，说明水质已有了明显的改善。

　　（四）底栖大型无脊椎动物监测法

　　底栖大型无脊椎动物是指在水底或附着在水中植物和石块上肉眼可见的、大小不能通过孔径为 0.595mm（淡水）或 1.0mm（海洋）网筛的水生无脊椎动物，包括水生昆虫、大型甲壳类、软体动物、环节动物等。一般情况下，在未受干扰的环境里，特别是在自由流动的河流中，水生环境有良好的水质和基  质条件，维持着多种多样的大型无脊椎动物群落，其组成和密度比较稳定，这些群落可通过调节自身群落结构来反映生境质量变化，大型无脊椎动物对环境变化的反应可用来监测和评价城市、工业、石油、农业废物及其土地利用对自然水体的影响。已经证明，耗氧有机物和有毒化学物质的污染可使大型无脊椎动物群落的结构模式发生变化，严重的有机污染通常会限制大型无脊椎动物的种类，导致水体中只存在最能耐受这种污染的种类，或能够耐受这种污染的种类密度相应地增加。过度严重的有毒化学物质污染有可能使受影响区域内的大型无脊椎动物荡然无存。然而，不是所有的场合都会发生上述情况，由于其他环境和生物因素，还可能出现中间情况。

　　利用底栖大型无脊椎动物监测和评价污染的影响常用的方法有以下五种。

　　（1）从污染影响地点和邻近的未受影响的地点采集大型无脊椎动物群落进行对比，监测程序包括采集并分析这两处的群落，然后确定有污染影响的群落是否有别于无污染影响的群落。对于大多数群落结构的分析，需要的基本资料是每种的个体计数，利用这些计数的数据可分析其组成、密度、生物量、多样性或其他指标，从而对群落的特征加以描述并做出比较。

　　（2）Beck 在 1955 年提出，把大型无脊椎动物分成对污染物敏感和耐性两大类，并规定在环境条件相似的河段采集一定面积的底栖动物，进行种类鉴定。根据两类数量的多少，计算 Beck 生物指数（BI）：

$$BI = 2n_I + n_{II}$$

式中，Ⅰ表示不耐污染种类；Ⅱ表示中度耐污染种类；$n_Ⅰ$ 和 $n_Ⅱ$ 分别表示Ⅰ类和Ⅱ类种类数。

BI 值越大，表示水体越清洁，水质越好；反之，水体污染越严重。BI 值范围为 0～40，与水质关系见表 6-2-6。该法在采样前应预先进行河系调查，每次采样面积相同，要选择有效地段采样，避开淤泥河床，选择砾石底河段，在水深约为 0.5m 处采样，河流表面流速以 100～150cm/s 为宜。

表 6-2-6　BI 与水质关系

BI	水质状况
>29	清洁河段
15～29	较清洁河段
6～14	较不清洁河段
0～5	极不清洁河段

（3）Trent 生物指数法。该法中的生物类群鉴定并不要求一一鉴定到种，仅需统计种的数目。按照调查所得样本中大型底栖无脊椎动物的类群总数及属于六类关键性生物类群的种类数而确定其生物指数。表 6-2-7 所列是自上而下按无脊椎动物种类随着污染程度增加而减少以至消失的顺序排列，Trent 指数值的范围从 10（指示为清洁水）随着污染程度的增加而下降，直到 0（指示水质污染严重）。

表 6-2-7　Trent 生物指数法

关键生物及出现的种类数	出现的生物类群总数				
	0～1	2～5	6～10	11～15	16 以上
褶翅目昆虫蛹，超过 2 种	—	Ⅶ	Ⅷ	Ⅸ	Ⅹ
襀翅目 Plecoptera，仅 1 种	—	Ⅵ	Ⅶ	Ⅷ	Ⅸ
蜉蝣目 Ephemeroptera，超过 1 种	—	Ⅵ	Ⅶ	Ⅷ	Ⅸ
昆虫幼虫及蛹，仅 1 种	—	Ⅴ	Ⅵ	Ⅶ	Ⅷ
毛翅目 Trichoptera，超过 1 种	Ⅳ	Ⅵ	Ⅶ	Ⅷ	Ⅸ
昆虫幼虫及蛹 仅 1 种	Ⅲ	Ⅳ	Ⅴ	Ⅵ	Ⅶ
有钩虾 Semmerus，上述种均无	Ⅱ	Ⅲ	Ⅳ	Ⅴ	Ⅶ
有居栉水 Asellus，上述种均无	Ⅰ	Ⅲ	Ⅳ	Ⅴ	Ⅵ
有水蚯蚓或摇蚊幼虫，上述种均无	0	Ⅱ	Ⅲ	Ⅳ	Ⅴ
所有上述种均无，有某些不需溶解氧可生存的种类，如蜂蝇	—	Ⅰ	Ⅱ		

（4）湿重指数法。该法由 King 和 Ball 在 1964 年提出，又叫 King 指数（KI），是指水生昆虫与寡毛类湿重的比值，作为生物指数来评价水质，该法无须将生物鉴定到种，仅将底栖动物中昆虫和寡毛类检出，分别称重按下式计算：

$$KI = (昆虫湿重/寡毛类湿重) \times 100$$

KI 值数值越小,表示污染越严重;反之,表示水质越清洁。

（5）污染评价均值法。依据底栖生物群落的定性和定量资料计算污染均值,这是 Zelinka 和 Marvin 于 1961 年首先提出的一种方法。各种生物的污染价表示它们在不同污染带内出现的相对频度,但它并非表示在各不同污染带内的个体数,仅表示该种生物指示各污染等级的相对重要性。无论哪种生物,其污染的总和均为 10,一种生物的污染价越是分散在各污染带,则它作为污染指标的价值就越低;相反,污染价越是集中在一个污染带内,则它作为污染指标的价值就越高。据此,他们又给每种生物一个个体污染指示价（A）,其值最高为 5,最低为 1,值越大,则表示其作为污染指标的价值越高。

$$A = \frac{\sum\limits_{i=1}^{n} d_i \cdot h_i \cdot g_i}{\sum h_i \cdot g_i}$$

式中,h_i 表示第 i 种生物在样本中的个数;g_i 表示第 i 种生物个体污染指示价;d_i 表示第 i 种生物所在污染带内污染价;n 表示调查所得标本的种类数。

(五)其他群落监测法

对于水环境的污染监测,除了上述群落监测法,一些学者还发展了以下方法。

1. 硅藻生物指数法

硅藻生物指数法用河流中硅藻的种类数计算生物指数,其计算公式为

$$I = [(2A + B - 2C)/(A + B - C)] \times 100$$

式中,I 表示硅藻生物指数;A 表示不耐污的种类数;B 表示对有机污染敏感度一般的种类数;C 表示在污染区独有的种类数。

I 值为 0～50 为多污带,50～100 为 α-中污带,100～150 为 β-中污带,150～20 为寡污带。

2. Chandler 计分系统法

Chandler 依据种类和多度随着水质恶化而减少以致消失的次序来计分。多度分成 5 个级别,即每 5 个最小样本中个体数 1～2 个为出现,3～4 个为少有,11～50 个为普遍,51～100 个为多,超过 100 个为非常多。对污染敏感性高的种类群记分多,耐污性强的记分少。Chandler 列出了一个不同种类的详细记分表,然后计算调查地点内各类群生物的总分。总分为 0,系没有大型无脊椎动物,表示严重污染;45～300 为中等污染;300 以上为轻度污染。总分越高,表示污染越轻。

3. BIP 指数法

BIP 指数法是指无叶绿素微生物占全部微生物(有叶绿素和无叶绿素微生物)的百分比,其指数按下式计算。

$$I_{BIP} = \frac{B}{A + B} \times 100$$

式中,A 表示有叶绿素微生物数;B 表示无叶绿素微生物数。

水体污染程度可依据表 6-2-8 中的数值判断。

表 6-2-8 BIP 污染指数分级

污染程度	清洁水	轻度污染水	中度污染水	严重污染水
I_{BIP}	0~8	8~20	20~60	60~100

4. 物种多样性指数法

物种多样性指数是生物群落中种类与个体数的比值。在正常水体中,群落的结构相对稳定,水体受到污染后,群落中敏感种类减少,而耐污种类的个体数则大大增加,污染程度不同,生物群落变化也不同。所以,可以用物种多样性指数反映水体污染状况,为水质评价提供一种新的途径。常用的物种多样性指数法有以下几种。

(1)Gleason-Margalef 多样性指数法:

$$d = \frac{S-1}{\ln N}$$

式中,S 表示种类数;N 表示总个体数。

d 值越大,表示水质越清洁。

(2)Shannon-Weaver 多样性指数法:

$$H = -\sum_{i=1}^{s} P_i \log_2 P_i$$

式中,P_i 表示 n_i/N;n_i 表示第 i 种生物的个体数;N 表示总个体数。

H 值为 0~1 时为重污染,1~3 时为中度污染,大于 3 时为轻污染至无污染。

(3)Simpson 多样性指数法:

$$d = \frac{1}{\sum (n_i/N)^2}$$

式中,n_i 表示 i 种的个体数;N 表示总个体数。

d 值越大,表示污染越轻。

(4)Cairns 连续比较指数法:连续比较指数(sequential comparison index,SCI)法是 Cairns 1968 年为非生物学工作者在河流污染研究中估计生物多样性的相对差异性而提出的一个简化方法。以组数除以样本个体数,这里的组数并非生物学上的种或属数,而是镜检时,从左到右或从上向下将相邻个体加以比较,只要相邻两个体形态相同均为一组,形态不一定按生物特征细分。如果相同的另一组个体为一个不相同的个体所隔,又看到与前一组相同的个体,则认为另一组。例如,连续比较 200 个个体,即可算出组数。一般认为,SCI<1 为重污带,1≤SCI≤3 为中污带,SCI>3 为寡污带。计算公式为

$$SCI = \frac{组数}{总样本数} \times 种数$$

5. 生产力指标法

生产力是反映一个生态系统内物质循环和能量流动的一个指标,分析生态系统中生

物种群或群落的物质代谢及能量流动的动态,以有机物的生产过程和分解过程的强度为依据评价水体被污染的程度,是生物学评价水质的另一类方法,常用的方法有以下两种。

(1)P/R 值法:根据群落等级的初级生产量 P 和呼吸量 R 的比率划分污染等级。在水质正常时一般为 1 左右,如果偏离过大,则表明受到污染。在寡污带至中污带这一阶段,随着有机污染程度的提高,外来有机物增多并被矿化,初级生产量随之提高,比值也随之增大,至 α-中污带达到最高。以后有机物污染程度继续提高,P 值反而下降,直到严重污染时降至 0。

(2)自养系数法:

$$I_{AI} = \frac{去灰分重}{叶绿素}$$

I_{AI} 为 50~100 表示所在水体未受污染,大于 100 则表示所有水体受到污染。

　　生态监测除了上面提到的方法,目前国际上在联合国教育、科学及文化组织的人与生物圈计划范围内和国际生物圈保护网的基础上已组织了全球性的监测工作,全球环境监测系统成立于 1975 年,是联合国环境规划署"地球观察"计划的核心组成部分,最终目标是研究并建立一个能够预测环境胁迫和环境灾害的预警系统。该系统主要进行陆地生态系统监测和环境污染监测,采用地面监测技术、航空监测技术、卫星监测技术等,从地面、空中、太空三种水平上收集数据,并对收集的数据进行分析处理,对环境状况进行定期评价。目前工作主要有以下几方面:①全球土壤和植被监测,如土壤退化评价,热带森林植被、全球农田资源评价等;②水资源监测,如国际水文监测、水文监测服务、世界冰川调查、水体中同位素浓度调查等;③生物圈监测,如野生生物标本采集和分析、野生生物学监测、化学农药残留监测、人与生物圈计划的一些项目的监测等;④有关卫生的监测,如大气污染监测、空气质量监测、欧洲大气污染物迁移和归宿的调查、全球水监测、内陆水体监测、食品和动物饲料污染检验、生理组织和体液检验、人乳成分检验、人发中污染物检验、电离辐射的水平和影响调查、污染物对人体健康的影响调查等;⑤有关气候的观测,如气候多变性观测、世界恶劣天气观测、气候变化模拟观测、冰川消长和平衡的监测等;⑥海洋监测,如地区性海域污染监测、海洋石油污染监测、海洋水体污染状况和背景值的测定、海洋生物资源监测等。在以上工作中,很多工作属于生态学监测的范畴。我国从 1978 年起先后参加了全球环境监测系统的大气污染监测、水质监测、食品污染监测、人体接触环境污染物评价点监测等活动,中国医学科学院卫生研究所被指定为中国的活动中心并负责对外联系工作。

三、分子生物学监测和评价方法

(一)免疫分析技术

1971 年,Ercegovich 首次将免疫分析方法应用到环境领域。由于其具备简便、快速、特异性强等特点,近年来在环境污染物检测领域逐渐引起关注,已得到了广泛的认可与应用,许多研究者对此进行了广泛和深入的研究。免疫分析法从本质上说是一种形式特殊的试剂分析法,它的起点是抗体成为分析试剂。从分析的意义上来说,免疫分析所指的抗体已超出了抗体的原始意义,它泛指所有能够与待测分子特异性结合的蛋白质分子,包括免疫球蛋白、受体和其他结合蛋白质。在免疫分析中主要的仍然是免疫球蛋白,其中最常用的是 IgG 分子。

免疫分析方法按不同的标记物分成 RIA、ELISA、荧光免疫分析法(fluorescence im-munoassay,FIA)和化学发光免疫分析法(chemilu - minescence immunoassay,CLIA)等。RIA 和 ELISA 详见第五章第四节。FIA 是将抗原-抗体反应的特异性和敏感性与显微镜示踪技术的精确性相结合的一种免疫分析方法,创始于 20 世纪 40 年代初,1942 年,Coons 等多次报道用异氰酸荧光素标记抗体,检查小鼠组织切片中的可溶性肺炎球菌多糖抗原,当时由于此种荧光素标记物的性能较差,未能得到推广使用。直至 20 世纪 50 年代末期,Riggs 等合成性能较为优良的异硫氰酸荧光素,Mashall 等对荧光抗体的标记方法又进行改进,从而使荧光免疫技术逐渐推广应用,其基本原理是将特异性的抗体或抗原标记上荧光基团使之成为特异性的试剂,与相应的抗原或抗体结合,形成抗原-抗体复合物,再用荧光检测仪检测荧光信号。荧光免疫技术的主要特点是特异性强、敏感性高、速度快,非特异性荧光染色少。但也存在一定的局限性,免疫分析中来自样品的较高和变化大的荧光背景一直困扰着普通方式的荧光检测。20 世纪 80 年代崛起了时间分辨荧光免疫分析方法,在使用了长寿命的镧系螯合物标记和时间分辨荧光检测方式后,完全克服了荧光背景的干扰问题,并且第一次使非同位素标记分析在灵敏度上赶超甚至超过了放射免疫分析。目前 FIA 在烷基酚、氯苯酚、雌二醇类物质的检测中有相关报道。CLIA 是借助化学发光反应的高灵敏性和免疫反应的高特异性而建立的一种高效检测手段,其原理是将发光物质或酶标记在抗原或抗体上,免疫反应结束后,加入氧化剂或酶底物而发光,通过对发射光强度的检测,计算出待测物的浓度。CLIA 具有高灵敏度、仪器简单的优点,受到广大医学、环境、化学、生物等领域的科学工作者欢迎,国外不少实验室将其应用于药物、病毒、细菌等临床医学的检测上。此外,还有一种发光免疫是生物发光免疫,以发光菌或荧光素酶标记半抗原,首要条件是制备高纯度的生物发光剂,其优点是光量子产率大、发光稳定、精密度高。

(二)PCR 技术

1985 年,美国的 Cetus 公司的 K. B. Mullis 和 R. K. Saiki 等发明了一种特异的 DNA 体外扩增技术,这个方法的实质是体外酶促反应合成特异性的 DNA 片段,这一技术被称为聚合酶链式反应(Polymer - ase chain Reaction,PCR),又称无细胞克隆技术。PCR 具有的快速、灵敏、操作简便等优点使其在短短的数年时间即被广泛地应用于微生物学、考古学、法医学及体育等领域,并已普及许多普通实验室。PCR 在环境生物学研究中已有较多的应用,在众多的污染物监测中,病毒、病菌等一些有害的生物直接危害人们的身体健康,传统的鉴定方法需要对样品进行分离培养,这样要花费几天甚至几周的时间,而且有些致病菌很难培养。PCR 技术不需要培养微生物,而是直接用这些有害的微生物做材料,几小时即可鉴定该微生物的类型。例如,应用 PCR 技术检测饮用水中极少量的病原体,利用 PCR 技术扩增细菌和病原体中的 DNA 很快就能实现检测的目的。对于环保主义者来说,PCR 技术有不可低估的作用,这种检测是将基因工程菌株大规模释放到环境中之前必须进行的生物安全性检测,科学家可以用 PCR 监控基因工程菌株在自然环境中的生理、生态特点,检测转入的外源基因是否在环境中扩散。徐顺清等利用外切酶保护 PCR 技术检测环境中的二噁英类化合物,该方法填补了用 PCR 技术检测环境中小分子污染物的空白,但其不足之处是由于该方法只有通过芳香烃受体才能结合 DNA,所以只适用于检测那些能激活芳香烃受体的环境污染物,很难在实际应用中推广使用。但是总的来说,PCR 技术为水工业技术研究及评价提供了快速、方便的检测手段,对于保障安全供水、促进废水生物处理工艺研究有着重要意义。关于 PCR 技术详见第六章第二节。

（三）生物传感器技术

生物传感器(biosensors)是由生物识别单元、物理化学信号转换器及电子信号处理器相结合所构成的,根据生物感应元件的特异性反应测定化学物浓度的分析仪器。生物识别单元即生物感应元件,包括生物组织或细胞、细胞器、酶、抗体或抗原、微生物等,由此可将生物传感器分为组织传感器、细胞传感器、免疫传感器、微生物传感器和酶传感器等类型(图 6-2-1)。生物转换器通过电化学、热学、光学或压电学的方法将这些信号转变成可以测量的信号,如电流、电势、温度变化、光吸收或生物质的增加等,这些信号可以经电子信号处理器进一步被放大、处理或储存以备用(图 6-2-2)。不同类型的生物传感器可以将生物感应元件发生的特异性反应及信号由转换器变为光、电、声等易检测信号。生物传感器的工作原理主要取决于生物感应元件和待测物之间的相互作用,生物感应元件的特异性反应与待测物浓度成比例。反应信号的来源包括质子浓度的变化、气体(如氨和氧气)的排放或吸收、光的吸收或反射、热的释放及生物质的改变等。

图 6-2-1　生物传感器的结构分类

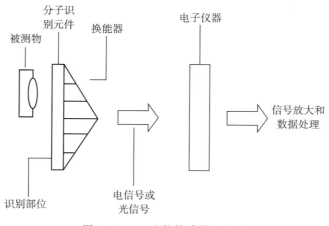

图 6-2-2　生物传感器的组成

生物传感器具有专一性强、分析速度快、操作简便、能进行在线分析甚至活体分析且能检测极微量的污染物等特点,近年来,作为一种有效的环境污染物检测技术,已发展成为环境监测的重要技术手段。例如,用磷发光杆菌的减少量显示退化水体中的痕量有毒物质;用藻类、无脊椎动物或鱼的急性中毒试验对水质进行连续自动监测。用多孔渗透膜、固定化硝化细菌和氧电极组成的微生物传感器可测定样品中亚硝酸盐含量,从而推知空气中 NO_x 的浓度。待测物质经扩散作用进入生物识别单元(生物活性材料),经分子识别作用与分子识别元件特异性结合,发生生物化学反应,产生的生物学信息通过相应的信号转换元件转换为可以定量处理的光信号或电信号,再经电子测量仪的放大、处理和输出,即达到分析检测的目的。

在生物传感器中,免疫传感器是利用抗原、抗体能发生特异性吸附反应的性质,将抗体或抗原固定在传感器基体上,通过传感技术使吸附发生时产生物理、化学、电学或光学上的变化,转变成可检测的信号来测定环境中待测分子的浓度。免疫传感器能识别较大分子之间的微小差异,具有很强的专一性,一种抗体只能识别一种抗原,可以区分性质相似的同系物、同分异构体,而且抗体-抗原的复合体相对稳定,不易被分解。随着生物电化学和探针技术的发展,电化学免疫传感器把免疫化学反应和生物电子传递有效地结合起来,将抗原或抗体固定在载体上,很方便地与未反应的抗原(或抗体)分离,使免疫测定快速、简便,可以对环境中的痕量污染物(重金属离子、有机污染物、病原微生物等)进行现场检测。除此之外,免疫传感器还能够为污染物的免疫毒理学等研究提供有力的工具,具有非常大的发展潜力。

(四)DNA 芯片技术

用硅、玻璃等材料经光刻、化学合成等技术微加工制成大小 $1cm^2$ 左右的芯片即 DNA 芯片(DNA chip),又称生物芯片(biochip)、DNA 阵列(DNA arrays)、微芯片(microchip)、寡核苷酸微芯片(aligonucleotide microchip)等。DNA 芯片技术就是在芯片上原位合成寡核苷酸或者通过微阵列技术将高密度 DNA 片段阵列以显微打印的方式有序地固化于芯片表面,构成一个二维的 DNA 探针阵列,然后与标记的样品杂交,通过对杂交信号的检测分析,即可获得样品的遗传信息。DNA 芯片不仅可以用来对生物样品进行分离、制备、预浓缩,还可以作为微反应池进行 PCR、LCR 等反应。最引人注目的是,芯片上制成多种不同的 DNA 阵列,可用于核酸序列的测定及基因突变检测。

(五)荧光原位杂交技术

荧光原位杂交(fluorescence in situ hybridization,FISH)技术是近年来生物学领域发展起来的一项新技术。该技术利用非放射性的荧光信号对原位杂交样本进行检测,将荧光信号的高灵敏度、安全性、直观性和原位杂交的高准确性结合起来,通过标记荧光的单链 DNA(探针)与待测样本的 DNA(玻片上的标本)进行原位杂交,如果被检测的染色体或 DNA 纤维切片上的靶 DNA 与所用的探针是同源互补的,根据碱基互补配对的原则,二者经变性—退火—复性,即可形成靶 DNA 与核酸探针的杂交体,在荧光显微镜下观察荧光信号在染色体上的位置,对荧光信号进行辨别和计数,从而对样本进行检测。荧光原位杂交技术直接探测溶液中、细胞组织内或固定在膜上的同源核酸序列,其高度特异性及检测方法的高度灵敏性使该技术被广泛应用于环境微生物的检测,并对它们的存在、分布、丰度和适应性等进行定性和定量分析。

（六）分子标记技术

组成 DNA 分子的 4 种核苷酸在排列次序或长度上的任何差异都会产生 DNA 分子的多态性，1980 年，Botstein 等首先提出 DNA 限制性片段长度多态性（restriction fragment length polymorphism，RFLP）可以作为遗传标记，开创了直接应用 DNA 多态性作为遗传标记的新阶段。分子标记（molecular marker）就是根据基因组 DNA 存在丰富的多态性而发展起来的，可以直接反映生物体在 DNA 水平上差异的一类新型的遗传标记。近 30 年来，分子标记技术得到长足发展，相继出现了多种分子标记技术。依据多态性检测手段，大致可将目前已有的分子标记分为三大类：①基于 Southern 分子杂交技术的分子标记，如 RFLP 等；②基于 PCR 技术的分子标记，如随机引物扩增多态性 DNA（random amplified polymorphic DNA，RAPD）等；③结合 PCR 和 RFLP 技术的分子标记，如扩增片段长度多态性（amplfied fragment length polymorphism，AFLP）等。另外，还有以 DNA 序列分析为核心的分子标记，如表达序列标记（expressed sequence tag，EST）和单核苷酸多态性（single nucleotide polymorphism，SNP）等。

分子标记是以个体间遗传物质内核苷酸序列变异为基础的遗传标记，是 DNA 水平遗传多态性的直接的反映。与其他几种遗传标记（形态学标记、生物化学标记、细胞学标记）相比，DNA 分子标记具有以下优越性：大多数分子标记为共显性，即利用分子标记可鉴别二倍体中杂合和纯合基因型，对隐性的性状的选择十分便利；基因组变异极其丰富，具有高的多态性，分子标记的数量几乎是无限的；能明确辨别等位基因，在生物发育的不同阶段，不同组织的 DNA 都可被用于标记分析；除特殊位点的标记外，均匀分布于整个基因组；分子标记揭示来自 DNA 的变异；选择中性（无基因多效性），不影响目标性状的表达，与不良性状无连锁；检测手段简单、迅速（如实验程序易自动化）；开发成本和使用成本尽量低廉；在实验室内和实验室间重复性好（便于数据交换）。以上这些也是理想的分子标记必须达到的要求。随着分子生物学技术的发展，DNA 分子标记技术已有数十种，被广泛应用于遗传育种、基因组作图、基因定位、物种亲缘关系鉴别、基因库构建、基因克隆等方面。

四、生物标志物的应用

传统的生态毒理诊断多注重单一污染物的极端端点和直接效应的毒性测试，如致死和半致死效应等，这些指标对污染物的评价和筛选曾起到重要作用，但现实水体的污染状况往往是低浓度多种污染物共存的复杂体系，且传统的毒理学分析方法缺乏科学的早期预警作用，尤其是随着对环境中持久性有毒有机污染物和内分泌干扰类物质生态学效应的揭示，接近于真实环境的污染物低剂量长期暴露问题近年来备受关注。对污染物的这种低剂量长期暴露，运用传统的生态毒理学分析方法难以解决新出现的环境污染物引发的生态毒理学效应问题。因此，生态毒理学研究迫切需要寻找能反映污染物作用本质，并能对污染物早期影响进行预警的指标。而且，随着工业发展，许多化学物质在其安全性尚未得到验证的情况下便以新产品的面目出现，其中一些有毒物质排放出来会危害人体和生物。为加强对环境污染的监视性监测，及早发现污染事故发生的先兆，具有环境预警作用的生物标志物应运而生。

近年来,细胞或分子水平上的生物标志物作为污染物暴露和毒性效应的早期预警指标受到人们的广泛关注,并成为国内外生态毒理学研究的热点之一。由于其具有特异性、预警性和广泛性等特点,细胞或分子水平上的生物标志物在水和土壤环境生态风险评价中的应用日益广泛。国际毒理界对引起生物系统损伤的估算,包括污染物暴露、敏感性等生物标志物的研究极为重视,我国国家自然科学基金委员会已把生物标志物作为环境化学鼓励的研究领域。

(一)生物标志物的定义和分类

1. 生物标志物的定义

广义上生物标志物的概念是指在任何生物学水平上用于测定污染物暴露和效应的指标,包括亚个体、个体、种群、群落和生态系统,目前普遍赞同和应用的概念是指在亚个体和个体水平上既可以测定污染物暴露水平,又可以测定污染物效应的生理、生化和分子指标,具有生物预警和监测环境质量变化的作用。生物标志物指示污染作用下生物细胞、生物分子结构和功能等方面发生的可量度的变化,通过该标志物的变化,提供生物体受到的化学损伤信息,通过产生的生物学效应及该效应与环境污染物之间相互关系的一些信息的研究,全面反映混合污染物间的相互关系及其复合效应。分子生态毒理学的发展赋予了生物标志物的概念以更丰富的内涵,并且在分类上日趋完善。美国国立卫生研究院 1987 年将生物标志物定义为"生物体或样品可测出的由外来化合物导致的细胞学或生物化学组分过程、结构或功能的变化"。本书对生物标志物的解释是,生物体受到严重损害之前,因受人为逆境因子干扰或胁迫,在分子、细胞、个体或种群水平上敏感有效地反映出异常的微观生物学效应,为环境污染提供了早期预警。

生物标志物的研究以分子水平的反应为基础,探讨污染物暴露对生物的影响,无论污染物对生态系统的影响多复杂或最终的反应如何严重,最早的作用必然是从个体内的这种分子水平的作用开始,然后逐步在细胞—器官—个体—种群—群落—生态系统各级水平上反映出来。这种最早期的作用在保护种群和生态系统上具有预测价值。分子生物标志物(molecular biomarker)能直接反映外来理化因素与细胞靶分子,特别是核酸和蛋白质等生物大分子的相互作用及其后果,因而具有较高的敏感性。因此,在分子水平上的生物标志物可作为污染物暴露和毒性效应的早期预警,作为生态毒理学研究的前沿,成为国内外的研究热点。加强多种生物标志物之间相互作用分子机理的探索对于揭示污染物的毒理作用机理非常必要,筛选和利用敏感、特异、简便和低损伤性的生物标志物,以便早期预测环境和职业有害因素对机体的可能损害、评价其危险度,从而提出切实可行的干预措施,是生物标志物研究的主要目标。

2. 生物标志物的分类

生物标志物按照响应层级分为分子、细胞、组织、机体生物标志物。1989 年,美国国家科学院按照外源化合物与生物体的关系及其表现形式,将生物标志物分为三大类:第一类指示污染物的暴露,称为暴露标志物(biomarker of exposure),是指生物体内某个隔室中检测到的外源性化合物及其代谢产物,或外源性化合物与某些靶分子或靶细胞相互作用的产物。暴露标志物将污染物在环境中的暴露剂量与进入生物体内发挥作用的有效剂量有机地结合起来。此类标志物不能指示污染物的毒性效应,但有助于研究环境中不稳定化合物对生物体的暴露,而这种暴露用化学分析方法很难被检测到;第二类指示污染物的生物效应即污染物对生物体健康的危害,称为效应标志物(biomarker of effect)。在一定的环境污染物暴露下,生物体产生相应的可测定的生理生化变化或其他病理方面的改变,这些变化主要发生在细胞的特定部位,尤其在基因的某些特定序列,它可反映结合到靶细胞的污染物及其代谢产物的毒性反应机理,在此前提下确定污染物与其在生物体内的作用点之间的相互影响。效应标志物主要反映污染物被生物体吸收而进入体内后对其健康所产生的毒性效应。在环境毒理学研究中,这类生物标志物具有更重要的意义,它可解释污染物毒性效应的分子反应机理,而这正是将生物标志物运用到环境毒理学研究的核心意义;第三类是易感性标志物(biomarker of susceptibility),是指生物体暴露于某种特定的外源性化合物时,其反应能力的先天性或获得性缺陷的指标。易感性生物标志物致力于研究不同种的生物个体之间对污染物暴露所做出的特异性反应的差异。机体从接触外源性污染物,直至在体内产生毒性效应,最后到疾病的发生是一个连续的过程,尽管将生物标志物在形式上分为暴露标志物、效应标志物、易感性标志物三种,但在本质上各生物标志物之间难以截然分开,图6-2-3反映了在污染物暴露下不同种类的生物标志物之间的内在联系。

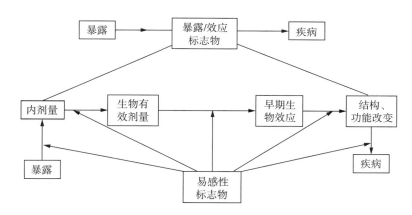

图6-2-3　暴露标志物、效应标志物和易感性标志物之间的内在联系

从图6-2-3可以看出,存在于环境中的污染物首先在生物体外暴露,进入生物体内成为内剂量,在与靶分子相互作用后成为生物有效剂量,在产生毒性效应前这类标志物指示污染物的暴露;污染物与生物体的靶分子相互作用,在分子水平上产生早期毒性效应,表现为生理、生化指标的改变。因此,从暴露标志物到效应标志物指示了污染物从对生物体暴露到进入体内直至发挥毒性效应的渐进过程。污染物对生物体造成的机体损伤如果不可逆转,则可导致生物体一些生理机能的改变,甚至引起疾病。易感性标志物可以指示不同的生物个体对污染物暴露敏感性的不同,做出的特异性反应显示个体差异。

(二)生物标志物的特点、优势、局限性和选择原则

1. 生物标志物的特点

生物标志物具有以下特点。

(1)特异性。对特定有机污染物或重金属的暴露有特定的生物标志物,这些标志物对污染状况具备诊断作用。进一步了解相应的分子反应,并与更高层次的生态危害建立关联,生物标志物可提供专一性的预报功能。

(2)预警性。污染物与生物体之间所有的相互作用都始于分子水平,生物标志物的产生是对污染物暴露的早期反应,因此这类标志物是污染物暴露和毒性效应早期警报的指示物。

(3)广泛性。生物标志物的广泛性具体表现在三个方面:从微观分子到宏观生态系统,生物标志物在各个不同层次的生物组织上体现着污染物和生物之间的因果关系;生物体之间的共性在分子水平上最大,所以许多分子生物标志物,如 MT 和 DNA 加合物,可被广泛应用于各类生物;生物标志物既可用于实验室研究,又可用于现场实际监测。

2. 生物标志物的优势

与其他方法相比,生物标志物的最大区别在于可以确定污染物与生物体之间已发生的相互作用,测定的是污染物的亚致死效应。与其他方法相比,生物标志物具有以下七个方面的优势。

(1)能够了解生物有效性的污染物在时间和空间上的累积效应,而不是像化学分析那样难以摆脱抽验的属性。故不容易因异常天气状况或工厂间歇排放导致监测结果的显著变异。

(2)可确定污染物与暴露和风险的对应关系。通过生物反应的特异性,从机理上了解对生物体的危害性影响,建立因果关系,这对于处理环境事件时澄清法律责任是至关重要的。

(3)被应用于不同生境或不同营养级的物种,可以揭示污染物的不同暴露途径,这将有益于确定监测方案的优先次序,并为采取何种干预和补救措施提供科学依据。

(4)毒性活体鉴定法虽然反映了特定污染物的相对毒性,但很难将实验室数据外推至野外的条件。许多指标如化学形态、吸附/吸收、污染物在食物链上的富集及毒性作用的亚致死效应等,无法在短期试验中测定。应用生物标志物可以解决上述部分问题。

(5)相对于环境中易代谢、易去除的污染物,如 PANs 和有机磷化合物,生物标志物能同时指示母体化合物和代谢产物的暴露及毒性效应。

(6)能够表现混合污染物之间相互作用的累积效应。

(7)将不同层次生物组织(从分子到种群、群落)所采用的一系列测定和研究加以整合,通过生物标志物的短期变化就有可能预测污染物长期的生态效应。

3. 生物标志物的局限性

尽管生物标志物有其独特的优点和广阔的发展前景,但其本身也有缺陷和不足,大多数生物标志物尚在实验室发展之中,未能被广泛地应用于实际环境中的环境监测,仅有很少被应用于环境监测,而且也未形成一整套标准的方法。生物标志物未能被广泛应用有许多原因,其局限性主要包括:①对许多环境污染物来说,化学分析方法相对容易和简单;②目前人们研究的重点是发展生物标志物,而不是生物标志物的应用;③现阶段还很难阐明生物标志物的监测结果与特定环境改变之间的关系;④缺乏了解生物标志物的效应与相关种群、群落和生态系统水平上效应的直接联系,即缺乏了解生物标志物的生态相关性;⑤生物体内具有自身修复机制,这增加了生物试验出现假阴性的概率,多数生物标志物缺乏特异性,因而也会增加生物试验出现假阳性的概率;⑥生物标志物还存在着物种间的差异和个体间的差异,这些因素会影响试验的灵敏度和重现性;⑦生物标志物反映的是整个试验体系的综合结果,因而,试验结果特别容易受到多种因素的干扰而出现偏差。因此,生物标志物作为环境污染监测的手段不是万能的,只有结合物理化学分析等方法,才能对环境污染进行全面监测。

4. 选择生物标志物的原则

选择生物标志物必须遵循下列基本原则。

(1)一般指示性。如果一个生物标志物对许多不同的化合物起反应,这个生物标志物可作为一般指示器,指示混合污染物的暴露,并可能被用于监测和有毒化学品的筛选。

(2)相对敏感性。需要比较一个生物标志物与其他指标的相对敏感性,如死亡率、繁殖率和生长抑制等,也需要比较不同生物标志物间的相对敏感性。

(3)生物特异性。有些生物标志物可以被应用于一群生物,需要比较生物标志物在生物种类间的特异性。

(4)化学特异性。有些生物标志物可以对一类化合物起反应,有些生物标志物对不同类化合物起反应,还有些仅对一种化合物起反应,需要比较生物标志物的化学特异性。

(5)反应的时间效应。有些生物标志物的变化需要很长时间,如几个月、几年,有些生物标志物的变化仅需几天或几小时。因此,需要评价一个生物标志物反应的时间效应。

(6)固有的变化性。一个生物标志物对污染物反应的变化性可来自机体生理、环境的波动和生物反应固有的变化,必须评价生物标志物固有的变化性。

(7)与高级生物学水平上效应的关系。在分子和生化水平上的效应需要与高级生物学水平上的效应联系起来。如果缺乏这种联系,生物标志物便不能被应用于环境监测,因为缺乏这种联系,在分子水平或生化水平上变化不可能知道在种群、群落或生态系统水平的结果。

(8)野外应用价值。有些生物标志物仅能被应用于实验室研究,有些能被应用于野外监测。因此,需要评价一个生物标志物是否具有野外应用价值。

(三)生物标志物在环境监测和评估中的意义

(1)早期预警意义。监测的目的之一是要在最早期阶段发现污染物的危害。利用污染物导致的个体水平上变化(如死亡)和种群、群落水平上改变(如种群消失)监测污染,这些改变是由污染物造成的晚期影响,所以这样的监测为时已晚。生物标志物是污染物作用于生物机体的早期反应,用它进行监测能在最早期阶段发现污染物的危害,起到预警系统的作用。例如,砷可导致机体内氧化应激生物标记发生异常改变。例如,SOD、GSH - Px、—SH、MDA、4 -羟基壬烯醛及 8 -羟基- 2 -脱氧鸟苷等可引起细胞和分子遗传标记,如姐妹染色单体互换、染色体畸变、DNA 链断裂、微核和 DNA -蛋白质交联物形成、非程序性 DNA 合成反应明显增强及 p16、Fas、FasL、Bax 等基因改变,这些分子标志物可为环境中砷污染和砷中毒发病机制的阐明、早期诊断、动态监测、危险度评价和提出有针对性防治措施提供科学依据。DNA 加合物的形成是生物体对异生物的吸收、代谢和大分子修复等诸多过程的综合结果,它的产生常导致突变的出现和肿瘤的形成,是化学癌变的初始阶段,某些有机污染物如 PAHs、芳基胺、黄曲霉毒素等,经代谢而产生亲电子的产物,与核酸和蛋白质结合,形成共价加合物。实验证明,鱼对苯并芘和芳香胺的暴露所形成的 DNA 加合物能够很好地指示这些有机物的污染状况,类似的结果和结论在软体动物中也得到证实,有关水环境的多项野外研究表明,水生动物肝脏的 DNA 加合物与污染物之间存在着剂量-反应关系。所以 DNA 加合物适合作为水环境中有机污染物暴露和损害效应的生物标志物。

由于生物化学反应和生理作用在不同种之间具有相似性,以一个物种的生物标志物的监测结果预测污染物对另一个物种的影响很准确,可以应用低等物种来预测高等物种甚至人群。例如,对于乙酰胆碱酯酶的抑制,在低等和高等动物神经传导过程中,乙酰胆碱酯酶的作用方式和生理功能基本类同,因此,可以以一个物种的乙酰胆碱酯酶的抑制预测有机磷农药对每个物种的影响。不过也有例外,例如以死亡率等指标来预测在种间存在很大差异。

(2)生态风险和修复效果评估意义。生物标志物除了可以用来评价环境污染物的危害性,其应用还表现在:①监督和管理,即对敏感和重要的生态系统进行日常监测,生物标志物在暴露水平和生态效应上,为评估该系统的现状和长期趋势提供定量数据;②生态恢复,即生物标志物可作为评价生态恢复效果的测试手段。在修复受损的生态系统时,通过对生物标志物的监测,可以知道修复技术是否有效和生态系统是否恢复到正常的水平。

第三节　化学污染物的生态风险评价

生态风险评价(ecological risk assessment,ERA)是一个预测环境污染物对生态系统或其中某些部分产生有害影响可能性的过程。它的产生顺应了 20 世纪 80 年代出现的环境管理目标和环境管理观念的转变。20 世纪 70 年代,各工业化国家的环境管理政策目标是力图完全消除所有的环境危害,或将危害降到当时技术手段所能达到的最低水平,这种"零考虑风险"的环境管理逐渐暴露出其弱点,进入 20 世纪 80 年代后,产生了风险管理这一全新的环境政策。风险管理观念着重权衡风险级别与减少风险的成本,着重解决风险级别与一般被社会接受的风险之间的关系。ERA 为风险管理提供了科学依据和技术支持,因而得到了迅速发展,成为目前世界环境科学研究中十分活跃的前沿领域。

一、基本概念

(一)风险和生态风险

风险是指不幸事件发生的可能性及其发生后将要造成的损害。这里,不幸事件是指能造成伤害、损失、毁坏和痛苦的事件;不幸事件发生的可能性称为风险概率(也称风险度),就风险自身而言具有二重性:第一,风险具有发生或出现人们不期望后果的可能性;第二,风险具有不确定性或不肯定性。不幸事件发生后所造成的损害称为风险后果。有关专家对风险定义为两者的积,即风险＝风险度×风险后果。

生态风险(ecological risk,ER)是指一个种群、生态系统或整个景观的正常功能受外界胁迫,从而在目前和将来降低该系统内部某些要素的健康、生产力、遗传结构、经济价值和美学价值的可能性。简单地说,生态风险就是生态系统及其组分所承受的风险,是指在一定区域内,具有不确定性的物质因素或事件对生态系统及其组分可能产生的不利作用,包括生态系统结构和功能的损害,从而危及生态系统的安全和健康。除了一般意义上风险所具有的客观性和不确定性等特点,生态风险还具有以下特点。①复杂性。生态风险的最终受体包括生命系统的各个组建水平(包括个体、种群、群落、生态系统、景观),并且考虑生物之间的相互作用及不同组建水平的相互联系,即风险级联。因此,生态风险相对于人类健康风险而言,复杂性显著提高。②内在价值性。经济学上的风险和自然灾害风险常用经济损失来表示风险大小,而生态风险须体现和表征生态系统自身的结构和功能,以生态系统的内在价值为依据,不能用简单的物质或经济损失来表示。③动态性。任何生态系统都不是封闭和静止不变的,而是处于一种动态变化过程,影响生态风险的各个随机因素也是动态变化的,因此生态风险具有动态性。

(二)风险评价

风险评价开始于19世纪80年代,经历了二十几年的发展,评价内容、评价范围、评价方法都有了很大的发展,由单一化学污染物、单一受体发展到大的时空尺度。在环境科学研究范围内,风险评价主要针对化学污染物而言,包括各种污染物、有害物质和有害化学品。20世纪80年代,风险评价以从单一化学污染物的毒理研究到人体健康的风险研究为主要内容;从1989年起,风险评价的科学体系基本形成,并处于不断发展和完善的阶段。20世纪90年代,风险评价开始作为一种管理工具,风险受体扩展到种群、群落、生态系统、景观水平,风险源开始考虑多种化学污染物及各种可能造成生态风险的事件。至此,风险评价的热点从人群健康评价转入ERA,风险压力因子也从单一的化学因子扩展到多种化学因子及可能造成生态风险的事件,风险受体也从人类发展到种群、群落、生态系统、流域景观等水平。由此,比较完善的ERA框架开始形成。

ERA是定量地确定环境危害对人类健康和周边环境产生风险的概率及其强度的过程。早期的ERA主要是针对人类健康而言的,也就是人类健康风险评价,主要评价化学污染物进入水体后通过食物链的传递,最终可能对人类造成的影响。20世纪90年代初,美国科学家Joshua Lipton等提出ERA的最终受体不仅是人类自己,还包括生命系统的各个组建水平(个体、种群、群落、生态系统乃至景观),并且考虑了生物之间的互相作用及不同组构水平的生态风险之间的相互关系(风险级联),针对某种人为或自然活动对环境的影响,以及这种活动导致的生态效应或不利的生态后果出现的可能性进行评估,为环境保护和管理提供重要依据,为达到环境资源的可持续利用提供重要途径。1992年,美国国家环境保护局将其定义为"确定环境危害(是指环境中出现的物理的、化学的或生物的媒介)对非人群生态系统不利影响的概率、大小及这些风险可接受程度的过程"。由此ERA成为真正含义上的生态风险评估。所以,风险评价分成健康风险评价和ERA两大类,健康风险评价评价环境因子对人群健康的危害性概率和大小,ERA的对象侧重于生态系统或生态系统中不同生态水平的组成。

目前大部分 ERA 研究集中在化学污染物方面。风险源是指对生态环境产生不利影响的一种或多种化学的、物理的或生物的压力或干扰。这些风险源可以是人为活动产生,如污染物排放、施用杀虫剂或除草剂、修建大坝、疏浚河道、引入外来物种等;可以来源于自然灾害,如洪涝、干旱、地震、沙尘暴等。不确定性和危害性是生态风险的两个根本属性。风险概率估计是应用数学方法对不确定性事件及其后果进行分析。生态效应是指对有价值的生态系统的结构、功能或组分产生的改变或危害确定不利的生态效应,即确定 ERA 的评价终点,评价终点可以包括生命各级组构水平。风险评价的一个重要特征就是不确定性因素的作用,在评价过程中要求对不确定性进行清晰的定性和定量化分析,并将评价的最终结果用概率来表示。

ERA 发展至今,已经从以人体为对象的健康风险评价发展到以生态系统为对象的 ERA,从单因子化学污染物评价发展到包括人类活动在内的多因子复合评价,从最初的单一风险受体发展到复合的风险受体,从小尺度局地评价发展到大尺度的流域、区域评价。

(三)生态风险管理

ERA 的目的是为环保部门关于不同的管理决策提供所产生的潜在不利后果,帮助环境管理部门了解和预测外界生态影响因素及生态后果之间的关系,进一步提出综合的、针对某个风险源、某方面影响的生态风险管理对策,有利于环境决策的制定,为风险管理提供科学依据和技术支持。生态风险管理(ecological risk management,ERM)是指根据 ERA 的结果,依据恰当的法规条例,选用有效的控制技术,进行消减风险的费用和效益分析,确定可接受风险度和可接受的损害水平,并进行政策分析及考虑社会经济和政治因素,决定适当的管理措施并付诸实施,以降低或消除事故风险度,保护人群健康与生态系统的安全。ERA 与 ERM 是两个既相互联系又内容不同的概念,二者的关系见图 6-3-1。

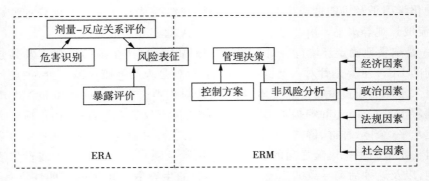

图 6-3-1 ERA 与 ERM 的关系

如图 6-3-1 所示,我们可以看出 ERA 与 ERM 的关系及它们的组成要素。ERA 为风险管理创造了条件:①为决策者提供了计算风险的方法,并将可能的代价和减少风险的效益在制定政策时考虑进去;②对可能出现和已经出现的风险源开展风险评价,可事先拟订可行的风险控制行动方案,加强对风险源的控制。ERM 是整个 ERA 的最后一个环节,是 ERA 的最终目的,对评价结果采取相应的管理行动,其目标是将生态风险降到最低,管理决策的正确与否将决定风险能否得到有效控制。

二、ERA 框架和评价内容

20 世纪 90 年代初,美国科学家 Joshua Lipton 等提出了被人们普遍接受的 ERA 框架,框架分成三个部分,即问题形成、分析和风险表征。目前,国内这方面的研究大多是在美国国家环境保护局于 1998 年公布的《ERA 指南》的基础上进行发展的,其详细的框架见图 6-3-2。

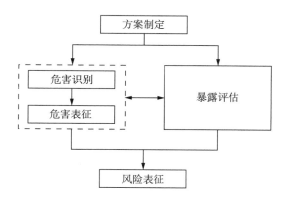

图 6-3-2　EPA 的 ERA 框架流程

近几年国家先后制定出《建设用地土壤污染风险评估技术导则》(HJ 25.3—2019)、《尾矿库环境风险评估技术导则(试行)》(HJ 740—2015)、《化学物质环境与健康风险表征技术导则(试行)》、《农用地土壤污染风险评估技术指南》(T/EERT 006—2021)、《化学物质环境风险评估技术方法框架性指南(试行)》、《生态环境健康风险评估技术指南　总纲》(HG 1111—2020)等规范标准,这些主要是为人类健康服务的,但从评价内容来说,与 ERA 基本一致,都包括以下内容。

(一)确定受体和终点

确定受体和终点是 ERA 的技术关键。这里的受体(receptor)是指暴露于胁迫之下的生态实体。它可以是生物体的组织、器官,也可以是种群、群落、生态系统等不同的生命组构水平。它是生态系统中已受到或可能受到某种污染物或其他胁迫因子有害影响的组成部分。终点(end point)是污染物或其他环境胁迫因子对受体造成的生物学或生态学效应。由于生态系统的复杂性,生态系统中可能受到压力或危害影响的受体种类很多,不同受体对各种压力的反应各不相同,我们不可能对所有受体和终点进行潜在危害评价,因此,必须选择一种或几种典型的、有代表性的受体与终点,其特点是易于获得毒性数据,即选择敏感种类和敏感效应,且受危害的情况可以反映整个生态系统的状况。在健康风险评价中,评价终点只有一个物种(人),而 ERA 的终点不止一个,由于生态系统的复杂性和压力来源的多样性,不同评价人员可能选择不同的终点,目前迫切需要一个统一的方法来确定 ERA 的终点。选择终点时要考虑问题本身受社会的关注程度、具有的生物学重要性和实际测定的可行性三个方面的因素。其中,社会和生物学重要性的终点要优先考虑。例如,杀虫剂引起鸟类死亡,酸雨引起鱼类死亡,森林的砍伐引起某物种的灭绝和水土流失等都是典型的终点。另外,为了使评价结果定量化,需要对评价终点进行测定。如果确定的评价终点能够直接测定,可以被直接用于风险评价过程;如果评价终点不能直接测定,需要选择一种或几种与评价终点有关联的可测终点。

(二)暴露评价

暴露评价是对污染物从污染源排放进入环境到被生物吸收,以及对生态受体发生作用的整个过程的评价。暴露评价提供有害物质在生态环境中的时空分布规律,即受体所在环境中有害物质的形态、浓度分布及浓度的变化过程;受体与有害物质接触的方式;有害物质对受体的作用方式;有害物质进入受体的途径;受体对有害物质暴露的定量分析。暴露评价所提供的信息量的大小、准确和可靠的程度直接决定了 ERA 结果的可信程度,主要内容如下。

(1)源强分析:包括分析污染物的种类、数量,进入环境的空间位置,进入环境的方式、强度等。

(2)迁移过程分析:污染物进入环境中何种介质,在介质中怎样传输,在介质之间如何交换,以及最后的分配结果等,包括分析流体输送、混合、扩散、沉降、悬浮、挥发、吸附、解吸等作用。

(3)转归分析:对污染物在环境迁移过程中伴随的改变污染物形态和浓度的各种化学、生物转化作用进行分析,这些作用有水解、光解、化学分解、氧化还原、络合、螯合、生物转化、富集、放大等。

(4)受体暴露途径分析:包括大气、水、土壤、地下水、生物、食物等与污染物相接触的途径。

(5)受体暴露方式分析:分析被受体接收并发生有效作用的污染物的数量。

(三)危害识别

受体分析要确定作为 ERA 的代表受体,代表受体可以是生物个体、生物种群、生物群落或生态系统,或者是生境,如栖息地、水源、食物等,还要确定评价的终点,即用什么指标反映有害物质对生态系统作用的效应。指标可以是生物个体的死亡、种群的丰度、作物的产量、生物多样性、生态系统的稳定性或持久性等。因此,受体分析包括以下几个方面的内容。

(1)确定评价范围或生态系统范围:尽可能按自然属性划分,如流域、盆地等,有时根据需要也可按行政区域划分。

(2)生态系统调查:了解生态系统结构、特征,包括生物的组分和非生物的组分,如动、植物种类分布、丰度、水文、地质、地理、气象特征,必要时还要了解人群分布、社会、经济等方面的情况。

(3)选择和确定评价受体:这需要根据问题的性质和评价的目的及要求来确定。

(4)对受体的生命过程和所需环境条件进行分析:如果评价受体确定为生命系统或其中某一部分,对于非生命受体如生境,则要了解其特征、变化过程与规律,与生态系统其他组分之间的关系等。

(5)确定评价终点:评价终点的确定不仅取决于所研究的问题的性质、研究的目标,还取决于污染物的种类和性质。

（四）危害评价

效应评价是测量或评价污染物可能单独或联合对有机体或生态系统产生效应的浓度，评价的基础是化学物的剂量（浓度）-效应关系。生态效应是指由胁迫引起的生态受体的变化，包括生物水平上的个体病变、死亡，种群水平上的种群密度、生物量、年龄结构的变化，群落水平上的物种丰度的减少，生态系统水平上的物质流和能量流的变化，生态系统稳定性下降等。生态效应有正有负，在 ERA 中需要识别出那些重要的不利的生态效应作为评价对象。目前生态效应研究主要集中于生态毒理学在环境科学方面的应用。目前大多数生态毒理学研究针对单个化学物质，通过对实验室生物个体（如鱼类、藻类、白鼠、蚯蚓等）的毒性效应研究建立和完善生态毒理指标体系。其中，剂量（浓度）-效应关系是 ERA 的重要组成部分。

由于化学结构是决定毒性的重要物质基础，而人们对于数量巨大的化学物质进行毒性试验受到人力和物力方面的限制。因此，近年来采用数值模型作为评价工具，归纳起来主要有以下几种模型。

（1）物理模型。物理模型是通过试验手段建立的模型，通常采用实验室内的各种毒性试验数据或结果，研究建立相应的效应模型，来表达通常在自然状态下不易模拟的某种过程或系统。例如，利用实验室进行鱼类毒性试验的结果建立某些水生生物的毒性试验模型，能代表水生生物或整个水生生物系统反应的类似情况和过程。

（2）统计学模型。统计学模型应用回归方程、主要成分分析和其他统计技术来归纳及表达所获得的观测数据之间的关系，做出定量的估计，利用统计学模型主要进行假设检验、描述、外推或推理，如毒性试验时的剂量-效应回归模型和毒性数据外推模型。

（3）数学模型。ERA 一般要求在已知的基础上预测未来或其他区域可能发生的情况，对于大幅度和长期的预测，单独用统计学模型是不够的。数学模型能综合不同时间和空间观测到的资料，可根据易于观察到的数据预测难以观察或不可能观察到的参数变化说明各种参数之间的关系，以提供有价值的信息。因此，数学模型主要用于定量地说明某种现象与造成该现象的原因之间的关系，是一类可以阐述系统中机制关系的机理模型，分为以下两种模型：①归宿模型。用于模拟污染物在环境中的迁移、转化和归宿等运动过程，包括生物与环境之间的交换，生物在食物链（网）中的迁移、积累等的各种模型。②效应模型。效应模型用于定量描述化合物的结构与生物活性的相关关系，这一模型的研究越来越受到人们的重视。

（五）风险表征

1. 风险表征的方法

风险表征是指将污染源的暴露评价与效应评价的结果结合起来加以总结，评价风险产生的可能性与影响程度，对风险进行定量化描述，并结合相关研究提出生态评价中的不确定因素。美国国家环境保护局对风险表征的定义：综合暴露与生态效应分析结果，评估生态系统或其组成成分暴露于胁迫因子后产生不利生态效应的可能性。因此，该步骤实际上是评价真实条件下效应发生的概率。

风险表征的表达方式有定性和定量两种形式。定性的风险表征回答有无不可接受的风险，即回答是否超过风险标准，以及风险属于什么性质。当数据、信息资料充足时，人们通常对生态风险实行定量评价,定量的风险表征不仅回答上述问题,还要定量说明风险的大小。风险定量取决于暴露与生态效应之间能否建立定量关系,这种定量关系的确立需要大量暴露评价和效应评价信息,以及这些信息的量化程度和可靠程度,需要进行大量的实验、监测和复杂的模型计算。定量风险评价具有以下优点:允许对可变性进行适当的、可能性的表达;能迅速地确定什么是未知的;分析者能将复杂的系统分解成若干个功能组分,从数据中获取更加准确的推断;评价结果具有重现性,适合被用于反复评价。目前定量风险表征主要有以下几种方法。

(1)商值法(或称比率法)。当前大多数定量或半定量的评价是根据商值法来进行的,适应于单个化合物的毒理效应评估。在具体操作中,将实际监测或由模型估算出的环境暴露浓度(environmental exposure concentration,EEC)或预测环境浓度(predicted environmental concentration,PEC)与测定或估计的对生态系统中有机体无效应的浓度(或预测无效应浓度)相比较,从而计算得到商值。若比值大于 1 说明有风险,比值越大,风险越大,需对其进行进一步研究或测试;比值小于 1,便可假设所评价的化学物具有较低的危害性潜能。商值法的最大优点就是简单、快捷,评价者和管理者都能够熟练应用,主要缺点是商值法只是一种半定量的风险表征,并不能满足风险管理的定量决策需要。商值法通常在测定暴露量和选择毒性参考值时比较保守,仅仅是对风险的粗略估计,其计算存在着很多的不确定性。例如,化学参数测定的是总的化学品含量,假定总浓度是可被生物利用的,但事实并非完全如此。而且商值法没有考虑种群内各个个体的暴露差异、被暴露物种慢性效应的不同、生态系统中物种的敏感性范围及单个物种的生态功能等。此外,商值法的计算结果是一个确定的值,不是一个风险概率的统计值,因而不能用风险术语来解释。该法只能用于低水平的风险评价。

(2)连续法(或称暴露-效应关系法),即把暴露评价和效应评价两个部分的结果加以综合,得出风险大小的结论。暴露评价通过概率技术来测量和预测研究的某种化学品的环境浓度或暴露浓度,效应评价针对暴露在同样污染物中的物种,用物种敏感度分布(species sensitivity distribution,SSD)来估计一定比例($x\%$)的物种受影响时的化学浓度,即 $x\%$ 的危害浓度(hazardous concentration,HCx)。暴露浓度和物种敏感度都被认作来自概率分布的随机变量,二者结合产生了风险概率。该方法的优点是能够预测不同暴露条件下的效应大小和可能性,用于比较不同的风险管理抉择,其主要缺点是没有考虑次生效应和外推产生的不确定性影响。

商值法和连续法都是针对污染物在生物个体和种群层次的风险表征方法,而没有涉及生物群落和生态系统层次。由于生态系统的复杂性,目前尚无一个合适的可以准确描述生态系统健康状况的指标体系。

(3)多层次的风险评价法。随着 ERA 的发展,逐渐形成了一种多层次的评价方法,即连续应用低层次的筛选到高层次的风险评价,它是把商值法和连续法进行综合,充分利用各种方法和手段进行从简单到复杂的风险评价。多层次评价过程的特征是以一个保守的假设开始,逐步过渡到更接近现实的估计。低层次的筛选水平评价可以快速地为以后的工作排出优先次序,其评价结果通常比较保守,预测的浓度往往高于实际环境中的浓度水平。如果筛选水平的评价结果显示有不可接受的高风险,那么就进入更高层次的评价。更高层次的评价需要更多的数据与资料信息,使用更复杂的评价方法或手段,目的是力图接近实际的环境条件,从而进一步确认筛选评价过程所预测的风险是否仍然存在及风险大小。它一般包括初步筛选风险、进一步确认风险、精确估计风险及其不确定性、进一步对风险进行有效性研究四个层次。目前已有学者对这方面进行了尝试性研究。2005 年,Weeks 提出有关土壤污染物的生态风险层叠式评价框架,为大多数环境学家所认同和接受。2007 年,Critto 等基于层叠式 ERA 框架,发展了环境污染 ERA 决策支持专家系统。

2. 不确定性分析

不确定性(uncertainty)分析始终在 ERA 中占有重要地位。ERA 的各个阶段都存在着很多的不确定性,生态系统本身存在的固有随机性和对风险评估的受体、端点、暴露、评价构成的要素认识论的问题,结合起来都构成 ERA 过程中的误差,风险源的筛选、风险受体的界定、评价终点的判断,以及在 ERA 方法中,评估因子的选择、统计方法或统计模型的选择、模拟生态系统中各要素的设置,以及生态风险模型的构建和参数确定等都存在着较大的随机性和主观选择,这都会给评价结果带来很大的不确定性。因此,建立有效的不确定性分析方法和降低风险评价不确定性的方法将是 ERA 的一个重要研究内容。

对 ERA 中的不确定性进行定量分析主要为自然随机和评估误差的不确定性分析;对具有大量实验数据的优先权方法,常采用应用系数、安全系数进行样本的校正处理,利用统计学的置信限来确定暴露风险的不确定性也是常用的处理技术手段之一;对于复杂模型利用技术变化手段来确定非确定性,其中 Monte Carlo 模拟技术比较成熟,Monte Carlo 模拟利用统计模型对敏感性分析、校准、验证及随机误差和参数误差进行技术定量化,利用这种模拟方法可描述环境非确定性的主要来源,拓宽应用范围,运行简便。有时由于数据或理论认识上的不足,一种途径不可能准确地定量模型误差,因此在可能的情况下,应提倡利用多种途径进行风险评估,比较来自不同模型的结果,减少或避免 ERA 中不确定性的来源。

三、生态风险管理

在 ERM 工作中,风险管理者除了考虑来自 ERA 得出的结论、判断生态风险的可接受程度及减少或阻止风险发生的复杂程度,还要依据相应的一些环境保护法律法规及社会、技术、经济因素来综合做出决策。因此,严格地说,ERM 不属于 ERA

范围,是风险评价者可以不进行的工作。但是 ERA 的结果为 ERM 风险管理提供了科学依据,要使 ERA 的结果充分发挥作用,需要 ERA 者、ERM 者或决策者彼此合作,良好互动。

四、生态风险评价案例

2018 年,某淡水豚国家级自然保护区管理局(以下简称保护区管理局)对保护区内江心洲等无人居住沙洲开展排查,发现江心洲有大面积农业种植行为,管理局制定了保护区违法建设问题排查整治专项行动整改方案。为了保护濒危物种的栖息地,保护生物多样性和长江生态环境,管理局拟对被破坏的无人沙洲滩涂湿地进行修复,孙慧群等人对此开展了保护区无人居住沙洲滩涂湿地生态风险评估。

本次评估范围为保护区 5 个无人居住的江心洲滩涂湿地,各洲面积和坐标见表 6-3-1,覆盖生态风险影响范围所及的水环境。5 个洲湿地风险物质主要是农药化肥和重金属,农药和重金属具有一定的毒性,化肥对于水体来说具有富营养化风险,但由于长江水体面积很大,对降雨引起地表径流流入长江的污染物稀释扩散作用很强;调查时间是枯水季,距种植季节已半年;此外,影响长江水质的因素很多,所以本项目不对湿地所在江段水质做评估。评价受体定为滩涂湿地生态系统和保护目标内受影响的水生生态系统,评价终点定为保护区淡水豚及其他水生动物、滩涂湿地生物多样性及其这些生物的栖息地。

表 6-3-1　保护区无人居住沙洲面积和坐标

编号	面积/hm²	坐标(中心点)
洲 1	1 708.23	N31°07′1.06″,E117°50′19.07″
洲 2	89.69	N31°05′49.74″,E117°46′48.25″
洲 3	64.40	N31°05′18.89″,E117°46′26.26″
洲 4	140.27	N31°03′36.38″,E117°45′25.56″
洲 5	204.74	N30°59′52.24″,E117°44′40.55″

根据保护区的保护对象,通过保护区无人居住的江心洲湿地面积、土地利用现状、湿地水文和水土保持、血吸虫病等方面实地调查进行危害识别,并采样进行了土壤农药和养分、土壤重金属测定,进行暴露评价和危害分析,在此基础上进行风险表征和不确定性分析,评估滩涂湿地退化原因和生态危害,为管理局生态风险管理和下一步生态修复工程提供科学依据和必要措施。评估流程和内容如下。

(1)危害识别:被评估区自然条件和社会经济特征背景调查;保护区生物资源调查(白鱀豚、长江江豚、鱼类资源、浮游动物、底栖动物、湿生植物和维管植物等);滩涂湿地现状调查与评估(生物多样性现状、滩涂湿地利用现状、血吸虫分布区现状);主要生态问题(湿地面积大幅度缩小、土壤侵蚀和水土流失迹象明显、近 3 年水位持续下降、土壤重金属和农药污染、土壤养分减少等)。

(2)危害分析:植树造林和滩涂开垦导致湿地退化;化学污染对湿地生物的毒性;土壤养分减少对湿地植被的影响;土壤侵蚀和水文变化对湿地的生态危害;湿地面积缩减对生物栖息地的减少;人为开发对血吸虫繁殖的影响等。

(3)风险表征:保护区无人居住沙洲滩涂湿地生态风险比较严重,主要环境问题是这些洲的滩涂地上大面积种植了农作物和林木,改变了湿地生态系统的结构和生态服务功能,农作物的种植使湿地面积缩小,生态系统类型变得单一,以湿地为栖息地和繁殖地的鱼类和其他生物失去适宜生境,以鱼类为饵料的江豚面临食物匮乏问题,湿地生物多样性减少,农药化肥残留和工业企业重金属污染邻近长江水域和湿地土壤,对生活在其中的生物具有一定的危害性;保护区生态价值下降,生物资源减少,生物多样性下降,人力、物力兼之历史遗留问题繁多导致管护不力。

(4)对水利工程和挖沙导致湿地面积缩小、航运发展干扰湿地生物多样性、认识和管理不到位导致湿地退化持续发生等进行了不确定性分析,并提出相应的改进建议和生态修复措施。

小　结

生物学监测和评价是物理方法和化学方法对环境质量进行监测和评价手段的补充及完善,在进行生物学监测和评价之前要遵循一定的原则和方法对指标生物进行选择。生物学监测方法既用到传统生物学方法,又用到先进生物学技术,毒理学监测和评价方法包括形态结构监测法、生理生化监测法、化学成分分析监测法、遗传毒理学监测法;生态学监测和评价方法包括附生植物群落监测法、细菌学监测法、微型生物群落监测法、底栖大型无脊椎动物监测法、其他群落监测法和全球环境监测系统;分子生物学监测和评价方法包括免疫分析技术、PCR技术、生物传感器技术、DNA芯片技术、荧光原位杂交技术和分子标记技术,近年来生物标志物在生物学监测和评价中的应用越来越广。

生物标志物是生物体受到严重损害之前,在分子、细胞、个体或种群水平上因受环境污染物影响而产生异常变化的信号指标。生物标志物分为暴露标志物、效应标志物和易感性标志物三种,但在本质上各生物标志物之间难以截然分开。生物标志物是污染物作用于生物机体的早期反应,用它进行监测能在最早期阶段发现污染物的危害,起到预警系统的作用,而且以一个物种的生物标志物的监测结果预测污染物对另一个物种的影响很准确,可以应用低等物种来预测高等物种甚至人群。

习　题

1. 生物学监测的基本概念是什么? 生物学监测有何特点?
2. 简述指示生物和监测指标的筛选原则。
3. 生物标志物分为哪几种类型?
4. 简述不同生物学监测方法的原理。
5. 化学污染物 ERA 的结构和程序是什么?
6. 什么叫受体和终点? 可举例说明。
7. 风险表征时为什么要进行不确定性分析?

第七章　生物净化和治理的传统方法

【本章要点】

本章介绍了环境生物技术概述、研究内容和在环境领域中的应用，阐述了微生物处理污染物的特点和原理、影响因素和传统微生物处理法的工作原理和方法。

人们的生活、生产离不开能源，矿物能源的利用造成对环境的污染。同时，生活中产生的各种各样废弃物、杀虫剂的使用等也造成对环境的污染。人类社会发展在创造了前所未有的文明的同时带来了如此多的生态和环境问题，人类的生存和发展面临着严峻的挑战，迫使人类必须发动一场"环境革命"来拯救自身，环境生物技术（environmental biotechnology）因此而诞生并日益受到人们的重视，人们把生物技术开发和应用的注意力转向环境保护，如提供绿色产品、新颖生物催化剂和生物材料及农业生物技术等。对于污染的生物治理，西方发达国家行动得较早。早在 20 世纪 70 年代，欧美国家就对传统废物的生物处理系统进行强化和改进，提高处理特定化学污染物的能力，同时对有前景的环境产品的开发做得很出色。生物技术用于解决环境问题，从发展来看，已经体现在废气废水治理、固废物治理、大面积污染修复等各个方面。用反渗透膜深度处理城市生活污水厂的二级出水，用黄豆、苜蓿和混合菌对石油污染土壤进行植物-微生物联合修复，用生物过滤法采用堆肥作为填料处理含乙醇的废气，用多孔载体固定黄孢原毛平革菌吸附环境中的重金属离子等，这些生物技术统称为环境生物技术，包含起源较早的经典环境生物技术和 21 世纪迅速发展起来的现代环境生物技术。

生物净化和治理的目的是将有机污染物的浓度降到低于检测限或环保部门规定的浓度，这项技术正被用于清除土壤、地下水、废水、污泥、工业废料及气体中的污染物，这些污染物包括石化产品、多环芳烃、卤代烷烃、卤代芳烃等。金属虽然不能被生物降解，但生物处理可以通过微生物将其转移或降低其毒性。目前生物处理比较被大家共同接受的基本定义：生物处理是生物特别是微生物催化降解污染物，从而修复被污染环境或消除环境中的污染物的一个受控或自发进行的过程。在大多数的环境中存在着许多土著微生物进行的自然净化过程，但该过程的速度很慢，其原因是溶解氧（或其他电子受体）、营养盐缺乏，而另一个限制因子是有效微生物常常生长较为缓慢。为了快速去除污染物，人们常常采取许多强化措施，如提供电子受体，添加氮、磷等营养盐，以及接种培养的高效微生物，表面活性剂也常被用来提高生物可利用性。

第一节　环境生物技术概论

生物技术具有悠久的历史,早在几个世纪以前,人类就已经学会通过微生物的初级发酵来生产产品,传统生物技术以微生物发酵和酿造为标志。"生物技术"一词首先由匈牙利工程师 Karl Ereky 于 1919 年提出,他当时用甜菜作为饲料进行大规模养猪,即利用生物将原材料转变为产品。20 世纪 50 年代末和 60 年代初,美国康奈尔大学的 Martin Alexander 与他的学生针对《寂静的春天》出版后人们对环境中农药的污染和残毒问题的关注而展开了农药在土壤中可降解性的研究,为后来生物技术在环境保护中的应用打下了基础。1982 年,国际经济合作与发展组织将生物技术定义为:应用自然科学及工程学的原理,依靠微生物、动物、植物体对物料进行加工,以提供产品为社会服务的技术。现代生物技术以生物有机体为研究对象,以重组 DNA 与转基因技术为主导,涵盖了酶工程、细胞工程、基因工程、微生物工程等新技术,如 PCR 技术、生物传感器、生物酶、生物芯片等,使传统生物技术中的生物转化过程变得更为有效。现代生物技术应用于环境领域,不仅可以分离得到高产的微生物菌株,还可以人工制造高产量的菌株,为改变微生物细胞内的关键酶或酶系统提供了可能,使大量的人工合成有机化合物,特别是那些难于生物降解或降解缓慢的化合物很快得到降解。因此,环境生物技术作为一种行之有效、安全可靠的技术应运而生,在环境保护、污染治理和生态修复中发挥着巨大的作用,并起着核心的作用。

一、环境生物技术的内容

(一)环境生物技术概述

美国密歇根州立大学的 Tiedje 教授认为,环境生物技术的核心是微生物学过程;美国亚利桑那大学 Rittmmn 教授与斯坦福大学 McCarty 教授认为,环境生物技术是应用微生物改进环境质量的技术,包括防止污染物排放进入环境、治理污染环境及为人类社会提供有用资源;德国国家生物技术研究中心的 K. N. Timmis 博士将环境生物技术定义为应用生物圈的某些部分使环境得以控制,或治理将会进入生物圈的污染物的生物技术。本书认为较全面的定义是:环境生物技术是将生物技术应用于环境质量的监测、评价、控制、污染生物处理和人为逆境的生态修复过程中,包括环境监测与评价的生物技术、污染治理与生态修复的生物技术,从而最大限度地消除生态风险与隐患,净化环境,保护自然,是人类为了解决环境问题而使用的生物技术。

环境生物技术涉及众多的学科领域,主要由生物技术、工程学、环境学和生态学等组成,是生物技术与环境污染防治工程及其他工程技术结合起来应用于环境污染防治的一门新兴边缘学科,它诞生于 20 世纪 80 年代末期,以高新生物技术为主体,同时包含对传统环境生物技术的强化与创新,是 21 世纪国际生物技术的一大热点。

(二)环境生物技术的研究内容

如何解决和避免人们的生活及生产活动产生的污染问题,研究人员采用了各种方法,其中包括利用生物技术寻找有益生物(如细菌等)以改进环境质量。例如,煤炭是重要的能源,但它的燃烧造成严重的空气污染,其中最难解决的问题是 SO_2 的释放,虽然通过脱硫的方法可以减少煤炭中的硫含量,但这样又会降低其热值。为此,人们把注意力放到两点:一是转向寻找含有可以选择地裂解煤炭或石油中碳-硫键的酶的微生物,应用这类微生物脱掉煤炭中的硫成分;二是寻找新的洁净的生物能源。研究发现,细菌的光系统可通过一种可逆氢酶直接把太阳能转化为生物氢,获得洁净的氢能源指日可待。再如,混合废物中有有机废物、重金属和高能放射性物质等多种成分,用常规办法清除需要耗费巨资,研究者曾将广谱假单孢菌体内的甲苯双加氧酶基因进行克隆,即使在高电离辐射荧光存在的情况下也能在细菌 deinococcus radiodurans 中表达和有活性,通过基因工程构建的这种生物降解基因可以处理上述混合废物。

环境生物技术的主要研究内容包括以下几个方面:高效降解污染物的工程菌和抗污染型超积累型转基因植物的相关研究;无害化或无污染生物生产工艺技术研究;环境友好材料生物合成技术的相关研究;废物资源化工程研究;危险性化合物的降解和污染场地的生物补救研究;废物强化处理技术研究;环境的生物监控技术研究等。这些研究工作不仅最大限度地发挥了自然界的生物环境功能,为控制环境质量发挥极其重要的作用,还使解决大量的环境难题成为可能。很多发达国家已开发出一系列的环境生物技术及其产品,在水污染控制、大气污染治理、有毒有害物质降解、清洁可再生能源开发、废物资源化、环境监测、污染环境的修复、污染严重工业企业的清洁生产等环境保护各个方面,发挥了极为重要的作用。目前在开发污染的生物治理新技术中有三个方向变得热门:其一,工程菌从实验室进入模拟系统和现场应用过程中,如何解决其遗传稳定性、功能高效性和生态安全性等方面的问题;其二,开发废物资源化和能源化技术,利用废物生产单细胞蛋白、生物塑料、生物农药、生物肥料,以及利用废物生产生物能源,如甲烷、氢气、乙醇等;其三,建立无害化生物技术和清洁生产新工艺,如生物制浆、生物絮凝剂、煤的生物脱硫、生物冶金等。

二、环境生物技术的应用

环境生物技术作为生物技术的一个分支学科,现代生物技术的发展为环境生物技术向纵深发展增添了强大的动力。从近几年的研究和应用实践看,环境生物技术的应用主要包括污染治理和净化生物技术、环境生物监测技术和生态修复技术三块领域。

最早期的环境生物技术主要是指利用天然处理系统进行废物处理的生态工程技术,其特点是能够最大限度地发挥自然界环境中的生物生态功能,投资运行费用少,易于操作管理,是一种省力、省费用、省能耗的技术。此期间的环境生物技术主要有氧化塘(现称为稳定塘)、人工复合生态床、植被缓冲带、人工湿地系统、农业生态工程、土地处理系统等。许多研究发现,在流域中存在许多天然水塘或人工水塘,这些水塘不断地与河流进行水、养分的交换,使流速降低,悬浮物得到沉降。在我国南方大部分农业区域,过去就存在着许多水塘用来拦截雨水灌溉农田,研究发现,多水塘系统能够有效地截留农业非点源污染。根据尹澄清等 6 年的现场试验数据,多水塘系统能截留来自村庄、农田的磷和氮污染负荷 94% 以上,多水塘系统在非点源污染控制中的功能主要是滞留污染径流,循环利用水和营养物质;塘之间的小沟长满植被,对径流有过滤作用,塘建造成本较低,一方面控制污染负荷,另一方面提高水资源的利用率。因此,修建人工水塘控制非点源污染是一种非常有效的方法。

随着污染问题越来越严重,堆肥化、沼气技术、光合细菌法、活性污泥法、生物膜法等生物处理技术逐渐出现,在此同时人们也开发出生物强化处理技术和工艺,如微生物发酵剂、SC27 土壤微生物增肥剂等生物强化技术(bioaugmentation technique)、生物流化床技术等。为了提高常规活性污泥法的处理能力和降解效果,生物强化处理成为环境生物技术的一个主力。

生物强化技术是为了提高传统的生物处理系统的处理能力而向该系统中投加具有特定功能的微生物,或从自然界中筛选的优势菌种,或通过基因组合技术产生的高效菌种,或使用固定化技术和生物强化制剂,提高有效微生物的浓度,提高其降解速率,以强化对某一特定环境或特殊污染物的去除作用,并改善原有生物处理体系对难降解有机物的去除效能。20 世纪 90 年代,生物强化技术应用于各个领域的案例就已经出现,进入 21 世纪,基因工程菌和质粒接合研究推动了生物强化技术发展,Cui 等运用生物强化技术对低温环境下中高浓度城市污水进行处理,对于 COD(chemical oxygen demand,化学需氧量)、氨氮等物质的去除效果都要比非生物强化反应器好,且微生物种群更加多样,反应器的启动时间也得到大大缩减。

当代环境生物技术的发展热点越来越集中到高层次,以现代分子生物学技术为主体,在污染诊断和污染监测上发展了污染环境的分子诊断技术;在污染控制及污染生态修复上构建和创造了大批的高效降解基因工程菌和抗污染型转基因植物,开发的产品均已成功地用于实践,成为解决环境问题的强有力的手段。用于解决环境问题的这类现代分子生物学技术称为现代环境生物技术。例如,用转基因产品的生物防治方法取代化学杀虫剂是环境保护的一个研究领域,现已获得高效防治棉铃虫的转基因棉花,在转基因植物中原位生物合成 Bt 杀虫蛋白,或制取含苏云金杆菌(Bt)基因的产品,选择地防治某些害虫。关于高层次环境生物技术在污染治理和生态修复上的应用详见第八章和第九章。

第二节　污染微生物净化和处理原理

运用经典环境生物技术治理的污染物类型包括由于人类活动通过各种途径即将或已排放到环境中的废水、大气污染物和固体废弃物,这些污染物用生物方法净化和治理多采用在容器、装置、反应器或固定的空间中进行。废水受污染的程度有多大,微生物处理的效果有多大,可以通过一些指标来反映,通过这些指标可确定应选择的净化工艺和设备的效率。环境污染物的种类多、数量大,其中大量的是有机物,根据微生物对有机污染物的降解性,有机污染物可划分为可生物降解、难生物降解和不可生物降解三大类。利用微生物处理废水,首先要清楚该类废水的污染成分是否适合使用微生物法,即先要弄清废水中污染成分的生物可降解性。

一、有机污染物生物可降解性评价

生物可降解性(biodegradability)是指通过微生物的生命活动改变污染物的化学结构,使污染物化学和物理学性能的改变所能达到的程度。与此相似的另一个术语生物可利用性(bioavailability)是指污染物在生物传输和生物反应中可被生物受体吸收的程度、速率和含量,又称生物有效性或生物可给性,包括以物理化学作用为驱动的解吸过程(desorption process)和以生理学作用为驱动的吸收过程(uptake process)。通过测定不同的指标,可评价有机污染物的生物可降解性。

(一)测定生物氧化率

用活性污泥作为微生物,用单一的有机物作为底物,在瓦氏呼吸仪上检测其耗氧量,通过与该底物完全氧化的理论需氧量的比值,即可求得被测化合物的生物氧化率(bio-oxidation ratio)。不同有机物的生物氧化率的差异明显,在测定条件完全相同,而只有底物不同的情况下,生物氧化率越大,化合物的生物可降解性越强。生物氧化率的计算公式为

$$生物氧化率 = \frac{仪器测得的耗氧量}{理论耗氧量} \times 100\%$$

(二)测定呼吸线

在正常情况下,微生物利用外界供给的能源进行呼吸,称为外源呼吸。在外界没有供给能源时,利用自身内部储存的能源物质进行呼吸,称为内源呼吸。当活性污泥微生物处于内源呼吸时,利用的基质是微生物自身的细胞物质,其呼吸速度是恒定的,耗氧量与时间的变化呈直线关系,称为内源呼吸线;当为活性污泥微生物提供外源基质或使其生活在有机废水中时,耗氧量随时间的变化是一条特征曲线,称为生化呼吸线。把活性污泥微生物对有机废水有机物或基质的生化呼吸线与其内源呼吸线相比较,作为基质生物可降解性的评价指标,可做出如图 7-2-1 所示的耗氧曲线,有以下三种情况。

(1)生化呼吸线位于内源呼吸线之上,表明该有机物或废水可被微生物氧化分解。两条呼吸线之间的距离越大,有机物或废水的生物可降解性越好;反之亦然[图 7-2-1(a)]。

(2)生化呼吸线与内源呼吸线基本重合,表明该有机物不能被活性污泥微生物氧化分解,但对微生物的生命活动无抑制作用[图 7-2-1(b)]。

(3)生化呼吸线位于内源呼吸线之下,说明该有机物不能被微生物分解,且对微生物生长产生了有害的抑制作用,生化呼吸线越接近横坐标,抑制作用越大[图 7-2-1(c)]。

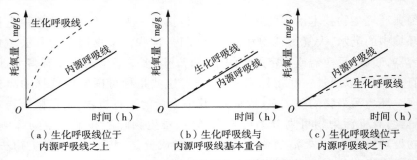

图 7-2-1　生化呼吸线与内源呼吸线的比较

（三）测定相对耗氧速率曲线

耗氧速率是指单位生物量在单位时间内的耗氧量，生物量可用活性污泥的质量、浓度或含氮量来表示。如果测定时生物量不变，改变有机物（底物或基质）浓度，便可测得某种有机物在不同浓度下的耗氧速率，将它们与内源呼吸耗氧速率比较，就可得出相应浓度下的相对耗氧速率，据此可做出相对耗氧速率曲线。以有机物或废水浓度为横坐标，以相对耗氧速率为纵坐标，所做的不同物质（或废水）的相对耗氧速率曲线可能有如图 7-2-2 所示的四种情况。

（1）表明基质无毒，但不能被活性污泥微生物利用（图 7-2-2 中的 a 曲线）。

（2）表明基质无毒无害，可被活性污泥微生物降解，在一定范围内相对耗氧速率随基质浓度增加而增加（图 7-2-2 中的 b 曲线）。

（3）表明基质有毒，但在低浓度时可被生物降解，并随着基质浓度的增加，相对耗氧速率可逐渐增加，超过一定浓度后相对耗氧速率逐渐降低，说明生物降解逐渐受到抑制。当相对耗氧速率降到 100% 时，便到了活性污泥微生物忍受的界限浓度，这时，对外源底物的生物降解已完全被抑制（图 7-2-2 中的 c 曲线）。

（4）表明基质有毒，不能被微生物利用（图 7-2-2 中的 d 曲线）。

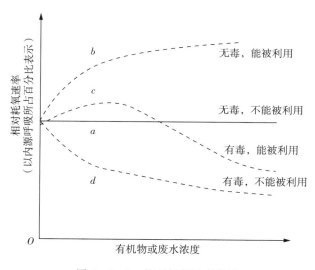

图 7-2-2　相对耗氧速率曲线

（四）测定 BOD_5 与 COD_{cr} 之比

BOD 是指在 20℃ 温度条件下，废水中可生物降解的那部分有机物在微生物作用下，氧化分解所需的溶解氧量，它可以度量有机物可生物降解的难易程度。BOD_5 为 5 日生化需氧量，是微生物在 5 天内好氧分解有机物所消耗的氧的量。进一步的研究表明，有机物在好氧条件下被微生物氧化分解时所耗用的氧主要用于两个过程，首先是使有机碳氧化成 CO_2，被称为碳化需氧量；其次是将还原态氮氧化成亚硝态氮或硝态氮，称为硝化需氧量。BOD_5 基本上反映了水中可被微生物分解的有机物总量。废水中所含基质不同，BOD_5 差别很大，这种差别在一定程度上反映了它们被微生物氧化分解的难易程度。

例如,甘氨酸的 BOD_5 实测值为 19.4mg/L,蔗糖为 27.9mg/L,葡萄糖为 38.0mg/L,麦芽糖为 38.2mg/L,邻苯二甲酸酯为 43.8mg/L,乙醇为 66.8mg/L。

COD 是指用强化学试剂在化学氧化被测废水所含有机物的过程中所消耗的氧量。利用高锰酸钾作强氧化剂,只能氧化 60% 左右的有机物;而除一部分长链脂肪族化合物、芳香族化合物和吡啶等含 N 杂环化合物不能被重铬酸钾氧化外,大部分有机物(80%~100%)能被氧化。所以,COD_{Cr} 的测定值常被近似地代表废水中全部有机物的需氧量。COD 值包括两个部分:一部分为能被生物降解的有机物的耗氧量,写作 COD_B;另一部分为不能被生物降解的有机物的耗氧量,写作 COD_{NB}。从表面上看,最终生化需氧量(BOD_u)似乎应等于 COD_B,但实际上,$BOD_u < COD_B$,这是因为在作为微生物营养基质的有机物中,约有 1/3 通过微生物的呼吸作用被氧化分解,并转变成能量,2/3 的营养基质通过微生物的合成代谢转变为细胞物质,即表现为菌体自身的增长($\triangle Ma$)。$\triangle Ma$ 可分为两部分:4/5 $\triangle Ma$ 最终可通过异化作用被分解,1/5 $\triangle Ma$ 是生物不能分解的残留部分。如果用 $BOD_u = \rho_O' + \rho_O''$ 来表示生物耗氧量中的两个部分,则

$$\rho_O' = 1/3 COD_B, \rho_O'' = (2/3\ COD_B) \times 0.8$$

所以

$$BOD_u = 1/3 COD_B + (2/3\ COD_B) \times 0.8 = 0.87\ COD_B$$

由于

$$BOD_5 = 2/3 BOD_u$$

因此

$$BOD_5 = 2/3 \times 0.87\ COD_B = 0.58 COD_B$$

上述分析表明,在一般情况下,即使废水中的有机污染物能全部被生物降解,即假定 $COD = COD_B$,BOD_5/COD 的最大值也只有 0.58。废水中有时会存在一些还原性无机物(如硫化物、亚硫酸盐、亚硝酸盐等),它们的耗氧量也会反映在 COD 测定值中,BOD 的测定又可能受种种因素的影响而使测定值偏低。因此,通常情况下 BOD_5/COD 往往都小于 0.58。根据 BOD_5/COD_{Cr} 的大小推测废水的可生物降解性,一般认为 $BOD_5/COD_{Cr} > 0.45$,生化性较好;$BOD_5/COD_{Cr} > 0.30$,可生化;$BOD_5/COD_{Cr} < 0.30$,较难生化;$BOD_5/COD_{Cr} < 0.25$,不宜生化。

上述划分主要针对低浓度有机废水而言。对于高浓度有机废水,即使 $BOD_5 < 0.25$,因其 BOD 的绝对值高,仍可采用生化法处理,只不过废水中 COD_{NB} 可能占较大比例,要使生化出水的 COD_{Cr} 达标,尚需考虑进一步的处理措施。

(五)测定 COD_{30}

取一定量的待测废水,接种少量活性污泥,连续曝气,测定起始的 COD_{Cr} 和第 30 天的 COD_{Cr}(COD_{30}),据此可推测废水的可生化性,并估计用生化法处理可能得到的最高 COD_{Cr} 去除率。

(六)培养法

通常采用生物处理的小模型,接种适量的活性污泥,对待测废水进行批式处理试验,测定进水、出水的 COD_{Cr}、BOD_5 等水质指标,观测活性污泥的增长,镜检活性污泥生物相,根据测试结果可做出废水可生化性的判断。

除上述方法外,还可通过测定活性污泥与废水(或污染物)接触前后活性污泥中挥发性物质浓度的变化、脱氢酶活性的变化、ATP 量的变化等方法,来评价生物可降解性。

二、微生物处理污染物的特点和原理

(一)微生物适合处理污染物的特点

微生物对环境中的物质具有强大的降解与转化能力,主要因为微生物具有以下几个特点。

1. 微生物个体微小、比表面积大、代谢速率快

微生物个体微小,以细菌为例,3 000 个杆状细菌头尾衔接的全长仅为一粒籼米的长度,而 60~80 个杆菌"肩并肩"排列的总宽度只相当于人体一根头发的直径,$2×10^{12}$ 个细菌平均重仅为 1g。物体的体积越小,其比表面积(单位体积的表面积)就越大。显然,微生物的比表面积比其他任何生物都大。将大肠杆菌与人体相比,前者的比表面积约为后者的 $3×10^5$ 倍。如此巨大的表面积与环境接触,成为巨大的营养物质吸收面、代谢废物排泄面和环境信息接受面,故而使微生物具有惊人的代谢活性。有人估计,一些好氧细菌的呼吸强度按重量比例计算要比人类高几百倍。

2. 微生物种类繁多、分布广泛、代谢类型多样

微生物的营养类型、理化性状和生态习性多种多样,凡有生物的各种环境,乃至其他生物无法生存的极端环境中都有微生物存在,它们的代谢活动对环境中形形色色的物质的降解转化起着至关重要的作用。

3. 微生物具有多种降解酶

微生物能合成各种降解酶,酶既具有专一性,又具有诱导性。微生物可灵活地改变其代谢与调控途径,同时产生不同类型的酶,以适应不同的环境,将环境中的污染物降解转化。

4. 微生物繁殖快、易变异、适应性强

巨大的比表面积使微生物对生存条件的变化具有极强的敏感性,又由于微生物繁殖快、数量多,可在短时间内产生大量变异的后代。对进入环境的"新"污染物,微生物可通过基因突变,改变原来的代谢类型而适应、降解之。

5. 微生物具有巨大的降解能力

微生物体内除了核区还有一种调控系统——质粒(plasmid),质粒是存在于细菌和真菌细胞中、独立于染色体外、能在宿主细胞内自主复制的共价、闭合、环状 DNA 分子(covalently closed circular DNA),也称为 cccDNA,是染色体以外的遗传物质。质粒具有自己的复制起始区,能自主复制,具有可传给子代也可丢失及在细菌之间转移等特性,它常带有一些特殊的基因,所编码的性状是细菌生活不必需的,如对抗生素的抗性(图 7-2-3)。

按照功能,质粒分为以下五种不同的类型:①抗性质粒。这类质粒带有抗性基因,可使宿主细胞对多种抗生素和有毒化学品产生抗性,如对氨基苄青霉素、氯霉素、农药和重金属等产生抗性。②F 因子,又称致育因子或性因子,是大肠杆菌等细菌决定性别并有转移能力的质粒,可以通过接合在供体和受体间传递遗传物质。F因子含有与质粒复制和转移有关的许多基因,其中近 1/3 是 tra 区(转移区,与质粒转移和性菌毛合成有关),另外,有 ori T(转移起始点)、ori S(复制起始点)、inc(非相容群)、rep(复制子)和一些转座因子,后者可整合到宿主核染色体上的一定部位,并导致各种 Hfr 菌株(高频重组菌株)的产生。③Col 质粒。带有编码大肠杆菌素的基因,大肠杆菌素可杀死其他细菌。④侵入性质粒。这是一类使宿主细胞具有致病能力的质粒。⑤降解性质粒。这种质粒编码生物降解过程中的一些关键酶类,可使宿主菌代谢特殊的分子,如芳烃类等有机污染物。在环境问题的解决中所利用的主要就是降解性质粒,它可以应用于环境保护,处理那些难以分解的物质。

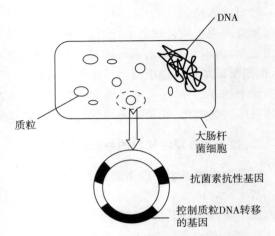

图 7 - 2 - 3 大肠杆菌质粒的分子结构示意图

在一般情况下,质粒的有无对宿主细胞的生死存亡和生长繁殖并无影响。但在有毒物质存在的环境中,质粒能给宿主带来具有选择优势的基因产物。现代微生物学研究发现,许多有毒化合物尤其是复杂芳烃类化合物的生物降解往往有降解性质粒参与。将各种供体细胞的不同降解性质粒转移到同一个受体细胞中,可构建多质粒菌株,同时处理含多种成分的废水,这在复杂废水的降解过程中尤其重要,质粒的存在为环境中各种有毒物质(包括有机氯农药、多环芳烃、石油烃类污染物等)的降解提供了巨大的潜力。人们通过基因工程实现质粒在不同物种的细胞间转移,在获得含质粒的细胞的同时获得质粒所具有的性状。

6. 微生物具有共代谢作用

微生物在可用作碳源和能源的基质上生长时,伴随着一种非生长基质的不完全转化。Leadbtter 和 Foster 最早描述了共代谢(co - metabolism)现象,认为是微生物能氧化底物却不能利用氧化过程中的能量维持生长的过程,并命名为共氧化(co - oxidation)。他们观察了靠石蜡烃生长的诺卡氏菌在加有芳香烃的培养基中对芳香烃的部分氧化作用,这种菌以十六烷作为唯一碳源和能源时,能很好地生长,却不能利用及转化甲基萘或1,3,5 -三甲基苯,但当把甲基萘或 1,3,5 -三甲基苯加进含十六烷的培养基中时,这种菌在利用十六烷满足生长需要的同时,将这两种芳香族化合物氧化,生成羧酸、萘酸和对异苯丙酸。共代谢作用的定义是,微生物在有其可利用的唯一碳源(初级能源物质)存在时,对其原来不能被分解利用的物质也能降解的现象。例如,甲烷假单胞菌唯一可利用的碳源是甲烷,不能利用乙烷、丙烷和丁烷,在有甲烷存在时,同时加入乙烷、丙烷和丁烷,该菌也能把这些烃类相应地转化为乙酸、丙酸和丁酸。共代谢不仅包括微生物在正常生长代谢过程中对非生长基质的共同氧化(或其他反应),还描述了休眠细胞对不可利用基质的代谢。在实际生产活动和科学研究中,共代谢的概念进一步延伸,广义的共代谢作用是指多种基质存在时的协同代谢作用或多种微生物存在时的协同代谢作用。

即使微生物不能依靠某种有机污染物生长,也不一定意味着微生物对这种污染物无能为力,在有合适的底物和环境条件时,该污染物可通过共代谢作用而被降解,一种酶或微生物的共代谢产物一般是代谢中间物,可以成为另一种酶或微生物的共代谢底物。许多研究表明,微生物的共代谢作用对于难降解污染物的彻底分解起着重要的作用。许多微生物有共代谢能力,微生物通过共代谢更改了微生物碳源与能源的底物结构,扩大了微生物对碳源和能源的选择范围,从而实现了难降解化合物的降解。由于共代谢降解作用的存在,人类对难降解有机物这一概念有了新的认识。

共代谢定义表明,一些难降解的有机物,通过微生物的作用能被改变化学结构,但不能被用作碳源和能源,这样的有机物被称为非生长基质或第二基质。微生物共代谢的能力并不促进其本身的生长,必须从其他底物获取大部分或全部的碳源和能源,在这种条件下微生物需要有另一种基质的存在,以保证其生长和能量的需要,这类基质叫作生长基质或初始基质。此外,共代谢使有机物得到修饰或转化,但不能使其分子完全分解,必须有其他微生物接着完成降解的使命。以 A 表示生长基质,以 B 表示非生长基质,一般来说微生物利用 A 时能将 B 转化,多是由于 B 与 A 具有类似的化学结构,而微生物将 A 降解为 C 的初始酶 E_1 专一性不高,故在将 A 降解成 C 的同时可将 B 转化成 D。但进一步氧化 C 的酶 E_2 具有较高专一性,不可再同时氧化 D。所以,在纯培养情况下,共代谢只是一种截止式转化(dead-end transformation),局部转化的产物会聚集起来。在混合培养和自然环境条件下,这种转化可以为其他微生物所进行的共代谢或其他生物对某种物质的降解铺平道路,其代谢产物可以继续降解。

(二)微生物处理污染物的原理

目前用微生物处理的污染物有有机污染物和无机污染物,这些污染物分别来自受污染的水体、土壤和大气或还没有进入环境的污染源。微生物处理的主要作用者是细菌,根据生化反应中对氧气的需求与否,可把细菌分为好氧菌、兼性厌氧菌和厌氧菌,主要依赖好氧菌的生化作用来完成处理过程的工艺,
称为好氧生物处理法;主要依赖厌氧菌的生化作用来完成处理过程的工艺,称为厌氧生物处理法;主要依赖兼性厌氧菌的生化作用来完成处理过程的工艺,称为兼性生物处理法。

1. 好氧生物处理原理

(1)有机物好氧代谢的特点

在充分供氧的条件下,好氧微生物利用生命活动过程,将有机污染物氧化分解成较稳定的无机物的处理方法,在工程上称为好氧生物处理,这种处理方法应用的是微生物的矿化原理,矿化(mineralization)将有机物完全无机化,微生物在有机物矿化过程中满足了自己的生长需要。在好氧处理过程中,氧是有机物氧化时的最后氢受体,正是由于这种氢的转移,才使能量释放出来,成为微生物生命活动和合成新细胞物质的能源,所以,好氧生物处理必须不断地供给足够的溶解氧。微生物将有机物摄入体内后,以其作为营养源加以代谢,代谢按以下两种途径进行。一为合成代谢,部分有机物被微生物利用,合成新的细胞物质;二为分解代谢,部分有机物被分解形成 CO_2 和 H_2O 等稳定物质,并产生能量,用于合成代谢。同时,微生物的细胞物质也进行自身的氧化分解,即内源代谢或内源呼吸。在有机物充足的条件下,合成反应占优势,内源代谢不明显。有机物浓度较低或已耗尽时,微生物的内源呼吸作用则成为向微生物提供能量、维持其生命活动的主要方式。有机物用于合成与分解的比例随着废水中有机物的性质而异,对于生活污水或与之相类似的工业废水,BOD_5 有 $50\%\sim60\%$ 被转化为新的细胞物质。好氧生物处理时,有机物转化过程见图 7-2-4。

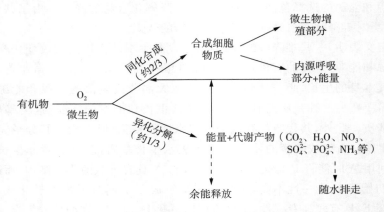

图 7-2-4 有机物的好氧微生物代谢图示

(2)有机物的好氧降解

有机物好氧生物降解的一般途径是,大分子有机物首先在微生物产生的各类胞外酶的作用下分解为小分子或可溶性有机物,这些小分子有机物进入胞内,被好氧微生物继续氧化分解,通过不同途径进入三羧酸循环,最终被分解为 CO_2、H_2O、硝酸盐和硫酸盐等简单无机物(图 7-2-5)。

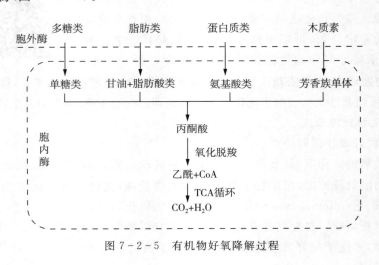

图 7-2-5 有机物好氧降解过程

（3）有机物的合成代谢

微生物对有机物进行合成代谢主要体现为合成细胞物质，用于生长和增殖。在有机物的好氧分解过程中，有机物的降解、微生物的增殖及溶解氧的消耗这三个过程是同步进行的，这是控制好氧生物处理成功与否的关键过程。在不同的生物处理工艺中，有机物的分解速率、微生物的生存方式和增殖规律、溶解氧的提供方式与分布规律均有差异，而关于好氧生物处理过程的研究及改良也是针对这三个关键过程开展的。在污染物处理过程中应用的微生物常常是多种微生物的混合群体，其增殖规律是混合微生物群体的平均表现。在温度适宜、溶解氧充足的条件下，微生物的增殖速率主要与微生物（M）与基质（F）的相对数量（F/M）有关。图 7-2-6 为微生物在静态培养状态下的生长曲线，随着时间的延长，基质浓度逐渐降低，微生物的增殖经历了适应期、对数增殖期、衰减增殖期及内源呼吸期。

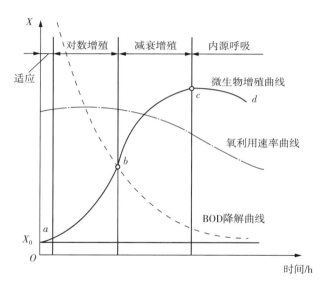

图 7-2-6　静态培养微生物生长曲线

微生物被接种于被处理的有机污染基质中，首先会出现一个适应阶段。适应阶段的长短取决于接种微生物的生长状况、基质的性质及环境条件等，当基质是难降解有机物时，适应期相应会延长。对数增殖期 F/M 值很高，微生物处于营养过剩状态，在此期间，微生物以最大速率代谢基质并进行自身增殖，增殖速率与基质浓度无关，与微生物自身浓度成一级反应。微生物细胞数量按指数增殖：

$$N = N_0 \cdot 2^n$$

式中，N，N_0 分别表示最终及起始微生物数量，个；n 表示世代数，代。

随着有机物浓度的下降和新细胞的不断合成，F/M 值下降，营养物质不再过剩，直至成为微生物生长的限制因素，微生物进入衰减期。在此期间，微生物的生长与残余有机物的浓度有关，成一级反应。随着有机物浓度的进一步降低，微生物进入内源呼吸阶段，残存的营养物质已不足以维持细胞生长的需要，微生物开始大量代谢自身的细胞物质，微生物总量不断减少,并走向衰亡。

溶解氧是影响好氧生物处理过程的重要因素,充足的溶解氧供应有利于好氧生物降解过程的顺利进行。在不同的好氧生物处理过程和工艺中,溶解氧的提供方式也不同。例如,在废水好氧生物处理过程中,溶解氧可以通过鼓风曝气、表面曝气、自然通风等方式提供;在固体废物的处理过程中,最典型的是好氧堆肥法,要保证充足的氧气供应、稳定的温度和水,在实际工程中是在填埋场中注入空气或氧气,使微生物处于好氧代谢状态,溶解氧的提供方式及特点不同于废水处理。

2. 厌氧生物处理原理

厌氧生物处理是指在无氧条件下,利用多种厌氧微生物的代谢活动,将有机物转化为不彻底的氧化产物和少量细胞物质的过程。自 20 世纪 60 年代,特别是 70 年代以来,随着污染问题的发展及科学技术水平的进步,科学界对厌氧微生物及其代谢过程的研究取得了长足的进步,推动了厌氧生物处理技术的发展。

(1)厌氧分解有机物的过程

有机物厌氧生物处理过程是一个连续的微生物学过程,根据所需微生物种属及其反应特征,可分为三个主要阶段,每个阶段由相应种类的微生物分别完成特定的代谢过程,见图 7-2-7。

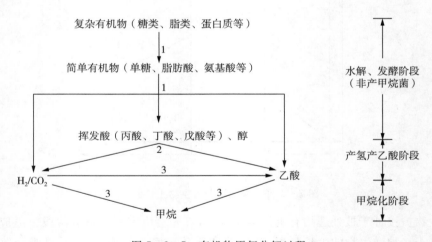

图 7-2-7 有机物厌氧分解过程

第一阶段称为水解、发酵阶段。高分子有机物因相对分子量巨大,不能透过细胞膜,因此不可能为细菌直接利用,水解主要是由水解性细菌群分泌胞外酶水解复杂的非溶解性的聚合物,将其转化为简单的溶解性单体或二聚体的过程。这类细菌的种类和数量随着有机物种类而变化,按所分解的物质可分为纤维素分解菌、脂肪分解菌和蛋白质分解菌等。在它们的作用下,纤维素被水解为纤维二糖与葡萄糖,脂肪被水解成甘油和脂肪酸,蛋白质被水解成较简单的氨基酸等。在以含纤维素、半纤维素、果胶和脂类等复杂高分子污染物为主的废水中,水解过程通常比较缓慢,是厌氧降解的限速阶段。发酵是发酵细胞将有机物既作为电子受体又作为电子供体进行生物降解的过程,在此过程中,溶解性有机物被转化为以挥发性脂肪酸为主的末端产物,这一过程也称酸化。发酵细菌绝大多数是严格厌氧菌,但通常有约 1% 的兼性厌氧菌存在于厌氧环境中,这些兼性厌氧菌保护严格厌氧菌免受氧的损害与抑制,这一阶段的主要产物有挥发性脂肪酸(volatile fatty acid,VFA)、醇类、乳酸、CO_2、H_2、NH_3、H_2S 等,产物的组成取决于厌氧降解的条件、底物种类和参与酸化的微生物种群。与此同时,发酵细菌也利用部分物质合成新的细胞物质,因此,未酸化废水厌氧处理时会产生更多的剩余污泥。

第二阶段为产氢产乙酸阶段(酸化阶段)。在产氢产乙酸菌(酸化菌)的作用下,上一阶段的产物被进一步转化为 CH_3COOH、H_2/CO_2 及新的细胞物质。例如,利用乙酸细菌和某些芽孢杆菌等产酸细菌,可降解脂肪酸生成 CH_3COOH 和 H_2/CO_2,还可降解芳香族酸(如苯基醋酸和吲哚醋酸)产生 CH_3COOH 和 H_2/CO_2,CH_3COOH 是厌氧发酵过程中最重要的中间产物。常见的主要反应如下:

$$CH_3CHOHCOO^- + 2H_2O \rightarrow CH_3COO^- + HCO_3^- + H^+ + 2H_2$$

$$CH_3CH_2OH + H_2O \rightarrow CH_3COO^- + H^+ + 2H_2O$$

$$CH_3CH_2CH_2COO^- + 2H_2O \rightarrow 2CH_3COO^- + H^+ + 2H_2$$

$$CH_3CH_2COO^- + 3H_2O \rightarrow CH_3COO^- + HCO_3^- + H^+ + 3H_2$$

$$4CH_3OH + 2CO_2 \rightarrow 3CH_3COO^- + 2H_2O + 3H^+$$

$$2HCO_3^- + 4H_2 + H^+ \rightarrow CH_3COO^- + 4H_2O$$

第三阶段是甲烷化阶段。这一阶段由产甲烷细菌发挥作用,产甲烷细菌将上述产物转化为甲烷的过程由两种生理上不同的产甲烷菌完成,一组把 H_2 和 CO_2 或 CO 和 H_2 转化成 CH_4,另一组利用 CH_3COOH、$HCOOH$、CH_3OH 及甲基胺裂解生成 CH_4,前者约占总量的 1/3,后者约占 2/3。最主要的产甲烷反应如下:

$$CH_3COO^- + H_2O \rightarrow CH_4 + HCO_3^-$$

$$HCO_3^- + H^+ + 4H_2 \rightarrow CH_4 + 3H_2O$$

$$4CH_3OH \rightarrow 3CH_4 + CO_2 + 2H_2O$$

$$4HCOO^- + 2H^+ \rightarrow CH_4 + CO_2 + 2HCO_3^-$$

在以简单的糖类、淀粉、氨基酸和一般蛋白质为主的有机废水中,产甲烷易成为限速阶段。以上厌氧生物处理称为三菌群理论,有学者将水解和发酵过程分开,构成四菌群理论,还有学者根据产甲烷菌的两种类型将产甲烷阶段分开,构成五菌群理论。不管是哪种理论,厌氧生物处理过程不管分为三个、四个还是五个阶段,在厌氧反应器中,这几个阶段都是同时进行的,并保持某种动态平衡,这种平衡受到环境的 pH 值、温度、有机负荷等因素的约束,该平衡一旦被破坏,首先将使产甲烷阶段受到抑制,其结果会导致低级脂肪酸的积存和厌氧进程的异常变化,甚至导致整个消化过程停滞。

(2)在厌氧处理过程中的微生物

在厌氧处理过程中,参与的微生物种类比较复杂,并且相继发生一系列不同的生化反应。厌氧处理过程的五群细菌构成一条食物链,前三群菌为不产甲烷菌,它们的主要代谢产物为有机酸和氢及 CO_2，后两群细菌利用 CH_3COOH 和氢及 CO_2 生成 CH_4。所以称前三群菌为非产甲烷菌，或称酸化菌群，后两群菌为产甲烷菌，或称甲烷化菌群。

① 非产甲烷细菌。非产甲烷阶段的微生物参与产甲烷阶段以前所有分解有机物的过程，是一个十分复杂的混合细菌群，它们中大多数为专性厌氧菌和兼性厌氧菌，属于异养菌，种类众多，包括细菌、真菌和原生动物。细菌起着最重要的作用，主要有梭菌属(*clostridium*)、拟杆菌属(*bacteroides*)、丁酸弧菌属(*butyrivibrio*)、真细菌属(*eubacterium*)和双歧杆菌属(*bifidobacterium*)；原生动物数量不多，但能常见于发酵器中，有鞭毛虫、纤毛虫和变形虫等约 18 种原生动物。

② 产甲烷细菌。产甲烷细菌按形态可分为杆状、球状、八叠球状和螺旋状四种，是参与厌氧处理过程的最后一类也是最重要的一类细菌群，只能利用少数几种分子结构简单的有机化合物，各种产甲烷细菌都能利用氢作为生长和产甲烷的电子供体。产甲烷细菌代谢活动所需最佳 pH 值范围为 6.7～7.2，要求有严格的厌氧环境，氧和氧化剂对产甲烷细菌具有很强的毒性，氧分子和硝酸盐等容易释放出氧的化合物，这些都可能使产甲烷细菌死亡。产甲烷细菌的繁殖世代周期长，在实验室培养条件下，只有经过 18 天乃至几十天才能长出菌落，在自然条件下则需要更长的时间，所以，厌氧发酵设备的投产期较长，有时甚至需要一年，若从外部投加大量的接种物，可以快速启动。

在厌氧发酵处理过程中，微生物群体中的各类群之间相互协同和相互制约。产酸细菌的代谢产物是产甲烷细菌的营养物质，产甲烷细菌利用这些物质进行生命活动转化成甲烷。在正常情况下，两大类微生物的代谢水平处于平衡状态。此外，两类微生物之间还有相互抑制作用，包括代谢底物对自身的抑制和种类间的相互抑制。如果产酸细菌的数量激增，有机酸的积累增多，发酵介质的 pH 值会明显下降，产甲烷细菌的生命活动将受到抑制。

3. 兼性生物处理原理

在有氧和无氧环境中皆能正常生长的一类微生物，包括肠道细菌、人及许多动物的致病菌、酵母菌及一些丝状真菌等，有氧时，这类微生物通过氧化磷酸化途径获取能量，无氧时，菌体的细胞色素和其他呼吸系统组分减少或失去，通过发酵途径获得能量。酵母菌属和大肠杆菌是典型的兼性厌氧微生物，前者是生产单细胞蛋白和酒精的重要工业菌，后者是生物工程研究中的重要工程菌和卫生学检查的污染指示菌。兼性生物处理的代表有生物膜法、生物塘等，兼性生物处理的原理主要是根据水体自净理论，利用好氧、兼性和厌氧微生物的代谢活性和协同作用催化分解或转化污水中的污染物。

4. 重金属污染微生物处理原理

随着人们对微生物在污染治理和净化中所起的作用的认识越来越深刻，除了将其应用于废水、固废物中有机污染物的处理，也越来越重视其在无机污染治理中的作用。下面以重金属污染为例讲述重金属生物转化原理。

重金属污染主要来源于燃烧燃料，施用农药，采矿冶金及生产工业无机化学品、颜料、油漆及电镀、石油精炼等工厂的废水和废弃物的渗滤，近年来，土壤重金属超标相当严重，已成为重要的环境污染问题。

重金属在土壤中不但不能被生物降解和利用，而且某些重金属还可在微生物作用下转化为毒性更强的重金属化合物。例如,在微生物的作用下,金属汞和二价离子汞等无机汞会转化成甲基汞和二甲基汞,这种转化称为汞的生物甲基化作用,尤其严重的是,经食物链的生物放大作用,重金属逐级富集,在较高级的生物体内逐级积累,引起生态系统中各级生物的不良反应,甚至危害包括人体在内的各种生命体的健康与生存。例如,甲基汞通过食物链进入人体,易被人体吸收,在体内不易被分解,排出慢,由于其分子结构中有碳-汞键不易切断,易溶于脂类,特别易透过血脑屏障进入脑组织,损害最为严重的是小脑和大脑,特别是枕叶、脊髓后束和神经末梢,所以是高神经毒剂,还可透过胎盘进入胎儿脑组织,对胎儿的脑组织造成更广泛的损害,出生后患有先天性水俣病。因此,各国对于重金属的污染均给予了高度重视,并采取重金属污染源头控制和工程治理相结合的防治对策。不少研究表明,生态修复技术在治理土壤重金属污染方面具有成本低、简便、不会带来新的污染等优点,有较理想的效果,具有良好的应用前景。

　　一些重金属离子长期在环境中积累,使环境中的一些微生物具有较强的耐重金属污染的能力,这些微生物作为一类特殊的群体在环境中长期存在,它们对有毒金属形成一定的抗性。对微生物而言,这种抗性是一种解毒作用,而对环境而言是一种很好的修复作用,从而使汞、铅、锡、砷等金属或类金属离子都能在微生物的作用下降低或失去毒性。重金属污染的微生物处理就是利用微生物的作用削减、净化土壤或水中的重金属或降低重金属的毒性。微生物对重金属污染的净化大致包括转化(细胞代谢、沉淀和氧化还原反应)、吸附(化学吸附、物理吸附)、絮凝(生物或其代谢物絮凝沉淀)等。转化是指通过微生物的作用改变重金属在水体或土壤中的化学形态,使重金属固定或解毒,以降低其在环境中的移动性和生物可利用性,实现有毒有害的金属元素转化为无毒或低毒形态的重金属离子或沉淀物,达到在环境中去除重金属污染的目的。吸附是指微生物利用自身胞外某些物质的特殊化学结构及成分特性来吸附溶于水中的重金属离子,再通过固液两相分离达到对重金属的削减、净化与固定目的。一般不水解的金属离子主要通过离子交换的方式被细胞吸附,而那些易形成聚核水解产物的金属离子则通过物理吸附沉积在细胞壁表面。微生物还能产生具有絮凝活性的代谢物并分泌到细胞外,它们也可去除重金属离子。代谢物一般由多糖、蛋白质、DNA、纤维素、糖蛋白、聚氨基酸等高分子物质构成,分子中含有多种官能团,能使水中胶体悬浮物相互凝聚沉淀,一定浓度的金属离子可以加强絮凝剂分子与悬浮颗粒以离子键结合而促进絮凝,特别是 Ca^{2+} 能显著提高微生物絮凝剂的絮凝活性。

5. 微生物脱氮原理

　　随着工农业生产的发展,工业固氮每年递增 10%,结果使全球范围内氮素循环的平衡遭到了破坏。在普通的废水二级生化处理中,有机物经微生物的氧化、分解,其中一部分 C、N、P、S 等经同化作用合成为微生物的细胞组成成分,并以剩余污泥的形式排放,其余的大部分 C 经微生物的异化作用氧化为 CO_2,该过程中释放的能量供微生物代谢、生长所需。剩下的 N、P、S 以 NH_3(或 NO_2、NO_3^-)、PO_4^{3-}、SO_4^{2-} 的形式随着出水排放。经二级生化处理后,C、N、P 三种元素总的去除比例大致为 C(以 BOD 表示):N:P=100:5:1 左右,故废水经过二级生化处理后,BOD 的去除率虽可达到 95% 以上,但 N 的去除率仅为 $20\%\sim30\%$。因此,脱氮问题在二级处理中受到了人们高度的重视。

废水中存在着有机氮、氨氮、硝态氮等形式的氮,而其中以氨氮和有机氮为主要形式。在生物处理过程中,有机氮被异养微生物氧化分解转化为氨氮,而后经过硝化过程转化变为硝态氮和亚硝态氮,最后通过反硝化作用使硝态氮转化成氮气而逸入大气。由此可见,生物脱氮可分为氨化-硝化-反硝化三个步骤,由于氨化反应速度很快,在一般废水处理设施中均能完成,故生物脱氮的关键在于硝化和反硝化。

(1)氨化作用。含氮有机物经微生物降解释放出氨的过程称为氨化作用。氨化作用无论在好氧还是在厌氧条件下,中性、碱性还是酸性环境中都能进行,只是作用的微生物种类不同,作用的强弱不一。环境中若存在一定浓度的酚或木质素——蛋白质复合物(类似腐殖质的物质),会阻滞氨化作用的进行。参与氨化作用的细菌成为氨化细菌,在自然界中,它们的种类很多,主要有好氧性的荧光假单胞菌和灵杆菌、兼性的变形杆菌和厌氧的腐败梭菌等。

(2)硝化作用。硝化作用是指 NH_3 氧化成 NO_2^-,然后氧化成 NO_3^- 的过程。硝化作用由亚硝酸菌和硝酸菌两类细菌参与,亚硝酸菌有亚硝酸单胞菌属、亚硝酸螺杆菌属和亚硝酸球菌属,将 NH_3 氧化成 NO_2^-,硝酸菌有硝化杆菌属、硝化球菌属,将 NO_2^- 氧化为 NO_3^-。亚硝酸菌和硝酸菌统称为硝化菌,它们都能利用氧化过程释放的能量,使 CO_2 合成为细胞有机物质。因而它们是一类化能自养细菌,在运行管理时应创造适合自养性的硝化细菌生长繁殖的条件。硝化作用的程度往往是生物脱氮的关键。

$$NH_4^+ + 3/2O_2 \xrightarrow{\text{亚硝酸菌}} NO_2^- + 2H^+ + H_2O$$

$$NO_2^- + 1/2O_2 \xrightarrow{\text{硝化杆菌}} NO_3^-$$

总反应式:

$$NH_4^+ + 2O_2 \rightarrow NO_3^- + 2H^+ + H_2O$$

硝化作用过程要耗去大量的氧,使 1 分子 NH_4^+-N 完全氧化成 NO_3^- 需耗去两分子氧,即 $4.57mg\ O_2/mg\ NH_4^+-N$。此外,硝化反应的结果是还生成强酸(HNO_3),会使环境的酸性增强;硝化过程中细胞产率非常低;硝化过程中产生大量的质子(H^+),为了使反应能顺利进行,需要大量的碱中和,其理论上大约为每氧化 1g 的 NH_4^+-N 需要碱度 5.57g(以 $NaCO_3$ 计)。

(3)反硝化作用。反硝化作用是指在厌氧或缺氧(DO<0.3~0.5mg/L)条件下,硝酸盐和亚硝酸盐作为电子受体被还原为气态氮和氧化亚氮的过程。参与这一过程的菌称为反硝化菌,大多数反硝化细菌是异养的兼性厌氧细菌,如变形杆菌属、微球菌属、假单胞菌属、芽孢杆菌属、产碱杆菌属、黄杆菌属等。有 O_2 存在时,这些细菌利用 O_2 作为最终电子受体,氧化有机物进行呼吸;无 O_2 存在时,也能利用各种各样的有机基质作为电子供体(碳源),包括碳水化合物、有机酸类、醇类、苯酸盐类和其他的苯衍生物等化合物,将 NO_3^- 或者 NO_2^- 作为最终电子受体,进行无氧呼吸。研究表明,O_2 和 NO_3^- 之间的转换很易进行,即使频繁交换也不抑制其反硝化的进行。进行无氧呼吸的反硝化过程可用下式表示:

$$5C(有机 C)+2H_2O+4NO_3^- \rightarrow 2N_2+4OH^-+5CO_2$$

大多数反硝化菌能在进行反硝化的同时将 NO_3^- 同化为 NH_4^+ 而供给细胞合成之用，这是同化反硝化。只有当 NO_3^- 作为反硝化菌唯一可利用的氮源时，NO_3^- 同化代谢才会发生，如果废水中同时存在 NH_4^+，反硝化菌将有限利用氨态氮进行合成。

6. 微生物除磷原理

磷是生物圈中重要的元素之一，它不仅是生物细胞中的重要组成成分，还是遗传物质的组成和能量贮存的必需元素。生物的核酸、卵磷脂、ATP 和植酸中都含有磷。虽然磷在农业上十分重要，但是它可引起水体污染，是造成富营养化的重要因子。受磷污染的水体，藻类大量繁殖，藻体死亡后分解会使水体产生霉味和臭味。许多种类还会产生毒素，并通过食物链影响人类的健康。随着工农业生产的增长，人口的增加，含磷洗涤剂和农药、农肥的大量使用，近年来水体磷污染日益加剧，另外，也导致了沿海海域曾多次发生赤潮事件。生物除磷工艺经生产规模应用后发现有许多突出的优点，如除磷效果好，可减少污泥膨胀，污泥易脱水，肥效高；成本低廉，操作方便等，现在被广泛应用于含磷废水的处理。

在厌氧条件下，若废水中没有溶解氧或氧化态氮（NO_x），聚磷菌为获得较多的能量，将体内储藏的聚磷酸盐分解，产生的磷酸盐进入液体中（放磷），同时产生 ATP，并利用 ATP 将废水中的脂肪酸等有机物摄入细胞，以聚-β-羟丁酸（PHB）及糖原等有机颗粒的形式储存于细胞内；同时，将聚磷酸盐分解所产生的磷酸盐排出细胞外，这时细胞内还会诱导产生相当量的聚磷酸盐激酶。在好氧条件下，聚磷菌氧化分解 PHB，生成乙酰辅酶 A，少部分用于细胞合成，大部分进入三羧酸循环和乙醛酸循环，产生氢离子和电子。所释放的能量主动摄取废水中的磷，并把所摄取的磷合成聚磷酸盐而储存于细胞内（图 7-2-8）。

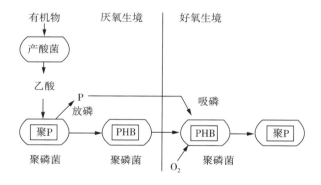

图 7-2-8　微生物除磷机理示意图

自然界有很多细菌能从外界环境中吸收可溶性的磷酸盐，并在体内合成为多聚磷酸盐积累起来，作为储存物质。实验表明，活性污泥在厌氧、好氧交替的条件下运行时，在活性污泥中可产生聚磷菌，聚磷菌在好氧环境下所摄取的磷比在厌氧环境下所释放的磷多，厌氧释放磷是好氧吸收磷和最终除磷的前提条件，废水的生物除磷正是利用了微生物的这一过程，将磷从废水中分离出来，并作为剩余污泥排走。聚磷菌与不积磷的微生物相比,更能适应厌氧和好氧交替的环境而成为优势菌群。

聚磷菌是一类生长较慢的细菌,早期的研究认为废水生物除磷工艺中的聚磷菌主要是不动杆菌属,而目前较多的研究则认为,微生物除磷过程中起主要作用的聚磷菌是假单胞菌属和气单胞菌属。此外,还有棒状菌群、诺卡氏菌和肠杆菌等。在废水生物除磷工艺中,除聚磷菌外,还有发酵产酸菌和异养好氧菌。异养好氧菌属于非聚磷菌,对微生物除磷的贡献不大,因而我们关心的主要是聚磷菌和发酵产酸菌,这两类菌在除磷方面是密不可分的。聚磷菌一般只能利用低级的脂肪酸(如乙酸等),而不能直接利用大分子有机基质,这就需要发酵产酸菌将大分子物质降解为小分子物质。因此,如果没有发酵产酸菌的作用或这种作用受到抑制(如硝酸盐存在时),聚磷菌则难以利用放磷过程中产生的能量来合成 PHB,也难以在好氧阶段通过分解 PHB 来获得足够的能量过量地摄磷和聚磷,从而影响系统的处理效果。在除磷工艺中,气单胞菌除具有聚磷作用外,其主要功能是发酵产酸,为其他聚磷菌提供可利用的基质,而假单胞菌和不动杆菌则主要起聚磷的作用。

第三节　微生物处理的传统方法

利用微生物降解和转化环境中的污染物,达到治理污染的目的,利用的是微生物群落互作和抑制的作用,即遵循群落生态学原理,所以不存在单一的好氧、厌氧或兼性处理之说,传统的处理方法只是根据处理过程中微生物的优势种特征来分类。

一、好氧生物处理

(一)活性污泥法

1. 工作原理

有机废水经过一段时间的曝气后,水中会产生一种以好氧菌为主体的茶褐色絮凝体,其中含有大量的活性微生物,这种污泥絮体就是活性污泥(activated sludge),它以好氧性微生物为主体,此外还有一些代谢的和吸附的有机物、无机物,结构疏松,表面积很大,对有机物有着强烈的吸附凝聚和氧化分解能力,具有降解废水中有机污染物(也有些可以部分分解无机物)的能力。活性污泥法是指以存在于废水中的有机污染物为培养基,在有溶解氧的条件下连续地培养活性污泥,利用悬浮生长的微生物絮体处理废水的一类应用最广泛的好氧生物处理方法,主要由曝气池、曝气系统、二次沉淀池、污泥回流系统、剩余污泥排放系统等组成。活性污泥是大量微生物聚集的地方,即微生物高度活动的中心,所以活性污泥法处理的关键在于具有足够数量和性能良好的污泥。

活性污泥处理废水中有机物分为生物吸附和生物氧化两个阶段。

(1)生物吸附阶段。废水与活性污泥微生物充分接触,形成悬浊混合液,废水中的污染物被比表面积巨大且表面上含有多糖类黏性物质的微生物吸附和粘连。呈胶体状的大分子有机物被吸附后,首先在水解酶作用下分解为小分子物质,然后这些小分子与溶解性有机物在酶的作用下或在浓度差推动下选择性渗入细胞体内,使废水中的有机物含量下降而得到净化。这一阶段进行得非常迅速,对于含悬浮状态有机物较多的废水,有机物去除率相当高,往往在 $10\sim40\text{min}$,BOD 可下降 $80\%\sim90\%$。此后,下降速度迅速减缓。可见废水中大部分有机污染物是通过吸附作用去除的。

(2)生物氧化阶段。被活性污泥吸附的有机物作为微生物的营养源,经氧化作用和同化作用被微生物利用。微生物通过氧化作用将吸附的有机物进行分解,获得合成细胞和维持其生命活动等所需的能量,利用所获得的能量,又将一些有机物合成新的细胞物质。这个阶段需要的时间较长,进行得非常缓慢。在生物吸附阶段,随着有机物吸附量的增加,污泥的活性逐渐减弱,当吸附饱和后,污泥就失去了吸附能力。有机物经过生物氧化被分解后,活性污泥又呈现活性,恢复吸附能力。

2. 活性污泥生物相

活性污泥生物相是指显微镜下看到的生活在活性污泥中的微生物群体。活性污泥由以好氧菌为主体的微型生物群、胶体及悬浮物等组成,颗粒大小为 $0.02\sim0.2\text{mm}$,表面积为 $20\sim100\text{cm}^2/\text{mL}$,相对密度为 $1.002\sim1.006$。活性污泥的外观呈黄褐色,有时也呈深灰色、灰褐色、灰白色等。活性污泥静置时能凝聚成较大的绒粒而沉降。活性污泥的生物相十分复杂,除大量细菌外,还有原生动物,以及霉菌、酵母菌、单细胞藻类等微生物,还可见到后生动物,如轮虫、线虫等。在废水处理中起主导作用的是细菌和原生动物。

(1)细菌

细菌是去除废水中有机污染物的主力军。活性污泥中有多种细菌,随着废水性质、构筑物运转条件不同而出现不同的优势菌群,常见的有动胶菌属、丛毛单胞菌属、产碱杆菌属、微球菌属、假单胞菌属、黄杆菌属、芽孢杆菌属、无色杆菌属、棒状杆菌属、不动杆菌属、球衣菌属、诺卡氏菌属、短杆菌属、八叠球菌属和螺菌属等。利用快速的微生物醌指纹法(quinone profiling method)研究活性污泥发现,城市污水处理系统中的活性污泥含有 $4\sim5$ 种泛醌和 $10\sim15$ 种甲基萘醌,其中泛醌 UQ8 的含量最高,其次为甲基萘醌(MK)7、UQ10、MK8、MK6、UQ9 和 MK8(H_2),表明丛毛单胞菌属、假单胞菌属、黄杆菌属、噬纤维菌属、芽孢杆菌、副球菌、原单胞菌属等是活性污泥中的优势种。

活性污泥中的细菌大多数在胶质中以菌胶团(zooglea)形式存在,胶质是菌胶团生成菌分泌的蛋白质、多糖及核酸等胞外聚合物。已知的菌胶团形成菌有分枝状动胶杆菌(zoogloea ramigera)等数十种。随着水质条件及优势菌种的不同,菌胶团絮状体可有球形、分枝、片状、椭圆及指形等各种形状,见图 7-3-1。活性污泥中还有一些丝状细菌,如球衣菌、贝氏硫菌、发硫菌等,往往附着在菌胶团上或与之交织在一起,成为活性污泥的骨架。球衣菌对有机物的氧化分解能力很强,但繁殖过多时往往引起污泥膨胀。硫黄细菌能将水中的硫化氢氧化为硫,并以硫粒形式存于菌体内。当水中溶解氧含量高时(大于 1mg/L),体内硫粒可进一步被氧化而消失。

在活性污泥形成初期,细菌多以游离态存在,随着活性污泥成熟,细菌增多而聚集成菌胶团,进而形成活性污泥絮状体(floc)。絮状体形成过程称为生物絮凝作用(bioflocculation),絮状体有以下作用:①有机物的吸附或黏附及其分解;②金属离子的吸附;③防止原生动物对细菌的吞食;④增强污泥的沉降性,有利于泥水分离。

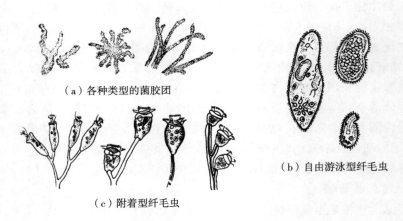

（a）各种类型的菌胶团

（b）自由游泳型纤毛虫

（c）附着型纤毛虫

图 7-3-1 活性污泥中的微生物

（2）原生动物

活性污泥中的原生动物曾被发现有 225 种以上,其中以纤毛虫为主,占 160 多种。原生动物是好氧性的生物,主要附聚在活性污泥的表面,数量为 5 000～20 000 个/mL。原生动物在活性污泥中的作用有以下几个。

① 促进絮凝作用。有的原生动物能分泌黏液,促进生物絮凝,从而改善活性污泥的泥水分离特性。

② 净化作用。大部分原生动物是动物性营养型,能吞食游离细菌和微小污泥,有利于改善水质,腐生鞭毛虫等可吸收废水中的有机物。

③ 指示。根据出现的原生动物的种类可以判断活性污泥的状态和处理水质的好坏。在活性污泥的运行初期,微型动物出现的规律是先出现以有机物颗粒为食的鞭毛虫和肉足虫;随着细菌和增殖,开始出现以细菌为食的纤毛虫;随着菌胶团的增加,固着型纤毛虫逐渐代替游动纤毛虫;废水处理正常运转时,以有柄纤毛虫为优势(图 7-3-2),因此,根据原生动物和微型动物的种类交替可以判断污泥培养的成熟度。

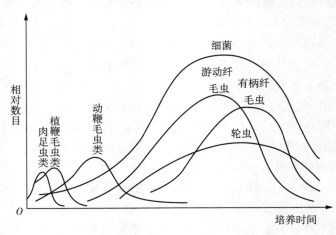

图 7-3-2 活性污泥培养过程中微生物群演替

一般认为,当曝气池中出现大量钟虫等固着型纤毛虫时,说明废水处理运转正常,处理水质良好;当出现大量鞭毛虫、根足虫等时,说明运转不正常。

(3)其他微生物

活性污泥中的真菌主要为霉菌,已报道的有毛霉属、根霉属、曲霉属、青霉属、镰孢霉属、枝孢霉属、木霉属、地霉属等。霉菌的出现与水质有关,常出现于 pH 值偏低的污水中。霉菌与絮状体的形成和活性污泥膨胀均有联系。活性污泥膨胀是指活性污泥质量变轻,体积膨大,沉降性能恶化,在二沉池内不能正常沉池下来,污泥指数异常增高,达400 以上。活性污泥丝状膨胀成因可用表面积与容积比假说来解释。在单位体积中,成丝状扩展生长的丝状细菌的表面积和容积之比较絮凝性菌胶团细菌的大,对有限制性的营养和环境条件的争夺占优势,丝状细菌大量繁殖,从而引起活性污泥丝状膨胀,导致产生丝状菌性污泥膨胀的细菌主要有诺卡氏菌属、浮游球衣菌属、微丝菌属、发硫菌属、贝日阿托氏菌属。

在活性污泥中,有机物、细菌、原生动物和后生动物构成一个相对稳定的生态系统和食物链。有人将活性污泥中的微生物按以下分类:形成活性污泥絮状体的微生物、腐生生物、捕食者及有害生物。腐生生物即降解有机物的微生物,以细菌为主。显然,这些细菌中包括被看作形成絮体的大多数细菌,也可能包括不絮凝的细菌,但它们被包裹在絮体颗粒中。腐生生物可分为初级腐生生物和二级腐生生物,前者用于降解原始基质,后者则以前者的代谢产物为食,这充分表明在群落中具有高度的偏利共生性。在活性污泥的群落中,主要的捕食者是以细菌为食的原生动物及后生动物,其中,纤毛虫几乎都捕食细菌,通常是占优势的原生动物。因为原生动物及后生动物的数量会随着污水处理的运行条件及处理水质的变化而变化,所以,可以通过显微镜观察活性污泥中的原生动物及后生动物的种类来判断处理水质的好坏,一般将原、后生动物称为活性污泥系统中的指示性生物。有害生物是指那些达到一定数目时就会干扰活性污泥处理系统正常运行的生物,通常将影响污泥沉淀效果的丝状菌及真菌归为此类,因为丝状菌数量即使在整个生物群落中占的百分比很小,污泥絮体的实际密度也会降低很多,以致引起丝状菌污泥膨胀而最终影响出水水质。

活性污泥中也能见到单细胞藻类,但因为它们需要光,而曝气池中浑浊的污泥影响光的透入,所以藻类在其中难以繁殖,为数极少。病毒、立克次氏体等也混于活性污泥中,但与藻类一样,都不是活性污泥的主要构成生物。

3. 几种常见的处理工艺

人们就活性污泥的反应机理、降解功能、运行方式、工艺系统等方面进行了大量的研究工作,先后发展了各种工艺,如传统活性污泥法、渐减曝气法、深井曝气法、序批式活性污泥法(sequencing batch reactor,SBR)、生物吸附氧化法(adsorption biodegradation,AB)、氧化沟、循环式活性污泥法(cyclic activated sludge system,CASS)等,使该法的实用性、有效性、经济性更加完善、更加合理。以下具体介绍其中几种。

(1)传统活性污泥法

传统活性污泥法又称普通活性污泥法,是活性污泥法最早的应用形式,并一直沿用至今,其工艺系统见图 7-3-3(a)。废水和回流污泥从长方形曝气池首端流入,呈推流式至曝气池末端流出,废水净化过程中的第一阶段吸附和第二阶段微生物代谢是在一个统一的曝气池内连续进行的。该工艺有如下特点:①活性污泥在曝气池内经历了一个从池首端的对数增长、经减速增长到池末端的内源呼吸期的完全生长周期;②有机污染物浓度均沿池长逐渐降低,溶解氧的浓度则沿池长逐渐增高,一般在池末端溶解氧含量能够达到规定的 2mg/L 左右;③对废水的处理效果好,一般 BOD_5 的去除率可达 90% 以上,适于处理净化程度和稳定程度要求较高的废水。但也有如下缺点:①曝气池体积庞大,占地面积大,基建费用高;②供氧相同而需氧不平衡,池的前端供氧不足,后端供氧有余,造成供氧不合理和浪费;③对水质、水量冲击负荷抵抗力差。

(2)SBR

SBR 又称间歇式活性污泥法。见图 7-3-3(b),在运行中采用间歇操作的形式,废水分批进入池中,每一反应池一批一批地处理废水,因此得名。该法的典型流程包括进水、曝气、沉淀、排水、静置 5 个按序进行的工序。进水期用来接纳废水,起调节池的功用;反应期是在停止进水的情况下,通过曝气使微生物降解有机物,并使氨氮进行硝化;沉淀期是让污泥与水进行分离;排水期用来排放出水和剩余污泥;静置期是处于进水等待状态。单个 SBR 池就是一个能自动控制进出水及曝气的反应池,与连续式推流式曝气池不同,SBR 虽然在流态上属于完全混合式,但在有机物降解方面则是时间上的推流。

与普通活性污泥法相比,SBR 具有如下几个优点。

① 理想的推流过程使生化反应推动力增大,效率提高,池内厌氧、好氧处于交替状态,净化效果好。

② 运行效果稳定,废水在理想的静止状态下沉淀,需要时间短、效率高,出水水质好。

③ 耐冲击负荷,池内有滞留的处理水,对废水有稀释、缓冲作用,能有效抵抗水量和有机污染物的冲击。

④ 工艺过程中的各工序可根据水质、水量进行调整,运行灵活。

⑤ 处理设备少,构造简单,便于操作和维护管理。

⑥ SBR 系统本身也适合组合式构造方法,利于废水处理厂的扩建和改造。

⑦ 适当控制运行方式,实现好氧、缺氧、厌氧状态交替,具有良好的脱氮除磷效果。

⑧ 工艺流程简单、造价低。主体设备只有一个序批式间歇反应器,无二沉池、污泥回流系统,调节池、初沉池也可省略,布置紧凑、节省占地面积。

(3)AB

AB 是 20 世纪 70 年代德国亚琛工业大学 Bohnke 教授首先提出的,将曝气池分为高、低负荷两段,各有独立的沉淀和污泥回流系统,高负荷段 A 段停留时间为 20～40min,以生物絮凝吸附作用为主,同时发生不完全氧化反应,生物主要为短世代的细菌群落,BOD 去除率达 50% 以上;B 段与常规活性污泥相似,负荷较低,泥龄较长,主要是世代期长的真核微生物,能够保证出水水质。该工艺不设初沉池,从而使废水中的微生物在 A 段得到充分利用,并连续不断地更新,使 A 段形成一个开放性的、不断由原废水中生物补充的生物动态系统。当 A 段以兼氧的方式运行时,由于供氧较低,高活性微生物为了满足自身代谢能量的要求,被迫在好氧条件下把不易分解的有机物进行初步分解,起到大分子断链的作用,使其转化为较小分子的易降解有机物,从而在后续的 B 段好氧曝气中易于被去除[图 7 - 3 - 3(c)]。

　　AB 的优点:A 段负荷高,抗冲击负荷能力强,特别适用于处理浓度较高,水质、水量变化较大的废水;占地面积少,投资省;出水水质良好。AB 的缺点:产泥量较大,而且不具备深度脱氮除磷功能,出水水质尚未达到防止水体富营养化的要求。

　　(4)CASS

　　CASS 最早产生于美国,于 20 世纪 90 年代初被引入中国。目前,由于该工艺的高效和经济性,应用势头迅猛,受到环保部门及用户的广泛关注和一致好评。经过模拟试验研究,已被成功应用于生活污水、食品废水、制药废水的治理,并取得了良好的处理效果,这为 CASS 在我国的推广应用奠定了良好的基础。CASS 是在 SBR 的基础上发展起来的,反应池沿池长方向设计为两个部分,前部即在 SBR 池进水端增加了一个生物选择区,也称预反应区,在预反应区内,微生物能通过酶的快速转移机理迅速吸附污水中大部分可溶性有机物,经历一个高负荷的基质快速积累过程,这对进水水质、水量、pH 值和有毒有害物质起到较好的缓冲作用,同时对丝状菌的生长起到抑制作用,可有效防止污泥膨胀;后部为主反应区,废水在主反应区经历了一个较低负荷的基质降解过程,主反应区后部安装了可升降的自动撇水装置。整个工艺的曝气、沉淀、排水等过程在同一池子内周期循环运行,省去了常规活性污泥法的二沉池和污泥回流系统;同时可连续进水、间断排水。污染物的降解在时间上是一个推流过程,而微生物则处于好氧、缺氧、厌氧周期性变化中,从而达到对污染物去除的目的,同时还具有较好的脱氮、除磷功能[图 7 - 3 - 3(d)]。

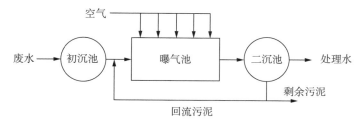

（a）传统活性污泥法

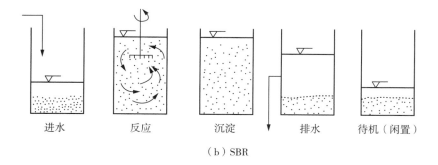

（b）SBR

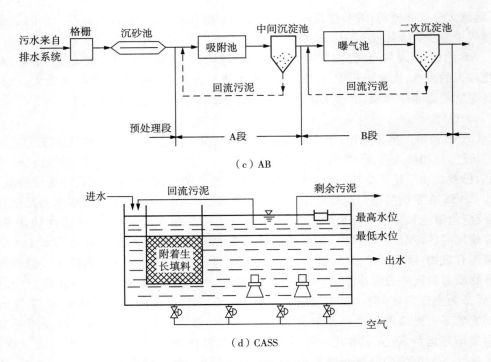

图 7 - 3 - 3　几种活性污泥法处理工艺流程

与 SBR 相比,CASS 的优点如下。

① 反应池由预反应区和主反应区组成,因此,对难降解有机物的去除效果更好。

② SBR 的进水过程是间歇的,应用中一般要求两个或两个以上池子交替使用,CASS 的进水过程是连续的,因此,进水管道上无须电磁阀等控制元件,单个池子可独立运行。

③ 排水是由可升降的堰式滗水器完成的,随着水面逐渐下降,均匀地将处理后的清水排出,最大限度降低了排水时水流对底部沉淀污泥的扰动。

④ CASS 的每个周期的排水量一般不超过池内总水量的 1/3,而 SBR 则为 3/4,所以,CASS 比 SBR 的抗冲击能力更好。

3. 影响活性污泥法处理的因素

(1)溶解氧。活性污泥法是由好氧微生物参与的生物处理方法。充足的氧气是保证活性污泥正常运行的必要条件。一般来说,混合液中溶解氧的浓度以不低于 2mg/L 为宜。

(2)水温。对于微生物参与的生化反应,一般认为水温为 20～30℃时效果最好,反应速度最快。35℃以上和 10℃以下 BOD_5 的降解速度均会降低。

(3)pH 值。对于好氧生物处理,pH 值一般以 6.5～9.0 为宜。pH 值低于 6.5,真菌即开始与细菌竞争;pH 值低于 4.5,真菌将完全占优势,严重影响处理效果;pH 值超过 9.0,代谢速度将受到阻碍。

(4)营养物。各种微生物体内所含元素与所需营养元素大体一致,所以在培养微生物时,可按菌体的主要成分比例供给营养。微生物赖以生存的外接营养为碳和氮,通常称为碳源和氮源。此外,还需要微量的磷、钾、镁、铁、维生素等。生活污水和与之性质相近的有机工业废水,对氮、磷的需要量可根据 BOD_5：N：P$=100$：5：1 计算,其正确的数量应通过试验确定。

(5)有毒物质。对微生物有毒害作用的物质很多,包括重金属离子,如 Zn、Cu、Ni、Pb及 Cr 等;非重金属化合物如酚、醛、氰化物及硫化物等。油类物质的数量也应加以限制。

(二)好氧发酵法

人类在生产建设、日常生活和其他活动中要产生很多无法利用而被丢弃的固体、半固体物质。固体废物的分类方法有多种,按其组成可分为有机废物和无机废物;按其形态可分为固态废物、半固态废物和液态(气态)废物;按其污染特性可分为危险废物和一般废物等;按其来源可分为矿业的、工业的、城市生活的、农业的和放射性的;此外,固体废物还可分为有毒的和无毒的两大类。针对有机固体废物,美国将之分为七种基本类型:①动物粪便;②作物残留物;③生活污泥;④食品生产废弃物;⑤工业有机废弃物;⑥木材加工生产废弃物;⑦生活垃圾。这些有机固体废物来源广泛、种类繁多,产生量巨大而且在急剧增加,虽然它们的成分复杂,但具有可生物降解性或可燃性,资源化潜力大。所以,对于这类固体废物,目前多采用生物方法处理,最经典的便是好氧发酵法处理。

好氧发酵法又称好氧堆肥,是在有氧条件下,通过好氧微生物的作用使有机废弃物达到稳定化,转变为有利于微生物吸收和生长的有机物的方法。堆肥的微生物学过程如下。

1. 发热阶段(预处理)

堆肥初期,主要由中温、好氧的细菌和真菌利用堆肥中容易分解的有机物,如淀粉、糖类等释放出热量,使堆肥温度逐渐升高。

2. 高温阶段(一次发酵)

堆肥温度上升到 50℃时即进入高温阶段,由于温度上升和易分解的物质减少,好热性的纤维素分解菌逐渐代替了中温微生物,此时,堆肥中除残留的或新形成的可溶性有机物继续被分解,一部分复杂的有机物,如纤维素、半纤维素等也开始迅速分解。随着堆肥温度的变化,微生物的种类、数量也逐渐发生变化。在温度为 50℃时,主要是嗜热性真菌,温度升至 60℃,真菌几乎完全停止活动,仅有嗜热性放线菌和细菌继续活动,当温度升高至 70℃,大多数嗜热性微生物已不适应,相继大量死亡,或进入休眠状态。因此,一般控制温度为 55～65℃,周期为 3～10 天。

3. 降温和腐熟保肥阶段(二次发酵)

当高温持续一段时间后,易于分解或较易分解的有机物已大部分被分解,剩下的是木质素等很难分解的有机物及新形成的腐殖质。此时,好热性微生物活动减弱,产热量减少,温度逐渐下降,中温微生物又逐渐成为优势菌群,残余物质进一步分解,腐殖质继续积累,堆肥进入腐熟阶段。此时,可采取压实堆肥的措施,造成其厌氧状态,使有机质矿化作用减弱,以免损失肥效。堆肥中微生物种类和数量的变化与堆肥的原料有关,堆肥中微生物相变化一般为细菌、真菌→纤维素分解菌→放线菌→木质素分解菌。二次发酵温度控制在 40℃以下,周期为 30～40 天。

为了提高堆肥质量、精制堆肥产品,必须取出其中的杂质,或按需要加入氮、磷和钾添加剂,或研磨造粒,最后打包装袋,所以除了上述微生物学过程,固废物经过堆肥处理后还要进行后处理。有时,为了减少物料提升次数,降低能耗,后处理也可放在一次发酵和二次发酵之间。在堆肥工艺的各工序中会有臭气产生,主要是氨、硫化氢、甲基硫醇、胺类等物质,必须进行脱臭处理,方法主要有生物除臭法、化学除臭法、活性炭吸附等,露天堆肥时,可在堆肥表面覆盖熟堆肥,防止臭气通散。

(三)废气微生物处理法

废气是指人类在生产和生活过程中排出的有毒有害的气体,废气中含有的污染物种类很多。例如,燃料燃烧排出的废气中含有 SO_2、NO_x、碳氢化合物等;汽车排放的尾气含有 Pb、苯和酚等碳氢化合物。工业废气包括有机废气和无机废气,有机废气主要有各种烃类、醇类、醛类、酸类、酮类和胺类等;无机废气主要有硫氧化物、氮氧化物、碳氧化物、卤素及其化合物等。处理废气有多种方法,物理方法和化学方法有热处理、活性炭吸附、化学洗涤等,但这几种方法的运行费用都较高,而且有二次污染。生物法属于一种环保友好技术,相对于物理化学处理技术而言,它更适用于处理低浓度的有毒空气污染物(HAPs),并且具有投资费用低、维护管理简单、不产生二次污染等特点,近年来不断被开发和应用于废气的治理,其中生物吸收法和生物过滤法是两种常用的生物处理系统,适合处理多种 VOCs 和许多工业废气中的无机蒸气物质。下面以 VOCs 为例介绍废气的微生物处理法。

1. VOCs 微生物处理

1)工作原理

VOCs 是造成臭氧和二次气溶胶污染的重要前体物,工业排放是环境 VOCs 污染的重要来源。按照 VOCs 废气去向,当前的 VOCs 治理技术可以分成两大类,即回收技术和分解技术,或者是两种技术的组合。回收技术分成吸附技术、吸收技术、冷凝技术和膜分离技术;分解技术分成吸附技术、氧化技术、等离子技术、光催化技术和微生物技术。其中,微生物技术是微生物以 VOCs 为碳源和能源,在适宜的环境条件下通过自身的新陈代谢作用将 VOCs 转化为一部分细胞组成物质、CO_2、H_2O、未完全降解物质和小分子无机物质。此法只需要选择适合的微生物在常温常压下,不需要添加催化剂就可以彻底分解有机污染物。与其他物理方法和化学方法相比,此法具有高效、节能、投资成本和运行费用低、操作简单、使用安全等优势,是一种能源节约、环境友好型技术,符合我国节能减排和发展低碳经济的政策要求,因此,在实际工程应用中与传统的物理方法和化学方法相比极具竞争力。但是,这一过程难以在气相中进行,因此需要先将大气污染物从气相转移到液相或固体表面的液膜中,然后才能被液相或固相表面的微生物吸收并降解,通常会经历以下四个过程。

(1)气相中的有机废气转移至液相中。

(2)液相中的有机污染物再穿过液膜表面传递到生物膜相中或气相中的污染物经过对流和扩散等作用,直接转移至生物膜相。

(3)污染物被吸附在介质或生物膜上,还可以与液相中的有机化合物形成其他化合物。

（4）通过生物膜的微生物生理代谢作用，有机污染物被不同种属的微生物分解、转化，或合成一部分细胞质、产生中间代谢产物、水、CO_2 及无机小分子物质。例如，含 H 和 C 的 VOCs 最终产物为 H_2O 和 CO_2，含 S 的 VOCs 经过逐步氧化的终产物是 H_2SO_4，含 N 的 VOCs 最终会转化为 HNO_3，含 Cl 的 VOCs 最终会转化为 HCl。

2）处理工艺

根据微生物在有机废气处理过程中存在的形式，可将处理方法分为生物吸收法（悬浮态）和生物过滤法（固着态）两类，生物过滤法中较典型的有生物滤池法和生物滴滤池法两种形式。

（1）生物吸收（bioabsorption）法。生物吸收法装置由一个吸收室和一个再生池（活性污泥池）构成，见图 7-3-4(a)。微生物及其营养物的混合液（生物悬浮液、循环液）自吸收室顶部喷淋而下，使废气中的污染物和氧转入液相，实现质量转移，吸收了废气中组分的生物悬浮液流入再生池中，通过空气充氧再生，被吸收的有机物通过微生物氧化作用，最终被再生池中的活性污泥悬浮液去除。生物吸收法处理有机废气的去除效率除了与污泥的浓度、pH 值、DO 等因素有关，还与污泥的驯化与否、营养盐的投加量及投加时间有关。实验表明，气体净化污泥浓度控制为 5 000～10 000mg/L，气速小于 12m/h 时，装置的负荷及去除率均很理想。日本一个铸造厂采用此法处理含胺、酚和乙醛等污染物的气体，设备采用两段洗涤塔，装置运转十多年来，去除率保持在 95％以上。

（2）生物过滤法。

① 生物滤池（biofilter）法。见图 7-3-4(b)，生物滤池的工艺流程是，具有一定温度的有机废气进入滤池，通过厚度为 0.5～1m 的生物活性填料层，有机污染物从气相转移到生物层，进而被氧化分解。生物滤池的填料层是具有吸附性的填料（如土壤、肥料、活性炭等），生物滤池因其较好的通气性和适度的通水及持水性，以及丰富的微生物群落，能有效地去除烷烃类化合物，如丙烷、丁烷、异丁烷、酯及乙醇等，易生物降解物质的处理效果更佳。Hodge 等采用堆肥作填料净化处理含乙醇蒸气的废气，当进行负荷（BOD_5）不高于 90g/(m^2 · h)、停留时间为 30 秒时，去除率达 95％以上。Cox 等以珍珠岩为滤样，选用驯化后的真菌降解苯乙烯，气体浓度为 800mg/m^3、流量为 43L 时，处理效率达 99％。

② 生物滴滤池（biotrickling filter）法。生物滴滤池处理有机废气的工艺流程见图 7-3-4(c)，它与生物滤池的最大区别是在填料上方喷淋循环液，设备内除传质过程外还存在很强的生物降解作用。与生物滤池相似，生物滴滤池使用的是粗碎石、塑料、陶瓷等一类填料，填料的表面是微生物区系形成的 12mm 的生物膜，填料的表面积一般为 100～300m^2/m^3。巨大的生物量对污染物去除的作用是非常重要的，同时为气体通过提供了大量的空间；另外，也使气体对填料层造成的压力及微生物生长和生物疏松引起的空间阻塞的危险降到最低限度。生物滤池的 pH 值控制主要通过在装填料时投配适当的缓冲液来完成，一旦缓冲液耗尽，则需要更新或再生填料，较麻烦；温度的调节则需外加强制措施来完成。利用微生物处理一些含卤代烃、硫、氮的废气时，会产生酸性代谢产物，改变环境中的 pH 值，在这种情况下，采用生物滴滤池处理比采用生物滤池法处理效果更

好。因为生物滴滤池的 pH 值和温度易于通过调节循环液的 pH 值和温度来控制。Tonga 等的研究证明,当停留时间为 50 秒、处理效率为 90％时,生物滴滤池处理苯乙烯的负荷是生物滤池的两倍,处理苯的负荷是生物滤池的 3 倍以上。

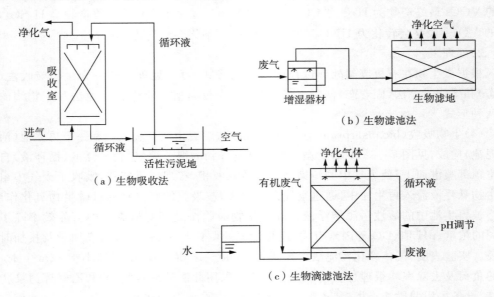

图 7-3-4　VOCs 生物处理工艺流程图

3)影响 VOCs 微生物处理的因素

VOCs 微生物处理主要的影响因素包括 VOCs 的种类和浓度、填料的种类和特性、功能微生物和控制工艺参数。

(1)VOCs 的种类和浓度。生物过滤技术对 VOCs 的去除过程主要是 VOCs 通过跨膜扩散,从气相转移至液相,再从液相转移至生物膜相,进而被功能微生物捕获和降解。因此,VOCs 的生物降解性和水溶性对生物过滤系统的去除性能有很大的影响。生物降解的难易程度影响微生物对 VOCs 的降解速率,而 VOCs 的水溶性高低影响传质速率。

(2)填料的种类和特性。生物过滤系统中的填料不仅是功能微生物形成生物膜的支撑载体,还是气相、液相之间的传质介质。因此,填料会影响 VOCs 在生物过滤系统中的传质和生物降解效率,其性能直接影响生物过滤器对 VOCs 的去除效果和设备投资成本,是除微生物菌种外的另一个关键因素。填料的选择应考虑以下因素。

① 足够大的比表面积(填料具有多孔性),有利于微生物附着生长,加速生物膜的形成。

② 较高的孔隙率(颗粒体积间空隙),有利于 VOCs 保持足够长的停留时间和防止填料堵塞。

③ 良好的持水能力,有利于生物膜维持一定的湿度,提高有机污染物从气相转移到液相的传质速率和功能微生物的代谢活性。

④ 较高的结构强度和良好的机械性能,以保持低压降、避免填料压实和维持较长的使用寿命;良好的表面性质,有利于微生物的附着生长,不会对微生物的代谢和生长产生

毒害作用。

填料还应该易得、价格低廉、来源广泛,有利于压低投资成本。

目前,研究报道的填料分为有机填料和无机填料两类。泥炭、腐殖土、堆肥和木屑等都是常见的有机填料,常用的无机填料包括拉西环、聚氨酯泡沫、活性炭、陶瓷和火山岩等。

(3)功能微生物。微生物在利用生物过滤技术处理 VOCs 的过程中扮演着关键角色,驯化菌种合适的功能微生物菌种对于维持生物过滤高去除效率和长期运行的稳定性是至关重要的。生物过滤工艺中所用到的功能微生物大部分是异养微生物,这些微生物可以是细菌(Pseudomonas、Burkholderia 等)、真菌(Ophiostoma、Paecilomyces 等)、放线菌(Pseudonocardia 等)及组合微生物菌群。大部分细菌只适合在偏碱性或中性的环境中生存,霉菌和酵母等真菌适合在偏酸性或酸碱环境中生存。功能微生物的来源可以是工业废水、生活污水处理厂的活性污泥;石油冶炼、化工厂、畜禽养殖场、垃圾填埋场污染的土壤。活性污泥由于微生物菌群结构复杂多样、降解谱广泛,是生物过滤系统中经常用到的接种物。

(4)控制工艺参数。为了使生物过滤系统维持稳定高效的运行,除了以上描述的影响因素,还必须优化不同有机废气在过滤过程中的控制工艺参数,主要包括营养物质、进气口的气体温度、填料湿度、营养液的 pH 值、压降等。

① 营养物质:在生物过滤技术处理 VOCs 过程中,VOCs 只是为微生物生长代谢提供碳源和能源,其他营养元素如氮、磷、硫、钠、钾、铁、维生素和微量元素等需要从有机填料中获取或需要额外添加,其中氮源浓度的高低是影响微生物生长和维持生物滤池稳定及高效的关键因素。

② 进气口的气体温度:除了极端环境微生物(嗜高温或嗜低温),生物反应器中接种的功能微生物一般为中温菌,温度的高低不仅会影响微生物细胞内的酶活性,还会影响微生物的正常生长和挂膜时间的长短,进而影响生物过滤系统的去除性能和稳定性。生物过滤系统处理气体污染物时,温度的选择和控制要根据污染物及填料的性质来决定。中温微生物酶活性的最佳温度范围为 30～35℃,生物滤床的温度一般控制在 10～42℃,当温度低于 10℃或高于 45℃时,可能会导致生物反应器对废气污染物的去除效率下降。

③ 填料湿度:保持填料合适的湿度是保证生物过滤系统高效和长期稳定运行的重要参数之一。有机污染物和填料的性质及种类决定了生物过滤反应器填料的湿度要求。一般生物过滤反应器适宜的湿度范围为 40%～60%,以土壤为填料的生物过滤池适宜湿度范围为 10%～20%。利用填料密度较小的生物过滤反应器处理水溶性高的有机污染物湿度要求为不小于 60%,利用致密的填料的生物过滤系统处理疏水性有机污染物的湿度要求大约为 40%。对于以有机填料为主的生物滤池,一般会在反应器的前端设计一个加湿设备,气体污染物湿润后才进入生物过滤系统以保持适合的湿度。对于生物滴滤池,除设计加湿设备外,还通过加快循环营养液的喷洒速率来提高环境的湿度。

④ 营养液的 pH 值:由于功能微生物在生物过滤系统处理气体污染物过程中起主导作用,pH 值过高或过低都会影响微生物的正常生长和代谢。因此,pH 值也是影响生物

过滤工艺净化有机废气的重要因素。大多数接种放线菌和细菌的生物过滤反应器的最适 pH 值范围为 6～8,而真菌能够适应 pH 值更低的环境。

⑤ 压降:压降能反映生物过滤系统长期运行过程中的操作和运行成本。压降过高会导致耗能增加,从而使运行和操作费用提高。在生物过滤反应器中,压降与滤床高度、气体流速、填料湿度、营养足够与否及填料性质密切相关。

二、厌氧生物处理

厌氧处理(消化)法是在严格的厌氧条件下,利用厌氧性微生物(包括兼性厌氧微生物)分解污水中的有机质的方法。在相当长的一段时间内,厌氧处理(消化)在理论、技术和应用上远远落后于好氧生物处理的发展。20 世纪 60 年代以来,世界能源短缺问题日益突出,这促使人们对厌氧消化工艺进行重新认识,对处理工艺和反应器结构的设计及甲烷回收进行了大量研究,使厌氧消化技术的理论和实践都有了很大进步,并得到广泛应用。厌氧处理(消化)法与好氧生物处理法相比具有以下优点:①反应过程较为复杂。厌氧消化是由多种不同性质、不同功能的微生物协同工作的一个连续的微生物过程,可直接处理高浓度有机废水。②耗能少,可以回收生物能(沼气)。③污泥产率低。用好氧生物处理法处理废水,微生物繁殖速度快,剩余污泥生成率很高。用厌氧处理(消化)法处理废水,厌氧菌剩余污泥产率很低。厌氧微生物世代时间很长,增殖速率比好氧微生物低得多,产酸菌的产率 Y 为 0.15～0.34kg VSS/kg COD,产甲烷菌的产率 Y 为 0.03kg VSS/kg COD 左右,而好氧微生物的产率为 0.25～0.6kg VSS/kg COD。因此,厌氧处理(消化)法处理废水可减轻后续污泥处理的负担并降低运行的费用。④需要附加的营养物少。厌氧处理(消化)法处理废水一般不需要投加营养物,废水中的有机物可满足厌氧微生物的营养要求。⑤有可能对好氧微生物不能降解的一些有机物进行降解或部分降解。

(一)工艺类型及其工作原理

有机废水厌氧生物处理工艺可分为厌氧活性污泥法和厌氧生物膜法两大类。

1. 厌氧活性污泥法

(1)普通消化池

普通消化池常用于对含有机固体污染物较多或有机物浓度较高的废水进行处理,也常用于处理废水处理厂的初沉污泥和剩余活性污泥,其工艺流程见图 7-3-5(a),废水定期或连续进入消化池,在消化池内实现厌氧发酵反应及固、液、气的三相分离,消化后的废水从消化池上部排出,在排放消化液前停止搅拌,产生的沼气则由顶部排出,污泥从底部排出。在处理过程中,必须定期(一般间隔 2～4h)搅拌池内的消化液,以利于整个反应进行。若进行中温、高温发酵,必要时需对消化料液进行加热。在消化池的上部需要留出一定的体积,供收集产生的沼气所用。该工艺具有以下优点:可以处理含固体物较多的污水,构筑物较简单,操作方便,不产生堵塞等现象;缺点是处理负荷率较低,停留时间较长,设备体积较大。由于停留时间较长,如果加热并进行搅拌则所耗的能量也较多。

(2)厌氧接触消化工艺

厌氧接触消化工艺是在普通消化池的基础上建立起来的新工艺,工艺流程见图 7-

3-5(b)。它仿照好氧活性污泥法,在消化池之外增设沉淀池来收集污泥,并将污泥再回流到消化池里,废水进入消化池后,能迅速地与池内混合液混合,泥水接触十分充分,由消化池排出的混合液首先在沉淀池中进行固、液分离,污水由沉淀池上部排出,下沉的污泥回流至消化池,这样污泥不至于流失,也稳定了工艺状态,保持了消化池内厌氧微生物的数量,从而提高了该系统的有机负荷处理能力。厌氧接触消化工艺具有普通污水消化池所具有的一切优点,其负荷率、有机物降解率均高于普通污水消化池。在低负荷或中负荷条件下,允许废水中含有较多的悬浮固体,中温消化的有机负荷达 $2\sim6kg/(m^3 \cdot d)$,具有较大的缓冲能力,生产过程比较稳定,耐冲击负荷,操作较为简单,故在生产上被普遍采用。

（3）升流式厌氧污泥床反应器

升流式厌氧污泥床反应器又称上流式厌氧污泥床反应器,是 20 世纪 70 年代开发的高效厌氧处理工艺,是高效厌氧处理工艺中使用得最广泛的反应器类型,见图 7-3-5(c)。处理流程是,废水由反应器底部进入,靠水力推动,污泥在反应器内呈膨胀状态,反应器下部是浓度较高的污泥床,上部是浓度较低的悬浮污泥床,厌氧反应发生在废水与污泥颗粒的接触过程中,有机物在污泥床中转化为沼气(甲烷和 CO_2)并引起内部的循环,这对颗粒污泥的形成和维持有利。反应器的上方设置一个专门的气、液、固三相分离器,所产生的甲烷(沼气)从上部进入集气系统,污泥则靠重力返回到下面的反应区,循环使用,使反应区内积累大量的微生物。上清液从沉淀区溢流排出,气体则在三相分离器下面进入气室而排出。在反应器外增设沉淀池,能使污泥回流,也可增加反应器内的生物量,去除悬浮物,改善出水水质,缩短投产期。如果发生污泥大量上浮,也可通过回收污泥以稳定工艺。

升流式厌氧污泥床反应器具有结构简单、负荷率高、水力停留时间短、能耗低和无须另设污泥回流装置等特点,因缺乏充分的搅拌混合,易发生短流现象,且设备缓冲能力小,对入流水质和负荷的变化较敏感,因此要求进水水质和负荷相对稳定、管理操作规范。

2. 厌氧生物膜法

（1）厌氧生物滤池

厌氧生物滤池是一种内部装有各种类型固定填料(如炉渣、瓷环、塑料等)来处理有机废水的反应器,厌氧微生物一部分附着生长在填料上,形成厌氧生物膜,另一部分在填料空隙间处于悬浮状态,废水在流动过程中保持与生长有厌氧微生物的填料相接触,在厌氧微生物的作用下,进水的有机物转化为甲烷和 CO_2 等。按进水的方向,厌氧生物滤池(AF)可分为两种主要类型:废水向上流动通过反应器的厌氧滤池称为升流式厌氧滤池,废水向下流动通过反应器的厌氧滤池称为下流式厌氧滤池,也称下流式固定膜反应器,见图 7-3-5(d)。升流式厌氧滤池和下流式固定膜反应器主要的不同点是其内部液体的流动方向不同。在升流式厌氧滤池中,水从反应器的底部进入;而在下流式固定膜反应器中,水从反应器的顶部进入,两种反应器均可用于处理低浓度或高浓度废水。下流式固定膜反应器由于使用竖直排放的填料,其间距宽,因此能处理浓度相当高的悬浮性固体,而升流式厌氧滤池则不能。不管是什么形式,系统中的填料都是固定的,当废水通过滤池填料表面附着的生物膜时,微生物吸附、吸收水中有机物,把它降解为甲烷和CO_2,产生的沼气从滤池上部引出。

厌氧生物滤池在处理溶解性废水时,COD 负荷可高达 $5\sim15kg/(m^3 \cdot d)$,是公认的早期高效厌氧生物反应器。因为它采用了生物固定化技术,使生物固体浓度高,污泥在反应器内的停留时间极大地延长,而且具有系统启动时间短、停止运行后再启动比较容易、不需污泥回流、运行管理方便等优点。AF 在美国、加拿大等国已被广泛应用于处理各种不同类型的工业废水,最大的厌氧生物滤池容积达 12 500m^3。厌氧生物滤池的缺点一是生物填料的价格比较昂贵;二是如果采用的填料不当,在污水悬浮物较多的情况下,容易发生短路和堵塞。

(2)厌氧流化床反应器

厌氧流化床反应器是一种填有比表面积大的惰性载体颗粒的反应器,常用的载体有石英砂、无烟煤、活性炭、陶粒和沸石等,粒径为 0.2~1.0mm。在载体颗粒表面附着生物膜,废水从下往上流动,载体颗粒在反应器内均匀分布,循环流动,为使填料层膨胀或流化,常用循环泵将部分出水回流并与进水混合,以提高床内水流的上升速度,出水和沼气在反应器的上部分离并排出。根据流速大小和载体颗粒膨胀程度,可分为膨胀床和流化床(膨胀率达 40%~50%),见图 7-3-5(e)。与固定床相比,该方法不易出现堵塞和短流问题。

厌氧流化床反应器在运行中,为减少能耗,废水上升速度可略高于流化速度,以保证生物膜和废水的充分接触。如果采用密度较小的颗粒填料,所需能量还可降低,反应器效率会有所改进。这是因为小粒径填料有较大的比表面积和较大的流化程度,使生物膜更易生长。根据试验结果,流化床的微生物密度可大于 30g/L,因此有机容积负荷较大,一般为 $10\sim40kg/(m^3 \cdot d)$,既可用于高浓度的有机废水厌氧处理,又可用于低浓度的城市污水处理。对于低浓度废水,有机物的去除率可达 80%。甲烷产率在食品工业废水处理中可达每去除 1g COD 产生 0.4L 的沼气,气体中含甲烷约 70%。

厌氧流化床反应器的缺点主要在于系统启动较困难,需时长,为了实现良好的流态化并使污泥和填料不至于从反应器中流失,必须使生物颗粒保持形状、大小和密度均匀,但这点难以做到,因而稳定的流态化也难以保证。为了取得较高的升流速度以保证流态化,流化床反应器需要大量的回流水,这就导致能耗加大、成本上升。由于这些原因,流化床反应器很少有大规模的生产设施运行。

(3)厌氧生物转盘

厌氧生物转盘和好氧生物转盘相似,只是在厌氧条件下运行,并把圆盘完全浸没在水中。圆盘用一根水平轴串联起来,若干圆盘为一组,称为一级,厌氧生物转盘一般采用 4~5 级,由转轴带动圆盘连续旋转。厌氧生物转盘在第一级前设有进水室,室内装有螺旋桨推进器,起进水混合及推进的作用。进水通过穿孔板流入转盘反应器,逐级前进,废水经厌氧生物处理后,在最后一级出水。为了创造厌氧条件,整个生物转盘被安装在一个密闭的容器内,厌氧微生物附着在转盘表面,不断生长繁殖,形成生物膜。转盘不停地旋转,生物膜不断和废水中的有机物接触,在微生物的作用下把有机物分解,产生的沼气在反应器上部收集引出[图 7-3-5(f)]。

　　除了上述几种工艺外，20 世纪 90 年代以来国际上先后研发出新型、高效的反应器，如两相厌氧生物处理工艺、厌氧膨胀颗粒污泥床反应器、内循环反应器、升流式厌氧污泥床过滤器和厌氧折流板反应器等第三代厌氧反应器。它们的共同特点是微生物均以颗粒污泥固定化方式存在于反应器中，反应器单位容积的生物量更高，能承受更高的水力负荷，并具有较高的有机污染物净化效能，具有较大的高径比，占地面积小，动力消耗小。这些新型、高效的厌氧反应工艺的出现，突破了厌氧处理较长的水力停留时间、较高的反应温度和较低的容积负荷的传统模式，极大地促进了厌氧生物处理技术在实践中的应用和发展。但厌氧生物处理有自身的缺点：①对温度、pH 值等环境因素较敏感；②处理出水水质较差，需进一步利用好氧法进行处理；③气味较大。在厌氧处理过程中，有机氮转化为氨氮，硫化物转化为硫化氢，使处理后的污水具有一定的臭味。④对氨氮的去除效果不好；等等。所以，高浓度有机废水经厌氧生物处理后，往往达不到现行出水的排放标准，需进行进一步的处理，才可排入开放水体，一般以好氧生物处理为后续处理措施。因此，处理高浓度有机废水应采用厌氧处理和好氧处理相配合的技术路线。

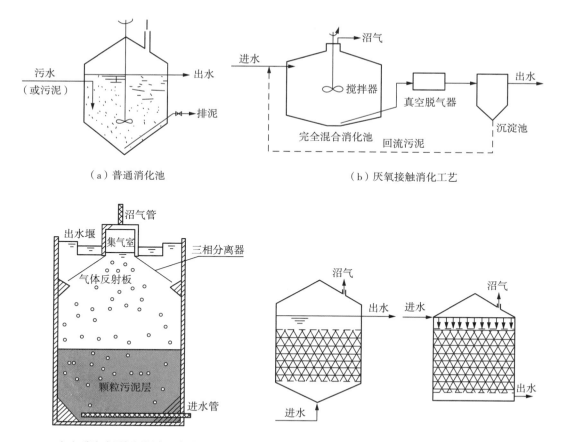

（a）普通消化池　　　　　　　　　　　　（b）厌氧接触消化工艺

（c）升流式厌氧污泥床反应器　　　　　　　　（d）厌氧生物滤池

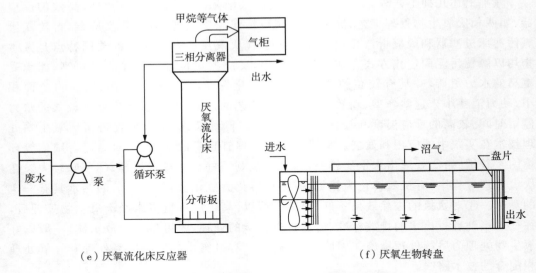

图 7-3-5　厌氧生物处理常见工艺流程示意图

(二)影响厌氧生物处理的因素

为保证厌氧生物处理过程的正常运行,对温度、pH 值、营养成分、F/M 比、有毒物质及氧化还原电位等均需严格加以控制。

1. 温度

温度对厌氧微生物的影响尤为显著,影响厌氧分解有机物的速度。厌氧细菌可分为嗜热菌(或高温菌)、嗜温菌(中温菌);相应地,厌氧消化分为高温消化(50～55℃)和中温消化(30～48℃)。在这两个温度范围内,有机物的分解速度较高,高温消化的反应速率为中温消化的 1.5～1.9 倍,产气率也较高,但气体中甲烷含量较低。当处理含有病原菌和寄生虫卵的废水或污泥时,高温消化可取得较好的卫生效果,消化后污泥的脱水性能也较好;酒精厂、溶剂厂的废液温度高,采用高温发酵更为合适、方便;处理高浓度的有机废水时,对废水、消化池进行加热和保温,或缩小厌氧发酵设备体积,均可以提高发酵速度;如果采用高效工艺,即使在 19℃下,设备的负荷仍可能达到 3～5kg COD/(m³·d)。随着新型厌氧反应器的开发研究和应用,温度对厌氧消化的影响不再非常重要(新型反应器内的生物量很大),因此可以在常温条件下(20～25℃)进行,以节省能量和运行费用。

2. pH 值

pH 值是厌氧消化过程中最重要的影响因素,明显影响厌氧发酵过程。因产甲烷细菌对 pH 值的适应性很差,其最适范围为 6.8～7.2,在 pH 值小于 6.5 或大于 8.2 的环境中,产甲烷菌会受到严重抑制,而进一步导致整个厌氧消化过程的恶化。因此,一般要求 pH 值为中性。厌氧体系是一个 pH 值的缓冲体系,主要由碳酸盐体系所控制,厌氧体系一旦发生酸化,则只有经历很长的时间才能恢复。一般来说,系统中脂肪酸含量的增加(累积)将使 pH 值下降,但产甲烷菌的作用可以消耗脂肪酸,使系统的 pH 值回升。例如酒精厂、溶剂厂废水中含有机酸,pH 值低至 4.0,仍可直接进入厌氧发酵设备,有机酸很快转化为甲烷,能迅速提高设备内的 pH 值。在酸化和甲烷化分开的工艺中,要求甲烷化阶段 pH 值控制在 7.0~7.5。厌氧体系中的 pH 值受多种因素的影响:进水 pH 值、进水水质(有机物浓度、有机物种类等)、生化反应、酸碱平衡、气固液相间的溶解平衡等,废水在厌氧处理前必须对其中的无机酸和碱进行中和处理,保证厌氧体系具有一定的缓冲能力,利用出水回流所具有的缓冲能力,可适当调整进水 pH 值,减少中和废水时所需的化学药品数量,降低成本。

3. 营养成分

厌氧微生物对 N、P 等营养物质的要求略低于好氧微生物,其要求 COD∶N∶P = 200∶5∶1,但大多数厌氧菌不具有合成某些必要的维生素或氨基酸的功能,为了保证细菌的增殖,当废水中营养物质含量不足或比例不当时应当加以调整,有时需要投加:①K、Na、Ca 等金属盐类;②微量元素 Ni、Co、Mo、Fe 等;③有机微量物质,如酵母浸出膏、生物素、维生素等。

4. F/M 比

高的有机容积负荷的前提是高的生物量,而相应较低的污泥负荷。厌氧生物处理无传氧的限制,可以积聚更高的生物量,可采用的有机负荷比好氧生物处理高得多。产酸阶段的反应速率远高于产甲烷阶段,因此必须十分谨慎地选择有机负荷,一般 COD 负荷可以达到 3.2~32kg COD/(m³·d),甚至可高达 50~80kg COD/(m³·d)。高的有机容积负荷可以缩短 HRT(水力停留时间),减少反应器容积,因而厌氧生物处理设施占地面积小。

5. 有毒物质

某些化学污染物超过一定的浓度范围时,对厌氧消化有抑制作用,甚至完全破坏厌氧消化过程。例如,硫的氧化物和硫酸盐很容易在厌氧消化过程中被还原成硫化物,可溶的硫化物达到一定浓度时,会对厌氧消化过程主要是产甲烷过程产生抑制作用,投加某些金属如 Fe 可以去除 S^{2-},或从系统中吹脱 H_2S 可以减轻硫化物的抑制作用;氨氮是厌氧消化的缓冲剂,但浓度过高会对厌氧消化过程产生毒害作用,抑制浓度为 50~200mg/L,但驯化后,适应能力会得到加强;重金属的毒害是使厌氧细菌的酶系统受到破坏,所以要控制有毒物质的浓度。一般金属离子 Cu^{2+}、Ni^{2+} 和 Cd 化合物的允许浓度为 100~200mg/L,HCHO 必须小于 100mg/L,甲苯小于 400mg/L 等。最常见的抑制性物质为硫化物和硫酸盐、氨氮、重金属、氰化物及某些人工合成有机物。

6. 氧化还原电位

严格的厌氧环境是产甲烷菌进行正常生理活动的基本条件。非产甲烷菌可以在氧化还原电位为 -100~+100mV 的环境正常生长和活动,产甲烷菌的最适氧化还原电位为 -400~-150mV,在培养产甲烷菌的初期,氧化还原电位不能高于 -330mV。

三、兼性生物处理

环境中的污染物多种并存、成分复杂,用生物方法进行治理和净化需要遵循的是群落生态学和食物链原理,由自然环境中好氧微生物、兼性微生物和厌氧微生物协同发挥作用,兼性微生物处理从广义上来说不是单纯指利用兼性厌氧微生物处理和净化污染物,而是指在同一工艺的不同工序中包含好氧微生物、厌氧微生物或兼性微生物的生物净化处理技术。

(一)生物膜法

生物膜法(biofilm process)是以生长在固体(称为载体或填料)表面上的生物膜为净化主体的生物处理法,该法相比于活性污泥法具有生物密度大、耐污力强、动力消耗较小、不需要污泥回流且不发生污泥膨胀等特点,运转管理较方便,已被广泛用于石油、印染、制革、造纸、食品、医药、农药及化纤等工业废水的处理,特别是中、小流量废水的处理,具有广阔的发展前景。

1. 生物膜法的工作原理

如图7-3-6,生物膜的表面总是吸附着一薄层污水,称为附着水,其外层为能自由流动的污水,称为运动水。当附着水中的有机物被生物膜中的微生物吸附并氧化分解时,附着水层中的有机物浓度随之降低,而运动水层中的有机物浓度高,因而发生传质过程,污水中的有机物不断转移进去被微生物分解,微生物所消耗的氧沿着空气、运动水层、附着水层而进入生物膜,微生物分解有机物产生的无机物和CO_2等沿着相反方向释出。

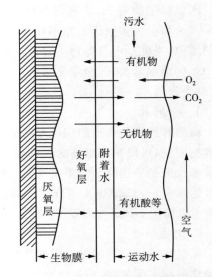

图7-3-6　生物膜法净化原理示意图

微生物氧化有机质所需的O_2由空气→污水→附着水→生物膜,开始形成的膜是好氧性的,但随着膜的厚度增加,氧扩散到膜内部受到限制,生物膜就分成两层,外部为好氧层,内部与载体接界面为厌氧层。生物膜是一个复杂的生态系统,存在着有机质-细菌-真菌-原生动物这样一条食物链,这个食物链在去除水中有机质方面起着十分重要的作用。在食物链的每步都有一部分有机物质通过吸收作用而转变成CO_2。生物膜在处理污水过程中不断增厚,其附着于载体表面的厌氧区也逐渐扩大增厚,最后生物膜老化,会整块剥落。此外,也可因水力冲刷或气泡振动不断脱下小块生物膜,然后又开始新的生物膜形成过程,这是生物膜的正常更新。剥落的生物膜随水流出后,在最终沉淀时只能除去一部分,它不如活性污泥法中的絮状体易于凝聚沉降,从而影响处理水的透明度,这是生物膜法的不足之处。

2. 生物膜中的生物相

与活性污泥相比,生物膜反应器为微生物提供了更稳定的生存环境,使生长速度较慢的微生物如硝化菌等得以生存,因此生物膜反应器内的微生物相多样性高于活性污泥。生物膜主要由菌胶团和丝状菌组成,不仅包括大量细菌、真菌、原生动物、藻类和后生动物,还能栖息一些增殖甚慢的肉眼可见的无脊椎动物。微生物群体所形成的一层黏膜即生物膜,附于载体表面,一般厚为1~3mm,经历一个初生、生成、成熟及老化剥落的过程。

生物膜中的细菌是活性污泥中常见的种属,如动胶菌、假单胞菌、球衣菌、贝氏硫菌等。不同性质的废水、不同处理条件下,生物膜中的微生物是有差异的,甚至同一处理装置中的不同深度、高度或层次也是如此,在表层中异养菌比较多,靠近底层部分自养菌较多。

生物膜中常见的真菌有镰孢霉、白地霉、枝孢霉、酵母等,霉菌是有机物的积极分解者,但有时过度发展,可引起滤池堵塞。常见的藻类有席藻、丝藻、毛枝藻等丝状藻类,以及小球藻、硅藻等单胞藻类,它们多存在于生物膜表面见光处。原生动物也活跃地生活在生物膜表面,以菌类为食,可以去除滤池内的污泥,防止污泥积聚和堵塞。

生物滤池中肉眼可见的动物种类很多,其中最重要的是蛾蝇,蛾蝇幼虫吞食生物膜,可抑制生物膜的过度发展,并可使生物膜疏松,可是它的成虫出没在滤池周围,甚至携带病菌,传播疾病。

3. 常见的处理工艺

(1)普通生物滤池。普通生物滤池是以土壤自净原理为依据,在污水灌溉的实践基础上,经较原始的间歇砂滤池和接触滤池而发展起来的人工生物处理技术,已有百年的发展史。该工艺由池体、滤料、布水装置和排水系统四个部分组成[图7-3-7(a)],其中滤料是普通生物滤池中很重要的环节。首先,滤料表面积的大小决定了生物膜面积和生物膜生物量的大小,因此是影响滤池净化效果最关键的因素;其次,滤料的表面特性会影响生物膜的生长及生物膜的厚度。

(2)塔式生物滤池。塔式生物滤池简称滤塔,是一种新型高负荷生物滤池,它是在普通生物滤池的基础上,参照化学工业中的填料塔方式而发展来的。见图7-3-7(b),塔式生物滤池的构造主要包括塔身、滤料、布水设备、通风装置和排水系统,其主要特征是,水力负荷比一般高负荷生物滤池高2~3倍,BOD负荷高达2 000~3 000g/(m³·d);由于塔式生物滤池具有较高的构造,滤池内部形成较强的拔风状态,因此通风良好;由于高度高,水力负荷大,滤池内水流紊动强烈,废水与供气及生物膜的接触非常充分;很高的BOD负荷使生物膜生长迅速,但较高的水力负荷又使生物膜受到强烈的水力冲刷,从而使生物膜不断脱落、更新。

(3)生物转盘。生物转盘是利用圆盘表面上生长的生物膜来处理污水的装置,具有活性污泥法和生物滤池法的共同特点。生物转盘滤池是由装配在水平横轴上的、间隔很紧的一系列大圆盘所组成的,圆盘以0.013~0.05r/s的速度缓慢转动。它的工作原理和生物滤池基本相同[图7-3-7(c)],浸入废水中那部分盘片上的生物膜吸附废水中的有机物,当转出水面时,生物膜从大气中吸收所需的氧气,使吸附于膜上的有机物被微生物分解。随着圆盘不断转动,最终使槽内的废水得以净化。在处理过程中,盘片上的生物膜不断地生长、增厚,过剩的生物膜靠圆盘在旋转时与废水之间的剪切力而剥落下来,随着处理水流入二沉池。

同活性污泥法及生物滤池相比,生物转盘具有很多优点:不会发生如生物滤池中滤料的堵塞现象或活性污泥中污泥膨胀的现象,因此可以用来处理高浓度有机废水;生物量多,净化率高,适应性强;剩余污泥量少,污泥颗粒大,含水率低,沉淀速度快,易于沉淀分离和脱水干化;操作简单,无须污泥回流系统,易于控制和管理;设备简单,耗电量少,运转费用低。

(4)生物接触氧化法。生物接触氧化法是指将滤料完全淹没在废水中,并需要曝气的生物膜法,因此也称淹没式生物膜法或生物接触曝气法。该工艺流程包括格栅、初次沉淀池、生物接触氧化池、二沉池,通常不设回流系统。其中,生物接触氧化池是生物接触氧化法的中心构筑物,它由池体、填料、布水装置、曝气系统和排泥系统组成[图7-3-7(d)]。作为一种高效的生化处理法,生物接触氧化法具有以下几大优点:由于接触氧化池内的生物浓度较高,系统所能承受的 BOD 容积负荷高,处理效率高且对进水冲击负荷有较强的适应性;由于空气的搅动,系统的传质条件好,微生物对有机物的代谢速度快,从而缩短了处理时间,因此所需的设备体积小,占地面积少;能够克服污泥膨胀的问题。

(5)生物流化床。在上述生物膜的几种处理方法中,生物膜和废水都处于一静一动的相对运动状态,而生物流化床则使生物膜和废水都处在运动中。生物流化床以砂、活性炭、焦炭一类较轻的惰性颗粒为载体充填在床内,载体表面被生物膜覆盖,其质量变轻,废水以一定流速从下向上流动,使载体处于流化状态。由于废水中污染物能广泛而频繁多次地与生物膜相接触,而小颗粒的载体在床内相互摩擦碰撞,生物膜的活性较高,强化了传质过程。又由于载体不停地流动,还能有效地防止出现堵塞现象。

根据反应器中微生物的主要营养形式,流化床可分为好氧生物流化床和厌氧生物流化床。由于供氧、脱膜及流化床结构等方面的不同,好氧生物流化床归纳为以纯氧为氧源的流化床工艺、以压缩空气为氧源的生物流化床工艺及三相流化床工艺。其中,三相流化床工艺是指空气(或氧)直接通入流化床,构成气-固-液三相混合体系,不需要另外的充氧设备。这种流化床工艺目前被广泛采用,其流程见图 7-3-7(e)。

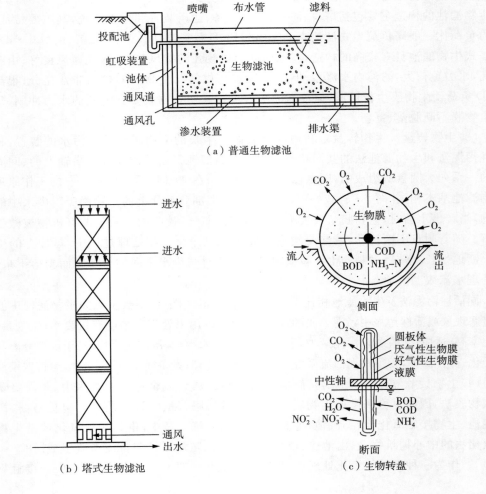

(a)普通生物滤池

(b)塔式生物滤池

(c)生物转盘

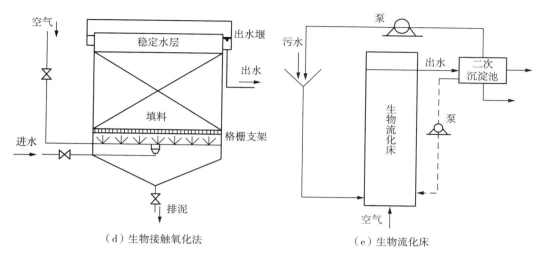

（d）生物接触氧化法　　　　　　　　　（e）生物流化床

图 7-3-7　生物膜法常见工艺流程图

与废水的其他好氧生物处理技术相比,生物流化床具有以下几个方面的特点:处理效率高,一般在 15min 内即可完成活性污泥法 4h 才能完成的工作,效率是活性污泥法的 15~20 倍;流化床内的污泥量可达 30~40g/L,可承受的 BOD 负荷是活性污泥法的 10~20 倍,因此特别适合处理高浓度有机废水;耐冲击负荷和毒物负荷能力强;氧的利用率高;占地面积小,投资少于活性污泥法;不散发臭味,不会发生活性污泥膨胀和滤料堵塞问题。

4. 影响生物膜法的因素

生物膜法与载体表面性质、悬浮微生物浓度、悬浮微生物的活性、温度、进水水质、微生物与载体的接触时间、水力停留时间、污水的 pH 值、DO、水力剪切力等因素有关。

（1）载体表面性质。载体表面电荷性、粗糙度、粒径和载体浓度等直接影响着生物膜在其表面的附着、形成。

（2）悬浮微生物浓度。在给定的系统中,悬浮微生物浓度反映了微生物与载体间的接触频度。一般来讲,随着悬浮微生物浓度的增加,微生物与载体间可能接触的概率也增加。许多研究结果表明,在微生物附着过程中存在着一个临界的悬浮微生物浓度;随着微生物浓度的增加,微生物借助浓度梯度的运送得到加强。

（3）悬浮微生物的活性。微生物的活性通常可用微生物的比增长率（μ）来描述,即单位质量微生物的增长繁殖速率。因此,在研究微生物活性对生物膜形成的最初阶段的影响时,关键是如何控制悬浮微生物的比增长率。研究结果表明,硝化细菌在载体表面的附着固定量及初始速率均正比于悬浮硝化细菌的活性。Bryers 等在研究异养生物膜的形成时也得出同样结果。

（4）温度。温度是影响微生物活性和代谢能力的关键因素,在适宜的水温范围内微生物可大量生长繁殖。每种微生物都有一个最适生长温度,在一定温度范围内大多数微生物的新陈代谢活动都会随着温度的升高而增强,随着温度的下降而减弱。好氧微生物的适宜温度范围是 10~35℃。水温对硝化菌的生长和硝化速率有较大的影响。大多数硝化菌合适的生长温度为 25～30℃,当温度低于 25℃或者高于 30℃,硝化菌生长减慢,温度为 10℃以下,硝化菌的生长及硝化作用显著减慢。

(5)进水水质。

① 营养物质:参与活性污泥处理的微生物,在其生命活动过程中,需要不断地从周围环境的污水中吸取其所必需的营养物质,包括碳源、氮源、无机盐类及某些生长素等。待处理的污水中必须充分含有这些物质。

② 有毒物质:对微生物生理活动具有抑制作用的某些无机质及有机质,主要有重金属离子(如锌、铜、镍、铅、铬等)和一些非金属化合物(如酚、醛、氰化物、硫化物等)。有毒物质对微生物毒害作用有一个量的概念,只有在有毒物质在环境中达到某一浓度时,毒害和抑制作用才显现出来。污水中的各种有毒物质只要低于这一浓度,微生物的生理功能不受影响。有毒物质的作用还与 pH 值、水温、溶解氧、有无其他有毒物质及微生物的数量,以及是否经过驯化等因素有关。

(6)微生物与载体接触时间。微生物在载体表面附着、固定是一个动态过程。微生物与载体表面接触后,需要一个相对稳定的环境条件,因此必须保证微生物在载体表面停留一定时间,完成微生物在载体表面的增长过程。

(7)水力停留时间(HRT)。HeUnen 等认为,HRT 对能否形成完整的生物膜起着重要的作用。在 COD 负荷为 2.5kg/(m³·d),HRT 为 4 小时时,载体上几乎没有完整的生物膜,而水力停留时间为 1 小时时,在相同的操作时间内几乎所有的载体上都长有完整的生物膜,且较高的表面 COD 负荷更易生成较厚的生物膜,即 COD 负荷越高,生物膜越厚。

(8)污水的 pH 值。除了等电点,细菌表面在不同环境下带有不同的电荷。在液相环境中,pH 值的变化将直接影响微生物的表面电荷特性。细菌表面电性将直接影响细菌在载体表面附着、固定。

(9)DO。在活性污泥法中,曝气池中 DO 浓度以不低于 2mg/L 为宜(以出口处为准)。局部区域有机污染物浓度高、耗氧速率高,DO 浓度不易保持 2mg/L,可以有所降低,但不宜低于 1mg/L。对于生物膜法,挂膜初期为了防止过量代谢及搅拌力度,可适当控制低的 DO 1～2ppm。

(10)水力剪切力。在生物膜形成初期,水力条件是一个非常重要的因素,它直接影响生物膜是否能培养成功。在实际水处理中,水力剪切力的强弱决定了生物膜反应器启动周期。单从生物膜形成角度分析,弱的水力剪切力有利于细菌在载体表面的附着和固定,但在实际运行中,反应器的运行需要一定强度的水力剪切力以维持反应器中的完全混合状态。所以在实际设计运行中如何确定生物膜反应器的水力学条件是非常重要的。

(二)光合细菌法

1. 光合细菌法概述

光合细菌(photosynthetic bacteria,PSB)是地球上出现最早的一类具有原始光能合成体系的原核生物,广泛分布于自然界的土壤、水田、沼泽、湖泊、江海等处,主要分布于水生环境中光线能透射到的缺氧区。PSB 具有很高的营养价值,可通过生物转化合成无毒、无副作用且富含各类营养物质的菌体蛋白,蛋白质含量高达 64.15%～66.0%,氨基酸组成齐全,含有机体需要的八种必需氨基酸,各种氨基酸的比例比较合理,还含有丰富的 B 族维生素和类胡萝卜素,在鱼虾养殖、畜禽饲养、有机肥料等开发方面有着广阔的应用前景。

PSB 的代谢方式多样,在厌氧光照、有氧光照或有氧黑暗条件下都能利用有机物获得能量,进行生长繁殖。在黑暗好氧条件下利用有机物作为呼吸基质进行异养生长,同时,它具有细菌叶绿素 a,可进行光合作用。PSB 只含一个光系统 I,光合作用的电子受体不是水,而是硫化氢和低级脂肪酸、多种二羧酸、醇类、糖类、芳香族化合物等低分子有机物,在厌氧光照条件下,能以光作为能源,分解上述有机物产生氢气,进行光能异养生长使自身得以增殖,不仅能净化水体,还能在某些条件下进行固氮作用和在固氮酶作用下产氢。Gest 等首次报道了光合细菌的深红红螺菌(Rhodospirillum rubrum)能在厌氧光照下利用有机质作为供氢体产生分子态的氢,此后人们进行了一系列的相关研究。目前研究表明,有关光合细菌产氢的微生物主要集中于红假单胞菌属(Rhodopseudomonas)、红螺菌属(Rhodospirillum)、梭状芽孢杆菌属(Clostridium)、红硫细菌属(Chromatium)、外硫红螺菌属(Ectothiorhodospira)、丁酸芽孢杆菌属(Trdiumbutyricum)、红微菌属(Rhodomicrobium)7 个属的 20 余个菌株,其中研究和报道最多的是红假单胞菌属。光合细菌的产氢与固氮酶、氢酶和可逆氢酶(甲酸脱氢酶)三种酶有关,光产氢与固氮酶有关,暗产氢与可逆氢酶有关,吸氢与氢酶有关。光合产氢是这三种酶共同作用的结果。

PSB 在进行的自身代谢过程中完成产氢、固氮、分解有机物三个自然界物质循环中极为重要的化学过程,加上它对环境的适应性很强,繁殖速度快,易于人工培养,长期以来,光合细菌一直是科学家研究光合作用和生物固氮作用的重要实验材料。PSB 能忍耐高浓度的有机废水,对酚、氰等毒物有一定的忍受和分解能力,这些独特的生理特性使 PSB 在净化水质和新能源的开发上受到人们的高度重视。20 世纪 60 年代,日本率先开展了光合细菌的应用研究,在污水净化、水产养殖等领域取得了显著成果,厌氧光照和好氧黑暗条件的两种代谢类型均是 PSB 去除废水有机污染物的基础。

2. 光合细菌法的工作原理

PSB 首先被成功应用于处理食品、淀粉、豆制品等生产过程中产生的高浓度有机废水。根据 PSB 对有机物的代谢特点,在 PSB 处理工艺中,在 PSB 处理池前设酸化预处理,在其后设好氧生化氧化池,其典型处理流程见图 7-3-8:第一步是大分子有机物在兼性异养菌的作用下降解为低级脂肪酸等小分子有机物,即酸化或可溶化过程,以便 PSB 菌群利用并降解;第二步是整个工艺的主体,由 PSB 将小分子脂肪酸等降解,有机物浓度大幅度下降;第三步是用好氧生物处理法进一步净化,分解前面没有彻底分解的有机物,使废水达到排放标准。应用 PSB 处理废水的关键之一是保持处理系统中 PSB 的优势,因此,在流程中设菌种槽,通过回流培养向系统补充菌种。

采用 PSB 处理有机废水具有如下优点。①PSB 在厌氧及微好氧条件下都能生长,可以耐受相当高的有机负荷,用于高浓度有机废水的处理不需要稀释,可节省处理过程中的稀释水用量。②脱氮除磷效果好。一方面,PSB 生长、繁殖需吸收氮、磷作为营养元素合成细胞物质;另一方面,PSB 能过量摄取废水中的磷酸盐,在细胞内形成聚磷酸盐内含物,增大吸收磷的量,并以脱氮反应去除废水中的氮素,具有较好的脱磷脱氮效果。③光合细菌与甲烷菌都可以处理高浓度有机废水,但光合细菌不产生沼气,便于管理,且受温度影响小,在 10～40℃ 内均可处理,最适合的生长温度为 25～30℃,pH 值为 7 左右。④设备占地少,动力消耗低,节省前期投资。⑤可将处理废水过程中产生的光合菌体回收,应用于水产、农业畜牧、饲料添加剂等领域。但 PSB 也存在以下缺点:①需要不断地添加新鲜菌体来保持光合细菌的优势地位。②由于菌体细胞自然沉降困难,需要离心机或加絮凝剂沉淀分离,因此使费用增加。③经 PSB 处理的废水最终 BOD 值在 200mg/L 左右,一般不能达到排放标准,只有配合其他方法进一步处理,才能排放。

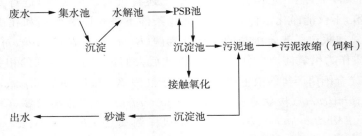

图 7 - 3 - 8 PSB 工艺流程示意图

(三)脱氮除磷

1. 生物脱氮工艺和工作原理

同普通废水生化处理一样,可根据细菌在系统中存在的状态将生物脱氮系统分为悬浮污泥系统(suspended system)和膜法系统(attached system)两大类。每类又可再划分为去碳、硝化、反硝化结合的单级污泥系统,以及去碳、硝化、反硝化相分隔的多级污泥系统,在多级污泥系统中,承担硝化作用及反硝化作用的污泥互不相混,由多个池子将它们分隔开,每级的污泥各自回流,原生废水依次进入硝化段及反硝化段,使之硝化及反硝化脱氮。下面介绍几种常见工艺的工作原理。

(1)活性污泥法脱氮传统工艺

活性污泥法脱氮传统工艺是由 Barth 开创的三级活性污泥法流程,它是以氨化、硝化和反硝化三项反应过程为基础建立的,其工艺流程见图 7 - 3 - 9(a)。

第一级曝气池为一般的二级处理曝气池,主要功能是去除 BOD、COD,使有机氮转化形成 NH_3、NH_4^+,即完成氨化过程。经过沉淀后,废水进入硝化曝气池,此时废水 BOD_5 已经降至 10～15mg/L 的较低程度。

第二级是硝化曝气池,在这里进行硝化反应,使 NH_3、NH_4^+ 氧化成 $NO_3^- - N$。硝化反应要消耗碱度,因此,需要投碱防止 pH 值下降。

第三级为反硝化反应器,在缺氧的条件下,$NO_3^- - N$ 还原为气态氮气,并逸往大气。可以投加甲醇为外加碳源,也可以引入原废水充当碳源。

活性污泥法脱氮传统工艺的优点是有机物降解菌、硝化菌、反硝化菌分别在各自反应器内生长增殖,环境条件适宜,而且各自回流在沉淀池分离的污泥,反应速度快并且比较彻底,但是处理设备多,造价高,管理不够方便。

(2)缺氧-好氧生物脱氮工艺

缺氧-好氧生物脱氮工艺(A/O)是在 20 世纪 80 年代开创的工艺流程,其主要的特点是将反硝化反应器放置在系统之首,故又称前置反硝化生物脱氮系统,这是目前采用比较广泛的一种脱氮工艺[图 7-3-9(b)],反硝化、硝化与 BOD 去除分别在两座不同的反应器中进行。硝化反应器内已经进行充分硝化的混合液部分回流至反硝化反应器内,而反硝化反应器内脱氮菌以原污水中的有机物作为碳源,以回流液中硝酸盐的氧作为电子受体,进行呼吸和生命活动,将硝态氮还原为氮气。

(3)Bardenpho 工艺

Bardenpho 工艺由两个缺氧/好氧(A/O)共 4 个完全混合活性污泥反应池串联而成。在第 1 级 A/O 工艺中,回流混合液中的硝酸盐氮在反硝化菌的作用下利用原废水中的含碳有机物作为碳源在第 1 缺氧池中进行反硝化反应,反硝化后的出水进入第 1 好氧池后,含碳有机物被氧化,含氮有机物实现氨化和氨氮的硝化作用,同时在第 1 缺氧池反硝化产生的 N_2 在第 1 好氧池经曝气吹脱释放出去。在第 2 级 A/O 工艺中,由第 1 好氧池而来的混合液进入第 2 缺氧池后,反硝化菌利用混合液中的内源代谢物质进一步进行反硝化,反硝化产生的 N_2 在第 2 好氧池经曝气吹脱释放出去,改善污泥的沉淀性能,同时内源代谢产生的氨氮也可以在第 2 好氧池得到硝化[图 7-3-9(c)]。Bardenpho 工艺具有两次反硝化过程,脱氮效率可以高达 90%～95%。

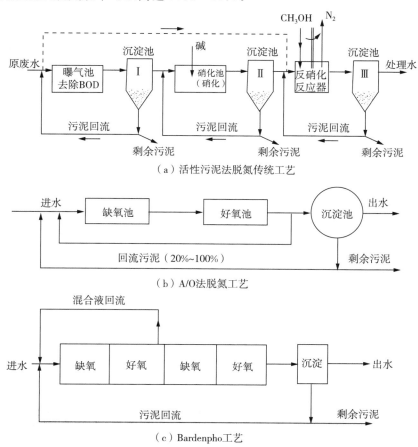

(a)活性污泥法脱氮传统工艺

(b)A/O法脱氮工艺

(c)Bardenpho工艺

图 7-3-9 几种生物脱氮工艺流程图

2. 影响生物脱氮的因素

生物脱氮过程本身就是处在矛盾之中:首先,硝化菌是严格好氧菌,硝化反应需要好氧环境,反硝化是兼性厌氧菌,需要在缺氧环境中进行;其次,硝化反硝化两者对有机物的存在也是矛盾的,自养硝化菌在大量有机物存在时,对氧气和营养物的竞争不如好氧异养菌,而反硝化反应又需要有机物充当电子供体来完成脱氧过程。

(1)pH 值。大量研究表明,氨氧化菌和亚硝酸盐氧化菌的适宜的 pH 分别为 7.0~8.5 和 6.0~7.5,当 pH 值低于 6.0 或高于 9.6 时,硝化反应停止。硝化细菌经过一段时间驯化后,可在低 pH 值(5.5)的条件下进行,但 pH 值突然降低,则会使硝化反应速度骤降,待 pH 值升高恢复后,硝化反应也会随之恢复。

反硝化细菌最适宜的 pH 值为 7.0~8.5,在这个 pH 值下反硝化速率较高,当 pH 值低于 6.0 或高于 8.5 时,反硝化速率将明显降低。此外,pH 值还影响反硝化最终产物,pH 值超过 7.3 时,终产物为氮气;pH 值低于 7.3 时,终产物为 N_2O。

(2)温度。硝化反应适宜的温度范围为 5~35℃,在 5~35℃ 范围内,反应速度随着温度升高而加快,当温度小于 5℃ 时,硝化菌完全停止活动;在同时去除 COD 和硝化反应体系中,温度小于 15℃ 时,硝化反应速度会迅速降低,对硝酸菌的抑制会更加强烈。反硝化反应适宜的温度是 15~30℃,当温度低于 10℃ 时,反硝化作用停止;当温度高于 30℃ 时,反硝化速率也开始下降。有研究表明,温度对反硝化速率的影响与反应设备的类型、负荷率的高低都有直接的关系,在不同碳源条件下,不同温度对反硝化速率的影响也不同。

(3)DO。只有在好氧条件下,硝化反应才能进行,DO 浓度不但影响硝化反应速率,而且影响其代谢产物。为满足正常的硝化反应,在活性污泥中,DO 浓度至少要有 2mg/L,一般应为 2~3mg/L。当溶解氧的浓度低于 2mg/L 时,硝化反应过程将受到限制。要获得较好的反硝化效果,对于活性污泥系统,在反硝化过程中混合液的溶解氧浓度应控制在 0.5mg/L 以下;对于生物膜系统,溶解氧需保持在 1.5mg/L 以下。

(4)C/N。在脱氮过程中,C/N 将影响活性污泥中硝化菌所占的比例。因为硝化菌为自养型微生物,代谢过程不需要有机质,所以污水中的 BOD_5/TKN(TKN 为凯氏氮)越低,即 BOD_5 的浓度越低,硝化菌所占的比例越大,硝化反应越容易进行。硝化反应的一般要求是 $BOD_5/TKN > 5$,$COD/TKN > 8$。氨氮是硝化作用的主要基质,应保持一定的浓度,但氨氮浓度超过 100~200mg/L 时,会对硝化反应起抑制作用,其抑制程度随着氨氮浓度的增加而增加。

反硝化过程需要有足够的有机碳源,但是碳源种类不同亦会影响反硝化速率。反硝化碳源可以分为三类:第一类是易于生物降解的溶解性的有机物;第二类是可慢速降解的有机物;第三类是细胞物质,细菌利用细胞成分进行内源硝化。在三类物质中,第一类有机物作为碳源的反应速率最快,第三类最慢。有研究认为,废水中 $BOD_5/TKN \geqslant 4~6$ 时,可以认为碳源充足,不必外加碳源。

(5)污泥龄(sludge retention time,SRT)。SRT(生物固体的停留时间)是废水硝化管理的控制目标。为了使硝化菌菌群能在连续流的系统中生存下来,系统的 SRT 必须大于自养型硝化菌的比生长速率,泥龄过短会导致硝化细菌的流失或硝化速率的降低。在实际的脱氮工程中,一般选用的污泥龄应大于实际的 SRT。有研究表明,对于活性污泥法脱氮,污泥龄一般不低于 15 天。污泥龄较长可以增加微生物的硝化能力,减轻有毒物质的抑制作用,但也会降低污泥活性。

(6)循环比。内循环回流的作用是向反硝化反应器内提供硝态氮,使其作为反硝化作用的电子受体,从而达到脱氮的目的,循环比不但影响脱氮的效果,而且影响整个系统的动力消耗,是一项重要的参数。有数据表明,循环比在 50%以下,脱氮率很低;脱氮率在 200%以下,脱氮率随着循环比升高而显著上升;循环比高于 200%以后,脱氮效率提高较缓慢。一般情况下,对低氨氮浓度的废水,回流比在 200%~300%最为经济。

(7)氧化还原电位(oxidation reduction potential,ORP)。在理论上,缺氧段和厌氧段的 DO 均为 0,因此很难用 DO 描述。据研究,厌氧段 ORP 值一般为-200~-160mV,好氧段 ORP 值一般为+180mV 左右,缺氧段的 ORP 值为-110~-50mV,因此可以用 ORP 作为脱氮运行的控制参数。

(8)抑制性物质。某些有机物和一些重金属、氰化物、硫及衍生物、游离氨等有害物质在达到一定浓度时会抑制硝化反应的正常进行。

3. 生物除磷工作原理

(1)A/O 工艺

A/O 工艺实际上是另外一种意义上的"A/O 工艺",其中的 A 是指厌氧(anaerobic),非常类似普通活性污泥法。在这个工艺中,回流污泥和进水首先通过厌氧区,在这个区域中出现磷的释放。然后,混合液通过好氧区,在其中发生磷的吸收。
最后,混合液进入二沉池进行液固分离,富磷污泥沉淀,部分排出系统,实现除磷部分回流到厌氧区。该工艺仅能够除磷,是除磷工艺中最简单的,因为厌氧区设置于该工艺的液体主流之上,所以 A/O 除磷工艺是主流除磷工艺。A/O 工艺最显著的特征是高负荷采用相对短的泥龄。因此,污泥产量高,更多的磷被去除。与其他生物除磷工艺相比,A/O 工艺中单位重量 BOD 去除的磷量最多。

(2)Phoredox 工艺

在 Bardenpho 工艺中,由于废水水质和运行操作的关系,很难保证在缺氧区中出现期望的厌氧生境。1974 年,Barnard 在他所首创的硝化、反硝化脱氮 Bardenpho 工艺中发现了很好的除磷效果。在他以生活污水为进水的小型试验中,除了有很好的去除 BOD 及 90%~95%的去氮效果,磷去除率也高达 97%,但 NO_3^- 对厌氧放磷及整个系统去磷有抑制作用。为了同时提高去磷效果,他对 Bardenpho 工艺进行了改进,在缺氧池 1 前增设了一个厌氧发酵区。从二沉池回流来的污泥在厌氧区中与进水相混。好氧池中污泥混合液回流仅进入缺氧区。只要后面 4 段硝化、反硝化控制得当,氮去除率高,同时控制二沉池污泥至厌氧区的回流污泥比,那么通过回流污泥而带至厌氧区的硝酸盐将是很少的。厌氧区中的厌氧生境比原 Bardenpho 工艺中缺氧区较易达到。南非及欧洲将这种改进的 Bardenpho 工艺称为 Phoredox 工艺,在美国仍称之为改良型 Bardenpho 工艺或五阶段 Bardenpho 工艺,其工艺流程见图 7-3-10(a)。

(3)UCT 工艺

从 Phoredox 工艺的流程中可以发现,二沉池的回流污泥仍然是回至最前端的厌氧区,由于出水中或多或少带有 NO_3^-,总会给厌氧区带来不利的影响。如果出水 NO_3^- 浓度低,使回流污泥中 NO_3^- 浓度低或回流比低,那么可以期望得到较好的除磷效果。但如果进水中 TKN/COD 的比值增加,要达到完全反硝化的碳源往往不足,通过改进操作来降低硝酸盐浓度方面的余地较小。同时,减少回流污泥量对污泥的沉降性能有较高的要求,给二沉池的操作也带来一定的困难。为此 Marais 等经过一系列的尝试后推出了 UCT 工艺,其流程见图 7-3-10(b)。

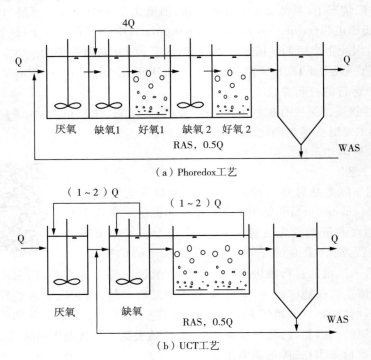

图 7-3-10　生物除磷常见工艺流程图

在 UCT 工艺中,沉淀池的回流污泥和好氧区的污泥混合液分别回流至缺氧区,其中携带的 NO_3^- 在缺氧区中经反硝化而去除。为了补充厌氧区中污泥的流失,增设了缺氧区至厌氧区的混合液回流。在废水 TKN/COD 比值适当的情况下,缺氧区中反硝化作用完全,可以使缺氧区出水中的 NO_3^- 浓度保持接近 0,从而使接受缺氧区混合液回流的厌氧区 NO_3^- 也接近 0,保持较为严格的厌氧生境。

4. 影响生物除磷的因素

(1)溶解氧。溶解氧对于生物除磷的影响首先是直接关系到聚磷菌的生长状况、释放能力及利用基质合成 PHB 的能力,这是因为聚磷菌是厌氧菌,其作用的发挥要求有严格的厌氧环境。另外,在好氧区需要供给足够的溶解氧,以满足聚磷菌对其贮藏的 PHB 进行降解,释放足够的能量供其过量摄磷之需,再有效地吸收废水中的磷。

(2)温度。温度对于生物除磷的影响并不是很明显。在一定温度范围内,温度变化不是很大时,除磷效果好,温度宜>10℃,因为不同的温度范围内具有生物脱磷能力的菌群不同,温度<10℃就需要较长的一段时间保证发酵作用的完成及基质的吸收。

（3）厌氧区硝态氮。硝态氮的存在会因消耗有机基质而抑制聚磷菌的生长,影响到好氧条件下聚磷菌对磷的吸收。同时,硝态氮会被部分生物聚磷菌利用作为电子受体进行反硝化,影响发酵过程,抑制了聚磷菌的释磷和摄磷能力及 PHB 的合成。

（4）pH 值。聚磷菌的释磷作用受 pH 值的影响较大,pH 值在 $6\sim8$ 的范围内,磷的释放比较稳定;pH 值低于 6.5 时,生物除磷的效果则会下降。

（5）污泥龄。泥龄的长短对污泥的摄磷及剩余污泥的排放有直接的影响。一般来说,泥龄越短,污泥含磷越高,排放的剩余污泥越多,除磷效果越好。

（6）BOD 负荷及有机物性质。在厌氧生物除磷工艺中,厌氧段的有机物的种类、含量及 BOD_5/TP 是影响除磷效果的重要因素。进水中是否含有足够的基质、基质相对分子质量的大小都关系到聚磷菌的生存、生长。

5. 脱氮除磷组合工作原理

在脱氮除磷组合工艺中,一直困扰着人们的问题是脱氮和除磷的矛盾很难得到解决。这一矛盾主要体现如下:①竞争碳源。一方面,厌氧区的聚磷菌主要以 VFA 为碳源完成聚磷的水解和释放,如有硝态氮存在,气单胞菌就不会产酸,聚磷菌所能获得的 VFA 就少;另一方面,气单胞菌会利用硝态氮进行反硝化,消耗水中的碳源有机物,硝态氮与聚磷菌争夺碳源,这对聚磷菌的厌氧放磷是非常不利的,厌氧区的硝态氮浓度必须控制在 1.5mg/L 以下。②泥龄和溶解氧需求的矛盾。聚磷菌除磷需要短泥龄,但硝化菌需要长泥龄,反硝化需要缺氧条件,聚磷菌放磷需要厌氧条件。为了达到在一个处理系统中同时去除氮和磷的目的,近年来,各种脱氮除磷组合工艺应运而生,主要是在已有的工艺基础上加以改进生成,如 A^2/O(A/A/O)工艺、Phoredox 工艺、UCT 工艺和 SBR 工艺等。

A^2/O 工艺流程如下:为了达到同时去磷除氮的目的,可在 A/O 工艺的基础上增设一个缺氧区,并使好氧区中的混合液回流至缺氧区,使之反硝化脱氮,这样就构成既除磷又去氮的厌氧/缺氧好氧系统(anaerobic/anoxk/oxic system),称为 A^2/O 工艺。废水首先进入厌氧区,兼性厌氧的发酵细菌将废水中的可生物降解大分子转化为 VFA 这一类小分子发酵产物。积磷细菌可将菌体内积贮的聚磷盐分解,所释放的能量可供专性好氧的积磷细菌在厌氧的"压抑"环境下维持生长,另一部分能量还可供积磷细菌主动吸收环境中的 VFA 一类小分子有机物,并以 PHB 形式在菌体内贮存起来。随后废水进入缺氧区,反硝化细菌就利用好氧区中经混合液回流而带来的硝酸盐,以及废水中可生物降解有机物进行反硝化,达到同时去碳与脱氮的目的。厌氧区和缺氧区都设有搅拌混合器,以防污泥沉积。接着废水进入曝气的好氧区,积磷细菌可吸收利用废水中残剩的可生物降解有机物,主要是分解体内贮积的 PHB,放出的能量可供本身生长繁殖。此外,积磷细菌还可主动吸收周围环境中的溶解性磷,并以聚磷酸盐的形式在体内贮积起来。这时排放的废水中溶解性磷浓度已相当低。好氧区中有机物经厌氧区、缺氧区分别被积磷细菌和反硝化细菌利用后,浓度已相当低,这有利于自养的硝化细菌生长繁殖,并将 NH_4^+ 经硝化作用转化为 NO_3^-。非积磷的好氧性异养菌虽然也能存在,但它在厌氧区中受到严重的压抑,在好氧区又得不到充足的营养,因此在与其他类群的微生物竞争中处于劣势。在排放的剩余污泥中,由于含有大量能过量积贮聚磷盐的积磷细菌,污泥磷含量可达 6%(干重)以上,因此,可较一般的好氧活性污泥系统大大地提高磷的去除效果。

在实际运行中,A^2/O 工艺也与 A/O 工艺一样,只有在高速率下运行,即水力停留时间短,泥龄短,才能获得较高的除磷效果,缺氧区停留时间大致在 $0.5\sim1.0h$。

SBR 工艺是将除磷脱氮的各种反应通过时间顺序上的控制在同一反应器中完成的。例如,进水后进行一定时间的缺氧搅拌,好氧菌将利用进水中携带的有机物和溶解氧进行好氧分解,此时水中的溶解氧将迅速降低甚至达到 0,这时厌氧发酵菌进行厌氧发酵,反硝化菌进行脱氮,然后停止搅拌一段时间,使污泥处于厌氧状态,聚磷菌放磷;接着进行曝气,硝化菌进行硝化反应,聚磷菌吸磷,经过一定反应时间后,停止曝气,进行静止沉淀,当污泥沉淀下来后,撤出上部清水而后再放入原水,如此周而复始。研究表明,SBR工艺可取得很好的脱氮除磷效果。自动控制系统的完善为 SBR 的应用提供了物质基础。SBR 是间歇运行的,为了连续进水,至少需设置两套 SBR 设施进行切换。

（四）污染治理生态工程

生态工程(ecological engineering)起源于生态学的发展与应用。20 世纪 60 年代以来,全球面临的环境污染和生态危机给土壤、水体、人体健康带来了严重的危害,人类面临着人口增长、资源不足与遭受破坏的各种环境问题,这些问题孕育生态工程与技术的诞生。我国生态学家、生态工程建设先驱马世骏

等运用生态学的理论与生态工程的方法,在 20 世纪 50 年代首先提出调控湿地生态系统的结构与功能来防治蝗虫灾害,在 1979 年首先以"整体、协调、循环、再生"为核心解释了生态工程的基本含义,1984 年将其概念进一步修订为:生态工程是利用生态系统中物种共生与物质循环再生原理、结构与功能协调原则,结合系统分析的最优化方法,设计的促进分层多级利用物质的生产工艺系统,其目标是在促进自然界良性循环的前提下,充分发挥资源的生产潜力,防治环境污染,达到经济效益与生态效益同步发展。

从目前我国环境生态工程建设的内容来看,用于环境治理的生态工程可以大致分成几种类型:①无废(或少废)工艺系统,主要用于内环境治理;②分层多级利用废物的生态工程,使生态系统每级生产中的废物变为另一级生产过程的原料,使废物均被充分利用;③废物循环再利用,如桑基鱼塘生态工程、畜禽粪便资源化利用、秸秆资源化再利用等;④污染生物净化和生态修复工程。下面以氧化塘、水生植物塘、人工湿地处理系统、污水土地处理系统为例介绍应用于污染治理的生态工程,这些技术现在已经被广泛应用于生态修复。

1. 氧化塘

氧化塘(oxidation pond)又称稳定塘,是利用藻类和细菌两类生物间的功能协同作用处理污水的一种生态系统。氧化塘的基本原理是通过水塘中的藻菌共生系统进行废水净化。藻菌共生系统是指水塘中细菌分解废水的有机物产生的二氧化碳、磷酸盐、铵盐等营养物供藻类生长,藻类光合作用产生的氧气又供细菌生长,从而构成共生系统。见图 7-3-11,氧化塘是一个大而浅的池塘,污水从一端流入,从另一端溢流而出。氧化塘中同时存在着三种生化作用:①有机物的好氧分解,主要由好气细菌进行;②有机物的厌氧分解,主要由厌氧细菌进行;③光合作用,由藻类和水生植物进行。好氧细菌所需的氧

气除了来自大气,还有相当一部分是由藻类光合作用释放的,细菌代谢过程中除合成自身的物质外,还产生 CO_2、H_2O 和无机盐类,这些产物被藻类利用。藻类细胞既能被细菌分解,又能被原生动物吞食,使藻类不至于过多积累。氧化塘的底部处于厌氧环境中,过多的无机氮通过细菌的反硝化作用以氮气的形式逸去,避免了水体的富营养化。所以,氧化塘实际上是一个藻菌共生的生态系统,它常利用天然水域,具有设备简单、投资少、容易操作等优点。

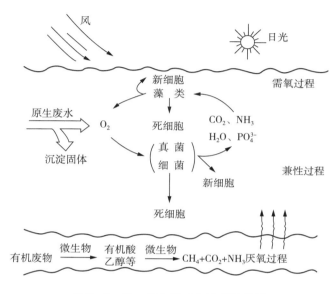

图 7-3-11 氧化塘工作原理示意图

    根据氧化塘中主体生物属性及其利用氧气的情况,在实际处理中,氧化塘系统由三个部分组成:好氧塘、厌氧塘、兼性氧化塘。好氧塘的水深一般维持在 0.50m 左右,以使阳光照达塘底,主要依靠塘内藻类通过光合作用放氧及大气复氧来供氧;厌氧塘常用于BOD浓度较高污水的预处理,以减轻后续氧化塘处理的负荷,水深一般在 2.5m 以上,其净化原理与废水的厌氧生物处理相同,由于塘内几乎没有藻类,塘内整个水体的耗氧速率超过大气复氧速率,导致塘内有机物处于厌氧分解状态。厌氧塘常与好氧塘、兼性氧化塘联合使用,设置在氧化塘系统的前端,用以减少后续处理单元的有机负荷;兼性氧化塘是最常见的一种污水氧化塘,其特点是水位为 1.2~2.5m,塘中存在不同的区域,上层阳光能透射到的区域,藻类得以繁殖,溶解氧含量充足,好氧细菌活跃,为好氧区;底层有污泥积累,溶解氧几乎为 0,主要由厌氧菌对不溶解有机物进行代谢,为厌氧区;中部则为兼性区,实际上是好氧区和厌氧区中间的过渡区,大量兼性厌氧菌存在其中,随着环境条件的变化以不同的方式对有机物进行分解代谢。兼性氧化塘厌氧区中生成的 CH_4、CO_2 等气体将经过上部两区的水层逸出,并进一步分解。好氧区、兼性区中的细菌和藻类也会因死亡而下沉至厌氧区,由厌氧菌对其分解。由于兼性氧化塘深度较大,占地面积较小,并能承受较高的负荷,实际应用中常设置在厌氧塘之后,以避免厌氧塘臭气外溢影响环境。

由厌氧塘、兼性氧化塘、好氧塘组成的氧化塘系统处理污水具有节省投资及能耗和管理简单等优点。我国开发的生态氧化塘是在兼性氧化塘、好氧塘兼顾养鸭、养鱼或某些水生植物,在整个氧化塘系统内建立起相互协调的"食物链",提高污水处理效果,被认为是有应用价值的技术。

2. 水生植物塘

水生植物主要包括三大类:水生维管束植物、水生藓类和高等藻类,可以吸收、富集水中的营养物质及其他元素,增加水体中的氧气含量,或抑制有害藻类繁殖的能力,遏制底泥营养盐向水中的再释放,利于水体的生物平衡等。在污水治理中应用较多的是水生维管束植物,它们具有发达的机械组织,植物个体比较高大,可分为挺水、浮水和沉水三种生活型,这三种类型的水生植物在污水处理系统中存在一些不同的应用方式,水生高等植物能有效地净化富营养化湖水,提高水体的自净能力。水生植物塘(aquatic plant pond)是由某种占绝对优势的水生植物而组成的特殊水生生态系统,这个系统通过水生植物群落的阻滤、沉降、吸附等物理作用及植物体的吸收、积累等作用而达到对污水的净化效果。最近几年,水生植物净化塘在国内外发展比较快,能净化的污水种类越来越多,已由净化生活污水发展到工业废水和城市混合污水,处理规模也越来越大,从利用人工的净化塘发展到利用天然湖塘、湖湾放养水生植物净化水质和底泥。在水生植物的利用上,由一种植物为主发展到多种植物搭配,以相互取长补短,达到最佳的净化效果。例如,选用耐寒植物伊乐藻和喜温植物凤眼莲以及菱组建成的常绿型人工水生植被,不但使试验区内常年保持较好的水质,而且对外来污染冲击有很强的缓冲能力,可用于水源保护、局部性水质控制、污水净化生态工程、小型富营养水体的生态恢复等。目前比较完善的水生植物塘处理废水的工艺流程为原污水—格栅—二级水生生物曝气塘—砂滤—反渗透—粒状炭柱—臭氧消毒—出水,水质达到饮用水标准。

美国加利福尼亚州的卡迪夫(Cardiff)市和赫拉克勒斯市分别建成处理能力为 $1\,330\,m^3/d$ 和 $3\,785\,m^3/d$ 的太阳能水生植物系统,水生植物采用凤眼莲和浮萍,在水下设置具有高表面积的微生物载体,并增设曝气装置,两个系统采用五级塘串联,前两个为厌氧塘,其余为兼性氧化塘和好氧塘,在五级塘上加设温室,即设双层乙烯薄膜(中间充气)的顶盖,吸收阳光,终年保持较高的运行温度,提高水生植物的生产量。实践证明,BOD和 SS 去除率良好,停留时间只有 2 天,而且终年处理效果相当稳定,不受季节影响。

3. 人工湿地处理系统

人工湿地(constructed wetland)是为处理污水而人为形成的一个独特的动植物生态体系,在有一定长宽比和底面坡度的洼地上将土壤和填料(如砾石等)混合组成填料床,使污水在床体的填料缝隙中流动或在床体表面流动,并在床体表面种植具有性能好、成活率高、抗水性强、生长周期长、美观及具有经济价值的水生植物(如芦苇、蒲草等)。人工湿地的主要组成部分为人工基质、水生植物和微生物,去除的污染物范围广泛,包括N、P、S、有机物、微量元素、病原体等。有关研究结果表明,在进水浓度较低的条件下,人工湿地对 BOD_5 的去除率可达 $85\% \sim 95\%$,COD 去除率可达 80% 以上,处理出水中 BOD_5 的浓度在 $10\,mg/L$ 左右,SS 小于 $20\,mg/L$。废水中大部分有机物作为异养微生物的有机养分,最终被转化为微生物体及 CO_2、H_2O。

　　人工湿地可在城乡接合部建造,也可在污水处理厂出水的附近建造。一些人工湿地属于预处理型,在那些目前还不具备建造污水处理厂的城乡接合部建造人工湿地,将生活污水排入,利用所种植物对其进行处理,然后排入自然水系,保护水体。还有些湿地属于加强型,在污水处理厂附近建造人工湿地,将污水处理厂处理过的水引入,再经过人工湿地的加强处理,提高其水质,然后排入自然水系,作为其补充水源。

　　根据湿地中主要植物形式,人工湿地可分为浮游植物系统、挺水植物系统、沉水植物系统。其中,沉水植物系统还处于实验室研究阶段,其主要应用领域在于初级处理和二级处理后的精处理;浮游植物主要用于 N、P 去除和提高传统稳定塘效率;目前一般所指人工湿地系统是挺水植物系统。挺水植物系统根据废水流经的方式,可分为表面流湿地(surface flow wetland,SFW)、潜流湿地(subsurface flow wetland,SSFW)、立式流湿地(vertical flow wetland,VFW)。表面流湿地和立式流湿地因环境条件差(易滋生蚊虫)、处理效果受气温影响较大及对基建要求较高,现多不再采用,故人工湿地大部分采用潜流式湿地系统。人工湿地处理系统具有如下优点:①建造和运行费用便宜;②易于维护,技术含量低;③可进行有效、可靠的废水处理;④可缓冲对水力和污染负荷的冲击;⑤可直接和间接提供效益,如水产、畜产、造纸原料、建材、绿化、野生动物栖息、娱乐和教育。但也有如下缺点:①占地面积大;②易受病虫害影响;③生物和水力复杂性加大了对其处理机制、工艺动力学和影响因素的认识理解难度,设计运行参数不精确,因此常由于设计不当,出水达不到设计要求或不能达标排放,有的人工湿地反而成为污染源;④只有建成几年后才能达到完全稳定地运行的效果。

　　4. 污水土地处理系统

　　污水土地处理系统是利用土壤-植物系统的自我调控机制和对污染物的综合净化功能,处理城市污水及某种类型的工业废水,使水质得到根本的改善,同时通过营养物质和水分的生物地球化学循环,促进绿色植物生长并使其增产,实现废水资源化与无害化的常年性生态系统工程。土地处理系统将环境工程与生态学基本原理相结合,具有投资少、能耗低、易于管理和净化效果好的特点。

　　污水土地处理系统一般由污水的预处理设施、调节与储存设施、污水的输送及控制系统、土地处理面积和排出水收集系统组成,是以土地为主的统一、完整的系统,利用土地生态系统的自净能力净化污水。污水土地处理系统的净化机理包括土壤的过滤截留、物理和化学的吸附、化学分解、生物氧化及植物和微生物的摄取等作用。污水土地处理系统的主要过程是,污水通过土壤时,土壤将污水中处于悬浮和溶解状态的有机物质截留下来,在土壤颗粒的表面形成一层薄膜,这层薄膜里充满着细菌,能吸附污水中的有机物,并利用空气中的氧气,在好氧细菌的作用下,将污水中的有机物转化为 CO_2、NH_3、硝酸盐和磷酸盐等无机物,土地上生长的植物经过根系吸收污水中的水分和被细菌矿化的无机养分,再通过光合作用转化为植物的组成成分,从而实现了将有害的污染物转化为有用物质的目的,并使污水得到净化处理。

　　常见的污水土地处理系统主要有:①地表漫流处理系统,这是将污水有控制地投配到生长多年生牧草、坡度和缓、土地渗透性能低的坡面上,使污水在沿地表坡面缓慢流动过程中得以净化的土地处理工艺类型。②慢速渗滤处理系统,是指污水经喷灌、漫灌和沟灌布水后,垂直向下缓慢渗滤,农作物可以充分利用污水中的水肥、营养素,同时依靠土壤-微生物-农作物对污水进行净化,部分污水被蒸发和渗滤。③快速渗透处理系统,是指将污水有控制地投配到具有良好渗透性能的土壤表面,污水在向下渗滤过程中通过生物氧化、硝化、反硝化、过滤、沉淀、还原等一系列作用而得到净化的污水土地处理工艺。④自然湿地处理系统,这是一种利用低洼湿地和沼泽地对污水进行处理的方法。污水进入低洼地形成沼泽或池塘后,通过底部土壤的渗透作用及池中水生动植物(芦苇等)的综合生态效应,达到净化污水的目的。⑤复合污水土地处理系统。将上述若干方法进行组合,可以对污水进行净化处理,提高出水水质。例如,地表漫流处理系统可与自然湿地处理系统组合,使地表漫流的尾水进入湿地进一步净化。

小 结

　　环境生物技术是将生物技术应用于环境质量的监测、评价、控制、污染生物处理和人为逆境的生态修复过程中,包括环境监测与评价的生物技术、污染治理与生态修复的生物技术。环境生物技术的主要研究内容包括以下几个方面:高效降解污染物的工程菌和抗污染型超积累型转基因植物的相关研究;无害化或无污染生物生产工艺技术研究;环境友好材料生物合成技术的相关研究;废物资源化工程研究;危险性化合物的降解和污染场地的生物补救研究;废物强化处理技术研究;环境的生物监控技术研究等。

　　传统的环境生物技术用于废水处理主要利用的是微生物,这是因为微生物具有很多适合处理污染物的特点,选择合适的指标评价微生物是否可处理水中有机污染物,然后采用好氧、兼性或厌氧生物处理法进行。常见的好氧生物处理法有活性污泥法、好氧发酵法、废气微生物处理法;厌氧生物处理法主要有厌氧发酵;兼性生物处理法主要有生物膜法、光合细菌法、脱氮除磷和污染治理生态工程。各种方法都有自己的特点和适用性,处理效果因受外界因素的影响而不同。

习 题

1. 简述环境生物技术的定义、分类和在环境领域中的应用。
2. 如何评定废水中的主要成分适合微生物处理?
2. 微生物处理有机和重金属污染的原理是什么?
4. 归纳活性污泥法、生物膜法、光合细菌法、脱氮除磷的工作原理。
5. 简述生态工程的含义及其在环境保护中的应用。
6. 列举常用的生态工程,说说它的工作原理或运行方法。

第八章 生物净化和治理的新技术

【本章要点】

本章主要介绍了现代环境生物技术的类型,讲述了基因工程菌的构建方法、细胞融合和植物培养的原理和方法、酶工程的研究内容、酶固定化和细胞固定化的方法、发酵工艺的流程和特点,并介绍了基因工程、细胞工程、酶工程和发酵工程在环境治理和生态修复中的应用。

生物技术已成为环境保护中应用最广、最为重要的单项技术,其在水污染控制、大气污染治理、有毒有害物质的降解、清洁可再生能源的开发、废物资源化、环境监测、污染环境的修复等环境保护的各个方面,发挥着极为重要的作用。应用环境生物技术处理污染物时,最终产物大多是无毒无害、稳定的物质(如二氧化碳、水和氮气),处理污染物通常能一步到位,避免了污染物的多次转移。特别是现代生物技术的飞速发展和应用,大大强化了上述环境生物处理过程,使生物处理具有更高的效率。美国国家环境保护局在评价环境生物技术时指出:生物治理技术优于其他新技术的显著特点在于其是污染物消除技术,而不是污染物分离技术。现代环境生物技术主要包括应用于环境监测、保护、治理和修复中的基因工程、细胞工程、酶工程和发酵工程。这些技术并不是各自独立的。例如,想要获得降解某种污染物的酶或菌株,这种酶的制备和纯化等过程属于酶工程,这种酶是某微生物细胞中一个基因的产物,把这个基因克隆构建到载体上的技术属于基因工程,而把基因整合到细胞里面表达从而得到这种酶又属于细胞工程,把含有该基因的细胞或降解某污染物的菌株放到发酵罐中大规模生产以获得高产量的酶或菌株则属于发酵工程。所以,基因工程、细胞工程、酶工程和发酵工程四者是相互联系、交叉渗透的(图8-1-1)。

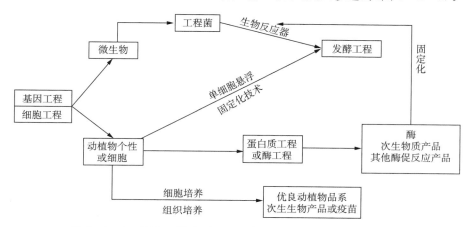

图8-1-1 基因工程、细胞工程、酶工程与发酵工程之间的关系

关于基因工程、细胞工程、酶工程和发酵工程的概念、技术方法、原理和工作程序是环境生物化学学习内容,在此不重复讲述,本书只谈四大技术在环境治理和生态修复中的应用。

第一节　基因工程在环境治理与生态修复中的应用

随着工业发展,大量的合成有机化合物进入环境,其中很大部分水溶性差,难以被生物降解或降解缓慢,如 PCBs、多氯烃类化合物等,致使在环境中的持留时间长达数年至数十年。将具有抗性的菌株和具有降解性状的菌株进行遗传重组,将不同菌株的优良性状集中到一个菌体中,或创造降解某种污染物的基因,人为构建出既耐各种逆境又能高效降解污染物的基因工程菌,为改变细胞内的关键酶或酶系统提供可能,提高生物的降解速率,形成降解有毒污染物的新型催化活性,提高综合性代谢新污染物的通路等。基因工程菌在含有多种有机物的废水或土壤的生物处理和生态修复中应用越来越广泛,尤其是在难以被生物降解的污染物方面取得了卓有成效的效果。

构建基因工程菌是环境微生物工程的前沿课题。它能定向、有效地利用环境微生物细胞中降解污染物的基因,执行净化污染物的功能。已发现环境微生物具有降解农药、塑料、多氯联苯(PCBs)、多环芳烃(PAHs)、石油烃、染料及其中间体、酚类化合物和木质素等有机污染物的功能及相关的基因,但这些土著微生物菌株有时难以适应处理环境,而且繁殖速度慢,清除有机污染物的速度和效果达不到治理工程的要求,因此有必要将降解污染物的基因转入繁殖能力强和适应性能佳的受体菌株内,构建出高效菌株用于治理污染或建立清洁生产工艺及生产其他利于环境保护的生物制品。例如,利用降解石油烃的基因构建出基因工程菌,并用于清除大面积海洋石油污染;利用木质素降解基因构建成基因工程菌,并用于建立生物制浆造纸的清洁生产工艺;利用毒性蛋白基因构建成基因工程菌生产生物农药;等等。尽管利用遗传工程提高微生物生物降解能力的工作已取得了巨大的成功,但是目前美国、日本和其他国家对工程菌的实际应用有严格的立法控制。

一、基因工程在降解污染物中的应用

(一)去除环境中的单一污染物

近年来国内外许多研究人员致力于基因工程菌构建方面的研究。例如,在去除水中磷污染方面,无机磷是引起水体富营养化的重要因素之一,由于受微生物本身的限制,活性污泥法只能去除城市废水中 20%～40% 的无机磷,聚磷菌能以聚磷酸盐的形式过量积累水中的无机磷,大肠杆菌具有控制磷积累和聚磷酸形成的磷酸盐专一运输系统,该系统和多聚磷酸盐激酶(polyphosphate kinase,PPK)由 pst 操纵子编码,为了提高其聚磷效率,通过基因工程对编码 PPK 的基因 ppk 和编码用于再生 ATP 的乙酸激酶的基因 $ackA$ 进行改造,提高了酶的活性,重组体大肠杆菌中包含有高拷贝数的含有 $ackA$ 和 ppk 基因的质粒,与缺乏质粒的原始菌株相比,重组体的除磷能力提高了 2～3 倍,该重组体大肠杆菌在 4 小时内将 0.5mmol/L 的磷酸盐去除了约 90%,而原始菌株在相同时间内仅去除20%左右。Sharon等将来源于黄杆菌(Flavobacterium sp.)ATCC27551的对硫磷水解酶基因(opd基因)片段插入质粒pIJ702的BglⅡ位点,导入链霉菌(Streptomyces lividans)中,得到了能稳定产生对硫磷水解酶的转化菌株,该菌株生产的水解酶已经在农药厂废水处理中得到了应用。

因为卤原子的高电负性能强烈吸引苯环上的电子,使苯环成为一个疏电子环,很难发生亲电反应,造成卤代芳香族化合物的生物降解性比芳香族化合物要低很多,所以卤代芳香族化合物降解的关键在于脱卤。PCBs是一组有一个或多个氯原子取代联苯分子中氢原子而形成的氯代芳香族化合物,自然界中的PCBs降解菌株的修复效率比较低,Brenner等通过研究确定了假单胞菌LB400中表达2,3-联苯双加氧酶(bph A)、2,3-二氢双醇脱氢酶(bph B)、2,3-二羟联苯1,2-双加氧酶(bph C)及2-羟-6-氧-6-苯基-2,4-二烯水解酶(bph D)的基因序列,并利用2,3-双加氧酶途径和泛宿主性质粒构建了重组菌株,四个PCBs降解酶基因的长度为12.4kb,含有上述降解酶基因的大肠杆菌可以直接利用PCBs,不需要联苯诱导。2-氯甲苯也是一类较难降解的氯代芳香族化合物,Maria等从菌株Pseudomonas putida F1的TOD系统获得一个编码甲苯双加氧酶基因(tod C1C2BA)的片段,可以将2-氯甲苯转化为2-氯苯甲醛,从Pseudomonas putida mt-2菌株的pWWO质粒获得编码整个TOL途径的基因片段,该基因表达的苯甲醇脱氢酶(由xyl B编码)和苯甲醛脱氢酶(由xyl C编码)可以将2-氯苯甲醇转化为2-氯苯甲酸,构建了可以降解2-氯甲苯的假单胞工程菌,将上述的TOL和TOD片段组合到单个的mini-Tn5转座子,再将此转座子整合到2-氯苯甲酸降解菌Pseudomonas aeruginosa PA142和Pseudomonas aeruginosa JB2的染色体上,实验证明的确可以将2-氯甲苯矿化。

(二)去除环境中的多种污染物

利用具有综合降解能力的高效基因工程菌净化环境中的多种污染物已有很多研究。1975年,Chakrabarty等将CAM、OCT、NAH、TOL质粒通过接合转移,转移到一株Pseudomonas sp.中,得到能降解多种碳氢化合物的"超级菌",它在几小时内可将原油中60%的烃类分解,这是美国专利及商标局第一个批准的基因工程菌专利,此后的研究越来越多。李尔炀等构建出降解性工程菌TEM-1,能够同时降解苯甲酸、萘、甲醇和乙二醇四种碳源;甲苯降解酶的基因位于质粒pWWO上,可利用不同类型的芳烃如甲苯、二甲苯作为唯一碳源和能源,质粒上的代谢基因组成两个操纵子,xyl CBA编码将甲苯和二甲苯降解为苯甲酸和羟基苯甲酸的酶基因,xyl DLEGFJKIH编码将苯甲酸和羟基苯甲酸降解为乙醛和丙酮酸的酶基因;尽管甲苯的降解酶具有广泛的底物范围,但它不能利用苯作为底物,这限制了对石油污染物的降解。已有研究表明,克隆编码甲苯还原酶的基因tod C1C2BA,并将重组质粒导入P. putidamt-2中,可以彻底降解苯、甲苯和二甲苯。对于芳香族化合物的生物降解,途径基本上一致,先由双加氧酶或单加氧酶的作用形成邻二酚类物质,然后在邻苯二酚-2,3-双加氧酶或1,2-双加氧酶的作用下开环进入后续降解步骤。因此,原则上可以通过基因工程操作将所有的降解酶基因克隆并重组成一个质粒,导入已发现的假单胞菌等芳香族化合物的降解菌内,人工构建出降解各类芳香族化合物的超级工程菌,只是目前在实际操作中还有一些问题,有待于进一步改进达到预期的改造效果。

二、基因工程在生态修复中的应用

汞在环境中以多种状态存在,包括元素汞、无机汞离子($HgCl$、HgO、$HgCl_2$ 等)、有机汞化合物(甲基汞、乙基汞等),其中以甲基汞对环境危害最大。甲基汞易被植物吸收,一些耐汞毒的细菌体内含有一种汞还原酶,催化甲基汞和离子态汞转化为毒性小得多、可挥发的单质汞,运用基因工程技术将细菌的汞还原酶基因转导到植物中,再利用转基因植物修复汞污染土壤。kärenlampi 等成功地将细菌的汞还原酶基因转导入拟南芥(*Arabidopsis thaliana*)中,获得的转基因拟南芥耐汞毒能力大大提高,而且能将从土壤中吸收的汞还原为挥发性的单质汞。

利用基因工程技术可使植物将空气中的 NO_x 大量地转化为 N_2 或生物体内的氮素。植物体内与 NO_2 代谢有关的酶和基因的研究已比较清楚,所涉及的酶类主要为硝酸盐还原酶(nitrate reductase,NR)、亚硝酸还原酶(nitrite reductase,NiR)和谷氨酰胺合成酶(glutamine synthetase,GS),这几种酶的基因都已经被成功地转入了受体植株中,并随着转入基因的表达和相应酶活性的提高,转基因植株净化 NO_x 污染的能力都有了不同程度的提高。陈丽梅等研究发现,植物可利用自身的 C1 代谢途径将空气中的气体甲醛转化成 CO_2,利用基因工程技术将代谢甲醛的蛋白酶基因导入烟草中,培育出的转基因烟草 C1 途径代谢甲醛的能力大大提高,还将甲基营养型酵母甲醛同化途径的两个关键酶(二羟基丙酮合成酶和二羟基丙酮激酶)基因通过基因工程方式转入天竺葵叶片的叶绿体中,使这两种酶能在其中过量表达,构建了一种新的甲醛光合同化途径,提高了天竺葵甲醛同化及脱毒能力。

有关转基因研究表明,通过表达单个目标基因或同一代谢途径中的多个目标基因能够有效地提高植物净化有机污染物的能力。目前植物修复技术所采取的途径多是种植单一的修复型植物,往往修复不彻底。高浓度的有机污染物及拮抗或化感作用常引起修复型植物生长不良,生物量下降。因此,未来应大力开发和培育高效修复型植物,这些植物的适应性强、生物量大,对多种目标污染物有降解能力。

第二节　细胞工程在环境治理与生态修复中的应用

一、细胞工程菌在环境治理中的应用

细胞工程在环境污染物的检测、难降解物质的分解、优良菌种的培育、抗性植物的培养等方面发挥着越来越重要的作用,在污染治理领域的发展前景及产生的影响日益突出。从 20 世纪 80 年代开始,人们就已将原生质体融合技术应用于废水处理工程菌的研究,例如,脱氢双香草醛(与纤维素相关的有机化合物,简称 DDV)降解菌 *Rusobacterium varium* 和 *Enterococus faecium* 在单独作用时,8 天内可降解 3%～10% 的 DDV,混合培养时,降解率可达 30%,说明有明显的互生作用,将两株菌进行原生质体融合,融合细胞

(FET 菌株)的降解率最高可达 80%。将融合细胞 FET 和具有纤维素分解能力的革兰氏阳性菌白色瘤胃球菌(*Ruminococcus albus*)进行融合,将纤维素分解基因引入 FET 菌株中,获得了一株革兰氏阳性重组子,它同时具有 β-葡萄糖苷酶、纤维二糖酶和 DDV 酶的活性;王永杰等通过原生质体转化获得了能同时降解甲胺磷、敌敌畏、对硫磷和乐果的转化工程菌 J-PZ;假单胞属的一种菌株 *Alcaligens* CO 可以降解苯甲酸酯和 3-氯苯甲酸酯,但不能利用甲苯,另一种菌株 *Putida* R5-3 可以降解苯甲酸酯和甲苯,但不能利用 3-氯苯甲酸酯,两菌株均不能利用 1,4-二氯苯甲酸酯,通过细胞融合,得到的融合细胞可以同时降解上述 4 种化合物。这些例子说明原生质体融合可以集中双亲的优良性状,并可产生新的性能。许燕滨等采用原生质体融合技术,将 2 株具有含氯有机化合物降解特性的假单胞菌 T21 和诺卡氏菌 RB21 融合构建成一株高效降解含氯有机化合物工程菌,应用于造纸漂白废水,融合菌去除 COD_{Cr} 和 TCL 的能力比混合菌分别提高了 72.05% 和 190%。周德明采用原生原体融合技术将球形红假单胞菌和酿酒酵母构建成高效降解工程菌,用于废水处理的比降解率明显提高;程树培等将光合细菌与酵母菌进行原生质体融合,用于连续发酵豆制品废水处理。

植物细胞工程的首要目的是获得各种符合人类需要的植物品种,培育高产量的新品种,或将各种抗性基因转移到植物体内,以使它们获得对昆虫、病毒、除草剂、环境污染、衰老等的抗性。例如,抗虫、抗病毒、抗除草剂、耐受环境压力(包括抗旱、抗热、抗寒等)等的改良植物能通过超量吸收环境中的污染物而修复大面积污染的环境。通过原生质体融合技术,两个菌株的遗传物质得到重组,从而获得兼具两个亲本优良性状的新菌株。例如,苏云金杆菌以色列变种(*Bacillusthuringiensis* subsp-*israelensis*)产生的杀虫毒素主要杀死双翅目昆虫,而苏云金杆菌库斯塔基变种(*Bacillus thuringiensis* subsp. *kurstaki* HD-I)产生的毒素蛋白主要杀死鳞翅目昆虫。将这两个菌株的原生质体进行融合,筛选得到既杀鳞翅目昆虫又杀双翅目害虫的重组菌株。Jourdan 等将雄性不育的花椰菜和有阿特拉津(除草剂)抗性细胞质且雄性可育的甘蓝型油菜体细胞进行融合,得到了 3 株融合子和 6 株花椰菜胞质杂合子,这些融合子和胞质融合子都具有来自阿特拉津抗性细胞质的叶绿体和线粒体,但是没有发现线粒体 DNA 的再结合。现场测定花椰菜胞质杂合子阿特拉津的耐受性结果表明,当阿特拉津的施用量为 0.56~4.48kg/hm² 时,花椰菜胞质杂合子都未表现出异常,而异质融合子在最低施用量下已有很大程度的损伤,在高浓度下全部被杀死,花椰菜胞质杂合子在阿特拉津残留浓度较高的环境中得以生长,具有潜在使用价值。

二、抗性植物在生态修复中的应用

十字花科天蓝遏蓝菜能够耐受锌和镉,其植株组织内可积累浓度高达 40g/kg 的锌而不表现出明显伤害,且能够在芽尖富集这两种金属,但是其较慢的生长率及较小的植株尺寸使机械化收割难以进行限制了其应用。Brewcr 等对十字花科天蓝遏蓝菜和甘蓝型油菜进行体细胞电融合,17 株融合子通过 AFLP DNA 分析进行最后确认,这些融合子兼具两种亲株的 DNA 条带特性。融合子在土壤中生长了 4 个月,5 株开花,其形态介于两株亲本之间,一些融合子个体较大、生长迅速,在高锌介质中能够存活,并能够富集锌和镉。结果显示,通过融合,锌富集的特征得到了传递,有超富集功能,植物修复重金属污染土壤的时间缩短。

除了微生物和植物细胞工程已被用于环境污染的治理和修复,人们也开始研究动物细胞工程在这方面的应用。目前动物细胞融合技术在环境领域主要用于生产单克隆抗体,进行环境中痕量污染物(如 POPs)、内分泌干扰物(endocrine disrupting chemicals,EDCs)等的检测,相信不久的将来动物细胞工程在污染治理和生态修复方面会有广阔的应用前景。

第三节 酶工程在环境治理与生态修复中的应用

一、环境污染治理中的重要酶及其应用

随着现代生物技术的发展和环境污染的日益加剧,酶在废物处理和资源化中的应用越来越受到人们的重视。对于排放到环境中日益增多的难降解有机污染物,使用传统的化学处理方法和生物处理方法已很难达到令人满意的去除效果,需要找到一个比现行方法更快捷、更经济、更可靠、更简便的方法。人们已逐渐认识到酶能用来专门处理某些特定的污染物。大多数废水处理过程可分为物理化学过程和生物处理过程,酶的处理介于二者之间,因为它所参与的化学反应是建立在生物催化剂作用的基础上的,将酶直接用于污染物治理时,与传统的生物方法相比,其过程存在以下一些潜在的优势:可以处理生物难降解化合物;可以处理各种浓度污染物,尤其是低浓度有机污染物;可以在各种 pH 值、温度和盐度环境下使用;不存在冲击负荷效应;不存在与生物生长及其适应相关的滞后效应;减少污泥产量(产生污泥);过程控制简易。此外,酶处理方法还可以直接被应用于某些具有生物毒性的有机物的降解,且可能具有比直接应用生物本身更好的安全性。因此,酶在废物处理应用领域成为一种有前途的污染防治措施。下面介绍环境污染治理中几种重要酶及应用情况。

1. 腈化物降解酶的应用

腈化物(乙腈、丙腈、丁腈、丙烯腈等)是含有氰基的有机化合物,乙腈可用作溶剂,己二腈可用作合成尼龙-6,6 的前体体,丙烯腈可用作合成丙烯酸系纤维和塑料的前体物,有机腈(如 2,6-二氯苯基腈、3,5-二溴-4-羟基苯基腈等)可生产合成除草剂,所以腈化物是工业中广泛生产和使用的化工及化纤工业原料。但大多数有机腈化物具有强烈的生物毒性、致癌性和致突变性,在这些腈化物的生产过程中会产生并排放大量的废水,因此,需要对土壤、工业废水等环境中的这些腈化物进行有效的处理。能够检测到具有腈化物降解酶活性的植物、真菌很少,在细菌中能经常检测到腈化物水合酶、水解酶和酰胺酶等酶活性,这些细菌可以利用腈化物作为唯一的碳源和氮源进行代谢,人们从这些微生物细胞中提取了各种腈化物降解酶,或将分离得到的具有腈化物降解酶活性的微生物进行了固定化,对含腈化物的废水进行了有效的降解。

2. 含芳香族化合物废水处理中辣根过氧化物酶的应用

芳香族化合物(包括酚和芳香胺)属于优先控制污染物,石油炼制厂、树脂和塑料生

产厂、染料厂、织布厂等很多工业企业的废水中均含有此类物质。大多数芳香族化合物有毒,在废水被排放前必须把它们去除。辣根过氧化物酶(horse radish peroxidase,HRP)在过氧化氢存在时能催化氧化多种有毒的芳香族化合物,反应产物是不溶于水的沉淀物,这样就很容易用沉淀或过滤的方法将它们去除。HRP 特别适于含芳香族化合物废水处理还在于它能在一个较广的 pH 值和温度范围内保持活性,是酶处理废水领域中应用最多的一种酶。目前 HRP 的应用大多集中在含酚污染物的处理方面,使用 HRP 处理的污染物包括酚、苯胺、羟基喹啉、致癌芳香族化合物(如联苯胺、萘胺)等。

3. 造纸废水处理中酶的应用

用于造纸废水处理的酶有过氧化氢酶、漆酶、分解纤维素的酶、木质素过氧化物酶等,它们的固定化形式的处理效果比游离形式好。木质素过氧化物酶通过将苯环单元催化氧化成能自动降解的阳离子基团而降解木质素;漆酶通过沉淀作用去除漂白废水中的氯酚和氯化木质素;造纸浆和造纸操作的废水处理产生的污泥纤维素含量高,由纤维二糖水合酶、纤维素酶和葡萄糖酶组成的混合酶系可将其降解并生产乙醇等能源物质。

此外,在食品加工废水处理、石油废水处理等方面,酶所发挥的作用也已得到研究和应用。

二、固定化技术处理废水

酶或细胞特别是具有某些特异功能的酶或细胞,按照工程设计的要求被固定在反应器内的载体上,并可以根据具体的处理要求控制反应器内的生物量和传质面,因而处理效能很高。将筛选出来的高效菌种固定化后不易流失,抗毒和忍耐力明显增强,固液分离也容易得多,剩余污泥大为减少,还根治了污泥膨胀。所以,酶和细胞固定化技术越来越多地被用到废水处理的实践中。

应用固定化细胞来处理废水废气,适应性广,无须提取酶操作,成本相对较低,稳定性也较高。固定化细胞的另一优点是可以通过再培养恢复其相对活力,这对降低使用成本有实际意义。国内外应用固定化细胞处理有机污染物、无机金属毒物和废水脱色的成功例子很多。1983 年,英国采用固定化细胞反应设备处理含氰废水,这是生物技术在环境科学领域中实用的先例。我国近年在应用固定化细胞技术降解合成洗涤剂中的表面活性剂直链烷基苯磺酸钠(Linear Alkylbenzene Sulfonates,LAS)方面的研究也已取得进展,降解浓度为 100mg/L 的 LAS 废水,去除率和酶活性保存率均在 90% 以上,反应 15 小时,酶活性无明显下降,再培养后可恢复固定化细胞的酶活性。用海藻酸钙包埋固定热带假丝酵母菌,在三相流化床反应器中连续处理含酚废水,进水酚浓度为 300mg/L,出水酚浓度小于 0.5mg/L,酚的最大容荷比活性污泥法高 1 倍,其污泥发生量仅为活性污泥法的 1/10。固定化产甲烷菌处理有机废水效果很好,可以连续产甲烷 90 天以上。利用聚丙烯酰胺包埋一种柠檬酸细菌,可以高效地去除污水中的铅、镉和铜,而且能全部洗脱回收利用。用海藻酸钙固定白腐本菌细胞,处理硫酸盐纸浆废水中的色素,在适量添加碳源的条件下脱色率可达 80% 以上,据此有人认为,用分解本质素的真菌的固定化细胞净化造纸废水是一种有前途的方法。

目前固定化技术处理污染物所面临的主要问题是载体成本较高,固定化材料对传质过程有阻碍,使酶活性大多低于游离细胞。这些问题得到解决,将是固定化技术得到进一步推广应用的关键。

三、酶工程在生态修复中的应用

生态修复主要利用微生物、植物及微生物-植物的联合作用,因为它们的酶系统催化功能十分强大,可以改变有机污染物的结构和毒性,或者使它们完全矿化,形成无害的无机终端产物。环境中最常见的有机污染物,如简单的碳氢化合物($C_1 \sim C_{15}$)、醇类、酚类、胺类、酸类、酯类和酰胺类等,是容易被生物降解的化合物。相反,PCBs、PAHs 及农药等污染物非常难以被生物降解。化合物的结构越复杂,就越难以被生物降解。在受污染场所(特别是土壤环境中),污染物只有与微生物的酶系统接触才能发生降解,如果污染物是溶解性的,它们能够很容易进入细胞内;如果污染物是不溶性的,那么首先需要转化成溶解性的或微生物容易获得的产物。对于不溶性污染物的细胞转化来说,第一步通常是由微生物细胞释放的胞外酶启动这一过程,胞外酶包括大量的氧化还原酶和水解酶,这些酶将大分子化合物转化为细胞容易吸收的小分子物质,随后,这些小分子物质进入微生物细胞被彻底矿化(图 8-3-1)。

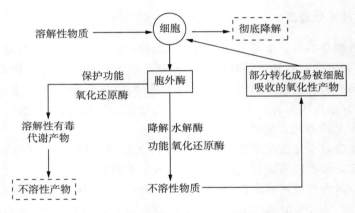

图 8-3-1　胞外酶在细胞代谢中的作用

研究表明,C. keratinophilum Z 真菌产生的胞外蛋白酶可以水解角蛋白废物;来自 Penicillum funicolosum 和 Tricoderma resei 的纤维素酶可以处理不同来源的废纸品;难降解的有毒污染物可以在各种白腐真菌的胞外酶协助下有效地矿化;植物根区胞外酶通常与植物细胞壁相关,可以将污染物转化为更容易被植物根部或根际微生物吸收的中间产物。胞外酶用于土壤修复是有可能的,不过存在着局限性,需对其进行修饰和改造。基因工程为改变细胞内的关键酶或酶系统提供了可能,从而可以利用基因工程对酶进行改造。漆酶因可氧化多种有机污染物,在土壤污染修复方面的应用潜力受到人们的广泛重视。筛选具有较高漆酶活性的土壤真菌,可以为污染土壤修复提供生物资源。在适当培养条件下,真菌 F-5 培养液酶活性可达 4 033U/L,表现出该菌较强的产漆酶能力,在 PAHs 污染土壤的生态修复中,真菌 F-5 可使土壤中苯并(a)芘、二苯并(a,h)蒽等高环高毒性 PAHs 降解,并使土壤中 PAHs 毒性当量大幅降低,因此,真菌 F-5 适合修复被 PAHs 污染的土壤。

伴随着人类基因组计划取得的巨大成果,基因组学和蛋白质组学的诞生,生物信息学的兴起,以及 DNA 重排技术的发展,预期在不久的将来,众多新酶的出现将使酶在环境污染治理领域的应用达到前所未有的广度和深度。

第四节　发酵工程在环境治理与修复中的应用

一、亚硫酸盐纸浆废液乙醇发酵

亚硫酸盐纸浆废液中含有较多的木质素盐和相当数量的糖类,总固形物为 9%～17%,其中有机物占总固形物的 85%～90%。亚硫酸盐纸浆废液中可发酵性糖的来源主要是半纤维素。为了使亚硫酸盐纸浆废液能用于乙醇发酵,必须经过预处理,即通入空气,使有害物质二氧化硫得以挥发,用石灰水等碱性溶液中和废液的酸,pH 值调为 5.4～5.5,将中和过程中产生的硫酸钙和亚硫酸钙采用沉降法除去。在澄清液中添加氮和磷,然后在发酵罐中加入絮状酵母,并通入空气搅拌,进行乙醇发酵。发酵液流入澄清罐,将沉淀的酵母留在澄清罐底部中心,并再回流到发酵罐中,而澄清液送去蒸馏,生产乙醇。

二、酵母循环系统

酵母循环系统是指利用酵母菌-活性污泥二段式好氧处理废水的系统。日本西原环境卫生研究所用生产面包的废水进行微生物混合培养,结果分离出酵母和其他两种微生物。研究人员认为,既然酵母也能有效地处理废水,那么处理后的剩余污泥是酵母的集合体,其中含有大量的蛋白质、维生素和脂肪等多种物质,完全可以用来制作饲料或肥料,从而一举解决了活性污泥法剩余的污泥问题。这样就产生了一种利用酵母的新式食品废水处理系统——酵母循环系统。与细菌活性污泥系统相比较,酵母废水处理系统的性能大大提高。酵母废水处理系统的日处理能力达到 BOD 的去除率 $10～15kg/m^3$,是细菌法的 5～7 倍。酵母槽中的酵母浓度高达 $10～15g/L$,酵母絮体结构呈海绵状,空径大,非常易于氧气的扩散,因而混合液的溶解氧水平可以降低到 $0.3～0.8g/L$,相应的送风量只需活性污泥法的 60%,而海绵状的酵母污泥可在常压下脱水,无须添加药剂。

三、废纤维素的资源化

纤维素是生物圈中数量最大的废物,我国每年的主要农林废弃物约为 $7\,000×10^4\,t$,然而其中被利用的不足 2%,这是因为纤维素和半纤维素特别是木质素难以被微生物分解。因此,寻找能高效分解纤维素的菌种或纤维素酶是废纤维素资源化的关键之一。目前发现以绿色木霉为发生源的纤维素酶活性很高,并已在 1962 年生产该菌的纤维素酶制剂,该株木霉经美国陆军 Natick 实验室改进后,其酶活力已经提高了 19 倍,并据此开发了纤维素酶解糖化工艺。该工艺由制酶、原料预处理、水解与糖浆回收三个阶段组成,以旧报纸为原料生产葡萄糖,转化率为 50%。据推算,在年产 $8×10^4\,t$ 葡萄糖的成本中,制酶费占 60%,可见提高酶活力和回收率、减少酶的消耗量对降低成本具有重要意义。

利用纤维素肥料生产单细胞蛋白的技术也在不断改进中。一些放线菌菌株能广泛分解纤维素、半纤维素、木质素和淀粉等有机物产生 SCP,容积生产效率可达 2g/L 以上,对纤维素的得率为 45% 左右,菌体细胞蛋白质含量在 60% 以上。20 世纪六七十年代,全世界用纤维素原料的水解液生产 SCP 已达 50×10^4 t。

利用纤维素生产乙醇被认为是解决能源危机和减少能源污染的一条有效途径。用混合培育方法可直接将纤维素转化为乙醇,即用热纤梭菌来水解纤维素,同时运用热解糖梭菌把前者不能代谢的戊糖转化为乙醇,从而可以同时将戊糖和己糖转化为乙醇,并使纤维素水解和乙醇发酵结合进行。从原料中得到的乙醇已达到理论最高产量的 85%。这种一步转化技术的经济潜力超过了多步流程,应用前景十分明显。我国上海交通大学利用上述两种菌种对造纸废水中的短小纤维进行直接发酵、生产乙醇的实验表明,混合培养能大大提高酒精的生产量。用生物法处理废纤维素,可以生产 SCP、乙醇和其他化工原料,据估计,30% 的石油化工产品可通过纤维素的生物转化获得。可见,生物发酵技术在为人类解决粮食、能源和环境污染等危机中,有着举足轻重的作用。

四、有机固体废弃物的快速堆肥

我国每年由固体废弃物造成的各种经济损失已达 80 亿元,而这些废弃物中又含有许多有利用价值的物质和能量组分,各种有机物就是其中的典型。运用生物发酵对这些废弃物进行无害化、资源化、减量化处理,可以达到变害为宝、化害为利的目的。传统的静态发酵堆肥法是在不通气的条件下,将有机废弃物(包括城市垃圾、人畜粪便、植物秸秆、污水处理厂的剩余污泥等)进行厌氧发酵,制成有机肥料,使固体废弃物无害化的过程。堆肥时,堆内不设通气系统,堆温低,腐熟及无害化所需时间较长。一般厌氧堆肥要求封堆后一个月左右翻堆一次,以利于微生物活动使堆料腐熟。有机废物经堆肥化处理后,可以成为优良的土壤改良剂和优质肥料。高效、快速的堆肥技术是 20 世纪 60 年代以来国内外竞相研究的重点之一,堆肥方法从传统的露天静态堆肥法向快速堆肥法发展,其中最著名的是达诺式(DANO)回转圆筒型发酵仓工艺。DANO 工艺是动态工艺,在有机物含量大于 40% 时,主发酵期为 3～4 天,甚至可以短到 2 天,此时垃圾已经无害化处理;后发酵期用 10～11 天达到完全稳定化。全程共 14 天,比一般静态发酵法缩短了 6 天左右,因此可以节省工程投资,提高处理能力。目前国内这项技术的研究实验工作起步不久,有待改进推广。从自然界中分离筛选一些在新鲜畜粪上能旺盛增殖的嗜粪微生物,用它们接种后,可明显加快发酵进程。向有机肥料中接种白色腐朽菌,有利于难降解的木质素加快分解。也可以对植物性废弃物和城市污泥进行加酶处理,在沼气发酵时甲烷产量可有大幅度提高。

小　结

现代环境生物技术主要包括应用于环境监测、保护、治理和修复中的基因工程、细胞工程、酶工程和发酵工程,四者相互联系、交叉渗透。目前基因工程菌已经被用来去除环境中的单一和复合污染物,利用基因工程技术可使植物得以净化空气污染物。细胞工程开发出的细胞工程菌用于降解环境中的有机污染物,抗性植物用于重金属污染的生态修复。固定化技术的迅速发展促使酶工程作为一个独立的学科从发酵工程中脱颖而出,已有很多重要酶可对环境中的有机污染物进行降解,应用固定化技术处理废水、废气,适应性广,不需要提取酶这一操作,成本相对较低,稳定性也较高。现代发酵工业已形成完整的工业体系,其产品在医药、食品、化工、轻工、纺织、环境保护等诸多领域获得了广泛应用,发酵工程除了可优化传统的发酵降解污染物,在环境治理与修复中主要应用于乙醇等新能源的生产、可有效处理废水的酵母菌的生产,更引人注目的是,在降解、净化污染物时实现了废物的资源化,如纤维素、有机固体废物等的降解。

习　题

1. 阐述基因工程、细胞工程、酶工程和发酵工程的定义。
2. 为什么说现代生物技术的这四大工程是相互渗透、相互联系的?举例论述。
3. 简述基因工程的必需条件和基因工程菌的构建方法。
4. 概述细胞融合和植物组织培养的方法。
5. 简述酶固定化和细胞固定化的定义、方法和优点。
6. 描述现代发酵工艺的流程。发酵生产有哪些产品与环境保护和治理有关?
7. 阐述现代环境生物技术在环境治理和生态修复中的应用。

第九章 生态修复技术和预防生物技术

【本章要点】

本节主要介绍生态修复的机制、原则、工程程序和应用,预防生物技术对生物多样性保护的作用和方法。

第七章和第八章介绍了污染生物治理的原理和方法,主要是针对进入环境之前的污染物进行异地集中处理。例如,食品加工厂生产中产生的废水,先经过污水处理厂进行处理,达标后才排放到环境中,但对于已经遭受污染或破坏的大面积环境问题,尤其是严重的生态破坏,运用第七章和第八章介绍的方法远远不能解决。利用生物的方法来修复被大面积污染的环境和被破坏的生态系统已被实践证明可行,并且已取得了一定的成效,成为现代环境生物技术的核心内容之一。由此诞生了恢复生态学,生态修复技术是其核心技术。在生态系统受到人为胁迫之前采取预防生物技术保护生物多样性,协调人类与自然环境的关系,是保护生物学的研究内容,其关键技术是预防生物技术。

第一节 生态修复概述

生态修复研究可追溯至欧美等国在 20 世纪初对自然资源的管理和保护性利用。在 20 世纪 60 至 70 年代经济高速增长带来严重环境危机的背景下,生态修复问题被发达国家提到重要位置,构建了一系列法律法规体系,积累了丰富的理论研究和实践经验。20世纪 70 年代以来是生物技术和微生物学的大发展时期,对有机污染物的生物可降解性和分解程度方面的研究有了相当大的提高,生态修复作为正式的研究领域出现。20 世纪 80 年代以后,基础研究的成果被应用于大范围的污染环境治理,并取得了相当大的成功,1989 年,美国阿拉斯加海滩 Exxon Valdez(埃克森·瓦尔德斯号)油轮溢油后用生态修复方法在短时间内成功地清除了污染,成为全世界公认的生态修复里程碑事件,从此生态修复得到了政府环保部门的认可,并被多个国家用于土壤、地下水、地表水、海滩、海洋环境污染的治理。1991 年,第一届原位生态修复国际会议在美国圣地亚哥召开,标志着以生态修复为核心的环境生物技术作为环境科学研究中一个富有挑战性的前沿领域进入了全新的发展时期。2021 年中国步入"十四五"时期,随着人们对环境质量的要求越来越高,传统的治理技术已难以满足越来越严格的环境标准,环境生态修复技术地位越来越重要,将成为生态环境保护最有价值和最有生命力的生物治理方法。

一、生态修复的概念和特点

目前的环境修复技术主要分为物理方法、化学方法和生物方法。物理修复采用污染物萃取技术或热技术去除污染物;化学修复常使用氧化剂、还原剂、光解、紫外-氧化处理和还原脱氯等方法分解污染物;生态修复(ecological restoration)是指一切以微生物(包括土著微生物和工程菌等)、动物和植物等为主体,削减、净化环境中的污染物,或恢复被破坏的生态系统,从而使被污染或破坏的环境能够部分或完全恢复到原状的过程。事实上,在较早的概念中生态修复仅指微生物的作用。不可否认,微生物在生态修复过程中的作用是至关重要的,但是,植物和某些动物对生态修复过程也有重要影响。因此,植物修复和动物修复也越来越受到人们的重视。

与物理方法、化学方法相比,生态修复具有以下优点:可在现场进行原位修复,使位点的破坏达到最小;减少运输费用和人类直接接触污染物的机会;适用于其他技术难以处理的场地,如公路和建筑物下污染土壤;在生态修复场地可以照常进行生产;可以有效降低污染物浓度,二次污染小;经济花费少,仅为传统化学、物理修复的30%~50%;可和其他处理技术结合处理复合污染;可以实现低能耗甚至无能耗长期运转;可以保持修复地点的生产功能;可以实现景观改良;等等。但生态修复也存在以下缺点:不是所有污染物都可以使用生态修复方法,有些污染物目前还不能使用;有些污染物的转化产物毒性和迁移性增强;科技含量高,运作必须符合污染场地的特殊条件,工程前期可行性评价的投入高;项目执行时除了化学监测项目,还需增加生物监测项目;微生物活性受温度和其他环境条件的影响;不能将污染物全部去除;等等。

生态修复强调的是利用生态学的原理,依靠生态系统的自我调节能力,使生态系统得以恢复。例如,在富营养化水体中种植水生植物、改变鱼的种类和食物链。只要是利用生物来解决环境问题,都不可能是生物孤立地发生作用。首先,生物要依赖生态环境而存活和繁殖;其次,很多污染物的降解需要依靠微生物的共代谢和植物-微生物的联合作用等,所以都是以某种群生物为主体,其他生物种群协同作用,共同完成修复,都遵循群落和生态学原理。生态修复已成为环境污染治理和生态破坏修复的一种新方法,逐渐成为解决环境问题的一个重要热点。

生态修复与污染生物处理有许多相似之处,它们都利用到微生物的降解作用,都利用到微生物的同化作用来扩大繁殖,都通过工程措施保持生物处理过程有很高的效率,在处理特殊废物时都需要驯化和筛选一些高效微生物,等等。二者的不同之处在于,生态修复几乎专指已被污染的土壤、地下水和海洋中有毒有害污染物的原位生物处理,旨在使这些地方恢复"清洁",而生物处理则是控制排放口的污染物,旨在不污染环境;生态修复降解的化学品多是比较难降解的有毒化学品的复杂混合物,如燃油、杂酚油、工业溶剂的混合物等,而生物处理是在精心设计的工程系统中进行的,处理的污染物较容易降解;生态修复降解的污染物浓度从低到高可以相差 10^6 倍,有时还会有无机废物(如重金属)存在,生物处理使待处理的污染物处于均匀混合状态,操作运行相对简单。生态修复更强调在精心选择、设计合理的环境条件中促进或强化天然条件下发生很慢或不能发生的降解和转化过程,能治理更大面积的污染和生态破坏。

二、生态修复的分类

生态修复的种类很多,可以根据不同的标准进行分类。

(1)根据被修复的污染环境,生态修复可以分为土壤污染生态修复、水污染生态修复、大气污染生态修复、沉积物生态修复和海洋生态修复等。

(2)根据生态修复的污染物种类,生态修复可以分为有机污染生态修复、重金属污染的生态修复、放射性污染的生态修复等。

(3)根据生态修复利用的生物种类,生态修复可以分为微生物修复、植物修复和动物修复。

(4)根据干预的情况,生态修复可以分为人工生态修复(artificial bioremediation)和自然生态修复(intrinsic bioremediation)。人工生态修复又分为原位生态修复(insitu bioremediation)和异位生态修复(exsitu bioremediation),在异位生态修复中,又有非反应器型和反应器型生态修复(reactor bioremediation)两种形式。自然生态修复是不进行任何工程辅助措施或不调控生态系统,完全依赖自然的生态修复过程。因此,只有一些轻微污染的环境可以采用自然生态修复的措施。在自然生态修复速率很低或修复不能够发生时,可以采用人工生态修复,通过补充营养盐、电子受体,引入外来生物等措施促进污染环境的生态修复。原位生态修复是在污染的原地点进行的,采用一定的工程措施,但不人为移动污染物,不需将土壤挖走或将地下水抽至地面上处理,其优点是费用较低、操作简单,但较难严格控制。在地表水污染治理中,常用的原位生态修复措施有投加高效降解菌或基因工程菌、人工曝气复氧、投加营养物或生物表面活性剂、添加电子受体等。异位生态修复是指移动污染物到反应器内或邻近地点,采用工程措施进行,需要将污染物通过某种途径从污染现场运走,这种运输一般会增加费用,但在处理过程中便于对修复过程进行控制,多采用挖掘土壤或抽取地下水方式进行。异位生态修复中的反应器类型大多采用传统意义上生物处理的反应器形式,很显然,异位修复更强调人为控制和创造更加优化的降解环境,结果容易预料,技术难度较低,但是投资成本较大。一般受污染的土壤较浅而易于挖掘,或污染地化学特性阻碍原位生态修复时就采用异位修复。在处理位置上,原位生态修复强调污染物存在的初始空间分布,异位修复则稍做迁移。在处理过程中,异位生态修复则有更多的人为调控和优化处理。

(5)根据生态修复利用微生物的情况,生态修复可以分为使用土著微生物(indigenous microorganism)修复、外源微生物(exogenous microorganism)修复和基因工程菌修复。

① 使用土著微生物修复,即利用污染环境中自然存在的降解微生物,不加入外源微生物。环境中经常存在着各种各样的微生物,这些土著微生物具有降解污染物的巨大潜力,它们遭受有毒有害的有机物污染,实际上就经历了一个驯化选择过程,一些特异的微生物在污染物的诱导下产生分解污染物的酶系,进而将污染物降解转化。目前在大多数生态修复工程中实际应用的都是土著微生物,这种方法已被成功应用于石油烃类的生态修复,如在地下贮油罐的汽油泄漏中使用。

② 使用外源微生物修复。对于天然存在的有机化合物几乎都可以用土著微生物来进行生态修复,但对于很多新出现的污染物很难有土著微生物能降解它们,即使有,土著

微生物的生长速度慢、代谢活性不高,或者因为污染物的存在而造成土著微生物数量下降,所以对污染物的分解能力很低,这就需要接种具有降解能力的外源微生物,提高污染物降解的速率。接种外源微生物的主要作用是补充环境中缺乏的污染物降解菌,弥补土著微生物的不足。补充外源微生物可与土著微生物产生协同作用,有利于污染物的高效降解,用外源微生物启动生态修复过程,发挥催化作用,加速微生物修复的速度。例如,在处理 2-氯苯酚污染的土壤时,只添加营养物,7 周内 2-氯苯酚浓度从 245mg/L 降为 105mg/L,而同时添加营养物和接种恶臭假单胞菌纯培养物后,4 周内 2-氯苯酚的浓度即有明显降低,7 周后仅为 2mg/L。采用外源微生物接种时,会受到土著微生物的竞争,需要用大量的接种微生物形成优势,以便迅速开始生物降解过程。科学家正不断筛选高效广谱微生物和在极端环境下生长的微生物,包括可耐受有机溶剂、可在极端碱性条件下或高温下生存的微生物,并将其运用到生态修复工程中,但接种外源微生物要注意安全问题,凤眼莲在我国对生态的破坏就是一个教训。

在实际应用中,一般用工程化手段加速生态修复的进程,这种在受控条件下进行的生态修复又称强化生态修复(enhanced bioremediation)或工程化的生态修复(engineered bioremediation)。其加快修复速率的方法一般有两种:①生物刺激(biostimulation)技术,满足土著微生物生长所需要的条件,诸如提供电子受体、供体氧及营养物等;②生物强化(bioaugmentation)技术,需要不断地向污染环境中投入外源微生物、酶、其他生长基质或氮、磷无机盐。

③ 使用基因工程菌修复。基因工程菌的研究引起了人们浓厚的兴趣,采用遗传工程手段可以将多种降解基因转入同一微生物中,使之获得广谱的降解能力,或者增加细胞内降解基因的拷贝数来增加降解酶的数量,从而提高微生物对污染物的降解能力。例如,尼龙寡聚物在化工厂污水中难以被一般微生物分解。已经发现黄杆菌属(*Flavobacterium*)、棒状杆菌属(*Corynebacterium*)和产碱杆菌属(*Alcaligenes*)具有分解尼龙寡聚物的质粒。但上述三个属的细菌不易在污水中繁殖,大肠杆菌又无分解尼龙寡聚物的质粒,但大肠杆菌在污水中普遍存在,冈田等成功地把分解尼龙寡聚物的质粒 pOAD 基因移植到受体细胞大肠杆菌内,使大肠杆菌获得了该基因指令的遗传性状。有关基因工程菌用于生态修复详见第八章第一节。

第二节　生态修复机制

生态修复包括微生物修复、动物修复和植物修复。动物修复是指通过土壤动物群的直接作用(吸收、转化和分解)或间接作用(改善土壤理化性质,提高土壤肥力,促进植物和微生物的生长)而修复土壤污染的过程,但到目前为止动物修复并没有被应用到实践中,在实际操作中行使生态修复作用的是微生物和植物。

一、微生物修复机制

微生物修复与污染的微生物处理机制相同,都是通过微生物的代谢对污染物进行降解和转化,将有机污染物降解为无害的小分子化合物或彻底降解为二氧化碳与水,还可以转化、钝化和积累重金属,减轻重金属污染物的毒害作用,关于原理在第七章中已经详述,这里不再赘述。目前微生物修复工程技术已取得很大的成功并被广泛运用。例如,在铬污染的治理方面,利用原土壤的微生物或向污染环境补充经过驯化的对 Cr^{6+} 有耐受性质和还原能力的高效微生物,通过生物还原反应将 Cr^{6+} 还原成 Cr^{3+},降低铬的毒性,从而达到修复的目的。

成功的微生物修复一般需具备四个条件:一是必须存在具有代谢活性的微生物,这些微生物在降解或转化化合物时必须达到一定的速率,并且不会产生有毒物质;二是目标化合物必须能被微生物利用,污染场地不含对降解菌种有抑制作用的物质,否则需先行稀释或将该抑制剂无害化处理;三是污染场地或生物反应器的环境条件必须有利于微生物生长或保持活性;四是技术费用必须尽可能低。在实际应用中常采用投加具有高代谢活性的微生物(生物添加法,bioaugmentation)和投加营养物、电子受体或共代谢物及改变生物生活的条件(生物刺激法,biostimulation)等办法达到以上目的。

许多研究者指出,土壤环境状况、污染物特性及微生物区系是影响污染土壤微生物修复的关键因素,因此有必要全面分析这些因素对微生物修复的影响。Jung 等的研究结果表明,土壤有机质、土壤质地、粒径分布、土壤湿度等对十六烷的臭氧氧化原位修复效果有显著影响。Prasanna 等采用生物泥浆反应器修复蒽污染土壤,系统 pH 值、土壤微生物区系、氧气消耗速率等因子与蒽的降解速率直接相关。最终电子受体的种类和浓度也极大程度上影响着生态修复的速度和程度。Lu 等的研究表明,厌氧微生物降解乙氧基苯酚过程中添加硫酸盐或硝酸盐作为电子受体,可促进降解效果。此外,土壤中的营养元素包括 N、P、K、Na、Ca、Mg、Fe、Zn 等,它们必须保持一定的数量、形式和比例,以维持微生物生长。Santos 等的研究表明,铁离子对 *Pseudomonas* sp. 降解蒽具有促进作用。在被石油污染的土壤中,通常有机碳含量较高,而 N 和 P 相对缺乏,氮源和磷源是常见的生物降解限制因素,故添加 N 和 P 可促进生物降解,一般添加的 N 源为 NH_4^+,P 源为 PO_4^{3-}。也有研究者探索用有机 N 源(如尿素、谷氨酸等)代替无机 N 源。微生物修复技术虽已取得很大的成功,但仍存在一些问题,处理后的某些污染物含量仍不能达标,主要制约因素如下。

(1)进行大面积的重金属污染现场修复时,微生物生物量小,细胞个体小,不容易进行善后处理。

(2)微生物不能降解所有的污染物,污染物的难降解性、不溶解性及土壤腐殖质和泥土结合在一起常使生态修复难以进行。此外,共存的有毒物质(如重金属)对微生物降解有抑制作用;

(3)电子受体(营养物)释放的物理性障碍。

(4)微生物的活性易受温度和其他环境条件的影响,如低温引起反应速率降低。

(5)污染物的分布不均一性和生物不可利用性。

(6)污染物被转化成有毒的代谢产物。

二、植物修复机制

植物修复的主要对象是有毒重金属、有机污染物和放射性元素污染,目前普遍认为利用植物修复的方法来清除受污染土壤重金属和有机物污染物,是一种既经济又方便的做法。美国新泽西州就成功地利用植物修复的方法,把一处因制造电池而导致受到铅污染的土地复育成功。由于植物修复技术有益于环境并且成本较低,因此有广阔的发展前景。

植物利用其庞大的叶冠和根系,在水体或土壤中与环境之间进行着复杂的物质交换和能量流动,在维持生态环境的平衡中起着重要的作用。植物修复是指利用植物转移、容纳或转化环境介质中有毒有害污染物,使其对环境无害,从而治理水体、土壤和底泥等介质中的污染,使污染环境得到修复与治理。与物理修复、化学修复及微生物修复技术相比,植物修复技术是一种有潜力、正在发展的清除环境污染的绿色技术,具有独特的优点,主要表现在:应用面广,可用于水、气、土壤的净化与修复多个方面;环保,对环境扰动小,属于原位处理技术,更适于现场操作;可增加土壤中有机质含量和肥力;有利于水土保持,改善生态环境;经济,成本低,根据美国的研究,采用植物修复技术,每年 $1m^2$ 土壤的处理费用仅为 $0.02\sim1.0$ 美元,而物理修复或化学修复费用要高出几个数量级。当然植物修复也有其缺点,主要表现在:一种植物通常只能吸收一种或两种重金属元素,所以要针对不同的污染物采用不同的植物;耗时长;影响因素多样、复杂;需要进行后续处理。

根据植物作用过程和机理,植物修复技术可归成以下几种类型:植物固定(phytostabilization)、植物挥发(phytovolatilization)、植物吸收(phytouptake)、植物降解(phytodegradation)和植物和根际微生物联合作用(combined effect of rhizosphere microorganisms)。根据植物修复的污染物种类,可以将植物修复分为重金属污染的植物修复、有机物污染的植物修复和放射性元素污染的植物修复。

（一）植物固定

植物固定是指利用植物根际的一些特殊物质及其他一些添加物质使环境中的金属流动性降低,生物可利用性下降,转化为相对无害物质,降低金属对生物的毒性。利用植物吸收和沉淀来固定土壤中的大量有毒金属,可以降低其生物有效性及防止其进入地下水和食物链,从而减少其对环境和人类健康的污染风险。植物在这一过程中有两个主要功能:一是保护污染土壤不受侵蚀,减少土壤渗漏以防止金属污染物的淋移;二是通过在根部累积和沉淀或通过根表吸收金属来加强对污染物的固定。此外,植物还可以通过改变根际环境(如 pH 值、氧化还原电位)来改变污染物的化学形态。已有研究表明,植物根部可有效地固定土壤中的铅,从而减少其对环境的风险。然而植物固定作用并没有将环境中的重金属离子去除,只是暂时将其固定,使其对环境中的生物不产生毒害作用,但并没有彻底解决环境中的重金属污染问题。如果环境条件发生变化,重金属的生物可利用性可能又会发生改变。因此,植物固定不是一个很理想的修复方法。此外,应用植物固定原理修复污染土壤应尽量防止植物吸收有害元素,以防止昆虫、草食动物及牛、羊等牲畜在这些地方觅食后可能会对食物链带来的污染。目前重金属污染土壤的植物固定是一项正在发展中的技术,这种技术与原位化学钝化技术相结合将会显示出更大的应用潜力。

（二）植物挥发

植物挥发是与植物提取相连的,是指利用植物的吸取、积累、挥发作用,去除环境中的一些挥发性污染物,将之转化成毒性较小的挥发态物质并释放到大气,从而减少土壤或水体污染物。重金属和有机物均可以通过植物挥发作用产生毒性小的挥发态物质。在过去的半个世纪中,汞污染被认为是一种危害很大的环境灾害,工业产生的典型含汞废弃物都具有生物毒性。例如,离子态 Hg^{2+} 在厌氧细菌的作用下可以转化成对环境危害极大的甲基汞,一些细菌先在污染位点存活繁衍,然后通过酶的作用将甲基汞和离子态汞转化成毒性小得多、可挥发的单质汞,这一过程已被作为一种降低汞毒性的生物途径之一。在拟南芥属体内引入细菌体内编码为 MerA(汞离子还原酶)的半合成基因,这一基因在拟南芥体内表达后,可将植物从环境中吸收的汞还原成气态的 Hg^0 而挥发,使植物对汞的耐受性提高。研究证明,将来源于细菌中的汞抗性基因转导入植物中,不仅可以使其具有在通常生物中毒的汞浓度条件下生长的能力,还能将从水体或土壤中吸取的汞还原成挥发性的单质汞。无机三价砷在甲基化作用和还原作用下生成五价和三价的甲基化产物,最终产物三甲基砷(TMA)是一种挥发性气体,植物若能将土壤中的砷转化为 TMA 将是一种最理想的状态,植物体内的砷将通过挥发的作用排出体外。研究发现,许多植物可从污染土壤中吸收硒,并将其转化成可挥发状态二甲基硒和二甲基二硒,从而降低硒对土壤生态系统的毒性。但植物挥发方法只适用于挥发性污染物,应用范围很小,并且将土壤或水域中的重金属转移至大气,对人类和生物有一定的风险,因此,它的应用将受到限制。从区域整体环境质量考虑,利用植物挥发修复水体或土壤重金属污染应以不损害大气质量为前提。

(三)植物吸收

植物固定和植物挥发这两种植物修复途径均有其局限性,植物固定只是一种原位降低污染元素生物有效性的途径,而不是一种永久性的去除土壤中污染元素的方法;植物挥发仅是去除土壤中一些可挥发的污染物,并且其向大气的挥发应以不构成生态危害为限。相比较而言,植物吸收是一种具有永久性和广域性的植物修复途径,是目前研究最多并且最具有发展前景的一种利用植物去除环境污染元素(特别是重金属)的方法。植物吸收又称植物过滤(phytoinfiltration)、植物提取(phytoextraction,或植物萃取),是利用专性植物根系吸收一种或几种污染物,特别是有毒金属,并将其转移、贮存到植物地上部,通过收割地上部物质带走土壤中污染物的处理技术。

1. 植物对重金属的吸收

植物可通过根部直接吸收水溶性重金属。但是到达植物根系表面的金属离子不一定能被植物吸收,植物吸收重金属的生理过程分为两个阶段:一是细胞壁对重金属的吸附;二是重金属透过细胞质膜进入植物细胞。植物的细胞壁是污染物进入植物细胞的第一道屏障。当重金属浓度较低时和在吸收的开始阶段,重金属首先被细胞壁吸附,只有当外界污染物浓度相当大时,才有部分细颗粒重金属透过细胞壁穿过质膜进入细胞。

金属离子进入根部后,要么被贮存,要么被转运到茎叶部分。尽管很多实验证明重金属主要分布在植物根部,但一些流动性较大的元素可以通过导管向上迁移到叶片。

到目前为止,国际上发现的重金属超积累植物有近 500 种。大多植物是在金属矿区发现的,对高浓度重金属有着先天的耐性,但其中多数植物因为生物量小、生长缓慢、吸收能力不稳定等因素限制了实际修复应用。自 20 世纪 90 年代后期以来,我国已经发现了不少重金属的超积累植物品种资源,如砷超积累植物蜈蚣草,镉和锌超积累植物东南景天、伴矿景天、圆锥南芥,以及锰超积累植物商陆等;通过常规育种及转基因种改良超积累植物品种,可以筛选出能够吸收、转移和耐受重金属并且生物量高的植物,提高植物对土壤中重金属的提取能力。例如,豌豆的突变株所积累的铁含量比野生型高,这是因为通过引入金属硫蛋白基因增加了植物对金属的耐受性。

筛选合适的超量积累植物是研究和应用的关键。如果某种植物能够超量积累重金属含量达到 $1\%\sim3\%$,有希望用于治理污染的土壤上。目前采用较多的超积累植物的界定依据 Baker 和 Brooks 提出的参考值,即把植物叶片或地上部(干重)中含 Cd 达到 100mg/kg,含 Co、Cu、Ni、Pb 达到 1 000mg/kg,含 Mn、Zn 达到 10 000mg/kg 以上的植物称为超积累植物,同时要满足 $S/R>1$ 的条件(S 和 R 分别指植物地上部和根部重金属的含量)。

2. 植物对有机污染物的吸收

植物去除环境中的中等疏水性有机污染物的一个重要机制是植物从土壤中直接吸收有机物,然后以没有毒性的代谢中间体形式储存在植物组织中。有机物被吸收到植物体后,植物可将其分解,并通过木质化作用使其成为植物体的组成成分,也可通过挥发、代谢或矿化作用使其转化成 CO_2 和 H_2O,或转化成为无毒性作用的中间代谢产物(如木质素),储存在植物细胞中,达到去除环境中有机污染物的目的。有些有机污染物在植物体内与其他有机化合物形成无毒的稳定复合物,还有一些有机污染物经过木质部转运,由植物蒸腾作用的驱动最后从植物叶表面挥发。因此,在应用植物修复时,要综合分析污染物的种类、特性和具体环境条件,选择合适的植物种类和制定技术方案。

3. 植物对放射性核素的吸收

核工业的发展、核技术的广泛应用,以及其他工业、农业、能源、军事、交通、医疗卫生等的发展使人类周围生态环境放射性核素的浓度不断增加。随着核炸弹、核试验及核反应的进行,核裂变副产物成为环境中的一类重要污染物,这些放射性核素长期存在于土壤中,对人类及生物的健康造成很大的威胁,它们会通过体外照射和体内照射导致畸形和癌变,如果农业生态系统被放射性核素污染则会带来一系列的新问题。目前,有很多的文献研究报道,植物可从污染土壤中吸收并积累大量的放射性核素,因此,用植物去除环境放射性核素是一种绿色、廉价、行之有效且具有很大潜力的治理手段。有关植物吸收环境中放射性核素的文献很多。研究资料表明,可被植物吸收修复的放射性核素主要有 ^{137}Cs、^{90}Sr、^3H 及 Pu 和 U 的同位素等,Nifontova 等在核电站的附近地区找到多种能大量吸收 ^{137}Cs 和 ^{90}Sr 的植物;Entry 等则发现桉树苗一个月可去除土壤中 31.0% 的 ^{137}Cs 和 11.3% 的 ^{90}Sr;Whicker 等发现水生大型植物天胡荽属(Hydrocotyle spp.)比其他 15 种水生植物积累 ^{137}Cs 和 ^{90}Sr 的能力强。目前针对 ^{137}Cs 和 ^{90}Sr 的超积累植物研究较多,而针对 Pu 和 U 同位素的超积累植物研究较少,主要是因为 ^{137}Cs 和 ^{90}Sr 都是水溶性的长寿命金属核素,分别与营养元素 Ca 和 K 的化学行为相近。在核电站附近地区发现多种能大量吸收 ^{137}Cs 和 ^{90}Sr 的植物种类,如桉树苗和反枝苋,对发生切尔诺贝利事故附近的野生植物进行调查后发现,唇形科、菊科、木灵藓科、蔷薇科等科属中的植物对 ^{137}Cs 的积累量也相当大。

由于很多放射性核素具有重金属的化学行为,因此可参照重金属的植物修复。此外,大量研究者进行菌根真菌在植物修复中作用的研究,结果显示,接种菌根真菌能够显著提高植株体内放射性核素的含量;利用基因工程改良植物,能够调整植物吸收、运输和对核素的耐受性,从而提高其积累放射性核素的能力。

影响植物对放射性核素积累效率的因素主要有根际环境、土壤添加剂、施肥措施及重金属含量。植物的根际环境包括土壤的理化性质、pH 值、水分含量、氧化还原电位、根系微生物以及根际分泌物等,以植物根系为中心聚集了大量的生命物质及其分泌物,如细菌、微生物、蚯蚓、线虫等,构成极为独特的生态修复单元,因此可通过调节根际环境来提高植物对放射性核素的积累率。将一些铵盐类物质和一些有机酸加入土壤中,能够诱导植物超常吸收放射性核素。例如,醋酸、柠檬酸及苹果酸能有效提高印度芥菜和青菜对土壤中铀的积累。施肥措施也能影响植物吸收放射性核素,但影响的性质不同,有的是施肥后提供了更多养分,促进了植物生长,增加了其根系密度,从而提高了植物对核素的积累率;如果大量施加钾、钙类肥料,反而会由于相似的化学行为而抑制植物对铯和锶的吸收。

(四)植物降解

植物降解也称植物转化或植物矿化(phytomineralization),是指通过植物体内的新陈代谢作用将吸收的污染物进行分解。研究表明,植物体释放的硝酸还原酶、脱卤酶、过氧化物酶、漆酶、腈水解酶等多种酶对有机污染物的降解有重要作用,这些酶可使相关的有机污染物降解速度大大加快。例如,硝酸盐还原酶和漆酶可降解三硝基甲苯(Lrinitro-toluene,TNT),使之成为无毒的成分;脱卤酶可降解三氯乙烯(trichloroethylene,TCE)等含氯溶剂,生成 Cl_2、H_2O 和 CO_2。因此,Lauracarrora 认为可通过根区的酶来筛选可用于降解某类化合物的植物,这是最好、最快速的寻找能用于降解某类化合物的植物的一种方法。植物降解技术适用于疏水性适中的污染物,如 BTEX、TCE、TNT 等;对于疏水性非常强的污染物,由于其会紧密结合在根系表面和土壤中,从而无法发生运移,对于这类污染物,更适合采用植物固定和植物辅助生态修复技术来治理。

(五)植物和根际微生物联合作用

根际是指受植物根系影响的根-土界面的一个微区,也是植物-土壤-微生物与其环境条件相互作用的场所。植物能通过释放分泌物来刺激根际微生物的数量和活性,促进根际微生物的转化作用,在根际形成有机碳,根细胞的死亡也增加了土壤有机碳,这些有机碳的增加可阻止有机化合物向地下水转移,也可增加微生物对污染物的矿化作用。有研究发现,微生物对阿特拉津的矿化作用与土壤有机碳成分直接相关。植物根际的菌根真菌与植物形成共生作用,有其独特的酶途径,用于降解不能被细菌单独转化的有机物。有研究表明,植物根际微生物明显比空白土壤中多,根际土壤微生物数量比非根际土壤中高 10~100 倍,根际中能降解有机污染物的细菌和真菌数量巨大,这些增加的微生物能增强根际环境中有机物的降解。最明显的例子是有固氮菌的豆科植物根际微生物的生物量、植物生物量和根系分泌物都有增加,促进了土壤中有机化学污染物的降解。

植物修复不仅受到待治理环境的气候、海拔条件、土壤类型等条件的影响,还受到不同污染类型的影响,一种植物往往只吸收一种或两种污染元素,对环境中其他浓度较高的污染元素则可能会表现出某些中毒症状,这限制了植物修复技术在多种成分污染环境中的修复能力;用于清理重金属污染土壤的超积累植物通常矮小、生物量低、生长缓慢、生长周期长。此外,植物修复周期长对于深层污染的修复有困难。由于气候及地质等因素,植物的生长受到限制,存在污染物通过"植物-动物"的食物链进入自然界的可能。所以,除了在现有的植物资源中进行实验和研究,还应通过育种技术、接种菌根真菌及基因改良工程等途径来提高超积累植物的耐受性和积累率。

第三节　生态修复的原则和技术方法

一、生态修复的原则

恢复生态学近年来强调恢复阈值的概念,即何时生态系统可以独立地自我恢复而不再需要人工干预。恢复阈值本质上是阻碍退化生态系统恢复的关键因素,可能是生物因素(如外来物种入侵、过度放牧等)抑或非生物因素(如水文、土壤结构变化等)。生态修复旨在阻遏生态系统恶化的趋势,因此至少需要越过恢复阈值,达到具有弹性和可持续性生态系统这一目标。生态修复的实践经验也表明,激发区域内的自我恢复潜力是生态修复项目的主要原则之一。污染环境的生态修复在设计和实施过程中应遵循以下原则。

(一)物种适宜性原则

不同的污染物需要由不同的生物来处理,筛选到高效的物种是生态修复的第一步,物种适宜性是生态修复技术成败的关键,为此需要进行物种的遴选,并实现物种间的合理配置。在物种遴选中除了考虑其修复能力,还要注意其适应修复环境的能力,对引种修复来说,这一点尤为重要,建议尽量选用乡土物种。生物间的关系错综复杂,不同物种搭配在一起时可能会产生相互拮抗、相互协同、互不干扰等不同的结果,为了发挥物种间的整体效益,需要物种间具有协同效应,避免出现拮抗现象。因此,合理的物种配置将有助于提高修复效果。

(二)环境安全性原则

在生态修复过程中所添加的物质或生物必须是环境安全的,它们的引入不得对人体健康和当地的生物多样性产生损害,并防止带来二次污染。因此,不能引入病原微生物及有毒有害物质。另外,在修复过程中,污染物及其代谢产物不得进入食物链,因此不能将农作物等作为修复生物。引入外来高效物种是生态修复的手段之一,但在具体操作中,用于修复污染环境的生物不得威胁到土著物种的生存和繁殖,造成生态入侵,因此应尽量选用土著物种。为了防止二次污染,需要从以下两个方面考虑:一方面,引入环境的物种和物质是无害的;另一方面,对修复生物进行妥善管理和后期处理。

(三)因地制宜性原则

生态修复技术有很强的地域选择性,不仅要注意生物的适应性,还要强调技术的适应性,在生态修复中没有各地都适用的通用技术,同种技术在不同污染物质、不同环境条件下也会有不同的效果。因此,必须强调因地制宜原则。

(四)可行性原则

可行性原则包括以下两个方面:首先是技术的可行性,生态修复技术要易于操作,有长期效果;其次是经济的可行性,建设及运行成本要低于物理方法和化学方法,可操作。

(五)景观协调性原则

用于修复污染环境的生物应对景观有改良作用,特别是利用植物修复环境时,除了注重其修复效果,还可以考虑其景观效果。

二、生态修复的方法和工程技术

生态修复技术方法是生态修复研究的重点领域。张瑶瑶等对国外生态修复进展进行了详细的研究,发现生态修复技术方法研究涉及森林、草原、湿地、河流、矿区及珊瑚礁、盐沼等各种生态系统,其中,草地、森林和河流/湿地(统称水体)生态系统是生态修复的热点领域。

生态修复工程通常倾向于在生态系统和景观尺度上开展,而非更小的物种或群落尺度,由于不同的退化生态系统在地域、外部干扰类型及强度等方面各有差别,生态系统所展现的退化类型、阶段及相应的响应机制各不相同,因此所采用的修复方法也不尽相同。

(一)生态修复的方法

从生态系统类型来说:在土壤修复方面,采用添加石灰、钙基膨润土、覆盖木纤维等方法直接改善土壤性质多关注对植物的修复及相应的土壤性质改善,重视植被结构、丰度等指标;对于河流生态系统的修复,多强调对动物(如鲑鱼、无脊椎动物等)的恢复,关注动物丰度指标。在河流生态修复实践中,地理信息系统(Geographic information system,GIS)、遥感(remote sensing,RS)技术在生态修复选址中得到广泛应用,通过对水文地貌学等指标(如地形、基质类型、土壤覆盖、植被覆盖、洪泛、扰动状态等)的遥感解译,对流域内的各潜在生态修复站点的修复迫切性、潜在适宜性等进行优先级排序;草地生态修复强调通过对土壤性质的改善(如焚烧、表土去除、深耕、覆盖有机物等)来促进草地植物群落建立,但修复实践显示,即使是长时间跨度的修复项目,也难以恢复草地生态系统的生物多样性,因此选择预先保护,而非破坏之后再修复,是更好的草地生态系统管理策略。在森林生态修复技术中,一种传统的干预和修复手段——计划烧除受到了人们的广泛关注,作为一种效果与风险并存的生态修复手段,计划烧除如何开展、何时开展仍存在争议;该方法具有促进土壤微生物群落发展、提高土壤肥力等积极作用,但也可能导致土壤有机物含量下降等负面影响;在湿地生态修复中,针对多样化的修复对象(如潮汐盐沼、红树林湿地等海岸带湿地,以及内陆淡水沼泽、泥炭湿地、河岸湿地等内陆湿地),其修复技术各有侧重,涵盖适宜的水文学恢复、特殊生境与景观的再造、入侵物种的控制、植物的再引入与植被恢复、物种多样性的恢复等多方面;矿山生态修复项目常侧重于采用积极的人工修复技术。例如,在植被修复方面,关注固氮植物、吸附重金属植物、耐受性植物等的优选。此外,矿山景观修复成为当前的研究主流。例如,加强斑块的联通性、地貌重塑、采场排水系统与地面水系的有机联系等,以增加修复后景观与周边区域的协调性。

　　生态修复项目的时间尺度多为中等—长时间(5~15年),以便确定更适用的、效果更佳的、相对更可持续的生态修复方法。

　　从生态系统要素来说,生态修复技术主要涉及对非生物环境要素(如土壤、水体、大气)的修复技术、对生物环境要素(物种、种群和群落等)的修复技术、对生态系统及景观(如结构、功能)的总体设计及集成技术。

　　对非生物环境要素的修复,可以采用免耕、绿肥施用、化学改良等技术手段进行土壤肥力恢复,采用生物篱笆等耕作技术手段进行水土流失控制与保持,采用土壤生物自净、增施有机肥、深翻埋藏、废弃物资源化利用等技术手段进行土壤污染控制与恢复,采用生物吸附、烟尘控制、新能源替代等技术手段开展大气污染控制与恢复,采用物理、化学、生物等处理手段开展水体污染控制等。通过高通量DNA测序和功能基因分析的最新技术进展,可以快速评估生态系统中的功能基因、了解系统的多样性,为改善生态修复效果提供依据。

　　对生物环境要素的修复,可以通过物种选育与繁殖技术(如基因工程、野生生物物种驯化等)、物种引入与恢复技术(如先锋种引入、天敌引入等)修复物种,采用物种保护、种群动态调控、种群行为控制等技术修复种群,通过群落结构优化配置、群落演替控制等技术修复群落。

　　对生态系统的结构与功能修复,常采用环境/土地资源/景观生态等评价与规划技术、生态工程/景观设计等生态系统组织与集成技术。RS-GIS-GPS(全球定位系统,global positioning system)技术的应用进展,可以为大规模生态修复提供辅助,如生态环境监测预警、环境评价、生态修复选址及设计等。

　　生态修复技术的最新进展从植物的种子资源恢复技术、动物在植被修复中的辅助作用,到高通量DNA测序、GPS-RS-GIS等高新技术在修复中的应用,涵盖了生态系统的非生物、生物环境要素及结构、功能等各个方面。在植物修复方面,种子库相关技术方法的发展,为大规模收集、处理可育性种子提供了有效方法,种子处理、加工及质量评估技术的改进(如X射线种子生存力分析、非原生境存储技术、种子发芽刺激剂等)、种子增强技术的发展(如聚合物种子包衣技术)、对成熟农业播种技术的改良等,也对生态修复中的植被重建起到辅助作用。在动物修复方面,动物物种在辅助恢复植物群落功能中的重要性逐渐受到人们的重视,一方面,改变动物群落结构可重塑生态系统的组成和结构,如顶级掠食者通过对食草动物种群及其行为的作用来重塑植物群落的结构;另一方面,动物在生态系统中所起的诸如种子传播、授粉、养分循环等作用,也对生态修复具有重要意义。

(二)生态修复的工程技术

1. 土壤污染的原位修复

　　目前,实际应用的土壤生态修复技术有原位修复、异位修复等方法。原位修复一般采用土著微生物处理,有时也加入经过驯化和培养的微生物以加速处理。该工艺是较为简单的处理方法,费用较省,不过由于采用的工程强化措施较少,处理时间会有所增加,而且在长时间的生态修复过程中,污染物可能会进一步扩散到深层土壤和地下水中,因而原位修复只适用于处理污染时间较长、状况已基本稳定的地区或者受污染面积较大的地区。

生物通风(bioventing)是原位修复的一种方式。在这些受污染地区,土壤中的有机污染物会降低土壤中的 O_2 浓度,增加 CO_2 浓度,进而形成抑制污染物进一步生物降解的条件。为了提高土壤中的污染物降解效果,需要排出土壤中的 CO_2 和补充 O_2,生物通风系统就是为改变土壤中气体成分而设计的(图 9 - 3 - 1),它通过真空或加压进行土壤曝气,使土壤中的气体成分发生变化。生物通风系统通常用于由地下储油罐泄漏造成的轻度污染土壤的生态修复。由于该方法在军事基地成功的应用,美国空军将生物通风系统列为处理受喷气机燃料污染土壤的一种基本方法。

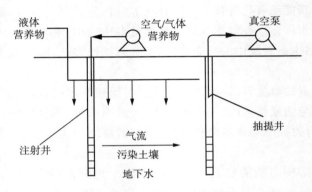

图 9 - 3 - 1　生物通风系统示意图

2. 土壤污染的异位修复

(1)挖掘堆置处理

挖掘堆置处理又称处理床或预备床,是一种异位修复方式,为防止污染物向地下水或更广大地域扩散,将受污染的土壤从污染地区挖掘起来,运输到一个经过各种工程准备(包括布置衬里、设置通风管道等)的地点堆放,形成上升的斜坡,并在此进行生态修复的处理,处理后的土壤再运回原地。有的是将受污染的土壤挖掘起来运输到一个地点暂时堆置,然后在受污染的原地进行一些工程准备,再把受污染的土壤运回原地处理。从挖掘堆置处理系统中渗流出来的水要收集起来,重新喷洒或另外处理。有的用有机块状材料(如树皮或木片)补充土壤。例如在一块受氯酚污染的土壤中,用 $35m^3$ 的软木树皮和 $70m^3$ 的污染土壤构成处理床,然后加入营养物,经过 3 个月的处理,氯酚浓度从 $212mg/L$ 降到 $30mg/L$,添加这些材料,一方面可以改善土壤结构,保持湿度,缓冲温度变化;另一方面也能够为一些高效降解菌(如白地霉)提供适宜的生长基质。将五氯酚钠降解菌接种在树皮或包裹在多聚物材料中,能够强化微生物对五氯酚钠的降解能力,同时可以增加微生物对污染物毒性的耐受能力。

挖掘堆置处理技术的优点是可以在土壤受污染之初限制污染物的扩散和迁移,减少污染范围,但用在挖土方和运输方面的费用显著高于原位处理方法。另外,在运输过程中可能会造成污染物进一步暴露,还会由于挖掘而破坏原地点的土壤生态结构。

(2)反应器处理

反应器处理是指将受污染的土壤挖掘起来,和水混合后,在接种了微生物的反应器内进行处理,其工艺类似污水生物处理方法,处理后的土壤与水分离后,经脱水处理再运回原地。处理后的出水视水质情况,直接排放或送入污水处理厂继续处理。反应装置不仅包括各种可以拖动的小型反应器,还有类似稳定塘和污水处理厂的大型设施,在有些情况下,只需要在已有的稳定塘中装配曝气机械和混合设备就可以用来进行生态修复处理。高浓度固体泥浆反应器能够用来直接处理污染土壤,其典型的方式是液固接触式,该方法采用批式运行,在第一单元中混合土壤、水、营养、菌种、表面活性剂等物质,最终形成含 20%～25% 土壤的混合相,然后进入第二单元进行初步处理,完成大部分的生物降解,最后在第三单元中进行深度处理。现场实际应用结果表明,液固接触式反应器可以成功地处理有毒有害有机污染物含量超过总有机物浓度 1% 的土壤和沉积物。反应器的规模为 $100\sim250\text{m}^3/\text{d}$,与土壤中污染物浓度和有机物含量有关。

和原位修复和挖掘堆置处理方法相比,反应器处理的一个主要特征是以水相为处理介质,而原位修复和挖掘堆置处理方法是以土壤为处理介质。由于以水相为主要处理介质,污染物、微生物、溶解氧和营养物的传质速度快,且避免了复杂而不利的自然环境变化,各种环境条件(如 pH 值、温度、氧化还原电位、氧气量、营养物浓度、盐度等)便于控制在最佳状态,因此,运用反应器处理污染物的速度明显加快,但其工程复杂、处理费用高。另外,在用于难生物降解物质的处理时必须慎重,以防止污染物从土壤中转移到水中。

3. 地表水污染的生态修复

地表水包括流动的河道和浅水湖泊等,流动的河道水体主要受到人们生活污水和工业废水的污染,为了提高河水的水质,必须对此进行生态修复,有效地减轻对下游水体的污染。地表水污染基本利用微生物和水生植物进行原位修复。日本学者采用细绳接触填料和无纺布接触氧化填料净化河流,改善了水质。对于浅水湖泊,底泥中通常含有大量的有机污染物,为了去除这些污染物,在水中加入营养盐,并用曝气机搅拌混合,曝气机在水中的深度可以调节,以便控制水中悬浮固体的浓度,这样,所有底泥中的有机污染物可降解为碳源被微生物利用,污染的浅水湖泊即得以生态修复。中国科学院南京地理与湖泊研究所等单位曾利用大型水生植物对太湖水域和上海内河富营养化水体进行水质净化,该技术主要是通过水生植物对营养物质的吸收、植物叶冠的覆盖遮光、根区分泌物质对藻类的杀伤作用等途径净化水体,去除营养物质,以控制藻类的快速繁殖,达到治理富营养化湖泊的目的。

4. 地下水污染的生态修复

地下水污染的生态修复工程技术可以分为以下三类:①原位处理,与土壤生态修复基本相同;②物理拦阻,是指使用暂时的物理屏障以减缓并阻滞污染物在地下水中的进一步迁移,该方法在一些受有毒有害污染物污染的地点已取得成功的经验;③地上处理,又称抽取-处理技术,属于异位处理。该技术是将受污染的地下水从地下水层中抽取出来,然后在地面上用一种或多种工艺处理(包括汽提法去除挥发性物质、活性炭吸附、超滤臭氧/紫外线氧化或臭氧/双氧水氧化、活性污泥法及生物膜反应器等),之后将水注入地层。但在实际运行中很难将吸附在地下水层基质上的污染物提取出来,因此这种方法的效率较低,只是作为防止污染物在地下水层中进一步扩散的一种措施。

进行地下水污染生态修复处理时,应注意调查该地的水力地质学参数是否允许向地上抽取地下水并将处理后的地下水返注,地下水层的深度和范围,地下水流的渗透能力和方向,同时也要确定地下水的水质参数(如 pH 值、溶解氧、营养物、碱度、水温等)是否适合运用生态修复技术。

三、生态修复的工作程序

对于需要进行生态修复的场地,一个完整的生态修复工程要先进行实地调查,进行生态修复的可行性分析,明确生态修复的目标,选择合适的生态修复技术,然后经过小试、中试,编制修复方案,最后进入实施。其中,工程技术的可行性研究是生态修复成败的重要环节,它包括场地评估、修复技术与方案制定、可行性分析、修复方案编制、修复方案实施与管理、修复效果评价。

(一)场地评估

场地评估包括场地调查、风险评价、生态修复目标确定等内容。

场地调查可分为场地功能属性调查、场地自然属性(包括污染与生物特性)调查、场地污染物特征调查等。场地的利用方式与功能属性对修复目标的制定与修复技术的选择有重要的影响,同时,制约着场地修复方案和施工过程;对于有特殊用途(如保护水源)的场地,一般将相关的质量标准作为选择修复技术体系的依据。污染特性调查包括污染物种类、污染物含量、污染历史等内容。风险评价包括人体健康风险评价和 ERA(environmental risk assessment,环境风险评价)。

生态修复目标有以下几种。①基于背景值/标准的修复目标。该修复目标适用于因场地长期规划使未来无法进一步修复或场地面积较小的情况,这是最彻底、要求最高的修复目标。②基于风险评价的修复目标。该修复目标适用于以下情况:缺乏相关介质的国家标准,或场地难以获得与标准相关的数据资料;场地条件、污染受体和暴露途径不符合制定标准的前提条件;必须考虑生态问题的情况(如场地栖居濒危或敏感的野生动植物,稀有或濒危物种);数据信息有严重缺失(如缺少目标污染物的相关信息);暴露途径或某种污染物的污染特性无法预测或确定;风险水平不确定等。③特定场地修复目标。该修复目标适用于不能用背景或风险评价确定合理修复目标的场地,对于场地条件不满足进行风险评价的假设前提,场地某种环境介质中含有某种或某些特殊污染物,无标准限定,场地环境介质复杂的污染场地可采用此种方法制定修复目标。该修复目标的前提是特定场地的划分与确定,我国特定场地的划分并不明确,特定场地的修复目标与要求也未成体系,因此特定场地修复目标在我国现阶段的污染场地修复中难以有针对性地实施。

以上工作在前期场地调查和生态风险评估阶段已进行,可在前期资料和报告的基础上分析、补充和完善,为制定切实可行的生态修复方案提供充足的依据。

(二)修复技术与方案制定

修复方案制定是指导修复工程实施的依据,方案的合理性、系统性直接决定了修复工程能否顺利进行和达到预期的修复目标。在制定修复方案时,应严格按照规范要求,思路清晰,内容详尽完整,操作性强。欧美等国家已经初步建立了较为系统的修复技术体系,积累了大量的现场经验。与欧美国家相比,我国的污染场地修复技术体系正处在初步阶段,方兴未艾。修复技术的选择依据如下。①技术有效性。技术有效性包括修复工程建设,以及实施阶段对施工人员的劳动安全保障及对周围人群的保护;修复技术能够达到行动目标并具有长期效果的潜力;污染物毒性、迁移性、浓度量的降低或减弱等。②所选技术与国家现行相关法律的相容性。所选技术相关内容不能与国家现行法律相抵触,如不能使用法律禁止的药品、材料等,在技术实施过程中不得产生法律规定的有害物质等。③制度可操作性。制度可操作性是修复行动得以实现的保障体系,是指在修复技术选择过程中获得不同的部门许可、社团接受,各类服务、特殊设备、材料和专业劳动力等的可用性。④修复工程周期。修复工期是修复技术有效性的重要依据,在基于风险评价的修复技术体系中,同等投入情况下应当选择在尽可能短的工期内实现修复目标的技术,以保障场地功能的实现。另外,如果修复工期过长,污染物迁移和转化的可能性增加,会造成污染范围扩大、危害加重,造成已选技术可能无法近期完成修复目标,从而需要重新选择或集成修复技术,这势必会造成修复成本的增加。⑤公众可接受度。公众可接受度更倾向于人的主观能动性,是社会经济和文明高度发达后的产物,同时体现了人作为客观环境的主体对其环境意识增强的结果。西方发达国家公众对修复技术尤其是修复技术对环境的次生污染、场地功能实现潜力和场地污染对人体危害等方面有一定的关注,可以起到一定的导向作用。国内公众关注环境方面的影响还很小,对修复技术选择的影响也相对更少。⑥资金投入。资金投入对修复技术的制约是外部和间接的,是非技术性的因素,但有时可能是致命的,是一切修复技术选择必须考虑的先决条件。资金投入包括基建费和运行费、建设费用(材料、劳工和设备)、准备场地费用、各种管线的铺设费用、附近居民的搬迁费用、处置费用(包括运输);工程管理费、财务服务费、法律咨询费、许可证办理费、其他不包括在实际建筑活动中的费用;运行、监测、维护费用。⑦方案的不确定分析。方案评价应当包含每种方案的不确定分析,包括假设条件的变化或未知条件的影响分析等。例如,对于抽提地下水的方案,如果对含水层某个特性参数估计错误,达到地下水修复目标的时间可能会显著增加,修复方案的选择应当考虑介质相互作用的影响。

(三)可行性分析

生物可行性分析(bio-feasibility analysis)是获得包括污染物降解菌在内的全部微生物群体数据、了解污染场地发生的生物降解作用,以及促进这种降解作用的合适条件等方面数据的必要手段,这些数据与污染地调查数据一起构成生态修复工程的决策依据。技术可行性分析(tech-feasibility analysis)的目的在于通过小试、中试为生态修复设计提供重要参数,并用取得的数据预测污染物降解率、生态修复时间及费用等,评价所采用的生态修复技术相对于物理、化学方法的优越性。

(四)修复方案编制

修复方案包括以下几方面:任务由来、必要性和意义、编制依据、基本原则、现状调查评价与预测、方案目标和指标、主要任务、治理工程及投资估算、效益分析与评价、保障措施。方案的编制参考《矿山生态环境保护与恢复治理方案(规划)编制规范(试行)》(HJ 652—2013)和《污染土壤生态修复方案编制规范》DB 21/T 2273—2014,其编制路线如图9-3-2所示。

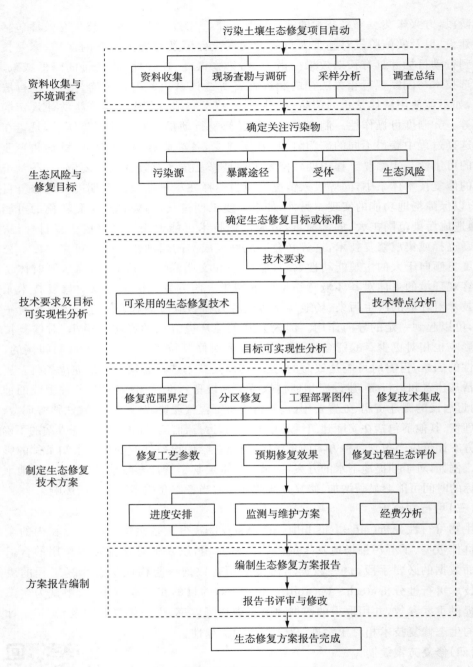

图 9 - 3 - 2　污染土壤生态修复方案编制路线

注:参考《矿山生态环境保护与恢复治理方案(规划)编制规范(试行)》(HJ 652—2013)和《污染土壤生态修复方案编制规范》(DB 21/T 2273—2014)

(五)修复方案实施和管理

根据编制的生态修复方案(包括工艺流程与工艺参数)进行施工图设计和工程实施、监理、验收。修复工程设计、实施与监理是污染场地修复的具体实施阶段,要建立运行、监理修复工程系统,检查评估场地修复状况,监测并报告修复工程的实施情况,为工程出现的故障提供预报、预警,并采取应急的修复措施,以确保修复工程顺利完成。

(六)修复效果评价

全面而客观的修复效果评价是修复技术体系的全面总结与阐述,不仅对修复技术的可靠性和适用性进行判断,还是建立典型受污染场地修复流程模式的重要支撑。评价修复效果时,应当评价修复工程的实施对场地污染风险的降低程度,是否达到预期的修复目标,应当评价去除有毒污染物、减少污染物量、切断或减轻污染物向接受者迁移趋势的技术。修复效果评价指标体系主要有:①场地污染物的去除效果,即污染修复效果,这是污染场地修复效果的直接体现,是达到设计目标和修复目标的基础保障,具体指标有污染物去除率、降解率、半衰期等;②不产生次生污染,这是评价修复技术体系的全面要求和提高,随着公众对环境的关注度提高和技术的进步,除污染修复效果本身,还应对技术体系本身对环境的破坏度或影响度进行评估,主要指标包括污染物降解中间产物量及物质组成动态变化、修复过程及修复前后的介质毒理学特性评价与比较等;③修复技术的社会与经济效益。这是整体修复评价中不可缺少的有机组成部分,如果修复技术只追求去除效果,而不考虑社会、经济、环境、公众舆论等其他方面的因素,其总体性能和效益则只会停留在较低的水平,此分项体系主要体现了场地修复效果的综合性,是污染修复效果的延伸与补充,对社会与经济的发展可以起到促进的作用,主要指标有修复工程的直接收益、对社会发展的影响度、公众和舆论导向等。

最近30年来生态学及恢复生态学理论的发展(如生态位、岛屿生物地理学、状态过渡模型及阈值、人为设计与自我设计、弹性生态系统等),极大地促进了生态修复技术方法的发展更新。生态修复技术的最新进展,从植物的种子资源恢复技术、动物在植被修复中的辅助作用,到高通量DNA测序、GPS – RS – GIS等高新技术在修复中的应用,涵盖了生态系统的非生物、生物要素及结构、功能等各个方面。在植物修复方面,种子库概念及相关技术方法的发展,为大规模收集、处理可育性种子提供了有效方法,种子处理、加工及质量评估技术的改进(如X射线种子生存力分析、非原生境存储技术、种子发芽刺激剂等)、种子增强技术的发展(如聚合物种子包衣技术)、对成熟农业播种技术的改良等,也对生态修复中的植被重建起到辅助作用。在动物修复方面,动物物种在辅助恢复植物群落功能中的重要性逐渐受到人们的重视,一方面,改变动物群落结构可重塑生态系统的组成和结构,如顶级掠食者通过对食草动物种群及其行为的作用来重塑植物群落的结构;另一方面,动物在生态系统中所起的诸如种子传播、授粉、养分循环等作用,也对生态修复具有重要意义。

此外,社会效益和经济效益逐渐被纳入生态修复的成效评价中,这对于获取政策制定部门、资金管理机构、投资方及民众对生态修复实践项目的支持是至关重要的。

四、生态修复的应用

(一)超深越界矿山开采生态修复

某县采矿企业长期超深越界开采建筑石料,造成严重的地质灾害和生态环境危害。该地主管部门对之进行了行政处罚并强制执行生态修复。孙慧群等对矿区进行实地调查,结合地质队勘测报告进行了生态风险评估,提出以下生态修复措施。

1. 边坡治理工程

工程目标采取人工加机械的方式消除边坡崩塌的地质灾害隐患,最终达到稳定边坡的目的。工程方案:对超采的预留边坡和超深开采的深度的边坡进行整治,边坡清理,对边坡突出的危岩体与浮石进行清除,覆土。采坑内现仅残留一级平台,平台呈缓坡状,通过清理整平,开挖蓄土槽覆土回填。工程内容:边坡剖面加固、削坡、挂网、锚喷、包括水泥砂浆、浆砌、钻孔打眼、建水泥柱、护栏网、铁丝刺绳等。

2. 地形整治工程和水土保持工程

地形整治工程目标是对底盘区主要采取人工加机械的技术措施对区内进行清理,覆土,并为表层土壤被剥离区域创造植被生长的基质条件,达到保证植物成活率的目的。地盘较平整,不需削高填低。工程方案:对超采面积底盘碎石清理,清理后购置宜林土进行覆土,覆土及其厚度应符合《土地复垦质量机制标准》的相关要求。

采空区一侧紧邻山路,居住区距现场很近,为避免坡体流下的雨水冲击路面,对山下农田和民居造成风险,应修筑路面和排水沟渠,做好引流。本案中水土保持工程目标是在植被恢复前应采取临时水土防护措施,以防止此期间水土流失,灌草丛群落稳定后,这些临时防护措施视具体情况逐渐撤销。执行相关规范标准,试运行期扰动土地整治率 95%,水土流失总治理度 85%,土壤流失控制比 0.7,林草植被恢复率 95%。工程方案:开挖、用水泥修筑路面,从人居农田安全和节约成本考虑,引流到旁边森林溪沟,设计排水沟,由森林消纳雨水。

3. 植被建设工程

现场区域通过上述工程整治,创造了植物生长的立地条件,在此基础上实施植被建设工程。工程目标是通过植被群落的恢复,使被毁农用地尽量恢复其生产和生态服务功能,使治理区生态环境与周边自然环境协调一致。依据土地复垦质量指标体系、现场土壤被毁程度和群落演替规律,试运行期现场第一阶段草本为优势种的群落郁闭度达到 0.3,随着土壤肥力提高,第二阶段灌草丛和幼树发展,郁闭度达到 0.5,以后逐渐演替成稳定的森林群落。

工程范围包括边坡和采空区底部及道路所有土地面积。工程方案:超采边坡恢复为灌草区,种植藤蔓植物,使其上爬覆绿;坡顶开挖宕穴种植藤蔓植物进行下挂式复绿;超采平台和底盘区恢复为林地区,开挖宕穴栽种木麻黄等进行复绿。为了加快恢复速度,前期种植对恶劣环境和贫瘠土壤适应强的植物类型,优先考虑当地物种,人工干预恢复协助自然恢复。为了保证植物存活率达到 90%,需进行人工养护两年。工程方案:灌草喷播,乔木树苗种植。

4. 后期养护与监测工程

工程目标是保证植被成活率和定植率,保证上述生态恢复工程具有技术可行性和结果有效性,以保证达到恢复植被、控制水土流失,并最终恢复原有林地生态服务功能的目的,故需设计植被养护工程并实施监测和管护措施,包括树苗补种、养分、水分和病虫害管理、巡视和水土流失监测等。

(二)低碳城市湿地生态修复

某湿地位于某市长江沿岸,是三面环水的生态岛屿。2020 年以前,该地所在地为渔民村居住区,村里 400 多户人口为专业渔民。自 20 世纪 90 年代起,该洲居民陆续增多,最高时达 1 700 余人。随着经济的逐渐发展,该地的环境也逐渐恶化,石化热电厂燃运部通往长江码头的空中运煤廊道造成的粉煤灰污染严重,积水地面常年为黑色。渔民村基础设施欠缺,村民环保意识薄弱,养猪场废水和居民生活污水、垃圾不经任何处理直接排进沙漠洲的三个水塘中,水面堆满大量垃圾,水体发臭。此外,长江船舶污染、流域农业面源和农村生活污水污染也使该地滩涂湿地生态环境遭受严重破坏。近几年该市生态环境局对该洲湿地进行整治,随着长江大保护渔民退捕上岸和生态移民政策的落实,生活性污染问题得到了解决,但石化污染和长江船舶污染仍然存在。2020 年,该市政府拟对该洲湿地实施生态修复。

　　孙慧群等在进行了反复的场地调查和评估论证后,结合《"十四五"节能减排综合工作方案》推动低碳城市发展目标要求,以生态修复为主题,将生物多样性保护与绿色金融生态旅游融合,采取"基于自然的解决方案",以顺应水势变化进行人工湿地景观韧性设计、将治污与景观设计在空间多元化中呈现、保留场地肌理营造多风貌自然景观、以人为本突出健康和宣教理念为原则,采用降尘消噪、人工湿地、边坡防护和循环水自然净化等技术,设计了湿地生态修复方案。按照斑块地形地势和土地利用特征设计为五个区:1 区为开放型入口,对长江船舶污染进行生态修复设计,同时兼顾水景小径配以空间绿植和花卉;2 区为主景区,治理石化运煤车道空气和粉尘污染,融入现代感和金属感强的雕塑、层次感强的生物多样性景观斑块和休闲健康区;3 区为科研合作水生态景区,公园的水景和用水及其产生的污水污染设计循环水自然修复净化工艺;4 区为皖河河滩湿地生态修复区和滨江生态修复区,潜流人工湿地、栈道、意杨林组合,搭配立体空间景观斑块;5 区为一期绿化工程提升工程,增加亭阁、水景小径、节事庆典区和眺望台(图 9 - 3 - 3)。该修复方案能有效实现群众生活方式绿色转型,对能源消耗的依赖性降低,增加碳汇,间接减少碳排放,助力低碳城市建设。该湿地修复初步估算可通过光合固碳间接节能 2.07×10^{13} J/a,相当于减少 706t 标准煤消耗。

　　(三)耕地土壤污染生态修复

　　湖北某盐化工厂经过 10 年发展,生产能力达到制盐 113t/h,主要生产原料为卤水320 万 t/a,辅料氨水 1 560t/a、石灰石 5 000t/a、除盐水 1 560t/a。但该厂长期废气超标排放,废水排出厂外,造成下游村庄耕地土壤硬化、盐渍化,土壤发绿发黑,多年只长草,农作物一种就死。孙慧群等对被污染区域进行了场地调查、采样检测,进行了生态风险评估并设计生态修复方案,方案设计兼顾助力乡村振兴,使农民摆脱耕地多年被污染不能从事农业生产的困境。

　　(1)不同盐碱程度的土质对农作物的影响程度不同:在较轻类型的盐碱地中,土质含盐量较低,农作物的存活率较高,一般在 80% 左右;相较于轻度盐碱地,中度盐碱地中农作物的成活量大大降低,据统计,一般中度盐碱地的农作物成活率为 50%～60%;重度盐碱地对农作物的影响非常大,一般成活率为 30%～40%。现场区域分为废弃耕地、水面和浅滩草地,需要根据不同地块的实际情况,采用不同的工艺组合,以制定出最优盐碱地改良方案。故先进行水塘、水沟、地面积水、浅滩积水和不同深度土壤采样调查,包括含盐量、氯化物、钠、硫酸盐、砷及其他必要指标。

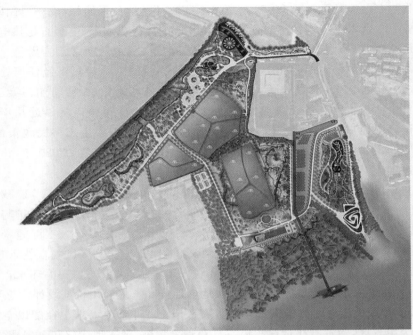

图 9 - 3 - 3　沙漠洲湿地公园生态修复设计比选方案示意图

注:效果图由孙慧群制作。

（2）排水。对于现场区域含盐量高的水塘、水沟和地面积水、浅滩积水，采取以下两种方法处理：①水抽回厂区循环利用；②将现场下游通往府河处地势较低的水塘变成集水池，以植物吸收并定期收割方式去除水中的高盐分和重金属。可用植物有芦苇、花叶芦竹、美人蕉、千屈菜、碱蓬、香蒲、水葱、梭鱼草、再力花等，优先选用东马坊等常见种类。水质达标后用作灌溉或水产养殖。

（3）清淤。水塘、水沟底泥清淤，清淤深度视采样检测结果决定，深度以全盐量含量不超过对照点同等深度含量为下限。淤泥原地沥水。

（4）翻耕，土地平整，洗盐，换土。对于淤泥和被污染土壤，翻耕深度为 30～45cm，打破 15～20cm 的犁底层；对局部坑洼不平处进行土地平整，消除由局部低洼不平造成的盐分积聚；土地平整后抽取府河水进行淋洗，使盐分随着水分下渗到土壤深层；耕作层土壤可换部分好土，与受污土混匀；铺砂可改良土壤理化性状，使土壤透水性良好，削弱毛细管作用，减轻土壤蒸发，防止盐分上升，故可对耕作层土壤进行铺砂；为了取得更好的效果，施用石膏、磷石膏、废煤灰石膏等含钙改良剂，用其中的钙代换出土壤中的代换性钠，或添加土壤改良剂，加速土体脱盐。

（5）植物修复。植物修复目标是保证工程脱盐更彻底，并且不延误当地政府乡村振兴政策的实施和农业生产顺利进行，农业生态系统服务功能尽快恢复。参考国内国外盐碱化耕地治理和改良经验，现场区域可采取以下三种方案。

① 种养结合模式。将现场区域水塘、水沟连接成片，开挖鱼塘，陆域部分以翻耕的土壤堆成台田或条田，在鱼塘中栽种水生耐盐碱植物，在台田或条田中种植耐盐碱水稻、玉米等农作物品种。

② 土壤经过上述处理后铺一层秸秆作为隔新层，然后覆上 20cm 厚土，采用沟垄栽种的方式种植蔬菜等农作物或水果等经济作物。栽植密度应大，增加菜地绿叶覆盖度，减少土壤蒸发量，预防返盐。干旱或炎热季节覆盖地膜或秸秆，减少土壤水分蒸发，控制土壤水分上行，减轻或避免盐分在地表的积累。在种植过程中施加有机肥和绿肥，改善土壤结构，增加农作物抗盐力。

③ 种植耐盐碱的特色经果林或其他经济植物。

为了保证生态修复效果，应每季度对耕地和水面进行跟踪监测，及时调整修复方案，并在两年后开展生态修复效果验收工作。

第四节　预防生物技术

一、预防生物技术的定义

对于当今的环境污染问题，末端治理作为目前国内外控制污染最重要的手段，为保护环境起到了极为重要的作用。然而，随着工业化发展速度的加快，末端治理这一污染控制模式的种种弊端逐渐显露出来。首先，末端治理设施投资大、运行费用高，造成企业成本上升，经济效益下降；其次，末端治理存在污染物转移等问题，不能彻底解决环境污染问题;最后,末端治理未涉及资源的有效利用,不能制止自然资源的浪费。环境生物学研究的最终目的是从生物学角度应用环境生物学原理和现代生物技术解决环境问题,解决环境问题最彻底也最根本的办法是防患于未然。无论是环境污染还是资源过度开发导致的生态破坏,都会引起生物多样性减少,而生物多样性减少势必影响生态系统及人类的稳定和可持续发展,所以,除了治理污染和修复受损的生态系统,保护未受人为干扰的生态系统同样是环境生物学的一个重要而艰巨的任务,这涉及应用环境生物技术的清洁生产技术、循环经济、开发环境友好材料和环境生物材料、生态农业技术、生物多样性保护技术的内容,这些即属于预防生物技术内容。该类技术是为预防由人类活动引起环境污染或生态系统破坏而在生产、管理中实行的一系列环境生物技术和措施。清洁生产技术能从根本上扬弃末端治理的弊端,它通过生产全过程控制,减少甚至消除污染物的产生和排放。同样,对于由人类干扰活动引起的生态破坏问题,生物多样性保护与清洁生产技术有相似之处,二者的本质都是实现对环境污染和生态破坏的预防,并进行全过程控制,彻底改变过去被动的、滞后的控制手段,强调在污染和生态破坏产生之前就予以制止。清洁生产技术、循环经济、开发环境友好材料和环境生物材料、生态农业技术在其他学科里有详细讲述,本节重点讨论生物多样性保护技术。

二、生物多样性概述

对于生物多样性(biological diversity 或 biodiversity)的定义,美国技术评估局于1987 年给予的定义是:"生命有机体及其赖以生存的生态综合体之间的多样性和变异性"。*Conservation Biology* 一书给予生物多样性的定义为"生命有机体、生命有机体群体以及它们生存的生态综合体之内和之间的多样性和变异性的总和",它包括数以百万计的动物、植物、微生物和它们所具有的基因,以及它们与生存环境形成的生态系统。1995 年,联合国环境规划署发表的关于全球生物多样性的著作《全球生物多样性评估》给出一个较简单的定义:生物多样性是所有生物种类、种内遗传变异和它们与生存环境构成的生态系统的总称。所以本书归纳为,生物多样性不仅指生命形式的多样化,包括生命形式之间、生命形式与环境之间相互作用的多样性,还涉及生物群落、生态系统、生境、生态过程等的复杂性。关于生物多样性的内涵,根据联合国环境与发展大会报告,通常有以下四个层次。

(一)基因多样性

基因多样性(genetic diversity)又称遗传多样性,是指地球上所有生物所携带的遗传信息的总和,代表生物种群之间和种群之内的遗传结构的变异。每个物种都包括由若干个体组成的若干种群,各个种群由于突变、自然选择或其他原因,往往在遗传上不同,因此,某些种群具有在另一些种群中没有的基因突变(等位基因),或者在一个种群中很稀少的等位基因可能在另一个种群中出现很多。这些遗传差别使生物机体能在局部环境中的特定条件下更加成功地繁殖和适应。同一个种的不同种群遗传特征有所不同,即存在种群之间的基因多样性;在同一种群内,等位基因不呈纯合状态的个体间也将出现遗传差异,这些个体发生基因突变。因为基因的多样性,一部分个体能忍受环境的不利改变,并把它们的基因传递给后代,使物种得以进化和延续,所以,基因多样性的保护在生物多样性保护中占据着十分重要的地位。遗传多样性分为 DNA 水平多样性和染色体水平多样性。

1. DNA 水平多样性

DNA 是遗传信息的载体,是由核苷酸组成的双螺旋大分子,决定生物体性状的基因就是 DNA 分子中的一个区段。大肠杆菌的"染色体"是一个裸露的 DNA 分子,大约由 500 万个核苷酸组成,其中 600～700 个核苷酸区段构成一个基因,总共包含 7 500 个基因;果蝇约有 10 000 个基因;哺乳动物约有 30 000 个基因;人类基因数目更多,约为 100 万～200 万个,每个基因平均相当于 1 000 对核苷酸的特定序列。构成 DNA 的脱氧核苷酸虽只有四种,配对方式仅两种,连接方式只有四种,但因不同的 DNA 分子之间在碱基比率上存在差异,形成碱基对的排列顺序也千变万化,决定了 DNA 分子的多样性。

2. 染色体水平多样性

染色体水平多样性可以看作种内染色体变异,染色体变异分为染色体数目变异和染色体结构变异。染色体数目变异分为整倍性变异和非整倍性变异,整倍性变异是指以一定染色体数为一套的染色体组呈整倍增减的变异,二倍体和三倍体、四倍体、五倍体等多倍体都属于整倍性变异。整倍性变异在动物中少见,主要出现在一些孤雌生殖的种类中,但植物的种内整倍性变异(种内多倍化)很常见。非整倍性变异是指体细胞的基本染色体组内的个别染色体数目有所增减,从而使体细胞内的染色体数目成非整倍性,如单体、缺体、三体等都属于非整倍性变异。在许多动植物中,除了正常的染色体还有一些 B 染色体(B - chromosome),又称超数染色体(supernumerary chromosome)或副染色体(accessory chromosome),是存在于许多有机体中的额外染色体及染色体断片,这些染色体比正常染色体小,在结构、染色质组成、减数分裂行为及功能上均与正常染色体不同。由于这些染色体上很少带有重要基因,一般认为它们对正常的生长发育和生殖不是必需的,没有显著的遗传效应。但后来资料显示,由于 B 染色体与标准染色体之间有相互作用,标准染色体对个体表型所起的作用较大,B 染色体在生物适应性上有重要作用。B 染色体的长期进化被认为是基因组的各部分之间持续斗争的结果,其突出的特点之一是数目的可变性,在同一物种不同种群之间,其数目往往不同,甚至同一种群不同个体之间也有差异。B 染色体数目的变异也构成染色体水平基因多样性的一部分。

染色体结构变异主要包括缺失、重复、倒位和易位四种类型,通过这些变异,染色体发生重排,并形成染色体结构多态性。与染色体数目多态性相比,染色体结构多态性在种内更为常见。对果蝇多线染色体多态性倒位的研究表明,染色体重排而导致结构多态性是一种非常普遍的现象。例如,在欧洲的果蝇 *Drosophila subobscura* 和美洲热带的 *D. willistoni* 这两个种中,已鉴定出 40 种不同的倒位。

(二)物种多样性

物种是自然界能够交配、产生可育后代,并与其他种存在生殖隔离的群体,是生物分类学的基本分类单位,在界、门、纲、目、科、属、种的阶层系统中,物种是最基本也是最重要的等级。由于生物体的实际变异程度远远超过已经被人们认识的变异,区分和鉴定物种常常成为分类学家最棘手的工作。对于许多分类究竟应当区分为多少种是不确定的,导致人们目前无法将地球上的物种估计到一个确定的数量级,即使是目前已定名或描述的物种数目也不十分清楚。例如,昆虫总数可达 1000 万～3000 万种,细菌达 500 万～1 000 万种,其变化幅度很大。此外,因为人为胁迫使物种加速灭绝,有些物种甚至尚未被定名就已从地球上消失。所以,目前对物种多样性的认识是相当不够的,对于那些个体极小、肉眼不可见的微生物和低等动植物尤其如此。物种多样性是指地球上动物、植物、微生物等生物种类的丰富程度及其各种变化,代表物种演化的空间范围和对特定环境的生态适应性。关于物种多样性的概念可以有以下两个含义。一是指特定地理区域的物种多样性。在一定区域范围内研究物种多样性,认识一个地区内物种的多样化,主要通过区域物种调查,从分类学、系统学和生物地理学角度对一定区域内物种的状况进行研究。二是指特定群落及生态系统单元的物种多样性。

(三)生态系统多样性

生态系统多样性(ecosystem diversity)是指生境、生物群落及其生态过程(能流、物流和演替等)的复杂性和多变性,以及生态系统内生境差异、生态过程变化的多样化。

1. 生境多样性

生境是指无机环境,如地貌、气候、土壤、水文等,生境多样性是生物群落多样性乃至整个生物圈多样性形成的基本条件。生境多样性是生态系统多样性形成的基本条件,是塑造生物多样性的模板。一般而言,大尺度环境的物理限制决定了生境资源的空间结构。例如,在一个流域内,河流网的结构和形状决定了生境的空间分布和范围,河岸植被既是野生动物重要栖息地,又是重要的廊道,动植物可沿河运动,河溪生态系统的狭长、网状特性明显提高了其在景观中的功能和地位,特别是加强了景观的连接性。

2. 生物群落多样性

生物群落多样性主要是指群落的组成、结构和动态(包括演替和波动)方面的多样化。在一个生物群落中,生活着各种动物、植物和微生物,它们各自分属于群落中不同的生活型,在垂直方向上,生物群落形成分层现象,每种生活型的生物都有自己特定的层。生物群落的演替也是生物群落多样性的一部分,按照一般观点,演替可以发生在任何未达到顶极群落的生物群落中。例如,一些先锋植物和无脊椎动物可以首先占据一块沙丘,然后依次被桧柏松林、黑松林、栎山核桃林取代,最后发展成为稳定的山毛榉-槭树林群落。演替不仅可使生物群落完全改观,还常伴随着气候的历史变迁或地貌的大规模改造。

3. 生态过程多样性

生态过程多样性主要是指生态系统的组成、结构和功能在时间上的变化,以及生态系统的生物组分之间及其与环境之间相互作用的多样化。生态系统的组成、结构和功能在时间上的变化主要指生物群落和演替。在一个生态系统内,生物组分与无机环境相互作用可表现在各个方面。例如,绿色植物通过光合作用吸收光能,同时,生物群落通过呼吸作用及它们死后分解产生的热能重新返回大气空间,构成生态系统的能流;又如,生物群落与其非生物部分之间进行着各种营养物质循环,如氮循环、磷循环等,构成生态系统的物流。所有这些相互作用在一个生态系统内都会随着空间和时间的改变而变化,由此产生生态系统内组分之间及其与环境之间相互作用的异质性。

(四)景观多样性

近年来,随着景观生态学的兴起与发展,人们发现在生态系统上的景观水平的多样性也是生物多样性的重要构成部分,而且在保护生物学研究中具有重要意义。景观(landscape)是一个大尺度的宏观系统,是由相互作用的景观要素组成、具有高度空间异质性的区域。景观要素是指在景观镶嵌体水平上可以辨识的空间要素或相对均质单元,是组成景观的基本单元,相当于一个生态系统。依据形状的不同,景观要素可分为斑块、廊道和基质。景观多样性(landscape diversity)是指由不同类型的景观要素或生态系统构成的景观在空间结构、功能机制和时间动态方面的多样性或变异性。

1. 斑块多样性

斑块多样性(patch diversity)是指景观中斑块的数量、大小和斑块形状的多样性及复杂性。单位面积上斑块的数目即景观的完整性和破碎化,景观破碎化对物种的灭绝具有重要的影响。景观破碎化一是缩小了某一类型生境的总面积和每一斑块的面积,会影响到种群的大小和灭绝的速率;二是在不连续的片段中,残留面积的再分配影响物种散布和迁移的速率。对于自然保护工作者来说,面对连续的生境被破坏,应尽可能保护这些片段化生境中生存的物种库。斑块面积的大小不仅影响物种的分布和生产力水平,还影响能量和养分的分布。物种多样性与斑块面积显著相关,在进行自然保护区设计时,对于保护稀有种和濒危种及维持稳定的生态系统,保护区面积是主要因素,而斑块的隔离程度、年龄和形状等其他因素则是次要因素。斑块的形状对生物的扩散和动物的觅食及物质和能量的迁移具有重要的影响。例如,通过林地迁移的昆虫或脊椎动物,或飞越林地的鸟类,更容易发现垂直于它们迁移方向的狭长采伐迹地,而遗漏圆形采伐迹地和平行迁移方向的狭长采伐迹地。调查斑块的内部面积与边缘面积的比率对了解物种多样性有重要意义,斑块多样性不仅影响着物种的分布、生产力水平,还影响着生物的扩散、动物的觅食和物质能量的分布与迁移。

2. 类型多样性

类型多样性(style diversity)是指景观中类型的丰富度和复杂度,多考虑景观中不同的景观类型的多少及占总面积的比例,常用多样性指数、丰富度、优势度等指标来测定。类型多样性对物种多样性和生态过程有重要影响,它与物种多样性之间的关系曲线呈正态分布。类型多样性的增加既可增加物种多样性,又可减少物种多样性。例如,在单一的农田景观中,增加适度的森林斑块,可引入一些森林生境的物种,增加物种的多样性。又如,近年来森林被大规模破坏,毁林开荒,造成生境的片段化,森林面积的锐减及结构单一的人工生态系统的大面积出现,形成极为多样化的变化模式,其结果是虽然增加了景观类型多样性,但给物种多样性保护造成严重的困难。在景观类型少、均质斑块大和边缘生境小的条件下,物种多样性低;随着生境多样性和边缘物种增加,物种多样性也增加;当景观类型、斑块数目与边缘生境达到最佳比率时,物种多样性最高;随着生境类型和斑块数目增多,景观破碎化,致使斑块内部物种迁移出去,物种多样性降低。最后,残留的有重要意义的小斑块生境维持低的物种多样性。

3. 格局多样性

格局多样性(pattern diversity)是指景观类型空间分布的多样性及各类型之间及斑块与斑块之间的空间关系和功能联系。通过景观空间格局对生态过程的影响研究,寻求合理的景观配置,在景观规划和管理时考虑物质流的利用率及营养元素的循环。通过景观连接度和连通性的研究,正确地理解景观规划与管理的原理,其目的不仅仅是提高景观中各单元之间的连通性,更重要的是增强景观单元间的连接度。例如,在规划时通常要增加或减少一些景观单元,由此将导致景观结构发生变化,进而影响到景观生态功能的变化。为了减少物种多样性降低率,在影响生物群体的重要地段和关键点,保留生物的生境地或在不同生境地之间建立合理的廊道;为了不改变生物群体的生活习性,可以在动植物园或自然保护区和自然的野生动植物群落之间建立廊道或暂息地,将被保护的动植物和野生的生物群体联系起来;等等。这些都是为了保持景观格局的多样性。

三、生物多样性保护技术

当前地球上拥有的物种比以往任何地质时期都要多。然而,由于人类活动,目前物种的灭绝率也比以往任何时期都要高。生物多样性丧失发生在各个层次和各种环境中。生态系统正在发生退化和受到破坏,物种正趋向灭绝。不管是在热带、温带、陆地还是水域都存在生物多样性丧失。生物多样性丧失最严重的问题就是物种灭绝。生物群落可能退化及减少分布面积,但只要全部原生种尚存,群落仍有恢复的可能。同样,物种的遗传多样性可能因个体数量减少而下降,但它可以通过突变、重组和自然选择而恢复其遗传多样性。一个物种一旦灭绝,包含在其 DNA 分子中独有的遗传信息和特有的性状组合将永远消失。一旦一个物种消失,其进化过程将不大可能重演,也失去了进一步演化的机会,它栖息的生物群落也将衰落直至消失。因此,我们需要进行生物多样性的保护,保护生物多样性的目标是通过不减少遗传和物种多样性、不破坏重要生境和生态系统的方式来保护和利用生物资源,以保证生物多样性的可持续发展。人类对生物多样性的威胁是复杂而多种多样的,需要将生物多样性保护作为国家和地区的总体规划的一部分,并需要政府部门的领导和社会各阶层的广泛参与和支持。为实现该目标,我们需要采取多方面的措施,如政策调整、土地综合利用与管理、栖息地和物种的保护与恢复及控制环境污染等。生物多样性保护技术有两种:就地保护和迁地保护。

(一)就地保护

国家《"十四五"林业草原保护发展规划纲要》明确提出保护生物多样性,加强古树名木和野生动植物资源保护,开展极小种群野生动植物拯救和特殊保护。2017 年 9 月,国家印发《建立国家公园体制总体方案》,提出"构建以国家公园为代表的自然保护地体系",2019 年 6 月,国家印发《关于建立以国家公园为主体的自然保护地体系的指导意见》。建立自然保护地的目的从自然生态角度来说就是保护生物多样性,守护自然生态,保育自然资源,维护自然生态系统健康稳定,维持人与自然和谐共生并永续发展。建立以国家公园为主体的自然保护地体系是贯彻习近平生态文明思想的重大举措。我国经过 60 多年的努力,已建立数量众多、类型丰富、功能多样的各级各类自然保护地,在保护生物多样性、保存自然遗产、改善生态环境质量和维护国家生态安全方面发挥了重要作用。

按照自然生态系统原真性、整体性、系统性及其内在规律,依据管理目标与效能并借鉴国际经验,将自然保护地按生态价值和保护强度高低依次分为以下三类。

(1)国家公园:以保护具有国家代表性的自然生态系统为主要目的,实现自然资源科学保护和合理利用的特定陆域或海域,是我国自然生态系统中最重要、自然景观最独特、生物多样性最富集的部分,保护范围大,生态过程完整,具有全球价值、国家象征,国民认同度高。

(2)自然保护区:保护典型的自然生态系统、珍稀濒危野生动植物种的天然集中分布区、有特殊意义的自然遗迹的区域。自然保护区具有较大面积,确保主要保护对象安全,维持和恢复珍稀濒危野生动植物种群数量及赖以生存的栖息环境。

(3)自然公园:保护重要的自然生态系统、自然遗迹和自然景观,具有生态、观赏、文化和科学价值,可持续利用的区域。自然公园能确保森林、海洋、湿地、水域、冰川、草原、生物等珍贵自然资源,以及所承载的景观、地质地貌和文化多样性得到有效保护。自然公园包括森林公园、地质公园、海洋公园、湿地公园等各类自然公园。

就地保护对各种类型的自然保护地中有价值的自然生态系统和野生生物及其栖息地予以保护,以保持生态系统内生物的繁衍与进化,维持系统内的物质能量流动与生态过程。就地保护利用原生态的环境使被保护的生物能够更好地生存,能够保证动物和植物原有的特性,可以免去人力、物力和财力,对人和自然都是有益的。

中国自1956年建立第一个保护地——广东鼎湖山自然保护区后,开启了保护地体系的探索历程,先后建立了自然保护区、风景名胜区、森林公园、湿地公园、地质公园等多种类型的保护地,2012年国家林业局启动第二次全国重点保护野生植物资源调查,对我国最受关注的283种野生植物(其中国家一级保护野生植物56种,国家二级保护野生植物191种)的种群数量、分布情况、生境特征、受威胁程度和就地保护现状等进行了全面调查。调查表明,116个调查物种在野外无幼树,136个调查物种在野外没有幼苗,104个调查物种幼树、幼苗均无,约占283个调查物种的37%。截至2018年末,中国不同类型的自然保护地共1.18万处,占国土面积的18%以上。

(二)迁地保护

迁地保护是指为了保护生物多样性,把因生存条件不复存在而物种数量极少,或者因难以找到配偶等而生存和繁衍受到严重威胁的物种迁出原地,通过移入动物园、植物园或建立基因库等方式,进行特殊的保护和管理,迁地保护是对就地保护的补充。一般情况下,当物种的种群数量极低,或者物种原有生存环境被自然或者人为因素破坏甚至不复存在时,迁地保护便成了保护物种的重要手段。通过迁地保护,我们可以深入认识被保护生物的形态学特征和生长发育等生物学规律,从而为就地保护的管理和检测提供依据。例如2017年长江江豚生态科学考察结果宣布长江江豚种群数量约为1 012头,远少于大熊猫,呈现加速下降趋势。成立于1992年10月的湖北长江天鹅洲白鱀豚国家级自然保护区(以下简称天鹅洲保护区),是我国首个长江豚类迁地保护区。2016年4月,农业部办公厅下发《关于加强长江江豚保护区工作的紧急通知》,将安庆西江列为长江中下游流域优先建设的长江江豚迁地保护区之一,2016年10月农业部长江办批准安庆市渔政局从长江干流捕捉10头长江江豚并迁入西江。专家认为,选择一些生态环境与长江相似的水域建立迁地保护地,是当前保护长江江豚最直接、最有效的措施。近年来,天鹅洲保护区还向湖北洪湖老湾故道、安徽安庆西江等江豚迁地保护区和保护场所输出江豚 24 头,成为长江江豚迁地保护种源输出的重要基地。

1. 植物园

植物园通过植物引种、驯化、育种和对种质资源的保存、开发利用、研究与推广,对国民经济的发展,尤其是在农林园艺种植业品种的丰富、城市绿化、生态环境治理等方面起着不可低估的作用。另外,植物园通过繁殖和推广生产大量资源植物,有助于减轻以至消除对野生植物滥采滥挖的压力,也有助于实现野生植物有效保护和可持续利用。植物园是随着植物学的发展而首先在欧洲建立的。现存最早的植物园当数 1543 年在意大利建立的比萨大学植物园,随后有意大利的帕多瓦植物园(1545 年)、佛罗伦萨植物园(1545年)、波罗那植物园(1568 年),荷兰的莱顿植物园(1587 年),德国的莱比锡植物园(1590年),法国的蒙特皮利植物园(1593 年),英国的牛津大学植物园(1621 年),法国的巴黎植物园(1635 年),荷兰的阿姆斯特丹植物园(1638 年),英国的切尔西药用植物园(1673年),日本的东京大学小石川植物园(1684 年),英国的爱丁堡皇家植物园(1670 年),俄罗斯的科马洛夫植物研究所植物园(1713 年)等。现在全世界有将近 2 000 个植物园和树木园,保存了约 80 000 种植物,占全世界植物总数的 1/4 左右,包括许多珍稀、濒危的植物种类。经过多年的努力,我国也建成一批植物园,如石家庄植物园(1998 年建立,2003年扩建)、重庆南山植物园(1999 年由南山公园改建)、郑州珍奇植物园(2001 年建成)、天津热带植物观光园(2003 年建成)等。中国科学院下属的植物园一直对中国的植物园事业发挥着中坚作用,中国科学院昆明植物研究所与云南省地方和英国合作复建丽江高山植物园(2003 年建成),中国科学院新疆生态与地理研究所、中国石油天然气集团公司合作在塔克拉玛干腹地建设塔中沙漠植物园(2003 年初步建成),中国科学院植物研究所与内蒙古自治区多伦县合作建设多伦沙地植物园(2003 年开工)及与北京植物园联合建设国家植物园(2003 年),中国科学院与上海合作建设上海辰山植物园(2007 年始建),中国科学院、国家林业局、陕西省和西安市合作建设秦岭国家植物园(2007 年举行奠基仪式),中国工程院与广西合作建设广西药用植物园(1959 年启动),中国科学院与深圳市合作建设深圳市中国科学院仙湖植物园(1983 年建,2008 年评为国家级),中国科学院华南植物园与潮州合作建设华南植物园潮州分园(2008 年启动)等,共同反映了中国科学院、中国工程院与国家政府部门、地方、企业以至国外汇集资源共建植物园的趋势。植物园的建设改变了有些省、直辖市原来没有植物园的状况,扩展了我国植物园的地理分布和生态条件类型,提高了植物园的景观质量,同时提升了科普及旅游服务能力。

2. 动物园

与科研机构、保护区等保护机构相比,动物园在动物保护中具有特殊的作用。首先,动物园是多种动物集中的场所,野生动物是动物园展出的主要内容。其次,动物园面对的是广大公众,参观动物园后,人们可以了解有关的动物知识,为动物保护打下广泛的群众基础。最后,动物园饲养一定种类、数量的野生动物,本身可以保存一些野外灭绝的物种。在当地物种数量过低或生境不再适宜原物种生存时,迁地保护成为人们可能采取的最直接的手段,动物园则是迁地保护的较好场所。目前,动物园不但饲养着大量本地动物,而且有许多外来物种。利用动物园进行迁地保护,首先,人们应认真研究动物各方面的资料。生态学、行为学提供了动物生活环境、栖息条件、行为模式的内容,生理学提供了其生理方面的内容,遗传学、统计学有助于人们确定最小种群、年龄、死亡率等情况。饲养人员对这些资料了解得越清楚,饲养越容易成功。其次,栖息环境是动物生存的关键,动物园的主要任务之一就是为动物创建适宜的栖息环境。再次,食物是动物正常生长的关键。饲养人员了解动物所需要的基本营养元素,知道如何为动物提供营养全面的饲料是动物园的重要课题。最后,抚养幼体是园中动物正常成长的重要环节。为妊娠母兽提供合理的隐蔽场所,减少干扰,是幼体度过最脆弱时期的关键。为保护濒临灭绝的野生动物,人工授精、建立精子库等现代手段也逐渐被应用到动物园管理中。

3. 生物种质基因库

大多数植物的种子能长时间贮藏在低温干燥条件下而保持发芽和生长发育的能力。种子的这个特点为迁地保护提供了极大的方便,并且能将植物种质资源(生物多样性)保存在种子库中。与植物园相比,种子库所占的空间、人力和费用均少得多,是一种非常有效而实用的生物多样性保护途径。目前,世界上有 1 750 多个主要的种子库分布在发达国家和发展中国家,其主要任务是保存作物种类的多样性。据统计,迄今农业种子库已收集到 740 多万份种子收集品。其中很多是主要的粮食作物,如小麦、水稻、玉米、马铃薯、燕麦、小米及高粱等。例如,菲律宾国际水稻研究所的种子库可以根据需要立即提供 136 000 个可用品种的 90% 的种子;墨西哥国际玉米和小麦改良中心保存了 2.8 万个独特的玉米种子样本和 15 万个小麦种子样本,全世界种植的大约 30% 的玉米和超过 50% 的小麦可以追溯到该种质库;英国千年种子库重点关注濒危野生植物,已实现了保存全部的英国植物物种和全球 10% 的植物物种的目标;约 1 亿粒世界各地的农作物种子被保存在 $-18℃$ 的斯瓦尔巴全球种子库中,这座仓库被称为挪威斯瓦尔巴末日种子库,是全球农业的"诺亚方舟"。由于中国是全球生物多样性的热点地区,生物多样性丰富,同时又面临经济高速发展对环境和生物多样性的巨大压力,中国的植物多样性保护问题成为全球关注的一个焦点。我国西南野生生物种质资源是继英国千年种子库之后为保护生物多样性和实现全球植物保护战略的又一重大计划,该种质库已按国际标准建成冷库、干燥间和步入式培养间等设施;建立了种质资源数据库和信息共享管理体系;建成融功能基因检测、克隆和验证为一体的技术体系和科研平台;建立了种质资源保藏中心、分子生物学实验中心,组建了植物种质资源与基因组学研究中心;已保存植物种子达 10 601 种、85 046 份,占全国有花植物物种总数的 36%,是我国唯一以野生生物种质资源保存为主的综合保藏设施,也是亚洲最大的野生生物种质资源库。目前,该种质资源库有植物离体培养材料 2 093 种、24 100 份,DNA 分子材料 7 324 种、65 456 份,微生物菌株 2 280 种、22 800 份和动物种质资源 2 203 种、60 262 份。

迁地保护还存在一定的限制,主要表现在以下几个方面:首先,经济上很难保证动物园、种子库或植物园保存超过一定限量的某一物种的遗传多样性标本,实际存有量达不到常规育种计划的要求;其次,由于迁地保护是人为控制的种群,因此无法适应环境条件的变化;最后,迁地保护工作的开展对政策和经济的依赖性比较强。

小　结

　　本章讨论了生态修复技术和预防生物技术的原理和方法。生态修复以微生物(包括土著微生物和工程菌等)、动物和植物等为主体,削减、净化环境中的污染物,或恢复被破坏的生态系统,从而使被污染或破坏的环境能够部分或完全恢复到原状。与物理方法、化学方法相比,生态修复具有很多优点。对大面积的污染或生态破坏施行生态修复技术,要先进行实地调查,进行生态修复的可行性分析,明确生态修复的目标,选择合适的生态修复技术,然后经过小试、中试,编制修复方案,最后进入实施。目前用于生态修复技术的生物主要是微生物和植物,微生物修复机制与其生物处理机制相同,植物利用自身的吸收、提取、降解、转化、钝化或固定大气、土壤、沉积物、污泥或地表、地下水中的有毒有害污染物。目前生态修复技术已经被广泛用于石油泄漏、地表水和地下水污染、土壤和矿山生态的修复等方面,取得了很好的效果。

　　预防生物技术是为预防由人类活动引起环境污染或生态系统破坏而在生产、管理中实行的一系列环境生物技术和措施,包括环境生物技术的清洁生产技术和生物多样性保护技术,前者更多地运用现代环境生物技术,后者包括就地保护和迁地保护。

习　题

1. 生态修复的概念和特点是什么?
2. 生态修复的工作程序和机制是什么?
3. 举例谈谈生态修复在大面积污染和生态破坏中的应用。
4. 预防生物技术的概念和类型是什么?
5. 预防生物技术有哪些? 迁地保护和就地保护分别在生物多样性中发挥什么作用?

参 考 文 献

［1］Jaber F H，Shukla S．MIKE SHE：Model use，calibration，and validation［J］．Transactions of the ASABE，2012，55（4）：1479－1489．

［2］张悦，王建龙，李花子，等．生物传感器快速测定 BOD 在海洋监测中的应用［J］．海洋环境科学，2001，20（1）：51－54．

［3］Lindstrom J E，Prince R C，Clark J C，et al．Microbial populations and hydrocarbon biodegradation potentials in fertilized shoreline sediments affected by the T/V Exxon Valdez oil spill［J］．Applied and Environmental Microbiology，1991，57（9）：2514－2522．

［4］彭鸣，王焕．镉、铅在玉米幼苗中的积累和迁移：X 射线显微分析［J］．环境科学学报，1989，9（1）：61－67．

［5］Olsson A，Valters K，Burreau S．Concentrations of organochlorine substances in relation to fish size and trophic position：a study on perch （Perca fluviatilis L.）［J］．Environmental science & technology，2000，34（23）：4878－4886．

［6］Hebert C E，Hobson K A，Shutt J L．Changes in food web structure affect rate of PCB decline in herring gull （Larus argentatus） eggs［J］．Environmental Science & Technology，2000，34（9）：1609－1614．

［7］林治庆，黄会一．木本植物对汞耐性的研究［J］．生态学报，1989，9（4）：315－319．

［8］颜素珠，梁东．8 种水生植物对污水中重金属——铜的抗性及净化能力的探讨［J］．中国环境科学，1990，10（3）：166－170．

［9］于常荣，王炜，梁冬梅，等．松花江水体总汞与甲基汞污染特征的研究［J］．长春地质学院学报，1994，24（1）：102－109．

［10］王敏健，郎佩珍．第二松花江中游鱼类有机污染的研究［J］．中国环境科学，1990，10（2）：81－88．

［11］王兆炜，南忠仁，赵转军，等．干旱区绿洲土壤 Cd，Zn，Ni 复合污染对芹菜生长及重金属积累的影响［J］．干旱区资源与环境，2011，25（2）：138－143．

［12］杨居荣，鲍子平，蒋婉茹．不同耐镉作物体内镉结合体的对比研究［J］．作物学报，1995，21（5）：605－611．

［13］兰海霞．Pb，Cd 及复合污染对茶树生理生态效应的研究 ［D］．雅安：四川农

业大学，2008.

[14] Szefer P，Fowler S W，Ikuta K，et al. A comparative assessment of heavy metal accumulation in soft parts and byssus of mussels from subarctic，temperate，subtropical and tropical marine environments[J]. Environmental Pollution，2006，139(1)：70-78.

[15] McLeese D W，Metcalfe C D，Pezzack D S. Uptake of PCBs from sediment byNereis virens andCrangon septemspinosa[J]. Archives of environmental contamination and toxicology，1980，9(5)：507-518.

[16] Kudo A，Nagase H，Ose Y. Proportion of methylmercury to the total amount of mercury in river waters in Canada and Japan[J]. Water Research，1982，16(6)：1011-1015.

[17] 马陶武，朱程，王桂岩，等. 铜锈环棱螺对沉积物中重金属的生物积累及其与重金属赋存形态的关系[J]. 应用生态学报，2010(3)：734-742.

[18] Ünlü M Y，Fowler S W. Factors affecting the flux of arsenic through the mussel Mytilus galloprovincialis[J]. Marine Biology，1979，51(3)：209-219.

[19] 孔繁翔，桑伟莲，蒋新，等. 铝对植物毒害及植物抗铝作用机理[J]. 生态学报，2000，20(5)：855-862.

[20] Koshland Jr D E. The key-lock theory and the induced fit theory[J]. Angewandte Chemie International Edition in English，1995，33(23/24)：2375-2378.

[21] PatonW D M. A theory of drug action based on the rate of drug-receptor combination[J]. Proceedings of the Royal Society of London. Series B. Biological Sciences，1961，154(954)：21-69.

[22] Trocome P，Pichevin A，Bordat S. Un Case De Sporotrichose Bronchopulmonaire et Cutanee[J]. J. Francais De Med. Et Chir. Thoraciques，1950，4：570.

[23] 陈素华，孙铁珩，周启星. 重金属复合污染对小麦种子根活力的影响[J]. 应用生态学报，2003，14(4)：577-580.

[24] 孙慧群，周升恩，吴怀胜，等. 气体甲醛胁迫对蚕豆保卫细胞中过氧化氢的积累和气孔导度及开度的影响[J]. 植物生理学报，2015，51(2)：246-252.

[25] 范轶欧，金一和，刘冰，等. 吸入纳米和微米二氧化钛颗粒对雄性大鼠精子及其功能的影响[J]. 预防医学论坛，2007，13(2)：137-140.

[26] 王发园，林先贵. 丛枝菌根在植物修复重金属污染土壤中的作用[J]. 生态学报，2007(2)：793-801.

[27] Miller R K，Heckmann M E，McKenzie R C. Diethylstilbestrol：placental transfer，metabolism，covalent binding and fetal distribution in the Wistar rat[J]. Journal of Pharmacology and Experimental Therapeutics，1982，220(2)：358-365.

[28] Boylan M H，Edmondson D E. Studies on the incorporation of a covalently bound disubstituted phosphate residue into Azotobacter vinelandii flavodoxin in vivo [J]. Biochemical journal，1990，268(3)：745-749.

[29] Busby D G, Pearce P A, Garrity N R, et al. Effect on an organophosphorus insecticide on brain cholinesterase activity in White-Throated Sparrows exposed to aerial forest spraying[J]. Journal of Applied Ecology, 1983: 255-263.

[30] Bengtsson G, Gunnarsson T, Rundgren S. Influence of metals on reproduction, mortality and population growth in Onychiurus armatus (Collembola)[J]. Journal of Applied Ecology, 1985: 967-978.

[31] 张建华, 刘琳, 刘利亚, 等. 贵阳市 PM2.5 中金属元素污染特征分析[J]. 微量元素与健康研究, 2018, 35(5): 49-49.

[32] 王冰玉, 蔡颖, 郑凯, 等. PM2.5 对 HBE 细胞致癌致突变相关基因表达的影响[J]. 癌变·畸变·突变, 2020, 32(1): 33-38+42.

[33] 杜航, 王彦文, 崔亮亮, 等. 重污染天气下教室内新风净化系统使用效果评价研究[J]. 中华预防医学杂志, 2021, 55(8): 995-998.

[34] 林在生, 林少凯, 王恺, 等. 低浓度 PM2.5 对老年人群死亡的影响: 基于 2015—2018 年福州市数据的时间序列研究[J]. 环境与职业医学, 2020, 37(2): 157-161.

[35] 王欣, 张星光, 高成花, 等. 中国大气 PM2.5 短期暴露对心血管疾病死亡率影响的 meta 分析[J]. 环境与职业医学, 2021, 38(1): 17-22.

[36] 张宏娜, 温蓓, 张淑贞. 全氟和多氟烷基化合物异构体的分析方法, 环境行为和生物效应研究进展[J]. 环境化学, 2019, 38(1): 42-50.

[37] 潘伟一, 韩菊, 沈洪艳. 全氟辛烷磺酸对斑马鱼 AchE 及 LDH 的影响研究[J]. 安徽农业科学, 2020, 48(8): 89-91.

[38] Rosen M B, Thibodeaux J R, Wood C R, et al. Gene expression profiling in the lung and liver of PFOA-exposed mouse fetuses[J]. Toxicology, 2007, 239(1/2): 15-33.

[39] 农任秋, 杨琛, 李祎毅, 等. 全氟辛酸对人肺 A549 细胞的毒性[J]. 安全与环境学报, 2014, 14(3): 333-337.

[40] Hughes-Schrader S. A primitive coccid chromosome cycle in Puto sp[J]. The Biological Bulletin, 1944, 87(3): 167-176.

[41] Kuroda K, Ueda M. Effective display of metallothionein tandem repeats on the bioadsorption of cadmium ion[J]. Applied microbiology and biotechnology, 2006, 70(4): 458-463.

[42] Fuerst E P, Vaughn K C. Mechanisms of paraquat resistance[J]. Weed Technology, 1990, 4(1): 150-156.

[43] 王宏镔, 文传浩, 谭晓勇, 等. 云南会泽铅锌矿矿渣废弃地植被重建初探[J]. 云南环境科学, 1998, 17(2): 43-46.

[44] Baker D H, Ammerman C B. Zinc bioavailability[M]//Bioavailability of nutrients for animals. Academic Press, 1995: 367-398.

[45] Calabrese E J. The road to linearity: why linearity at low doses became the basis for carcinogen risk assessment[J]. Archives of toxicology, 2009, 83(3):

203 – 225.

[46] Singh N P. The comet assay: reflections on its development, evolution and applications[J]. Mutation research/Reviews in mutation research, 2016, 767: 23 – 30.

[47] 赵争艳, 钟雨辰, 韩文娟, 等. 植物多样性对人工湿地微宇宙甲烷排放的影响[J]. 生态学杂志, 2016, 35(7): 1783 – 1790.

[48] Phelps T J, Ringelberg D, Hedrick D, et al. Microbial biomass and activities associated with subsurface environments contaminated with chlorinated hydrocarbons[J]. Geomicrobiology Journal, 1988, 6(3 – 4): 157 – 170.

[49] 肖鹏飞. 基于江南稻区标准水生微宇宙的典型农药生态风险评价[D]. 杭州: 浙江大学, 2017.

[50] 刘丹丹. 不同生态修复手段下太湖梅梁湾脱氮机理研究[D]. 南京: 南京大学, 2014.

[51] Taub F B. Unique information contributed by multispecies systems: examples from the standardized aquatic microcosm[J]. Ecological Applications, 1997, 7(4): 1103 – 1110.

[52] K Grodzinska, G S. Zarek-Lukaszew ska. Response of mosses to the heavy metal deposition in Poland—an overview[J]. Environment al pollution, 2001(114): 443 – 451.

[53] Hawksworth D L, Mcmanus P M. Lichen recolonization in London under conditions of rapidly falling sulphur dioxide levels, and the concept of zone skipping[J]. Botanical journal of the Linnean society, 1989, 100(2): 99 – 109.

[54] 沈韫芬, 顾曼如, 冯伟松. 用微型生物群落评价常德市水系的研究[J]. 应用生态学报, 1991, 2(2): 168 – 173.

[55] PSaiki R K, Scharf S, Faloona F, et al. Enzymatic amplification of β – globin genomic sequences and restriction site analysis for diagnosis of sickle cell anemia[J]. Science, 1985, 230(4732): 1350 – 1354.

[56] Botstein D, White R L, Skolnick M, et al. Construction of a genetic linkage map in man using restriction fragment length polymorphisms[J]. American journal of human genetics, 1980, 32(3): 314.

[57] Lipton R J. Efficient checking of computations[C]//Annual Symposium on Theoretical Aspects of Computer Science. Springer, Berlin, Heidelberg, 1990: 207 – 215.

[58] Weeks J M, Comber S D W. Ecological risk assessment of contaminated soil[J]. Mineralogical Magazine, 2005, 69(5): 601 – 613.

[59] Tiedje J M, Asuming-Brempong S, Nüsslein K, et al. Opening the black box of soil microbial diversity[J]. Applied soil ecology, 1999, 13(2): 109 – 122.

[60] Timmis K N. Environmental biotechnology: Editorial overview[J]. Current Opinion in Biotechnology, 1992, 3(3): 225 – 226.

［61］Cui D，Li A，Qiu T，et al. Improvement of nitrification efficiency by bioaug-mentation in sequencing batch reactors at low temperature［J］. Frontiers of Environmental Science & Engineering，2014，8(6)：937－944.

［62］Hodge D S，Devinny J S. Biofilter treatment of ethanol vapors［J］. Environmental progress，1994，13(3)：167－173.

［63］Bryers J D. Mixed population biofilms［M］//Biofilms—science and technology. Springer，Dordrecht，1992：277－289.

［64］Gest H. Photosynthetic and quasi-photosynthetic bacteria［J］. FEMS microbiology letters，1993，112(1)：1－5.

［65］Barnard R，Leadley P W，Hungate B A. Global change，nitrification，and denitrification：A review［J］. Global biogeochemical cycles，2005，19(1)：1－13.

［66］Marais G V R，Ekama G A. The activated sludge process part I-steady state behaviour［J］. Water Sa，1976，2(4)：163－200.

［67］马世骏. 生态工程——生态系统原理的应用［J］. 农业经济问题，1983（9）：46－45.

［68］朱德锐，贲亚琍，韩睿等. 聚磷菌生物除磷机理研究进展，环境科学与技术，2008，31(5)：62－65.

［69］Brenner V，Arensdorf J J，Focht D D. Genetic construction of PCB degraders［J］. Biodegradation，1994，5(3)：359－377.

［70］Atlas R M，Raymond R L. Stimulated petroleum biodegradation［J］. CRC critical reviews in microbiology，1977，5(4)：371－386.

［71］李尔炀，史乐文，王恒新. 一株降解性工程菌的构建［J］. 中国生物工程杂志，1992，12(3)：30－33.

［72］Kärenlampi S，Schat H，Vangronsveld J，et al. Genetic engineering in the improvement of plants for phytoremediation of metal polluted soils［J］. Environmental pollution，2000，107(2)：225－231.

［73］尚素勤，轩秀霞，孙振，等. 安装 DAS/DAK 甲醛光合同化途径转基因天竺葵甲醛代谢机理及生理特性研究［C］// 第四届全国植物生物技术及其产业化大会. 2013.

［74］周德明. 原生质体融合构建高效降解工程菌的研究［J］. 中南林学院学报，2001，21(2)：42－46.

［75］Jourdan P S，Earle E D，Mutschler M A. Atrazine-resistant cauliflower obtained by somatic hybridization between Brassica oleracea and ATR-B. napus［J］. Theoretical and applied genetics，1989，78(2)：271－279.

［76］Prasanna D，Mohan S V，Reddy B P，et al. Bioremediation of anthracene contaminated soil in bio-slurry phase reactor operated in periodic discontinuous batch mode［J］. Journal of Hazardous Materials，2008，153(1－2)：244－251.

［77］Lu X，Liu Y，Johs A，et al. Anaerobic mercury methylation and demethylation by Geobacter bemidjiensis Bem［J］. Environmental science & technology，2016，50(8)：

4366 - 4373.

[78] Baker A J M, Brooks R R, Pease A J, et al. Studies on copper and cobalt tolerance in three closely related taxa within the genusSilene L. (CaryopHyllaceae) from Zaire[J]. Plant and soil, 1983, 73(3): 377 - 385.

[79] Nifontova M G, Alexashenko V N. Content of 90 Sr and 134,137 Cs in fungi, lichens, and mosses in the vicinity of the Chernobyl nuclear power plant[J]. Soviet Journal of Ecology, 1993, 23(3): 152 - 156.

[80] Entry J A, Emmingham W H. Sequestration of 137Cs and 90Sr from soil by seedlings of Eucalyptus tereticotnis[J]. Canadian Journal of Forest Research, 1995, 25 (6): 1044 - 1047.

[81] Whicker F W, Pinder J E, Bowling J W, et al. Distribution of long-lived radionuclides in an abandoned reactor cooling reservoir[J]. Ecological Monographs, 1990, 60(4): 471 - 496.

[82] 张瑶瑶, 鲍海君, 余振国. 国外生态修复研究进展评述[J]. 中国土地科学, 2020, 34(7): 106 - 114.

[83] Bakhat H F, Rasul K, Farooq A B U, et al. Growth and physiological response of spinach to various lithium concentrations in soil[J]. Environmental Science and Pollution Research, 2020, 27(32): 39717 - 39725.

[84] Hussain S, Mubeen M, Ahmad A, et al. Using GIS tools to detect the land use/land cover changes during forty years in Lodhran district of Pakistan [J]. Environmental Science and Pollution Research, 2020, 27(32): 39676 - 39692.

[85] Iftikhar A, Khan M S, Rashid U, et al. Influence of metallic species for efficient photocatalytic water disinfection: Bactericidal mechanism of in vitro results using docking simulation[J]. Environmental Science and Pollution Research, 2020, 27 (32): 39819 - 39831.

[86] Manzoor M, Gul I, Manzoor A, et al. Lead availability and phytoextraction in the rhizosphere of Pelargonium species[J]. Environmental Science and Pollution Research, 2020, 27(32): 39753 - 39762.

[87] Shahid M, Khalid S, Bibi I, et al. A critical review of mercury speciation, bioavailability, toxicity and detoxification in soil-plant environment: ecotoxicology and health risk assessment[J]. Science of the total environment, 2020, 711: 134749.

[88] Riaz U, Murtaza G, Farooq M, et al. Chemical fractionation and risk assessment of trace elements in sewage sludge generated from various states of Pakistan [J]. Environmental Science and Pollution Research, 2020, 27(32): 39742 - 39752.

[89] Sajjad A, Asmi F, Chu J, et al. Environmental concerns and switching toward electric vehicles: geographic and institutional perspectives[J]. Environmental Science and Pollution Research, 2020, 27(32): 39774 - 39785.